정승현
물리교육론
기출문제집

정승현 편저

2026 임용 물리교육론 Master Key 시리즈

박문각 임용 동영상강의 www.pmg.co.kr

박문각

모르는 학문을 처음 접하면 두려움 반 설렘 반이 공존합니다. 학습의 여정을 시작함에 있어서 가장 중요한 것이 목적과 카테고리입니다. 등산에 앞서 목적지와 산의 지형을 파악하듯 먼저 숲을 보고 세부적인 것을 이어가는 것이 가장 효율적인 것이라 생각합니다. 익숙하지 않거나 부담스러운 목표에 도전하게 되면 전부를 생각하기에 항상 망설여지거나 지지부진해지기 일쑤입니다. 하지만 커다란 불을 피우기 위해서 장작을 먼저 태우기보다 작은 지푸라기에 불씨부터 붙이고, 도미노 100만 개를 무너뜨리기 위해선 첫 한 개만 넘어뜨리면 되듯이 무엇보다 시작이 중요한 듯합니다. 이해가 가능하고 논리적으로 설명을 전개하는 방식에 초점을 두면서 집필하였습니다. 부족하거나 이해가 되지 않은 부분은 해당 저자의 논문을 찾아 최대한 흐름에 맞게 설명하려 했습니다. 본래의 목표는 기출 해설에 주안점을 두었지만, 집필하면서 이론적인 부분을 간과할 수 없다는 사실을 알게 되어 제가 이해하는 큰 줄기 내에서 이론을 간략히 전개하였습니다. 주어진 시간이 많지 않아 시간에 쫓기며 작업을 하였지만 집중하는 시간에는 행복한 경험이었습니다.

이 책이 첫 도미노처럼 그리고 작은 불씨처럼 효율적 학습에 대해 도화선 같은 시작이 되길 바랍니다. 항상 여러분 학습의 여정에 제 작은 능력이 긍정적인 영향력이라는 씨앗이 되어 향기나는 꽃과 결실을 맺길 희망합니다.

감사합니다.

편저자 정승현

CONTENTS
차 례

❙ 역대 물리교육론 기출 오개념 표

년도	파트	오개념
2002	역학	물체에 힘은 운동 방향으로 작용한다.
2003	전기	전류가 저항에서 소모되어 뒤쪽이 어두워진다.
2004	전기	전류는 저항에서 소모된다.
	역학	운동을 지속하지 못하는 이유는 마찰보다 운동을 지속시키는 힘의 감소 때문이다.
2005	역학	물체에 작용하는 힘은 물체의 속력에 비례하고 작용한 힘의 방향과 운동 방향이 같다.
2006	역학	물체는 일정한 힘이 작용하면 등속운동한다. 정지한 물체에는 작용한 힘이 없다.
2008	빛	그림자는 광원의 모양에 관계없이 물체의 모양에 의해 결정된다.
2010	역학	무거운 물체가 가벼운 물체보다 먼저 떨어진다.
	역학	물체에 힘이 작용하지 않으면, 그 물체는 멈춘다. 이동 방향으로 언제나 힘이 작용한다.
2012	현대	유한 퍼텐셜 장벽에서 전자의 크기가 작아 장벽을 통과한다. 에너지가 퍼텐셜 장벽보다 작아 통과하지 못한다.
2013	전기	전구를 병렬연결 할 때, 건전지에 연결되는 전구의 개수가 적을수록 전구에 보다 많은 전류가 흐르므로 밝아진다.
	역학	정지한 물체에는 작용한 힘이 없다.
2014	전기	모든 물체는 양전기와 음전기 중 하나의 성질만을 가진다.
	역학	지구 주위를 도는 우주 정거장 내부에서는 중력이 없다.
2015	열	물질이 뜨겁거나 차가운 것은 물질 고유의 성질이다.
2016	역학	정지한 물체는 힘이 작용하지 않는다.
2019	빛	그림자는 광원의 모양과 관계없이 물체의 모양에 의해 결정된다.
2020	역학	운동 방향(접선방향)으로 힘이 존재한다. 관성 좌표계에서 원심력이 실제 작용하는 힘이다.
2022	열	열전도도가 높은 물질이 보냉에 유리하고, 열전도도가 낮은 물질이 보온에 유리하다.

※ 공통 연도
역학(2002년, 2020년): 물체에 힘은 운동 방향(접선)으로 작용한다.
역학(2006년, 2013년, 2016년): 정지한 물체는 힘이 작용하지 않는다.
전기(2003년, 2004년): 전류는 저항에서 소모된다.
빛(2008년, 2019년): 그림자는 광원의 모양에 관계없이 물체의 모양에 의해 결정된다.

| 과학교육론의 핵심과 의의

과학교육론은 과학 지식의 발전과 교육에 대한 학문이다. 현재 우리가 받아들이고 있는 과학지식이 어떠한 과정을 통해 발전해왔으며, 그에 대해 철학적, 사상적 분류로 더 짜임새 있게 이해하려 한다. 그리고 상아탑으로 쌓아 올려진 지식을 어떻게 가르치는 것이 효율적이고 가치가 있는지에 대한 고민의 산물이다.

이를 큰 부류로 나누면 과학교육론은 발전, 이론, 모형 및 전략, 평가 4가지로 나뉜다.

첫째, 발전은 인류의 과학지식이 어떠한 방식으로 진행되어왔는지를 배운다. 반복된 경험이나 임팩트있는 단 한 번의 경험으로도 알 수 있는 '불이 뜨겁다', '맹독을 먹으면 죽는다' 등의 경험주의적 관점에 의한 발전이 있고, 인간은 사회적 동물로서 사회 유기적 관계 즉, 개인과 사회와의 관계를 중요시하는 구성주의적 관점이 있다. 또한 기존 지식에 반하는 사건들로 인해 지식이 변화 및 발전한다는 반증주의적 관점이 있다. '균은 무조건적 해롭다'라는 발상의 전환 즉, 때론 예방접종이 이로움을 가져온다는 면역체계의 지식 발전이 하나의 예다. 그리고 어떠한 뉴턴이나 아인슈타인 등 천재적 발상으로 기존의 인식구조 전체에 변화를 일으킨다는 관점이 있다. 바라보는 시점 등의 차이는 있지만 모두 과학 지식이 어떻게 발전해 왔는지에 대해 알아보는 것이다.

둘째, 이러한 지식이 어떻게 하면 사회에 통용되어 보다 가치있고 발전적인 사회가 되길 바라는가에 대한 고민이다. 즉, 교육의 이론이다. 이론은 상황 및 목적에 따라 다양한 관점이 있다.

셋째, 이론 체계를 표현하기 위한 도구가 교수 · 학습의 모형 및 전략이다. 아무리 이론이 좋아도 어떠한 도구를 사용하느냐에 따라 전달이 달라질 수 있다. 스파르타식의 이론에 적합한 것은 강제 단체 합숙 훈련일 것이다. 그리고 사회적 관계를 중요시하는 이론이라면 토론 발표 수업이 하나의 도구가 된다.

넷째, 교육이 얼마나 잘되었는지 그리고 집단의 성향을 파악하여 피드백하기 위한 평가가 필요하다. 아무리 의지가 있고 올바른 이론 체계 및 도구를 갖추더라도 너무 쉬웠는지 반대로 어려웠는지 혹은 과정에 무엇이 문제가 있었는지를 파악하는 것이 중요하다. 효과적으로 지식이 전달되었는지에 대한 확인 척도로써 평가가 이뤄진다. 그리고 교육적 상황에 맞게 적절한 평가 방식이 제안된다.

과학교육론은 사상과 방식을 나타내는 개념 및 용어의 의미가 매우 중요하다. 이에 대한 명확한 정의가 되어있지 않으면 학습에 큰 어려움이 있고, 전체를 바라보기 보다 근시안적이고 표면적인 학습을 할 우려가 있다. 그래서 본 책에서는 용어의 정의를 최대한 쉽게 표현하고자 한다. 그리고 쉬운 예시나 주로 등장하는 예시 등을 들어 암기식보다 이해를 바탕으로 과학교육론을 학습하는데 목적이 있다.

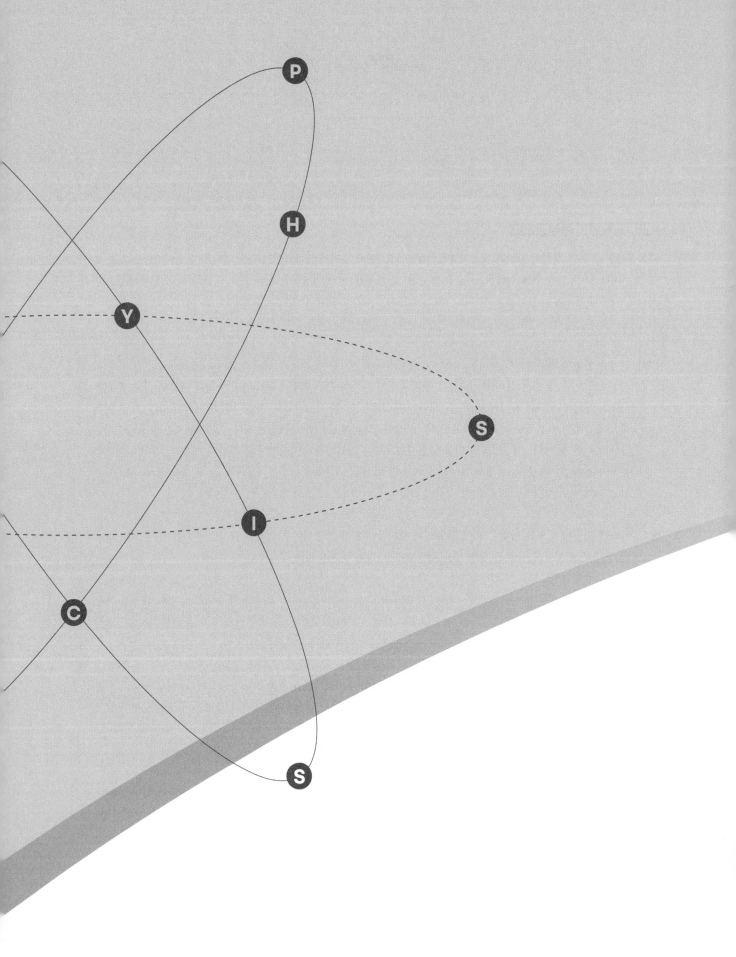

정승현
물리교육론 기출문제집

Chapter

01

기출문제
(2002~2025년)

↗ 정답 및 해설_ 210p

001

2002-02

다음은 피아제의 인지 발달 단계를 알아보는 검사에 있는 문항과 이에 대한 교사와 학생의 대화이다. 물음에 답하시오. (총 4점)

> [문항]
> 크고 작은 두 개의 컵과 두 개의 물통이 있다. 큰 물통을 채우는 데 작은 컵으로는 15컵의 물이, 큰 컵으로는 9컵의 물이 필요하다. 작은 물통을 채우는 데에는 작은 컵으로 10컵의 물이 필요하다. 이 작은 물통을 채우려면 큰 컵으로는 몇 컵의 물이 필요하겠는가? 그 이유는 무엇인가?
>
> [대화]
> 학생 : 작은 컵과 큰 컵의 비는 항상 5:3이므로, 작은 물통을 채우려면 큰 컵으로는 6컵이 필요한데요.
> 교사 : 관계식으로 나타낼 수 있겠니?
> 학생 : 관계식은 $15:9=10:x$ 이므로, 6컵이 필요합니다.

1) 이 문항은 학생의 어떤 사고 능력을 평가하기 위한 것인가? (1점)

2) 교사와 학생의 대화에서 볼 때, 이 사고 능력에서 학생은 피아제의 인지 발달 단계 중 어떤 단계인지 밝히시오. 그리고 그 판단 근거를 2가지만 쓰시오. (3점)

• 학생의 사고 단계 (1점) :

• 판단 근거(2점) :

002

2002-03

학자들은 빛의 본성을 밝히기 위하여 가설을 설정하고 이를 검증하기 위한 실험을 고안하여 수행한다. 아래 〈보기〉는 빛의 파동적 성질이 보편적으로 받아들여지던 어느 시대에 진행된 과학자들의 활동이다. (총 3점)

> ─[보기]─
> A : 빛의 파동성을 뒷받침해 주는 다양한 사례의 수집
> B : 빛이 파동이 아닌 입자라는 가정하에 금속에 빛을 쏘여 전자 방출을 확인함
> C : 조건을 달리하면서 파동 현상을 관찰
> D : 빛의 파동성과 입자적 성질을 확인하기 위한 실험을 함

1) 위 〈보기〉 중 포퍼의 반증주의 입장에서 채택할 만한 사례는 A, B, C, D 중 어떤 것인가? 있는 대로 쓰고 그 이유를 설명하시오. (2점)

• 사례 :

• 이유 :

2) 위 〈보기〉 중 소박한 귀납주의 입장에서 채택할 만한 사례는 A, B, C, D 중 어떤 것이 있는가? 있는 대로 쓰고 그 이유를 설명하시오. (1점)

• 사례 :

• 이유 :

003

아래 그림은 학습자의 역학 관련 선개념을 수정하기 위한 인지갈등 모형이다. 이 모형에서 양방향 화살표(↔)는 인지적 갈등상태를 의미하고 한쪽 방향의 화살표(→)는 개념으로 현상을 무리 없이 설명할 수 있는 상태를 의미한다. 단, C2는 과학자적 개념(뉴턴의 운동 법칙)을 의미한다. (총 4점)

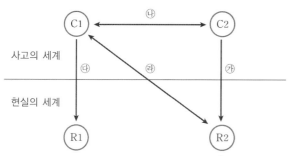

다음의 보기는 위 그림의 C1, C2, R1, R2와 관련된 내용들이다.

─[보기]─

A : 물체에 힘이 작용하지 않으면 움직이지 않고 일정한 힘이 작용하면 힘과 같은 방향으로 일정한 속력으로 움직인다.

B : 물체에 힘이 작용하지 않으면 정지해 있거나 등속도 직선운동을 하고 일정한 힘이 작용하면 일정한 가속도로 운동한다.

C : 페달을 일정한 힘으로 밟으면 등속으로 가는 자전거의 운동

D : 연료분사 없이 등속 직선 운동하는 우주공간에서 우주선의 운동

1) 위 그림에서 C1, C2, R1, R2는 각각 무엇과 관련되는지 보기 A, B, C, D 중에서 골라 쓰시오. (2점)

C1:   C2 :

R1 :   R2 :

2) 다음은 어떤 선생님이 인지갈등을 통한 개념변화 수업에서 사용한 구체적인 단계이다. 각 단계를 위 그림의 인지갈등 모형에 제시된 ㉮, ㉯, ㉰, ㉱ 중에서 골라 쓰시오. (2점)

─[수업 절차]─

검사 도구를 이용하여 학생의 선개념을 확인한 후

단계 1 : 학습자의 선개념으로 설명되지 않는 현상을 제시

단계 2 : 과학자적 개념 도입 후, 학생의 개념으로 잘 설명되지 않는 현상을 과학자적 개념으로 설명

단계 3 : 학생의 개념과 과학자적 개념을 비교하도록 함

• 단계 1 :

• 단계 2 :

• 단계 3 :

004

2002-04

다음은 진자의 왕복 운동에 관한 것이다. (총 3점)

1) 진자가 최하점을 지날 때 진자에 작용하는 모든 힘의
크기와 방향을 그림에 화살표로 나타내시오. (1점)

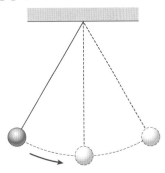

2) 물체의 운동에 대한 학생들의 개념은 과학사를 통하여
확인된 물리 개념과 유사한 경우가 있다. 중세 사람들
은 물체의 운동을 "임피투스(기동력)" 개념으로 설명하
였다. 만약 어떤 학생이 물체의 운동에 대해 임피투스
적 개념을 갖고 있다면 진자가 왼쪽의 최고점에서 출
발하여 최하점을 지날 때 이 학생은 물체에 작용하는
힘의 방향이 어떤 방향이라고 생각할 것인가? 그림에
화살표로 표시하고 그 이유를 설명하시오. (2점)

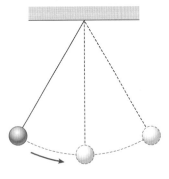

• 이유 :

005

2003-02

다음 내용을 읽고 물음에 답하시오. (총 4점)

> 철수는 다음과 같은 과정을 거쳐 중력장에서 물체의
> 낙하 특성을 조사했다.
> (A) : 질량이 0.2kg, 0.4kg, 0.6kg, 0.8kg, 1.0kg인 공
> 모양의 납덩어리와 쇠구슬을 소재로 각각 낙하
> 실험을 하여 가속도를 측정하였다.
> (B) : 실험 결과 0.2kg, 0.4kg, 0.6kg, 0.8kg, 1.0kg의 납
> 덩어리와 쇠구슬은 낙하 가속도가 일정하다는
> 것을 알아냈다.
> (C) : 철수는 이러한 실험 결과를 바탕으로 모든 물체의
> 낙하 가속도가 일정하다고 판단하였다. 그리고
> 0.5kg의 구리 구슬을 소재로 낙하 실험을 하여
> 도 위와 동일한 가속도가 측정될 것이라고 생각
> 하였다. 철수의 친구들도 철수와 함께 같은 실험
> 과정을 거쳤지만 낙하 법칙을 찾아내지 못했다.
> 그 이유는 아마 철수의 친구들이 철수와 다른
> 이론을 가지고 있어서 철수와 다르게 관찰했거
> 나, 관찰 자체가 부정확했기 때문이라고 볼 수
> 있다.

1) 철수가 했던 (A), (B), (C)의 과정 중에서 연역이 일어
난 단계는 어떤 것인지 쓰시오. (2점)

2) 위 내용 중에서 과학 발달과 관련한 귀납주의의 문제
점을 두 가지만 찾아 간단하게 쓰시오. (2점)

①

②

006

2003-03

다음은 교사가 순환 학습 모형을 적용하여 진자 운동에 관한 수업을 하고 있는 과정의 일부이다.

> 교사 : ① 지금까지의 실험 활동에서 네가 발견한 것은 무엇이지?
> 학생 : ② 네, 실에 추를 매단 진자의 운동에서 진자 운동의 주기는 실의 길이의 제곱근에 비례한다는 것입니다.
> 교사 : ③ 그렇지? 그렇다면 우리가 그네를 탈 때, 그네의 주기를 반으로 줄이려면 어떻게 하면 될까?
> 학생 : ④ 그네를 매단 줄의 길이를 1/4로 줄이면 됩니다.

현재 진행되고 있는 과정은 순환학습 모형의 어느 단계에 해당되는지 쓰시오. 또, 그 단계를 나타내는 핵심적인 문장을 위에서 찾아 번호를 쓰시오. (4점)

• 단계 :

• 핵심 문장 :

007

2003-04

다음은 어떤 학생이 전압과 전류의 측정 실험을 통하여 얻은 데이터를 이용하여 나타낸 브이 다이아그램(V-diagram)이다. 이 브이 다이아그램을 보고 다음 물음에 답하시오. (총 4점)

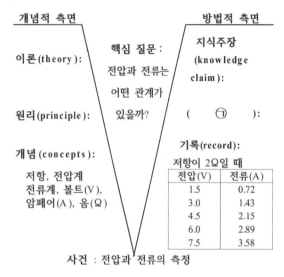

1) 선생님은 이 학생이 개념적 측면의 '개념' 항에 쓴 내용을 보고 적어도 두 가지 개념이 누락되었다는 것을 발견하였다. 누락된 개념 두 가지를 쓰시오. (1점)

• 누락된 개념 :

2) 방법적 측면의 '기록'으로부터 '지식 주장'으로 가기 위해서는 한 가지 단계가 더 필요하다. 그 단계 (㉠)은(는) 무엇이며, 이 단계에서 가장 적절한 자료 제시 방법은 무엇인지 쓰시오. (2점)

• 단계 :

• 적절한 자료 제시 방법 :

3) 위 단계를 바르게 거칠 때 그 결과로부터 추론할 수 있는 지식 주장을 쓰시오. (1점)

• 지식 주장 :

008

2003-05

그림과 같은 회로에서 스위치를 작동시키기 전에 학생들에게 똑같은 꼬마전구 A와 B의 밝기를 예상하도록 하였다. (총 4점)

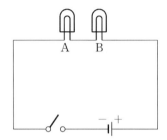

1) 많은 학생들은 꼬마전구 B의 밝기가 더 밝을 것이라고 예상하였다. 학생들이 가질 수 있는 오개념 중 가장 그럴듯한 것을 〈보기〉에서 고르시오. (2점)

[보기]
A: 시계바늘 방향으로 흐르는 전자와 시계 반대 방향으로 흐르는 전류가 꼬마전구 A에서 충돌하기 때문이다.
B: 전류가 꼬마전구 B에서 소모되어 꼬마전구 A에는 조금만 흐르기 때문이다.

2) 위와 같은 학생들의 오개념을 해소시키기 위해 갈등을 겪도록 할 수 있는 구체적인 일들 중 가장 효과적인 것을 〈보기〉에서 고르시오. (2점)

[보기]
①: 꼬마전구를 병렬로 연결해 전구에 흐르는 전류의 세기와 두 전구의 밝기를 비교해 본다.
②: 꼬마전구를 한 번에 하나씩 연결해 각각의 전구에 흐르는 전류의 세기와 전구의 밝기를 측정해 본다.
③: 꼬마전구 A와 B의 위치를 바꾸어서 밝기를 비교해 본다.
④: 꼬마전구 A와 B에 흐르는 전류의 세기와 두 꼬마전구의 밝기가 같음을 전류계와 조도계를 통해 보여준다.

009

2004-02

다음은 단순 전기회로에서 전류가 흐르는 것을 닫힌 수도관 안에서 물이 흐르는 것에 비유한 그림이다. 물음에 답하시오. (총 4점)

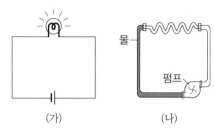

(가)   (나)

1) 어떤 학생들은 '전구에 불이 켜지면, 전류가 전구에서 소모된다'는 오개념을 갖고 있다. 이 오개념을 과학적 개념으로 변화시키려면 그림 (나)의 비유에서 어떤 점을 활용해야 하는지 쓰시오. (2점)

2) 전류의 흐름을 물의 흐름으로 비유할 수 없는 경우도 있다. 그런 경우 중 한 가지만 찾아서 50자 이내로 쓰시오. (2점)

010

2004-03

어떤 중학생들이 '후크(Hooke)의 법칙'을 알아보기 위하여 실험을 하였다. 학생들은 실험의 결과를 그래프로 그렸는데, 그림 (가)처럼 자료들이 직선으로 표현하기 어렵게 분포하고 있어서 고민하였다. 결국, 그림 (나)처럼 그래프상의 점을 크게 표시하여 직선으로 보이도록 그려서 보고서를 작성하였다. (총 4점)

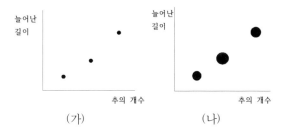

(가)   (나)

1) 학생들이 그림 (가)의 상태에 있을 때, 이를 토마스 쿤(Thomas Kuhn)의 과학 이론 발달의 관점에서 본다면 어느 단계에 해당되는가? (2점)

2) 학생들이 그림 (가)에서 고민하던 문제점을 그림 (나)처럼 해결한 것은 쿤의 과학 이론 발달의 관점과 어떤 차이가 있는지를 80자 이내로 쓰시오. (2점)

011

2004-04

다음은 어느 학생이 지니고 있는 관성의 법칙에 대한 오개념이다.

> "책상 위에서 책을 밀면, 조금 가다가 곧 힘이 빠져서 멈춘다."

이런 오개념을 변화시키기 위하여 교사는 책상 위에서 드라이아이스 토막을 밀었을 때, 드라이아이스가 책상 끝까지 가는 시범 실험을 보여주었다. 다음 물음에 답하시오. (총 4점)

1) 포스너(Posner) 등은 개념 변화를 위한 조건을 다음과 같이 제시하였다.

> ㉮ 현재의 개념에 불만족해야 한다.
> ㉯ 새로운 개념은 이해될 수 있어야 한다.
> ㉰ 새로운 개념은 그럴듯해야 한다.
> ㉱ 새로운 개념은 유용성을 가져야 한다.

위에서 교사가 보여준 시범 실험은 개념 변화의 조건 ㉮~㉱ 중에서 어느 조건을 충족시키기 위한 것인가? (2점)

2) 다음은 드라이아이스 실험을 한 뒤에 이루어 진 교사와 학생의 대화 중 일부이다.

> 교사 : "물체를 밀어서 움직이면 원래는 계속 운동해야 하는데, 방해하는 힘이 있어서 멈추게 됩니다. 만일 바닥이 아주 미끄럽다면 그물체는 계속 운동할 것입니다."
> 학생 : "그건 그렇지만, 정말로 계속 가는 물체를 본 적이 있습니까? 어떤 물체도 가다가 결국은 멈추게 됩니다."

이 학생의 개념을 변화시키지 못한 이유는 위의 개념 변화 조건 ㉮~㉱ 중에서 어느 조건이 충족되지 않아서인가? (2점)

012

2004-05

물리 평가와 관련된 다음 문항을 읽고 물음에 답하시오.
(총 3점)

영희는 다음과 같은 실험을 계획하였다.
1) 그림과 같이 실험 장치를 꾸민다.
2) 일정한 시간 간격으로 수레의 위치를 측정하여 자의 눈금에 표시한다.
3) 수레의 출발점으로부터 표시한 점까지의 거리를 구한다.
4) (A   ), 2)~3)의 실험 과정을 반복한다.

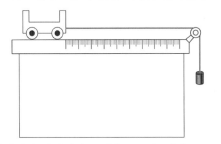

이 실험에서 알아내려는 것을 <보기>에서 모두 고른 것은?

┌─────[보기]─────┐
ㄱ. 수레의 속력은 시간에 비례한다.
ㄴ. 수레의 가속도는 받는 힘에 비례한다.
ㄷ. 수레의 이동 거리는 시간에 비례한다.
└───────────────┘

① ㄱ   ② ㄴ
③ ㄱ, ㄴ   ④ ㄱ, ㄷ
⑤ ㄱ, ㄴ, ㄷ

1) 이 문항의 정답이 ③번일 때, A에 들어갈 실험 과정을 쓰시오. (2점)

2) 이 문항에서 평가하려고 하는 탐구 기능 요소를 쓰시오. (1점)

013

2005-03

행동주의 학습이론을 적용하여 밀도 개념을 가르칠 때에는 학생들에게 밀도 공식을 외우게 한 다음, 다양한 물질의 부피와 질량 값을 주고, 밀도 값을 반복하여 구하게 한다. 한편, 구성주의 학습이론을 적용한다면 이와 다른 방법으로 교수·학습할 수 있다. 구성주의 학습이론을 적용한 밀도 개념의 교수·학습 절차를 3줄 이내로 쓰고, 그것이 구성주의 학습이론에 따른 교수·학습 절차인 이유를 2줄 이내로 설명하시오. (3점)

• 교수·학습 절차 :

• 이유 :

014

2005-04

다음은 교사가 학생들에게 제시한 문제이다. 이 문제를 직접 풀어서 그 답을 그림에 표시하고, 이 문제에 대한 학생들의 답안을 채점할 때 고려해야 할 채점 준거를 2가지만 쓰시오. (3점)

다음은 유리로 만든 볼록렌즈를 반으로 절단하여 세워놓은 그림이다. 물체가 그림과 같은 위치에 있다면 물체의 상은 어디에 맺히겠는가? 아래의 그림에 렌즈의 경계면에서의 굴절을 고려하여 상을 작도하시오.

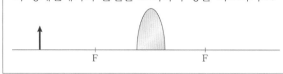

• 채점 준거 :

015

2005-05

다음 글을 읽고 물음에 답하시오.

> K교사는 개념 조사를 통하여 학생들이 "운동하는 물체에 작용하는 힘은 물체의 속력에 비례하고 작용한 힘의 방향과 운동 방향이 같다."라는 선개념을 가지고 있음을 알았다. 또한 "물체에 작용하는 중력은 지구 중심을 향하며 그 크기는 일정하다."라는 선개념도 지니고 있음을 파악하였다. K교사는 자유낙하 하는 물체가 지구 중심을 향하여 가속운동을 한다는 것을 보여주면 학생들이 인지적 갈등을 느낄 것으로 생각하였다. 그러나 가속운동을 실제로 보여 주었지만 일부 학생들은 기대와는 달리 인지적 갈등을 느끼지 않았다.

윗글에서 학생들이 인지적 갈등을 느끼지 않은 여러 가지 이유 중, 관찰의 이론 의존성과 관련된 것을 쓰시오. (3점)

016

2005-06

다음 글을 읽고 물음에 답하시오.

> 보어(Bohr)는 러더포드(Rutherford)의 알파입자 산란 실험이 원자 구조에 관한 유핵 모형의 확증 사례임에도 불구하고, 전자가 원자핵 주위를 회전하면 전자기파가 방출되어 결국 붕괴할 것이라는 상충된 전자기 이론에 직면하였다. 이러한 상황에서 보어는 1913년 러더포드의 유핵 모형을 중심으로 한 수소 원자에 대한 태양계 모형을 도입하여 수소 스펙트럼을 성공적으로 설명할 수 있었으며, 발견되지 않은 새로운 수소 스펙트럼 계열도 예측할 수 있었다. 그러나 새로운 반증 사례의 출현으로 위기에 직면하였지만, 보어는 자신의 모형을 포기하지 않고 두 개의 양성자 주위를 도는 전자, 환산 질량의 도입 등으로 수정하면서 반증 사례들을 확증 사례로 만들었다.

위와 같이 보어가 러더퍼드의 유핵 모형을 중심으로 제안한 이론을 자신의 발견법에 따라 수정해 나가는 것은 라카토스 연구 프로그램 이론의 무슨 발견법에 해당하는지 쓰고, 그렇게 답한 이유를 2줄 이내로 쓰시오. (3점)

017

2005-07

힘, 질량, 운동 사이의 관계를 알아보기 위해 다음 그림과 같이 장치하고 실험하였다.

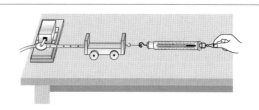

[실험과정]

단계 1 : 위 그림과 같이 실험장치를 한 다음 용수철저울의 눈금이 1N을 가리키도록 수레를 끌면서 운동을 종이테이프에 기록하였다. 그런 다음, 같은 수레를 당기는 힘을 2N, 3N, … 으로 증가시키면서 이 과정을 반복하였다.

단계 2 : 용수철저울의 눈금을 1N으로 유지하고, 수레의 질량을 2배, 3배, … 로 증가시키면서 수레를 끌어 그 운동을 종이테이프에 기록하였다.

단계 3 : (   )

단계 4 : 자료해석을 통하여 물체에 작용한 힘과 질량과 물체의 운동 사이의 관계를 도출하였다.

위의 단계 1과 단계 2를 수행할 때 공통으로 요구되는 탐구과정을 쓰고, 단계 3에서 수행해야 할 활동과 그 활동에 해당되는 탐구과정을 쓰시오. (단, 탐구과정은 제7차 과학과 교육과정에 명시된 용어를 쓰되, 관찰과 측정은 제외한다.) (4점)

• 단계 1, 2에서 공통으로 요구되는 탐구과정 :

• 단계 3에서 수행해야 할 활동 :

• 단계 3의 활동에 해당되는 탐구과정 :

018

2006-02

다음은 과학 이론 변화의 과정을 보여준 사례이다.

> - 니담은 고기 수프를 병에 넣고 강한 불로 충분히 가열한 후 코르크마개로 막아서 한동안 두었다가, 현미경으로 관찰하여 작은 생물들이 많음을 발견함 → 자연발생설 주장
> - 스팔란차니는 니담이 모두 멸균될 만큼 고기 수프를 충분히 끓이지 않았거나 완전히 밀봉하지 못해서 미생물이 생겼다고 주장하면서, 고기 수프를 충분히 끓여서 밀봉한 병에서는 미생물이 관찰되지 않음을 보여줌 → 자연발생설 반박
> - 니담은 생명력이 작용하기 위해서는 생명의 기(氣)가 있는 공기가 필요한데 밀봉된 병을 가열할 때 이것이 다 빠져나갔기 때문이라고 스팔란차니의 실험을 공격함 → 자연발생설을 다시 주장
> - 파스퇴르는 S자형 플라스크에 고기 수프를 넣고 밀봉하지 않은 채 충분히 끓였다가 냉각시켜 오랫동안 두었지만, 미생물이 발견되지 않음 → 자연발생설 재반박

니담의 자연발생설 주장에서 라카토스 연구 프로그램의 '핵'과 '보호대'에 해당하는 것을 윗글에서 찾아 쓰고, 윗글에서 포퍼의 반증주의의 문제점을 나타내는 사례 2가지만 그 이유와 함께 제시하시오. (4점)

- 핵:

- 보호대:

- 반증주의의 문제점 사례와 이유:

019

2006-03

다음은 과학적 소양 함양을 목표로 한 수업 내용이다.

> 과학 수업 시간에 학생들로 하여금 소음과 관련된 과학적 원리와 소음이 인체에 미치는 영향을 조사하게 한 후, 소음 측정기를 이용하여 교실, 운동장, 도로변 등 여러 곳에서 소음의 세기를 측정하게 하였다. 그 후, 학습한 내용과 과학 원리를 기초로 ① 소음을 줄이는 방안을 고안하였으며, 역할 놀이와 토의를 통해 ② 다양한 여건을 고려하여 소음 규제가 필요한 지역을 선정하였다. 나아가 수업 결과를 토대로 ③ 소음 줄이기 캠페인을 벌였다.

밑줄 친 각 부분은 과학적 소양인으로서 갖추어야 할 능력 중 무엇에 해당하는지 쓰시오. (단, 내용의 중복을 피할 것) (3점)

- ① :

- ② :

- ③ :

020

2006-05

다음은 패러데이의 법칙에 관한 순환학습 과정이다.

활동 1: 긴 전선의 양 끝을 검류계에 연결한 다음 전선을 줄넘기하듯 돌리면서 검류계에 어떤 변화가 일어나는지 관찰한다. 학생들에게 검류계 바늘이 움직인 이유를 질문한다.

활동 2: 학생들은 가설을 세우고 이를 검증하기 위한 실험을 계획하여 실시한다.

활동 3: (   )

활동 4: 주변에서 활동 1과 유사한 현상이나 원리를 적용한 예를 찾고 설명한다.

활동 5: 교사는 "검류계에 검출된 전류의 방향이 바뀌는데, 여기에 어떤 규칙성이 있을까?"라는 새로운 질문을 던진다.

활동 6: 학생들은 새로운 질문에 답하기 위한 가설을 세우고 이를 검증하기 위한 실험을 계획하여 실시한다.

활동 3에 해당하는 수업활동을 제시하고, 활동 3을 마친 후에 학생들이 도달하기를 기대하는 인지상태를 피아제 이론을 바탕으로 설명하시오. (3점)

• 수업활동:

• 인지상태에 대한 설명:

021

2006-06

다음은 운동량과 충격량의 관계에 대한 물리교재 내용의 일부이다.

힘을 F, 질량을 m, 가속도를 a라고 할 때 속도의 변화량을 Δv, 시간을 Δt라고 하면 뉴턴의 제2법칙에 의해 $F = m\dfrac{\Delta v}{\Delta t}$ 이다. 이를 다시 쓰면 $F\Delta t = m\Delta v$ 이다. 이때 힘과 작용 시간의 곱인 $F\Delta t$는 충격량이며 $m\Delta v$는 운동량의 변화량이다. 그러므로 충격량은 운동량의 변화량과 같음을 알 수 있다. 또한 동일한 충격량이라도 충돌 시간이 짧으면 작용한 힘이 커짐을 알 수 있다.

A교사는 위 내용이 수식 위주의 설명이어서 학생들이 실생활과 관련짓지 못하는 경향이 있음을 알았다. A교사는 위의 내용을 지도하기 위하여 과학 − 기술 − 사회(STS) 교수 − 학습 모형을 적용하는 것이 좋다고 판단하였다. STS 모형을 적용할 때, 이 수업의 첫째 단계와 마지막 단계에 적절한 학생 활동을 구체적인 사례와 근거를 포함하여 진술하시오. (3점)

• 첫째 단계 활동:

• 마지막 단계 활동:

022

2006-07

다음은 제7차 교육과정에 제시된 어떤 지도내용에 대한 9학년, 물리 I, 물리 II의 학습 내용이다.

> 9학년: 전류가 흐르는 도선 주위에 생기는 자기장의
> 　　　　특성을 확인하고, 자기장 속에서 전류가 흐르
> 　　　　는 도선이 받는 힘에 대하여 이해한다.
> 물리 I: 자기장 속에서 전류가 흐르는 도선이 받는 힘의
> 　　　　크기와 방향에 영향을 주는 요인을 찾는다.
> 물리 II: 평행한 두 도선 사이에 작용하는 힘과 자기
> 　　　　장 속에서 운동 전하가 받는 힘을 이해한다.

위 학습 내용에서 지도하고자 하는 공통된 학습 내용을 찾아서 쓰고, 나선형 교육과정의 관점에 비추어 학습내용의 폭과 깊이가 어떻게 변화하는지 위에 진술한 내용과 관련지어 구체적으로 쓰시오. (3점)

• 공통된 학습내용 :

• 학습내용의 폭과 깊이 :

023

2006-08

다음은 '힘과 운동'에 대한 수업을 하기 전에 어떤 학생이 작성한 개념도이다.

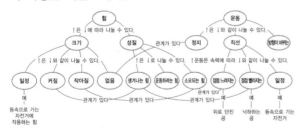

위 개념도에서 학생이 가지고 있는 '힘과 운동' 관련 선개념(오개념) 2개를 찾아서 쓰시오. 또한, 이러한 선개념(오개념)을 지닌 학생에게 인지갈등을 일으킬 수 있는 상황 1개를 제시하고, 그 상황이 학생의 인지갈등을 유발할 것이라고 생각하는 근거를 쓰시오. (4점)

• 선개념 :

• 갈등상황과 근거 :

024

2007-01

명왕성은 그동안 태양계 행성으로 분류되어 왔으나, 국제천문연맹(IAU)은 표결을 통해 명왕성을 왜소행성으로 재분류하였다. 이러한 과학지식 형성과정의 특징을 쿤(Kuhn) 이전의 과학철학이 지니는 한계와 관련지어 설명하고, 과학에서 이러한 사례를 하나 찾아 설명하시오. (3점)

• 설명 :

• 사례 :

025

2007-04

'빛의 굴절'을 주제로 한 수업을 시작하면서 교사는 다음과 같은 질문을 하였다.

> 교사: 김영희, 굴절이 뭐죠? 얼른 대답해 봐요.
> 김영희: 굴절이란 꺾이는 것을 말합니다.

교사가 한 질문의 문제점을 1가지 더 쓰고, 위에 제시된 교사의 질문을 학생들의 발산적 사고를 유발할 수 있는 질문으로 바꿔 쓰시오. (3점)

• 문제점 : ① 발산적 사고 억제

　　　　　 ②

• 발산적 사고를 유발할 수 있는 질문 :

026

2007-06

다음은 '자석에 의한 전류의 발생'을 탐구하는 수업 과정이다.

과정 1. 솔레노이드와 검류계를 연결한다.

과정 2. 막대자석의 N극을 솔레노이드 코일에 접근시킬 때와 멀리할 때 검류계 바늘의 움직임을 관찰한다.

과정 3. 막대자석이 코일 속에 정지해 있을 때의 검류계 바늘의 움직임을 관찰한다.

과정 4. 자석의 속력을 바꾸어 가면서 검류계 바늘의 움직임을 관찰한다.

과정 5. 관찰 결과를 표로 나타내고 해석한다.

과정 6. 이 해석을 바탕으로 결론을 내리고, 관련된 과학지식으로 일반화한다.

제7차 과학과 교육과정의 통합 탐구 과정 중 위의 수업 과정에서 문제인식 외에 명시되지 않은 것을 2개 더 쓰고, 고등학교 1학년 '전자기 유도'와 관련하여 문제 인식을 가르치기 위한 수업 계획을 3줄 이내로 쓰시오. (3점)

• 명시되지 않은 탐구과정 요소 :

• 수업 계획 :

027

2007-07

뷰렛 끝에서 떨어진 물방울이 바닥까지 도달하는 데 걸린 시간을 측정하여 중력가속도를 알아내기 위한 '물방울 낙하시간 측정하기' 실험을 아래와 같이 실시하였다.

과정 1. 실험 장치를 그림과 같이 설치하고, 뷰렛에 물을 가득 채운다.

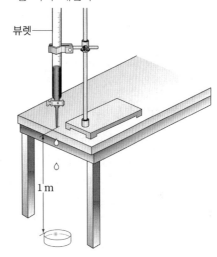

뷰렛

1 m

과정 2. 뷰렛의 콕을 조절하여 떨어지는 물방울이 바닥에 닿는 순간 다음 방울이 떨어지게 한다.

과정 3. 10방울이 떨어지는 데 걸리는 시간을 10으로 나누어 한 방울이 떨어지는 데 걸리는 시간을 알아낸다.

과정 4. 이 시간과 물방울이 떨어진 거리를 자유낙하 운동에서 사용하는 식에 대입하여 중력가속도를 계산한다.

과정 5. 정확한 측정값을 구하기 위해 2~4의 과정을 반복한다.

학생들이 구한 중력가속도 값은 다음 표와 같았다.

(단위: m/s^2)

1회	2회	3회	4회	5회	6회
9.7	9.5	9.4	9.2	8.7	8.3

구한 중력가속도 값의 편차를 줄이기 위해 통제해야 할 변인을 쓰고, 개선해야 할 실험 과정을 찾아서 수정하시오. (3점)

• 통제해야 하는 변인 :

• 개선해야 할 실험 과정과 수정 내용 :

028

2007-08

다음은 접촉 면적에 따른 마찰력을 알아보기 위한 실험에서 학생들이 얻은 자료와 내린 결론이다.

[실험 장면]

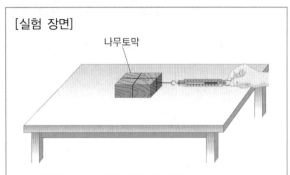
나무토막

[접촉면에 따른 최대 정지마찰력]

(단위 : N)

접촉 면적 (cm²)	1회	2회	3회	4회	5회	평균
100	3.5	3.2	3.1	3.5	3.3	3.32
200	3.4	3.3	3.2	3.6	3.2	3.34
400	3.5	3.3	3.6	3.5	3.3	3.44

[학생들이 내린 결론]
학생 A : 접촉 면적이 커질수록 최대 정지마찰력이 커진다는 것을 알 수 있다.
학생 B : 별 차이가 없는 것 같지만 추가 실험을 더 해봐야 할 것 같다.

위 자료를 활용하여 결론을 도출하는 학생들을 관찰한 후 과학적 태도를 평가하려고 다음과 같은 점검표를 만들었다.

평가 항목	평가 결과
1. 평균값의 차이가 의미 있는 크기인지 따져 보는가?	예 ( ) 아니오( )
2. 이론값과 다르게 나왔을 때 책이나 자료를 찾아보는가?	예 ( ) 아니오( )

위 점검표를 통하여 평가하고자 하는 과학적 태도요소를 제7차 과학과 교육과정 해설에 근거하여 쓰고, 학생 B가 추가로 해 볼 수 있는 실험을 고안하여 제시하시오. (4점)

• 태도 요소 :

• 추가 실험 :

029

2008-01

다음은 세 명의 학생이 각자 선정한 탐구 문제에 대한 가설을 진술한 것이다.

학생 A : 저는 태양계 밖 세계, 특히 외계인의 존재 여부에 관심이 있어서, "태양계 밖 우주에는 지적인 생명체가 존재하지 않을 것이다."라는 가설을 세워 자료 조사를 통해 증명해 보려고 합니다.
학생 B : 물체를 놓으면 밑으로 떨어지잖아요? 이때 물체마다 떨어지는 시간이 조금씩 다른 것 같아요. 그래서 "물체가 무거우면 낙하시간이 짧아질 것이다."라는 가설을 세워 질량이 다른 여러 물체의 낙하시간을 측정해 보려고 합니다.
학생 C : 온도를 변화시켜 가며 1기압에서 순수한 물 100mL의 밀도를 측정하였더니, 4℃에서 가장 컸어요. 순수한 물의 양을 달리하면서 실험을 해봤더니 역시 4℃에서 밀도가 가장 컸어요. 따라서 "순수한 물은 4℃에서 밀도가 가장 크다."라는 가설을 세웠습니다.

위 학생들이 진술한 내용 중 과학적 가설로 성립되지 않는 두 경우를 고르고, 그 이유를 각각 쓰시오. (4점)

학생	이유

030

2008-03

'빛과 그림자'에 대한 다음 수업 과정을 PEOE(예상-설명 1-관찰-설명 2) 모형으로 정리할 때, 각 단계에 해당하는 내용을 2줄 이내로 쓰시오. 단, '설명 2'는 마지막 학생이 답해야 하는 내용 A를 포함하여 쓰시오. (4점)

교시 : 빛은 공기 中에서 이떻게 나아간다고 생각해요?
학생 : 휘어지지 않고 직진해요.
교사 : 그럼, 그것을 어떻게 알 수 있을까요?
학생 : 빛이 지나가는 길에 물체를 놓았을 때 생기는 그림자로 알 수 있을 것 같아요.
교사 : 그럼, 그림자에 대해서 좀 더 이야기해 보죠. 점광원이 아닌 광원으로 물체를 비추면 그림자의 모양은 어떨까요?
학생 : 그림자의 모양은 물체의 모양과 똑같을 거라고 생각합니다.
교사 : 왜 그렇게 생각해요?
학생 : 그림자는 빛이 지나가는 것을 물체가 가려서 생기니까, 그림자의 모양은 물체의 모양과 같겠죠.
교사 : 그럼, 직선 모양의 광원으로 원형인 물체를 비추면, 그림자의 모양이 어떻게 되는지 살펴봅시다.

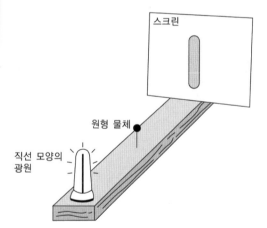

학생 : 제 예상과는 달리 직선 모양의 그림자가 나오네요. 왜 그렇죠?

교사 : 만약 꼬마전구와 같이 점광원으로 원형의 물체를 비추면 원형의 그림자가 나와요. 그런데 꼬마전구가 위아래로 두 개가 있다고 하면 그림자가 어떻게 될까요?
학생 : 동그란 그림자가 위아래로 2개가 나오겠죠. 아! 이제 알겠어요. 직선 모양의 광원은 점광원이 위아래로 연속해서 붙어 있는 것이라고 생각할 수 있겠네요.
교사 : 그래요. 그럼, 이제 어떤 것들이 그림자의 모양에 영향을 주는지 알겠지요?
학생 : 예! (A   )

• 예상 단계 :

• 설명 1단계 :

• 관찰 단계 :

• 설명 2단계 :

031

2008-02

다음은 '진자의 주기에 영향을 미치는 요인'을 알아보기 위한 탐구과정을 나타낸 것이다.

교사 : 이 탐구 문제의 변인을 찾아보세요.
학생 : 저는 실의 길이, 추의 질량, 진자의 주기, 추를 놓는 위치(진폭) 등을 찾았어요.
교사 : 그럼, 이 변인들을 이용해서 가설을 세워보세요.
학생 : 네. 저는 (A)라고 가설을 세웠어요.
교사 : 그러면 100g, 200g, 300g, 400g의 추 4개와 10cm, 20cm, 30cm, 40cm 길이의 실 4개를 가지고 실험을 설계해 보세요.
학생 : 추가 4개이고, 실이 4개니까, 각각의 추에 실을 연결하여 진자 4개를 만들 거예요. 즉, 100g-10cm, 200g-20cm, 300g-30cm, 400g-40cm의 4개 진자를 만들어 주기를 측정하려고 합니다.
교사 : 그렇게 하면 문제가 있어요. 추의 질량을 통제 변인으로 해야 되겠죠.

학생이 세운 가설 A를 종속 변인을 포함하여 쓰고, 학생이 설계한 실험에서 잘못된 부분을 고치시오. (3점)

• 가설 :

• 수정된 실험 설계 :

032

2008-04

'김 교사는 전기 회로에 건전지를 병렬로 추가 연결해도 전류는 거의 변하지 않는다는 것을 보여주기 위해 다음 그림과 같이 두 개의 회로를 준비하였다.

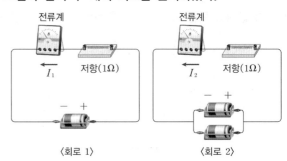

〈회로 1〉   〈회로 2〉

실험한 결과, 〈회로 2〉에 흐르는 전류 I_2가 〈회로 1〉에 흐르는 전류 I_1보다 컸다. 건전지의 연결을 제외한 모든 조건이 동일하다고 할 때, I_2가 I_1보다 크게 나온 이유를 2줄 이내로 설명하시오. 또한 전기 회로에 건전지를 병렬로 추가 연결해도 전류가 거의 변하지 않는다는 것을 보여주기 위해서는 이 실험 조건을 어떻게 바꾸어야 할지 2줄 이내로 쓰시오. (4점)

• 이유 :

• 바꾸어야 할 실험 조건 :

033

2009-02

다음은 제7차 교육과정의 7학년 '힘' 단원에 대해 K 교사가 세운 지도 계획의 일부이다.

> (가) 지구에서 물체의 무게는 물체에 작용하는 중력의 크기이며 중력과는 다른 개념이라는 것을 지도한다.
>
> (나) 한 물체에 나란하지 않은 두 개의 힘이 작용할 때, 합력은 두 힘이 만드는 평행사변형의 대각선으로 구할 수 있음을 이해하도록 한다.
>
> (다) 물체의 한 점에 두 힘이 작용할 때, 힘의 크기가 같고 방향이 반대이면 합력이 0이므로 힘의 평형이 이루어짐을 실험을 통해서 확인시킨다.

제7차 과학과 교육과정 및 교육과정 해설서에 근거할 때, 이 지도계획과 관련된 설명으로 옳은 것을 〈보기〉에서 모두 고른 것은? (2점)

[보기]

ㄱ. (가) - '중력의 방향이 지구의 중심으로 향한다.'고 지도한다.

ㄴ. (나) - 3개 이상의 힘이 작용할 때의 합력은 심화 과정에서 지도한다.

ㄷ. (다) - 힘의 평형과 작용·반작용을 구분할 수 있도록 지도한다.

① ㄱ   ② ㄴ
③ ㄷ   ④ ㄱ, ㄴ
⑤ ㄴ, ㄷ

034

2009-03

금속과 비금속 물질을 구분할 수 있는 학생들이 어떤 물질이 자석에 붙는가에 대해서 처음으로 학습한다. 이 학생들에게 철, 니켈, 플라스틱, 유리를 주고 자석에 붙여 보도록 했더니 철과 니켈만 자석에 붙는 것을 관찰하였다. 그 후에 학생들은 추리하기와 추리에 바탕을 둔 예상하기 활동을 하였는데 5명의 학생이 다음과 같이 수행하였다.

학생	추리	예상
A	금속 물질들은 모두 자석에 붙는다.	코발트는 자석에 붙을 것이다.
B	철과 니켈을 제외한 모든 물질은 자석에 붙지 않는다.	종이는 자석에 붙지 않을 것이다.
C	비금속 물질들은 모두 자석에 붙지 않는다.	코발트는 자석에 붙을 것이다.
D	비금속 물질들은 모두 자석에 붙지 않는다.	종이는 자석에 붙지 않을 것이다.
E	철과 니켈은 자석에 붙고, 플라스틱과 유리는 자석에 붙지 않는다.	나무는 자석에 붙지 않을 것이다.

이 학생들의 탐구 수행을 평가할 때, '관찰 결과를 바탕으로 한 추리 활동'과 '자신의 추리를 검증하기 위한 예상 활동'을 모두 옳게 한 학생을 모두 고른 것은? (단, 추리나 예상 내용의 진위 여부는 고려하지 않는다.) (2점)

① A, B   ② B, D
③ A, B, D   ④ A, C, E
⑤ C, D, E

035

2009-04

다음은 '로슨(Lawson)의 순환학습(Learning Cycle) 모형'에 따라 수업을 설계한 것이다.

(1) 그림과 같이 대전된 PVC 막대를 구리 막대에 가까이 가져가면서 검전기의 금속박이 어떻게 되는지 관찰한다.

대전된 PVC 막대   구리 막대   검전기

비커

(2) 구리 막대 대신, 철 막대와 알루미늄 막대를 차례로 올려놓고 같은 실험을 한다.
(3) 실험 결과를 정리하고 규칙성을 생각해 본다.
(4) 이 현상을 설명할 수 있는 적절한 개념과 용어를 소개한다.
(5) 청동 막대, 황동 막대 등에 대해서도 같은 결과가 나타나는지 실험한다.

이 수업에 대한 설명으로 옳지 않은 것은? (2점)

① 과정 (1), (2), (3)은 '탐색' 단계이다.
② 과정 (3)은 학생 중심으로 이루어진다.
③ 과정 (4)는 '개념 재구성' 단계이다.
④ 과정 (4)에서 소개될 적절한 개념은 '정전기 유도'이다.
⑤ 과정 (5)는 '개념 적용' 단계이다.

036

2009-05

다음은 과학자의 강연을 듣고 난 이후의 대화 내용이다.

학생 A, 학생 B: 누나, 이번 강연은 너무 어려웠어요.
누나: 어느 부분을 이해하지 못하겠니?
학생 A: 허블 망원경에서 상이 만들어지는 과정이 이해가 안 돼요.
누나: 그러면 간이 망원경의 원리는 알겠니?
학생 A, 학생 B: 그것도 모르겠어요.
누나: 그러면 간이 망원경에 대해서 조금 더 이야기를 해 볼까?
     - (누나의 설명) -
학생 A: 이제 간이 망원경의 원리는 알겠네요.
학생 B: 나는 아직도 모르겠어요.

이 대화를 비고츠키의 사회 문화적 이론으로 설명할 경우 옳은 것을 〈보기〉에서 모두 고른 것은? (2점)

[보기]

ㄱ. 누나의 설명은 학생 A의 '근접 발달 영역' 안에서 이루어졌다.
ㄴ. 과학 교수학습에서 학생들의 현재 개념 수준보다 높으면서도 교사나 다른 학생의 도움으로 해결할 수 있는 수준으로 개념을 제시하는 것이 좋다.
ㄷ. 학생 A가 누나와의 대화를 통해 이해한 것과 같이, 학습자는 언어를 통한 사고와 반성으로 지식을 구성한다.

① ㄱ
② ㄷ
③ ㄱ, ㄴ
④ ㄴ, ㄷ
⑤ ㄱ, ㄴ, ㄷ

037

2009-07

다음은 '진자의 길이와 주기 사이의 관계'를 알아보는 실험 보고서의 일부이다.

[실험 과정]

※ 추의 크기는 무시하고, 실의 길이를 진자의 길이로 가징한다.

(1) 그림과 같은 방법으로 실의 길이를 측정하고 유효숫자를 고려하여 기록하였다.

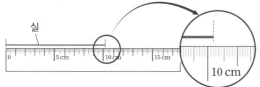

• 측정값: 10.2 cm

(2) 세 학생이 진자가 30번 왕복 운동한 시간을 각각 다른 시계를 이용하여 측정하고 그 값을 기록하였다.

구분	학생 A	학생 B	학생 C	평균
시간(s)	18	18.1	18.17	ⓐ

(3) 실의 길이를 변화시키면서 주기를 측정하고 표로 정리하였다. (<표> 생략)

(4) 실의 길이와 주기의 제곱과의 관계를 그래프로 나타내었다.

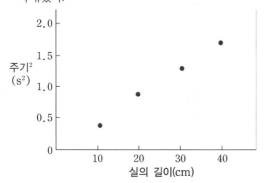

(5) 그래프를 이용하여 진자의 길이와 진자의 주기와의 관계를 구하였다. (이하 생략)

이 실험 보고서에 대한 분석으로 옳은 것을 <보기>에서 모두 고른 것은?

[보기]

ㄱ. 과정 (1)에서 실의 길이의 측정값을 유효숫자를 고려하여 바르게 기록하였다.

ㄴ. 과정 (2)의 ⓐ에 들어갈 평균값은 유효숫자를 고려하면 18이다.

ㄷ. 실의 길이와 주기의 제곱과의 관계를 그래프로 나타내는 활동의 주된 탐구과정은 '자료 변환'이다.

ㄹ. 외삽(extrapolation)을 이용하면, 실의 길이가 50cm일 때의 주기를 알 수 있다.

① ㄱ, ㄴ   ② ㄱ, ㄷ

③ ㄷ, ㄹ   ④ ㄱ, ㄴ, ㄹ

⑤ ㄴ, ㄷ, ㄹ

038

2009-06

다음은 과학 지식의 형성에 대한 하나의 관점을 제시한 것이다.

> 과학에서의 지적 진보는 관찰과 이론이 일치하지 않을 때 발생할 수 있다. 이때 형성된 새로운 지식은 (가) 기존이론 체계를 완전히 대체하거나 (나) 보완하는 이론으로 받아들여진다. 과학의 역사를 보면 여기에는 두 가지 과정이 존재한다. 즉 (다) 기존 이론으로 설명될 수 없는 현상이 먼저 관찰되고 나중에 이를 설명하는 새로운 이론이 출현하는 경우와 새로운 이론이 먼저 나타나 기존이론으로는 불가능한 예측이 이루어진 다음, 관찰에 의해 이를 확증하는 경우가 그것이다.

이 내용을 학생의 과학학습 지도에 활용한다면, '관찰과 이론의 불일치'는 '인지갈등' 상황으로, '기존이론'은 '학생의 개념'으로, '대체하거나 보완하는 이론'은 '바람직한 과학 개념'으로 관련되어 생각해 볼 수 있다. 보기에서 옳은 것을 모두 고른 것은? (2점)

[보기]
ㄱ. 학생의 인지갈등 상황이 (가)의 형태로 해결되는 과정은 정상과학 안에서 이루어지는 '수수께끼 풀이'에 해당한다.
ㄴ. 인지갈등 상황에 있는 학생의 개념이 (나)의 형태로 해결되는 것은 '포퍼의 반증 논리'가 적용된 경우이다.
ㄷ. 수업에서 학생의 개념을 (다)의 방식으로 변화시킬 때에는 '쿤의 변칙 사례'와 같이 학생의 개념으로 설명되지 않는 관찰 사례들을 도입하는 전략이 필요하다.

① ㄱ   ② ㄷ
③ ㄱ, ㄴ   ④ ㄴ, ㄷ
⑤ ㄱ, ㄴ, ㄷ

039

2009-08

다음은 '힘과 운동'에 대한 학생의 생각을 평가하기 위한 서술형 문항이다.

> 그림은 버스가 지면에 대해 가속도 a로 등가속도 직선 운동을 하고 있을 때 질량이 m인 버스 손잡이가 기울어져 있는 모습이다. 지면에 대해 정지한 사람의 관점에서 손잡이에 작용하는 힘을 모두 그리고, 합력의 크기와 방향을 쓰시오. (단, 손잡이 끈의 질량은 무시한다.)
>
>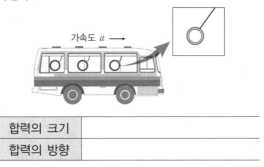
>
> | 합력의 크기 | |
> |---|---|
> | 합력의 방향 | |

이 문항에 대하여 5명의 학생이 다음과 같이 답하였다. 과학 교사가 이를 평가할 때, 옳게 답한 것으로 평가해야 할 학생은? (2.5점)

학생	작용하는 힘	합력의 크기	합력의 방향
A	중력	mg	중력 방향
B	장력, 중력	ma	버스의 가속도와 같은 방향
C	장력, 중력	ma	버스의 가속도와 반대 방향
D	장력, 관성력, 중력	0	합력이 0이므로 방향이 없다
E	장력, 관성력, 중력	$mg+ma$	버스의 가속도와 반대 방향

① A   ② B
③ C   ④ D
⑤ E

040

2009-09

다음은 '돌림힘(토크)의 평형'에 대한 실험 과정이다.

[과정 1]
같은 질량의 추를 수평 막대 양쪽에 걸어 평형을 이루
도록 한다. 평형을 이루었을 때, 막대의 중심으로부터
추까지의 길이를 재고, 추의 질량과 함께 기록하다.

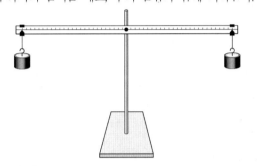

[과정 2]
수평 막대 양쪽에 있는 추의 질량과 위치를 변화시키
면서 평형이 되었을 때, 막대의 중심으로부터 추까지
의 거리와 추의 질량을 기록한다.

[과정 3]
기록된 데이터로부터 '(막대의 중심에서 추까지의 길
이) × (추의 무게)'를 구한 다음, 수평 막대 양쪽의 값
을 비교한다.

**이 실험을 인식론적 V도로 나타내는 과정으로 옳은 것을
〈보기〉에서 모두 고른 것은? (2점)**

┌─────[보기]─────┐

ㄱ. '초점 질문'은 '수평 막대에 작용하는 돌림힘의 평
   형 조건은 무엇일까?'이다.
ㄴ. 개념적(이론적) 측면의 '원리'는 '힘, 돌림힘, 길이,
   무게'이다.
ㄷ. 방법론적 측면의 '지식 주장'에는 '평형이 되었을
   때, 막대의 중심에서 추까지의 길이와 추의 무게
   를 곱한 양은 수평 막대 양쪽의 경우 거의 같다'
   라는 내용이 포함될 수 있다.

① ㄱ   ② ㄴ
③ ㄱ, ㄷ   ④ ㄴ, ㄷ
⑤ ㄱ, ㄴ, ㄷ

041

2009-10

다음은 '수레의 운동'에 대한 평가 문항이다.

[실험 과정]
1. 1초에 60타점을 찍는 시간기록계를 장치하고
   수레에 종이테이프를 연결한다.
2. 시간기록계를 켜고 빗면에서 수레를 굴린다.
3. 종이테이프를 6타점 간격으로 구간을 잘라 순
   서대로 붙인다.

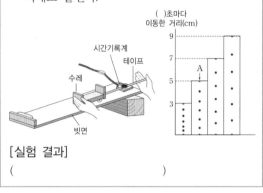

[실험 결과]
(   )

(1) 세로축의 값은 ( )초마다 이동한 거리를 의미한다. ( )에
    들어갈 값을 쓰시오.
(2) A 구간의 평균 속력은 몇 cm/s인지 쓰시오.
(3) [실험 결과]에 적합한 내용을 쓰시오.

**이 문항에 대한 설명으로 옳은 것을 〈보기〉에서 모두 고
른 것은? (2점)**

┌─────[보기]─────┐

ㄱ. (3)에 대해서 '빗면을 내려오는 동안 수레의 속력은
   일정하게 증가한다.'로 답하면 정답으로 평가한다.
ㄴ. 이 실험의 내용은 제7차 과학과 교육과정의 8학년
   '여러 가지 운동'에서 학습한다.
ㄷ. 클로퍼의 과학교육목표 분류 중 '자료의 해석과
   일반화'에 중점을 둔 평가 문항이다.
ㄹ. '힘과 운동의 법칙에 대한 실험을 통하여 힘과 가
   속도가 비례함을 안다'를 평가하는 것이다.

① ㄱ, ㄴ   ② ㄴ, ㄹ
③ ㄷ, ㄹ   ④ ㄱ, ㄴ, ㄷ
⑤ ㄱ, ㄷ, ㄹ

042

2009-11

다음은 어느 학생이 문제를 해결하는 방법을 기록한 보고서의 일부이다.

(가) 전자석의 세기는 에나멜선의 감은 수에 비례하는가?

• 문제 해결 방법

그림과 같이 쇠못 전체에 에나멜선을 균일하게 감은 전자석 A와 B를 만들어 같은 전류가 흐르게 하였을 때, 쇠 클립이 얼마나 많이 달라붙는지 비교한다.

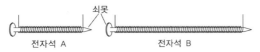

• 전자석 A(길이 : 5cm, 감은 수 : 100회)
• 전자석 B(길이 : 10cm, 감은 수 : 200회)

(나) 프리즘에 백색광을 입사시킬 때, 빛의 분산과 합성을 이용하여 다시 백색광이 나오게 하는 방법은?

• 문제 해결 방법

동일한 프리즘 4개를 그림과 같이 배치하여 한쪽에 백색광을 입사시키면 빛의 분산과 합성을 거쳐 4번째 프리즘에서 백색광이 나오게 된다.

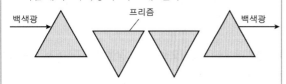

이에 대한 설명으로 옳은 것을 〈보기〉에서 모두 고른 것은? (2점)

┌─────[보기]─────┐

ㄱ. (가)에서 전자석 B에 붙는 쇠 클립의 수는 전자석 A에 붙는 쇠 클립의 수의 약 2배일 것이다.

ㄴ. (가)에서 에나멜선이 감겨 있는 쇠못의 길이를 같게 하지 않았기 때문에 문제해결 방법이 적절하지 않다.

ㄷ. (나)의 내용인 빛의 분산은 제7차 과학과 교육과정의 7학년에서 학습한다.

ㄹ. (나)에서 첫 번째 프리즘에서 분산된 빛이 두 번째 프리즘에서 다시 합성되므로 프리즘 2개만 있어도 문제를 해결할 수 있다.

└────────────────────┘

① ㄱ, ㄴ   ② ㄱ, ㄹ
③ ㄴ, ㄷ   ④ ㄱ, ㄷ, ㄹ
⑤ ㄴ, ㄷ, ㄹ

043

2009-12

다음은 학생의 사전 개념이 실험을 통해 새로운 개념으로 변화된 두 가지 사례이다.

구분	사례 (가)	사례 (나)
사전 개념	속력은 힘에 비례한다. $v \propto F$	전류는 전압에 비례한다. $I = \dfrac{V}{R}$
실험	수레에 벽돌은 올려놓고 고무줄로 힘 F를 변화시키면서 수레의 속력 변화를 측정한다.	전원에 연결된 니크롬선을 알코올램프로 가열할 때 전압 V를 변화시키면서 전류 I를 측정한다.
새로운 개념	가속도는 힘에 비례한다. $a = \dfrac{F}{m}$	전류는 전압에 비례하고, 온도에 따른 저항값 $R(T)$에 따라 달라진다. $I = \dfrac{V}{R(T)}$

두 사례를 학생 개념변화의 관점과 라카토스(Lakatos)의 과학 지식 변화의 관점에서 볼 때 각각 옳게 연결한 것은? (2점)

학생의 개념 변화	라카토스의 연구프로그램 이론
ㄱ. 학생 개념의 완전한 대체 ㄴ. 학생 개념의 부분적 수정	A. 연구 프로그램에서 핵의 변화 B. 긍정적 발견법에 의한 보호대의 변화 C. 부정적 발견법에 의한 보호대의 변화

	사례 (가)	사례 (나)
①	ㄱ, A	ㄴ, B
②	ㄱ, B	ㄴ, C
③	ㄱ, C	ㄴ, A
④	ㄴ, B	ㄱ, A
⑤	ㄴ, C	ㄱ, C

01

044

2010-03

다음은 어떤 [과학 철학적 관점]을 나타낸 글과 학생의 개념변화를 위해 실시한 [시범 실험 내용과 교사와 학생들의 대화]이다.

[과학 철학적 관점]
과학은 문제에서 출발한다. 과학자들은 이 문제를 해결하기 위해 반증 가능한 가설을 내어놓는다. 어떤 가설은 반증 사례가 제시되면 곧 기각되고, 어떤 가설은 엄중한 비판과 검증을 통과하여 기각되지 않는다.

[시범 실험 내용과 교사와 학생들의 대화]
"무거운 물체가 가벼운 물체보다 먼저 떨어진다."고 생각하는 학생에게 진공 장치를 이용하여 무거운 물체와 가벼운 물체를 같은 높이에서 떨어뜨렸을 때 동시에 떨어지는 것을 관찰하게 하였다.

교사 : 두 물체가 동시에 떨어졌지요? 그러니까 여러분의 생각이 틀렸지요?
학생 A : 그러네요. 선생님 말씀이 맞네요. 제 생각이 틀렸다는 것을 이제 알겠네요. 무거운 물체나 가벼운 물체나 떨어지는 시간은 같네요.
학생 B : 아니에요. 제 생각이 맞아요. 제가 보기에는 무거운 물체가 먼저 떨어졌어요.
학생 C : 글쎄요. 두 물체의 차이가 작기 때문에 동시에 떨어진 것으로 보일 뿐이에요. 무게 차이가 많이 나는 것으로 실험한다면 무거운 물체가 먼저 떨어지는 것을 관찰할 수 있을 거예요.

학생 A, B, C 중에서 위에 제시된 과학 철학적 관점이 갖는 한계를 보여주는 것을 모두 고른 것은? (2.5점)

① A   ② B
③ A, B   ④ A, C
⑤ B, C

045

2010-04

다음은 전자석에 대학 수업의 일부이다.

교사는 쇠못에 에나멜선을 촘촘하게 감은 전자석으로 그림과 같은 전기회로를 만들었다.

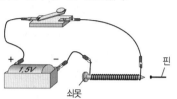

교사는 한 학생에게 쇠못의 끝부분에 핀을 가까이 가져가 보라고 했다. 그리고 스위치를 닫은 다음에 다시 핀을 쇠못에 가져가게 했다. 스위치가 열렸을 때, 핀은 쇠못에 붙지 않았지만 닫혔을 때는 핀이 쇠못의 끝에 달라붙었다. 이것을 보고 이 학생은 "쇠못에 전류가 흘러서 쇠못이 자석이 되었다."고 생각했다. 그리고 "쇠못 대신에 나무막대를 코일 속에 넣으면 나무막대에는 전류가 통하지 않으므로 핀이 달라붙지 않을 것이다."라고 예상했다. 이 학생은 자신의 예상이 옳다는 것을 확인하기 위하여 나무막대로 확인해 보았다. 그 결과 나무막대에는 핀이 달라붙지 않았다. 그래서 학생은 자신의 생각을 더 확신하였다.

이 학생의 생각과 불일치되는 사례가 나오도록 교사가 제안할 수 있는 것으로 가장 적절한 것은? (2.5점)

① 꼬마전구와 전지에 쇠못을 직렬로 연결하여, 꼬마전구에 불이 켜지는지 확인해 보게 한다.
② 코일 속에 넣었던 쇠못을 뺀 후, 쇠못에 핀이 달라붙는지 확인해 보게 한다.
③ 코일 속에 넣었던 나무 막대를 뺀 후, 나무 막대에 핀이 달라붙는지 확인해 보게 한다.
④ 유리 막대를 코일 속에 집어넣고, 유리 막대에 핀이 달라붙는지 확인해 보게 한다.
⑤ 구리 막대를 코일 속에 집어넣고, 구리 막대에 핀이 달라붙는지 확인해 보게 한다.

046

2010-05

다음은 발생학습(generative learning) 모형을 적용한 수업이다.

> 단계 (가): 렌즈에 의한 상에 대해 학생들의 생각을 조사한다.
>
> 단계 (나): 학생들에게 그림과 같이 볼록렌즈에 의해 생기는 촛불의 상을 보여주고, "볼록렌즈의 위쪽 절반을 두꺼운 판지로 가리면 촛불의 상이 어떻게 될까?"라는 질문을 한다.
>
>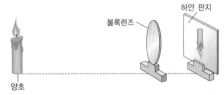
> 하얀 판지
> 볼록렌즈
> 양초
>
> 단계 (다): 위와 같은 문제에 대해 자신의 생각을 서로 토론하고, 실제적인 활동을 통해 그에 대한 증거를 찾도록 한다.
>
> 단계 (라): 적용 단계로서 (   )

이 수업에 적용한 방법으로 옳은 것은? (2점)

① 단계 (가)는 도전단계로 흥미 유발을 위해 사진기의 원리를 설명하는 읽을거리를 제시한다.

② 단계 (나)에서 과제를 분명하게 이해시키기 위해 교사는 학생들이 자신의 생각을 명료하게 인식하도록 도와준다.

③ 단계 (다)에서 학생들에게 오목렌즈를 이용하여 촛불의 상을 찾도록 한다.

④ 단계 (라)에서 교사는 학생들의 선개념을 명확하게 드러낼 수 있는 과제를 제시한다.

⑤ 오목거울을 이용한 태양열 조리기의 원리를 설명하도록 하는 과제는 단계(라)에서 사용할 수 있는 적절한 사례가 된다.

047

2010-06

다음은 힘과 운동에 대한 교사와 학생의 대화를 나타낸 것이다.

> 교사: 이전 시간에 등속운동의 개념에 대해서 배웠죠? 그럼 등속운동과 힘에 대해서 이야기해 봅시다.
>
> 학생: 물체가 등속운동을 하기 위해서는 힘이 꼭 필요하다고 생각해요. ㉠ 물체에 힘이 작용하지 않으면, 그 물체는 멈추지요.
>
> 교사: 그럼 얼음 위에서 물체를 밀었을 때는요?
>
> 학생: 어? 이상하네요. 그러고 보니까 ㉡ 얼음 위에서는 힘을 주지 않아도 물체가 멈추지 않고 움직이는 것을 본 적이 있어요.
>
> 교사: 네. ㉢ 알짜 힘이 0이면 물체는 등속으로 움직입니다. 그럼 물체에 일정한 힘이 계속 작용하면 어떻게 운동하는지 알아봅시다.
>
> － 생략 －
>
> 학생: 물체에 일정한 크기의 힘이 작용하니까 속도가 일정하게 변하네요.
>
> 교사: 네. 일정하게 힘이 작용하면 가속도가 일정한 값이 됩니다. ㉣ 다음 시간에는 등속운동과 가속도 운동을 모두 설명할 수 있는 뉴턴의 운동법칙에 대해서 공부해 봅시다.

이 대화의 내용과 관련된 설명으로 옳은 것을 〈보기〉에서 모두 고른 것은? (2점)

[보기]

ㄱ. 하슈웨(M. Hashweh)의 개념변화 모형에 의하면, ㉠과 ㉡의 갈등은 학생의 사전개념과 실제 세계와의 갈등이다.

ㄴ. 피아제(J. Piaget)의 지능발달 이론에 의하면, ㉠에서 ㉢으로 학생의 인지구조가 변하는 과정을 동화(assimilation)라고 한다.

ㄷ. 오수벨(D. Ausubel)의 학습이론에 의하면, ㉣과 같이 등속운동과 가속도 운동을 학습한 학생이 뉴턴의 운동법칙을 학습하는 것을 파생적 포섭이라고 한다.

① ㄱ   ② ㄷ

③ ㄱ, ㄴ   ④ ㄴ, ㄷ

⑤ ㄱ, ㄴ, ㄷ

048

2010-08

기압에 대한 수업에서 학생들이 지닌 선개념을 변화시키기 위해 김 교사는 시범 활동을 사용하기로 했다. 이를 위해 김 교사는 둥근바닥 플라스크 A의 입구를 밸브로 막고 진공상태로 만들었다. 플라스크 A의 입구를 물이 가득 채워진 플라스크 B 속에 집어넣고 밀봉을 하였다.

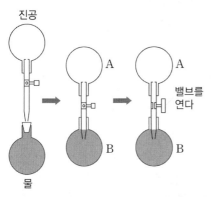

다음은 김 교사가 구성주의적 관점에서 계획한 수업과정이다.

(가) 학생들에게 실험 장치를 보여주고 그 구조를 간단히 설명한 다음, 진공 플라스크의 밸브를 열면 플라스크 B 속의 물이 어떻게 될 것인지 질문한다. 활동지에 자신의 예상을 그려보고, 그렇게 생각하는 이유를 기록하게 한다.

(나) 모둠별로 3~5분 동안 자신의 예상을 토의하고, 가장 그럴듯한 예상과 그 이유를 학급 전체에 발표하도록 한다.

(다) 어떤 예상이 옳은지 주목하게 하면서, 교사는 진공 플라스크의 밸브를 열고, 그때 일어나는 현상을 학생들에게 보여준다.

(라) 자신들의 예상과 실험 결과를 비교해 보고, 그와 같은 결과가 일어난 이유에 대해 모둠별로 10분 동안 토의한 뒤, 학급 전체에서 발표하도록 한다.

(마) 관찰된 실험 결과에 대한 학생들의 서로 다른 생각을 칠판에 적고 어떤 생각이 더 적절한지 학급에서 토의한다.

이와 같은 수업에 대한 다음의 진술 중에서 옳지 않은 것은? (2점)

① 시범을 보여주기 전에 예상과 토의를 하게 하는 것은 학생 자신의 생각을 분명하게 인식하도록 하기 위한 것이다.

② "플라스크 B 속의 물이 모두 플라스크 A로 올라간다."고 예상한 학생에게는 관찰 결과가 불일치 사례가 될 수 있다.

③ (다)의 과정에서 학생들에게 관찰 결과를 즉시 기록하게 하는 것은 (라)의 과정에서 학생들의 선개념을 바꾸지 않도록 하기 위한 것이다.

④ (라)와 (마)는 화이트와 건스톤(R. White & R. Gunstone)이 제안한 POE 모형에 의하면 설명단계에 해당한다.

⑤ (라)의 과정에서 학생의 인지적 갈등을 일으키지 않고 관찰 결과를 설명할 수도 있다는 것을 교사가 알 필요가 있다.

049

2010-07

다음은 김 교사가 작성한 평가 문항과 그에 대한 학생들의 응답 분포 결과이다.

[평가 문항]

지구에서 무게가 60N인 나무토막이 있다. 지구와 달에서 이 나무토막을 가지고 실험을 한다고 할 때 이에 대한 설명으로 옳은 것을 <보기>에서 모두 고른 것은?

[보기]

A. 달에서 나무토막의 무게는 10N이다.
B. 지구와 달에서 나무토막의 질량은 같다.
C. 마찰력과 공기저항을 무시할 때, 바닥면에서 나무토막에 같은 크기의 힘을 수평으로 작용하면 달에서의 속도 변화가 지구에서 보다 더 크다.

가. A　　나. B　　다. A, B　　라. A, B, C

[응답 분포 결과]

번호	성적 상위집단 응답 수(명)	성적 하위집단 응답 수(명)
가	3	35
나	2	0
다	20	5
라	25	10

이에 대한 설명으로 옳은 것을 <보기>에서 모두 고른 것은? (2점)

[보기]

ㄱ. 성적 하위집단 학생들에게 달의 중력이 지구의 중력보다 작다는 것을 지도할 필요가 있다.
ㄴ. '라'에 답한 학생이 물체의 가속도는 관성질량과 관계있다는 것을 아는지 점검할 필요가 있다.
ㄷ. 이 문항의 변별도지수(discrimination index)는 0.15이다.

① ㄴ　　　　　　　　② ㄷ
③ ㄱ, ㄴ　　　　　　④ ㄱ, ㄷ
⑤ ㄱ, ㄴ, ㄷ

050

2010-09

다음은 전기회로 실험에 대한 두 학생 A, B의 대화와 실험 결과를 나타낸 것이다.

[두 학생과의 대화]

학생 A: 어제 수업 시간에 "저항이 일정할 때, 전류는 전압에 비례한다."는 내용을 배웠잖아?
학생 B: 응, 우리는 그것을 ㉠ $V = IR$이라는 식으로 정리했었지.
학생 A: 기전력이 1.5V인 건전지에 전구를 연결한 회로를 만든 후 동일한 건전지를 추가로 직렬로 연결하면서 전구의 밝기가 어떻게 되는지 살펴보자.
　　　　　－ 생략 －
학생 A: 이상하네. ㉡ 건전지의 개수가 증가한 만큼 전구의 밝기가 밝아지지 않는 것처럼 보이네. 우리 좀 더 명확히 실험해 보자. 건전지의 개수를 증가시키면서 전구 양단에 걸리는 전압과 회로에 흐르는 전류가 비례하는지 알아보면 될 거야.
　　　　　－ 이하 생략 －

[실험 결과]

건전지 개수(개)	전압(V)	전류(A)
1	1.40	0.37
2	2.76	0.45
3	4.09	0.51
4	5.42	0.54

이 대화와 실험 결과에 대한 설명으로 옳은 것을 <보기>에서 모두 고른 것은? (2점)

[보기]

ㄱ. 브루너(J. Bruner)에 의하면 ㉠의 표현양식은 상징적 표현양식이다.
ㄴ. ㉡은 클로퍼(L. Klopfer)의 과학교육 목표분류 중 '문제 발견과 해결방법 모색'에 해당한다.
ㄷ. [실험 결과]의 표와 같이 전류가 전압에 비례하지 않는 주된 이유는 건전지를 직렬로 추가 연결하였을 때 건전지의 내부 저항이 증가하였기 때문이다.

① ㄱ　　　　　　　　② ㄷ
③ ㄱ, ㄴ　　　　　　④ ㄴ, ㄷ
⑤ ㄱ, ㄴ, ㄷ

051

2010-10

다음은 '힘과 가속도의 관계'를 알아보는 실험 보고서의
일부이다.

[가설]
추의 개수가 증가할수록 수레의 가속도는 정비례로
커질 것이다.
[준비물] 역학 수레(500g) 1개, 추(500g) 4개, 도르래, 실
[실험과정]
(1) 그림과 같이 실험 테이블에 도르래를 설치하고, 실
    의 양 끝에 역학 수레와 추를 연결한다.

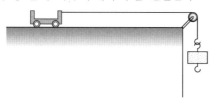

(2) 시간에 따른 수레의 속력을 측정한다.
(3) (2)의 결과로부터 가속도를 계산한다.
(4) 고리 끝에 연결한 추의 개수를 증가시키면서 (2),
    (3)의 과정을 수행한다.
[실험 결과]

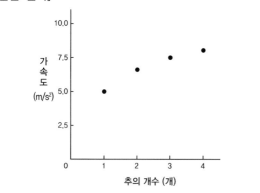

이에 대한 설명으로 옳은 것을 〈보기〉에서 모두 고른 것
은? (2점)

─〔보기〕─
ㄱ. 움직이는 수레에서 실이 수레를 잡아당기는 힘의
   크기는 고리에 걸리는 추의 무게와 같다.
ㄴ. 이 실험에서는 변인 통제를 잘못했기 때문에 추의 개
   수와 가속도가 정비례하는 결과가 얻어지지 않았다.
ㄷ. 고리에 추를 한 개씩 증가시키는 것은 수레에 작용
   하는 힘의 크기를 일정하게 증가시키기 위함으로
   이때 추의 개수를 조작 변인(조절 변인)이라고 한다.

① ㄱ   ② ㄴ
③ ㄱ, ㄷ   ④ ㄴ, ㄷ
⑤ ㄱ, ㄴ, ㄷ

052

2010-11

다음은 로슨(A. Lawson)의 3가지 순환학습 모형 중 하
나를 적용한 수업이다.

단계 (가): 교사는 나무토막을 빗면에 놓고, 빗면을
         미끄러져 내려온 나무토막이 바닥에서 이
         동하여 멈추는 거리를 측정하는 시범실험
         을 하였다. 학생은 질량이 같은 여러 종류
         의 물체를 빗면의 같은 위치에서 놓았을
         때, 바닥에서 이동하여 멈추는 거리를 측
         정하는 실험을 하였다. 학생은 실험 결과
         를 보고, ⊙ 인과적 의문을 갖는다. 그리
         고 그 의문에 대한 잠정적인 답을 만들고,
         ⓒ 그 잠정적인 답이 관찰한 결과를 모두
         설명할 수 있는지 토의한다.
단계 (나): 질량이 같은 물체가 빗면에서 내려온 뒤,
         바닥에서 이동한 거리가 서로 다른 이유
         를 학생들이 발표하고, 교사는 다음과 같
         은 설명을 한다.

┌─────────────────────────────────┐
│ 교사의 설명 : 같은 질량의 물체를 빗면의 같은 │
│   위치에서 놓았을 때, 바닥에서 이 │
│   동한 거리가 다른 이유는 물체와 │
│   바닥 사이의 마찰력이 각각 다르기 │
│   때문이다. 마찰력이 큰 경우, 바닥 │
│   에서 이동하는 거리가 더 짧다. │
└─────────────────────────────────┘

단계 (다): 교사는 동일한 두 개의 나무토막을 얼음판과
         운동장에서 같은 힘을 주어 밀었을 때, 미끄
         러져 가는 거리를 비교하여 설명하게 한다.

이 수업에 관련된 설명으로 옳은 것을 〈보기〉에서 모두
고른 것은? (2점)

─〔보기〕─
ㄱ. 이 수업은 경험-귀추적 순환학습 모형을 적용한
   것이다.
ㄴ. 이 수업을 통해 학습한 내용에 비추어 볼 때, ⊙은
   "질량이 같은 물체를 같은 위치의 빗면에 놓았는데,
   왜 바닥에서 이동한 거리가 다를까?"가 적절하다.
ㄷ. ⓒ을 위해서는 연역적 추론이 필요하다.

① ㄱ   ② ㄷ
③ ㄱ, ㄴ   ④ ㄴ, ㄷ
⑤ ㄱ, ㄴ, ㄷ

053

2010-12

다음은 박 교사가 힘과 운동의 관계에 대한 학생의 생각을 조사한 문항과 그 결과이다.

[문항]

주변에 행성이나 별과 같이 힘을 작용하는 어떤 물체도 없는 텅 빈 공간에서 우주선이 움직이고 있다고 가정한다. 이 우주선이 A지점에서 B지점으로 일정한 속도로 이동했다. 우주선이 B지점에 왔을 때 엔진이 점화하여 AB선에 수직하게 일정한 추진력이 계속 작용하여 C지점까지 이동했다. 우주선이 B지점에 왔을 때 엔진이 점화하여 AB선에 수직하게 일정한 추진력이 계속 작용하여 C지점까지 이동했다. 이때 다시 엔진이 꺼졌다. 그림에 이 우주선이 이동하는 경로를 B지점 이후부터 그리시오.

[결과]

이 문항에 대해 학생들이 그린 답을 조사한 결과 다음과 같이 4가지 그림이 많았다.

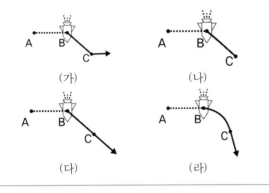

학생의 답지에 대해 진단한 〈보기〉의 진술 중 적절한 것을 모두 고른 것은? (2점)

┌─────[보기]─────┐

ㄱ. (가)와 같이 그린 학생은 작용하던 힘이 사라지면 우주선이 원래 이동하던 방향인 $\overrightarrow{AB}$와 나란한 방향으로 복귀한다고 생각할 수 있다.

ㄴ. (나)와 같이 그린 학생은 힘이 작용하지 않으면 언제나 물체가 멈춘다고 생각할 수 있다.

ㄷ. (다)와 같이 그린 학생은 물체의 이동 방향으로 언제나 힘이 작용한다고 생각할 수 있다.

ㄹ. (라)와 같이 그린 학생은 힘의 방향으로 언제나 물체가 이동한다고 생각할 수 있다.

① ㄱ, ㄴ   ② ㄴ, ㄹ

③ ㄷ, ㄹ   ④ ㄱ, ㄴ, ㄷ

⑤ ㄱ, ㄷ, ㄹ

01

054

2011-01

다음은 로슨(A. Lawson)의 3단계 순환학습 모형을 연속하여 적용한 단계별 수업 계획이다. 제시된 단계들은 순환학습 모형의 각 단계에 해당된다.

> 단계 1. 교사는 광전효과 실험 장치를 설치해 준 다음, 광전관에 빛을 쪼이면 어떤 현상이 일어날지 알아보도록 한다. 학생들은 실험을 통해 광전관에 쪼이는 빛의 세기가 셀수록 광전관에 흐르는 전류가 증가하는 현상을 관찰한다. 학생들은 자신의 실험 결과를 발표한다.
> 단계 2. 교사는 학생들이 수행한 실험결과와 관련 지어 광전효과의 기본적인 개념을 소개한다.
> 단계 3. 학생들은 광전효과를 이용한 사례를 일상적 상황에서 찾아보고 여러 학생과 토론한다.
> 단계 4. 교사는 다른 광원을 이용하여 센 빛을 쪼여주어도 광전효과가 일어나지 않는 현상을 보여주고, 관련 자료를 제공하여 이유를 제안하도록 격려한다. 학생들은 빛의 파장이 길면 광전효과가 일어나지 않는다는 가설을 세우고, 이 가설을 검증하기 위한 실험을 설계하고 수행하여 결과를 발표한다.
> 단계 5. _____<생략>_____
> 단계 6. _____<생략>_____

이 수업 계획에 대한 설명으로 옳은 것만을 〈보기〉에서 모두 고른 것은? (2.5점)

> ─────[보기]─────
> ㄱ. 단계 4는 서술적 순환학습 모형의 '탐색' 단계이다.
> ㄴ. 단계 5에 도입될 중요 개념에는 '한계진동수'가 포함된다.
> ㄷ. 2009 개정 과학과 교육과정의 물리 Ⅱ에서는 이 수업내용이 '물질의 이중성' 영역의 '빛의 입자성' 내용 요소에 해당된다.

① ㄱ   ② ㄷ
③ ㄱ, ㄷ   ④ ㄴ, ㄷ
⑤ ㄱ, ㄴ, ㄷ

055

2011-02

다음은 김 교사와 영희의 대화이다.

> 김 교사: (구리 막대를 실에 매달고, 대전체를 구리 막대에 가까이 가져갔을 때, 구리 막대가 대전체에 끌려오는 현상을 제시하면서) 구리 막대가 왜 대전체에 끌려왔을까요?
>
>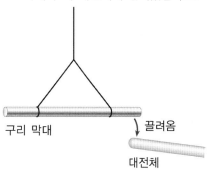
> 구리 막대   끌려옴
> 대전체
>
> 영희: 이런 현상을 처음 보지만, 제 생각에는 구리가 금속이라서 그런가 봐요. (가) <u>금속은 대전체에 끌려와요.</u>
> 김 교사: 그 생각이 맞는지 어떻게 알아볼 수 있을까요?
> 영희: 알루미늄 막대로 바꾸어서 똑같이 해 봐요. (나) <u>알루미늄 막대도 금속이니까 대전체에 끌려올 거예요.</u>
> 김 교사: 그럼 해 보세요. (위 실험을 알루미늄 막대로 바꾸어서 실험했을 때, (다) <u>알루미늄 막대가 대전체에 끌려왔다.</u>)
> 김 교사: 결과에 대하여 어떻게 생각하나요?
> 영희: (라) <u>금속은 대전체에 끌려온다는 제 생각이 옳아요.</u>
> 김 교사: 다른 금속으로 더 해 볼까요?
> 영희: 다른 금속으로 더 해 볼 필요가 없다고 생각해요.

김 교사와 영희의 대화 내용에 대한 설명으로 옳은 것만을 〈보기〉에서 모두 고른 것은? (2점)

> ─────[보기]─────
> ㄱ. (가)는 귀납적 일반화를 통해 얻었다.
> ㄴ. 영희가 (가)의 생각으로부터 (나)의 예상을 하는 과정에는 연역적 방법이 포함된다.
> ㄷ. 영희가 (가)에 근거한 (나)의 예상과 (다)의 결과가 일치한 것을 근거로 (라)의 결론을 내렸다면, 이는 논리적으로는 오류(후건 긍정의 오류)에 해당된다.

① ㄱ   ② ㄴ
③ ㄷ   ④ ㄱ, ㄴ
⑤ ㄴ, ㄷ

056

2011-03

다음은 〈실험 평가 과제〉와 〈채점표〉이다.

─[실험 평가 과제]─

[실험 목표]
주어진 실험 준비물 중 적절한 것을 선택하여 시간에 따라 변하는 물의 온도를 측정하고, 물이 열평형에 도달한 온도로부터 실온을 구할 수 있다.

[실험 수행 조건]
• 20분 내에 실험을 완결해야 한다.
• 주어진 실험 준비물 중 적절한 것을 선택하여 구체적인 실험 방법을 설계한다.
• 측정 결과를 그래프로 나타낸다.

[실험 준비물]
스타이로폼 용기(500mL), 유리 시험관(50mL), 50℃ 물, 온도계, 초시계 등

─[채점표]─

평가 항목	평가 준거	채점 기준	점수/ 배점
실험 설계	20분 내에 열평형에 도달한 온도를 구하기 위한 방법으로 타당한가?	(학생들의 실험 설계 예시) 스티로폼 용기 A( )점 유리 시험관 B( )점 〈기타 예시 생략〉	( )점/ 5점
측정	일정한 시간 간격으로 온도를 측정하였는가?	〈생략〉	( )점/ 5점
자료 변환	측정값을 시간 간격으로 온도를 측정하였는가?	〈생략〉	( )점/ 5점
자료 해석	그래프로부터 열평형에 도달한 온도를 올바르게 구하였는가?	〈생략〉	( )점/ 5점
합계			( )점/ 20점

이 〈실험평가 과제〉와 〈채점표〉에 대한 설명으로 옳은 것만을 〈보기〉에서 모두 고른 것은? (2점)

─[보기]─

ㄱ. [실험 수행 조건]으로 보아 채점 기준에서 A보다 B에 더 높은 점수를 부여하는 것이 타당하다.
ㄴ. 이 〈채점표〉의 유형은 '총체적(holistic) 채점표'에 해당된다.
ㄷ. 이 〈채점표〉는 가설 − 연역적 사고 능력을 평가하는데 적절하다.

① ㄱ   ② ㄴ
③ ㄷ   ④ ㄱ, ㄴ
⑤ ㄴ, ㄷ

01

057

2011-04

다음은 교사의 수업 계획이다.

(가) 다음과 같은 선개념을 학생이 가지고 있음을 확인한다. '전압은 전류와 저항의 곱이다. ㉠ 물체의 저항은 온도에 무관하다.'

(나) 전압과 전류의 관계가 직선으로 나타난 그래프를 제시하고, 그래프로부터 저항값을 구하게 한다.

(다) 다음 그림과 같은 회로에서 전압과 전류의 관계가 곡선으로 나타난 그래프를 제시하고, 왜곡선으로 나타났는지 말해 보게 한다.

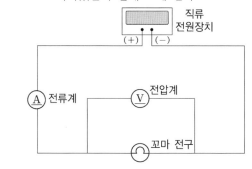

(라) 저항에 열이 발생하면 저항값이 온도에 따라 변함을 설명해 준다.

이 수업 계획에 대한 설명으로 가장 적절한 것은? (2.5점)

① 오수벨(D. Ausubel)의 이론에 의하면, (가) 과정에서 ㉠개념은 학생에게 '선행조직자'가 된다.

② 피아제 (J. Piaget)의 인지발달 이론에 의하면, 이 수업 계획은 (나) 과정에서 학생의 인지구조가 변화되는 '평형화 과정'이 일어나도록 한 것이다.

③ 하슈웨(M. Hashweh)의 개념변화 모형에 의하면, 이 수업 계획은 (다) 과정에서 ㉠개념과 '온도에 따라 물체의 저항값이 변한다.'는 개념 사이의 갈등이 학생의 인지구조 내에서 유발되도록 한 것이다.

④ 오수벨(D. Ausubel)의 이론에 의하면, 이 수업 계획은 (라) 과정에서 '수용학습'이 일어나도록 한 것이다.

⑤ 파인즈와 웨스트(A. Pines & L. West)의 포도덩굴 모형에 의하면, (가)~(라)는 '자발적 학습 상황(자연발생적 학습 상황)'이다.

058

2011-05

다음은 실험 안내서이다.

[실험 목표]
자속의 변화율에 따라 유도 기전력이 어떻게 달라지는지 설명할 수 있다.

[준비물]
플라스틱 관, 코일, 전선, 디지털 전압계, 네오디뮴 자석, 자

[실험 과정]
(가) 그림과 같이 코일을 끼운 플라스틱 관을 수직으로 세우고, 플라스틱 관 입구에서 코일까지의 거리 L을 측정한다.

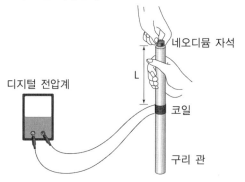

(나) 플라스틱 관 입구에서 자석을 떨어뜨리고 코일에 연결된 디지털 전압계에 나타나는 최대 전압 V를 측정한다.

(다) L을 변화시켜 가면서 (나)의 과정을 반복한다.

(라) 측정 결과를 그래프로 나타낸다.

(마) 그래프로부터 결론을 도출한다.

[정리 및 창의적으로 생각해 보기]
(1) <생략>
(2) 위 상황을 이용해 추가로 탐구해 볼 수 있는 다양한 탐구 문제를 가능한 많이 제안해 본다.

이 실험 안내서의 내용에 대한 설명으로 옳은 것만을 〈보기〉에서 모두 고른 것은? (2점)

[보기]

ㄱ. 플라스틱 관을 구리 관으로 바꾸어 위와 동일한 실험을 하는 것이 [실험 목표]를 달성하는 데 더 적합하다.

ㄴ. 이 실험에서 V는 독립 변인이고, L은 조작 변인이다.

ㄷ. [정리 및 창의적으로 생각해 보기] (2)활동에는 창의적 사고의 '융통성'과 '유창성'이 포함된다.

① ㄱ   ② ㄴ
③ ㄷ   ④ ㄱ, ㄴ
⑤ ㄴ, ㄷ

정답 및 해설_ 220p

059

2011-07

다음은 교사와 학생과의 대화이다.

탁자 위에 놓인 책

용수철 위에 놓인 책

교사 : (탁자 위에 놓인 책을 가리키면서) 이 책에 작용하는 힘에는 무엇이 있는지 모두 말해 보세요.

학생 : 중력만 있어요.

교사 : 이번에는 용수철 위에 책을 놓아볼게요. (용수철 위에 책을 올려놓으면서) 어떻게 되었나요?

학생 : 용수철이 눌렸네요.

교사 : 그렇다면 용수철 위에 놓인 책에 작용하는 힘에는 무엇이 있나요?

학생 : 중력이 있고, 용수철이 책을 위로 미는 힘도 있어요.

교사 : (탁자 위에 놓인 책을 가리키면서)이 책에 작용하는 힘에는 무엇이 있는지 다시 말해 볼까요?

학생 : (가) 중력만 있어요. (다른 힘은 언급하지 않았다.)

교사 : 이번에는 탄성계수가 더 큰 용수철 위에 책을 올려놓아 봅시다. 어떻게 되었나요?

학생 : 거의 눌리지 않았어요.

교사 : 이때에도 용수철이 책을 위로 미는 탄성력이 있나요?

학생 : 예. 용수철이 있으니까 책을 밀어 올리는 탄성력이 작용해요.

교사 : (탁자 위에 놓인 책을 가리키면서) 이 책에 작용하는 힘에는 무엇이 있는지 다시 말해 볼까요? 책이 용수철 위에 놓인 경우와 탁자 위에 놓인 경우를 비교하면서 생각해 보세요.

학생 : (나) 용수철 위에 놓인 경우처럼 탁자가 책을 밀고 있는 힘이 있네요.

교사 : 왜 그렇게 생각했나요?

학생 : (다) 두 번째 용수철에서 거의 눌리지 않았지만 용수철이 책에 힘을 작용했듯이, 탁자를 아주 센 용수철로 보면 탁자가 책을 받치는 힘도 있어요.

이에 대한 설명으로 옳은 것만을 〈보기〉에서 모두 고른 것은? (2점)

[보기]
ㄱ. (가)에서는 학생에게 인지적 갈등이 유발되지 않았다.
ㄴ. (나)를 피아제(J. Piaget)의 관점에서 보면, 학생의 인지구조에서 동화는 일어났지만 조절은 일어나지 않았다.
ㄷ. (다)를 보면, 탄성계수가 큰 용수철 위에 책이 놓인 사례는 '인지적 다리(cognitive bridge)' 역할을 하였다.

① ㄱ   ② ㄴ
③ ㄱ, ㄷ   ④ ㄴ, ㄷ
⑤ ㄱ, ㄴ, ㄷ

060

2011~08

다음은 과학사 사례이다.

사례 1: 라부아지에 이전에는 물질이 연소할 때 그 물질에서 플로지스톤이 방출된다는 이론이 있었다. 그러나 연소 후에 물질의 무게가 늘어난다는 사실이 발견됨으로써 이 이론은 위협을 받았다. 이러한 반론을 피하기 위해 몇몇 과학자들은 (가) 플로지스톤이 음의 무게를 가진다고 주장하였다. 이 가설이 옳은지 틀리는지 검증하기 위해서는 오직 물질의 연소 전과 후의 무게를 비교하는 방법밖에 없었는데, 이 방법으로는 가설이 결코 반박될 수 없었다.

사례 2: 뉴턴은 태양계의 운동을 설명하기 위하여 (나) 태양을 고정된 하나의 점으로 보고, 그 주위를 하나의 행성만이 공전하는 모델을 세웠다. 그리고 이 모델로부터 힘에 대한 거리의 역자승 비례 법칙을 도출하였다. 그러나 뉴턴의 제3법칙에 의하면 이를 받아들일 수 없었다. 그래서 (다) 태양과 하나의 행성 사이에 있는 '질량 중심'을 중심으로 행성은 물론 태양도 돈다는 새로운 모델을 제안하였다. 새로운 모델을 제안한 이유는 관찰 사실이 아닌 이론적으로 생긴 문제점 때문이었다.

사례 3: 1913년 보어는 수소 스펙트럼에 대한 관찰 사실을 설명하기 위해 (라) 양자 조건과 진동수 조건을 포함한 원자모형을 제안하였다. 양자 조건이란 전자는 원자핵 주위를 불연속적인 특정한 궤도에서만 안정하게 돌 수 있으며 이때 전자기파를 방출하지 않는다는 것이다. 진동수 조건이란 정상상태에 있는 전자가 다른 정상상태로 옮겨갈 때에는 두 궤도의 에너지 차이에 해당하는 전자기파(광자)를 방출하거나 흡수한다는 것이다. 이러한 양자 조건과 진동수 조건을 포함한 그의 원자모형은 기존의 전자기 이론에 의하면 정합적이지 않다는 것을 알면서도 제안된 것이었다.

이 사례에 대한 설명으로 옳은 것만을 〈보기〉에서 모두 고른 것은? (2점)

─── 〔보기〕───

ㄱ. (가)의 주장은 '임시변통적(ad hoc) 가설'에 해당된다.

ㄴ. 모델 (나)에 비해 모델 (다)는 '반증 가능성'이 낮다.

ㄷ. (라)의 원자모형은 그 당시의 배경지식에 비추어 보아 그럴듯하지 않은 주장을 담고 있는 '대담한 가설'에 해당된다.

① ㄱ   ② ㄴ

③ ㄷ   ④ ㄱ, ㄴ

⑤ ㄱ, ㄷ

061

2011-09

다음은 협동학습 모형을 적용하여 24명의 학생을 지도하기 위한 수업 계획이다.

[수업 목표]
대체 에너지를 이용한 발전의 종류, 특징, 원리를 설명할 수 있다.

[수업 과정]
(가) 4개의 책상 위에 아래와 같이 [자료]를 준비한다.

연료전지를 이용한 발전 관련 자료	태양전지를 이용한 발전 관련 자료	풍력을 이용한 발전 관련 자료	조력을 이용한 발전 관련 자료

(나) 과학 성취도 상위 1명, 중위 2명, 하위 1명으로 구성된 소집단을 6개 편성한다.

(다) 각 소집단의 구성원들은 한 명씩 자신이 학습할 자료가 놓여있는 책상으로 가서, 다른 소집단으로부터 온 학생들과 함께 제공된 자료를 학습하게 한다.

(라) '(다)'에서 활동했던 학생들은 처음의 소집단으로 돌아와 각자 자신이 학습한 내용을 설명하고, 토의를 통하여 4가지 발전 방식의 기본적인 특징과 원리를 종합하여 표로 정리하게 한다.

(마) 소집단 학습이 끝난 후 4가지 발전 방식에 대하여 OX 퀴즈를 본다.

[OX 퀴즈 문항]
A. 연료전지, 태양전지(solar cell), 풍력, 조력을 이용한 발전의 원리는 모두 패러데이 법칙으로 설명할 수 있다. (O, X)
B. (생략)

이 수업 계획에 관련된 설명으로 옳은 것은? (2점)

① 비고츠키의 이론에 의하면, [수업 목표]를 달성하기 위해서는 제시된 [자료]의 내용 수준이 학생들의 '잠재적 발달 수준'보다 높아야 한다.
② STAD 협동학습 모형을 적용한 것이다.
③ (나)에서 구성한 소집단은 '전문가 집단'이다.
④ (다)에서는 '개인별 책무성'이 요구된다.
⑤ 퀴즈 문항 A의 답은 'O'이다.

062

2011-10

다음은 학력 평가를 위해 개발 중인 지필 평가 문항이다.

그림은 xy평면에서 용수철을 진동시켜 x축 방향으로 진행하는 파동을 발생시킬 때, 용수철에 있는 한 점에 대한 x축 방향의 변위, y축 방향의 변위를 시간 t에 따라 나타낸 것이다.

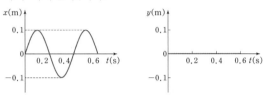

이 파동에 대한 설명으로 옳은 것만을 <다음>에서 모두 고른 것은? (단, 용수철상수 k는 5N/m이다.)

[다음]
A. 파동의 종류는 횡파이다.
B. 진동수는 2.5Hz이다.
C. 속력은 0.4m/s이다.

① A   ② B   ③ A, B   ④ A, C   ⑤ B, C
정답 : ⑤

이 문항에 대한 검토 사항으로 옳은 것만을 <보기>에서 모두 고른 것은? (2점)

[보기]
ㄱ. 제7차 과학과 교육과정의 통합 탐구기능 중 '자료 변환' 기능을 평가하기 위한 문항이다.
ㄴ. 용수철상수 k 값은 A, B, C의 진위를 판단하는데 필요하지 않다.
ㄷ. 위 문항의 정답을 구하기 위해서는 파동의 파장이 필요하다.

① ㄱ   ② ㄴ
③ ㄷ   ④ ㄱ, ㄴ
⑤ ㄴ, ㄷ

063

2012-01

다음은 수성 궤도의 근일점 이동과 관련된 과학사 사례이다.

(가) 뉴턴의 중력이론으로 계산하였을 때, 태양 주위를 공전하는 수성 궤도의 근일점은 고정된 것이 아니라 다른 천체들의 영향에 의해 움직이게 된다. (중략) 그러나 수성 궤도의 근일점이 이동하는 정도가 뉴턴의 이론과는 다르다는 것이 관측되었다. 뉴턴의 이론을 옹호하기 위해 몇 가지 시도가 있었다. 그중 하나로 차이를 보정하는 '벌컨(Vulcan)'이라는 다른 행성을 가정하였으나, 그런 행성은 발견되지 않았다. 수성 궤도의 문제는 한동안 미해결된 문제로 남게 되었다.

(나) 아인슈타인은 일반상대성 이론을 통해서 질량을 가진 물체가 중력에 끌리듯이 빛이 태양과 같은 질량이 큰 물체의 중력에 의해서 끌려야 한다고 주장했다. 에딩턴은 아인슈타인의 상대성이론에 따라 태양 근처에서 빛이 편향된다는 것을 증명하고자 했다. 에딩턴은 낮과 밤에 태양 근처의 별들이 어떻게 보이는지를 비교하려고 했고, 실제로 개기 일식이 일어나는 동안 실시한 관측을 통해서 아인슈타인의 이론을 확증할 수 있었다. 이러한 아인슈타인의 이론은 뉴턴의 중력 법칙으로 설명할 수 없었던 수성 궤도의 문제를 정량적이고 자연스러운 설명으로 해결할 수 있었다. 또한, 아인슈타인의 이론은 많은 부가적인 것들을 예측할 수 있었다.

이에 대한 과학 철학적 설명으로 옳은 것만을 〈보기〉에서 있는 대로 고른 것은? (2점)

[보기]

ㄱ. (가)는 과학 이론이 변칙 사례에 의해 즉각적으로 폐기되는 것은 아니라는 것을 보여준다.
ㄴ. 쿤(T. Kuhn)의 관점에 의하면, (가)에서 행성 '벌컨(Vulcan)'은 패러다임을 위협하는 변칙 사례가 나타났을 때 정상과학 안에서 해결해 나가기 위해서 도입된 것이다.
ㄷ. 라카토스(I. Lakatos)의 이론에 의하면, (나)에서 아인슈타인의 이론은 전진적(Progressive) 연구 프로그램의 사례에 해당된다.

① ㄱ   ② ㄷ
③ ㄱ, ㄴ   ④ ㄴ, ㄷ
⑤ ㄱ, ㄴ, ㄷ

064

2012-02

다음은 컴퓨터 시뮬레이션을 이용한 수업에 대한 것이다.

[학습 과제]
에너지가 $E(< U)$인 전자가 영역 I에서 퍼텐셜 에너지가 U인 장벽이 있는 x방향으로 운동할 때, 영역 III에서 전자를 발견할 수 있을까?

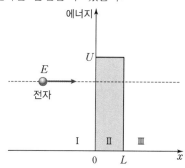

[수업 과정]
1. 학습 과제에서 컴퓨터 시뮬레이션의 결과를 예상하게 하였다.
2. 학생들은 컴퓨터 시뮬레이션에서 E가 U보다 작아도 영역 III에서 전자가 발견될 확률이 있다는 것을 관찰하였다.
3. 관찰 결과를 예상과 관련지어 학생들이 설명하였다.

[학생들의 학습과제에 대한 예상과 설명]

구분	예상	결과 설명
학생 A	전자는 매우 작기 때문에 퍼텐셜 장벽을 통과하여 영역 III에 모두 도달할 것이다.	전자의 크기가 모두 다르기 때문에 전자들의 일부가 발견되었다.
학생 B	전자는 입자이고, E가 U보다 작으므로 영역 III에 도달할 수 없을 것이다.	전자가 입자라는 것은 확실하다. E가 U보다 작을 때, 영역 III에서 발견된 것은 예외적인 현상이다.

이 수업에 대한 설명으로 옳은 것만을 〈보기〉에서 있는 대로 고른 것은? (2점)

[보기]

ㄱ. 이 수업의 진행 순서는 POE 수업 모형의 단계와 순서가 일치한다.
ㄴ. 학생 A는 보조 가설을 제시하여 자신의 주장을 정당화하였다.
ㄷ. 학생 B가 올바른 개념을 갖게 하기 위해서 총알이 벽을 뚫고 통과하는 자료를 제시하는 것은 타당하다.

① ㄱ   ② ㄷ   ③ ㄱ, ㄴ
④ ㄴ, ㄷ   ⑤ ㄱ, ㄴ, ㄷ

065

2012-04

다음은 전자기 유도에 관한 탐구 문제와 학생들의 가설이다.

[탐구 문제]
가. 솔레노이드에 전류가 흐르면 자기장이 생기며, 그 크기가 전류의 세기에 비례하는 것을 관찰하시오.
나. 솔레노이드에 자석을 넣고 뺄 때 전류가 유도되는 현상을 관찰하고, 발생한 유도전류의 세기에 대한 가설을 세우고 그 이유를 설명하시오.

[학생들의 가설]

구분	가설	이유
학생 A	자석의 속력이 클수록 솔레노이드에 유도되는 전류의 세기가 커질 것이다.	솔레노이드에서 자석이 움직일 때만 전류가 흘렀다는 점에서 자석의 속력이 전류와 관련이 있을 것이다.
학생 B	자석의 세기가 셀수록 솔레노이드에 유도되는 전류의 세기가 커질 것이다.	솔레노이드에서 발생하는 자기장의 크기는 전류의 세기에 비례하였다. 자석을 넣고 뺄 때 솔레노이드에 유도되는 전류의 세기가 자기장의 크기와 관련이 있을 것이다.

학생들의 가설에 대한 설명으로 옳은 것만을 보기에서 있는 그대로 고른 것은? (2점)

[보기]
ㄱ. 학생 A의 가설은 조작 변인과 종속 변인의 관계로 서술되어 있지 않다.
ㄴ. 학생 B는 가설을 세우는 과정에서 귀추적 추론을 사용하였다.
ㄷ. 학생 A의 가설과 학생 B의 가설은 서로 모순되므로 모두 참이 될 수는 없다.

① ㄱ   ② ㄴ
③ ㄱ, ㄷ   ④ ㄴ, ㄷ
⑤ ㄱ, ㄴ, ㄷ

066

2012-06

다음은 현지 교사와 실습 중인 예비 교사가 물리적 차원에 대한 오개념에 관해 나눈 대화이다.

예비 교사 : 선생님, 오늘은 에너지 단원을 수업했습니다. 그런데 수업을 하다 보니, 학생들이 에너지 '효율(efficiency)'이 무차원(dimensionless)이라는 것을 모르고 있었습니다. 심지어 효율의 물리적 차원이 퍼센트(%)라고 생각하고 있는 학생도 있었습니다.

현직 교사 : 네. 그렇습니다. 물리학에서 ㉠'효율'이란 에너지 전환 효율을 의미하는 것으로서 입력된 에너지와 전환된 일 사이의 비율입니다. 따라서 효율은 무차원입니다.

예비 교사 : 그렇군요. 그래서 물리 문제를 풀 때 물리량들의 차원을 따져보는 것은 정말 중요합니다.

현직 교사 : 그것이 ㉡ 차원 분석(dimensional analysis)입니다. 그러나 차원 분석을 할 때 주의할 것이 있습니다. 예를 들어 (㉢)은 서로 다른 물리량이지만 같은 차원으로 표현되는 경우가 있습니다.

이에 대한 설명으로 옳은 것만을 〈보기〉에서 있는 대로 고른 것은? (2점)

[보기]
ㄱ. 이상적인 열기관의 경우, ㉠은 온도의 비로 표시될 수 있다.
ㄴ. 물리 문제에서 ㉡을 수행할 때는 단위들을 국제표준단위계(SI units)로 통일할 필요가 없다.
ㄷ. ㉢의 예로는 '돌림힘(torque)'과 '일'이 있다.

① ㄱ   ② ㄴ
③ ㄱ, ㄷ   ④ ㄴ, ㄷ
⑤ ㄱ, ㄴ, ㄷ

067

2012-07

그림 (가)와 같이 빛이 공기(Ⅰ)에서 물(Ⅱ)로 들어갈 때 굴절하는 현상을 설명하기 위해 그림 (나)와 같은 입자 모형을 사용하려고 한다. 이때 상대 굴절률은 $\dfrac{\sin(\text{입사각})}{\sin(\text{굴절각})}$ 이다.

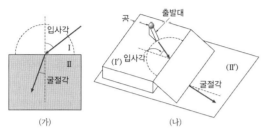

모형 (나)에 대한 설명으로 옳은 것만을 〈보기〉에서 있는 대로 고른 것은? (2점)

┌─[보기]─
ㄱ. 빛이 공기에서 물로 들어갈 때 반사와 굴절이 동시에 일어난다는 사실을 설명할 수 없는 한계점을 갖는다.
ㄴ. 물속에서의 빛의 속력이 공기 중에서의 빛의 속력보다 작다는 것을 설명할 수 있다.
ㄷ. 상대 굴절률이 입사각과 관계없이 일정함을 보이기 위해서 입사각을 변화시키면서 실험을 할 때, 출발대에서 공을 출발시키는 높이를 같게 유지해야 한다.
─

① ㄱ
② ㄴ
③ ㄱ, ㄷ
④ ㄴ, ㄷ
⑤ ㄱ, ㄴ, ㄷ

068

2012-09

다음은 중학교 교사가 작성한 [평가 문항]과 [학생의 응답 결과]이다.

[평가 문항] 다음과 같은 회로를 구성하였더니 불이 켜졌다.

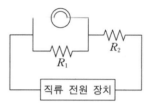

(1) $R_2 = 0$일 때, 저항 R_1의 크기를 크게 하면 전구의 밝기는 어떻게 될까?
㉠ 밝아진다. ㉡ 어두워진다. ㉢ 변화 없다.
• 그렇게 생각한 이유는? _____

(2) $R_2 \neq 0$일 때, 저항 R_1의 크기를 크게 하면 전구의 밝기는 어떻게 될까?
㉠ 밝아진다. ㉡ 어두워진다. ㉢ 변화 없다.
• 그렇게 생각한 이유는? _____

[학생의 응답 결과]

학생 \ 문항	(1)	(2)
A	• 답: ㉠ • 이유: 저항 R_1 쪽에서 감소한 전류의 양만큼 전구 쪽으로 전류가 더 흘렀다.	(생략)
B	• 답: ㉡ • 이유 : (생략)	• 답: ㉠ • 이유 : (생략)

이에 대한 설명으로 옳은 것만을 〈보기〉에서 있는 대로 고른 것은? (2점)

┌─[보기]─
ㄱ. 이 문항의 내용은 2007년 개정 과학과 교육과정에서 9학년 '전기'에 해당된다.
ㄴ. 학생 A에게 저항 R_1에 흐르는 전류의 변화 자료를 제공하면 옳은 답을 찾을 수 있다.
ㄷ. 학생 B에게 실제 실험 결과를 제시하는 것은 파인즈와 웨스트(A. Pines & L. West)의 포도 덩굴 모형의 네 가지 상황 중 '갈등상황'이다.
─

① ㄱ
② ㄷ
③ ㄱ, ㄴ
④ ㄴ, ㄷ
⑤ ㄱ, ㄴ, ㄷ

◢정답 및 해설_ 222p

069

2012-11

다음은 관성 개념의 지도에 관한 교사 A와 B의 대화이다.

> A : 뉴턴이 "모든 물체는 그 물체의 상태를 변화시키는 힘이 작용하지 않는 한, 정지한 상태나 일정하게 직선으로 움직이는 상태를 계속 유지한다."라고 말했어요. 관성의 법칙이 이렇게 간단하긴 해도, 수업에서는 설명하기가 쉽지 않아요. 흔히 마찰을 제거한 갈릴레이의 ㉠ <u>사고실험(thought experiment)</u>을 도입하기도 하지만, ㉡ <u>갈릴레이의 관성도 완전한 개념은 아니에요.</u>
>
> B : 맞아요. 마찰이 없는 우주 공간에서도 뉴턴적 의미의 관성을 관찰할 수 있어요. 왜냐하면 ㉢ <u>중력으로부터 자유로운 공간은 존재하지 않기 때문이에요.</u> 따라서 하늘이나 땅에서도 완전한 관성은 결코 관찰될 수 없어요.
>
> A : 간단한 법칙이지만, 생각할수록 간단한 법칙이 아니군요.
>
> B : 그렇습니다. 역사적으로 보면 완전한 관성의 개념을 얻기까지 천 년 이상이 소요되었어요. 갈릴레이 시기까지만 해도 운동하는 물체에는 인간처럼 지쳐서 '스스로 정지하려는 속성'이 내재해 있기 때문에 자발적으로 정지하게 된다는 관점과 '운동을 지속하려는 의지'가 외부의 방해에 의해 정지한다는 관점이 경쟁하고 있었어요. 그런데 ㉣ <u>어린 시기의 아이들은 물체의 운동을 전자의 관점에서 생각하는 경향이</u> 있어요. 반면 관성의 개념은 후자의 관점에서 유래되었지요.
>
> A : 하지만 중학생이 되면 이미 관성의 법칙을 암기하고 있기 때문에 관성 개념을 어떻게 지도해야 할지 모르겠어요.
>
> B : 학생들이 숙고하여 스스로 알게 된 것이 아니기 때문에 현상과 개념이 서로 연결되지 않는 경우가 많아요. 그래서 중학교 수준에서는 먼저 ㉤ <u>마찰이 작을수록 물체가 점점 더 멀리 갈 수 있다는 것을 관찰하게 한 다음, 마찰이 없을 때 어떻게 될지를 생각하게 합니다.</u> (이하 생략)

이에 대한 설명으로 옳은 것만을 〈보기〉에서 있는 대로 고른 것은? (2점)

[보기]

ㄱ. ㉠은 순수하게 논리적으로 이루어지는 실험이기 때문에 형식적 조작기에 도달한 학생들에게 적용할 수 없다.

ㄴ. ㉡의 이유는 갈릴레이가 ㉢의 상황을 고려하지 않았기 때문이다.

ㄷ. ㉣로부터 자연에 대한 아동들의 개념 발달과정과 과학 개념의 역사적 발달 과정이 서로 똑같다는 결론을 내리는 것이 타당하다.

ㄹ. ㉤의 활동에는 귀납적 추론과 외삽(extrapolation)이 필요하다.

① ㄱ, ㄴ   ② ㄱ, ㄹ
③ ㄴ, ㄹ   ④ ㄷ, ㄹ
⑤ ㄱ, ㄴ, ㄷ

070

2012-12

다음은 탐구 활동 중 교사와 학생의 대화이다.

교사 : 지레의 원리가 무엇인가요?

학생 : 물체에 작용하는 돌림힘이 평형일 때 힘에서 이득을 볼 수 있다는 원리예요.

교사 : 지레의 원리를 이용해 도르래를 설명하면 고정 도르래는 받침점에서 거리의 비가 1:1인 경우이고, 움직도르래는 1:2인 경우에 해당하게 돼요. 주어진 준비물로 실험을 할 때 결과를 예상하고 확인해 봅시다.

• 준비물
1N 추 10개, 0.2N 움직도르래 1개, 0.2N 고정 도르래 1개, 실 50m, 용수철저울 1개

학생 : 지레의 원리에 따라 고정 도르래는 힘의 이득이 없고, 움직도르래의 경우는 도르래에 걸린 무게의 1/2의 힘만 들어요. 고정 도르래 실험에서 용수철저울에 걸린 힘은 추의 무게와 같고, 움직도르래 실험에서는 추의 무게의 1/2과 같을 것으로 예상돼요.

[실험 장치]

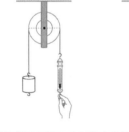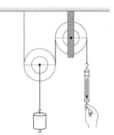

– 실험 수행 후 –

학생 : ㉠ 고정 도르래에서 용수철저울에 걸린 힘의 크기는 예상과 일치해요. 따라서 고정 도르래는 힘의 이득이 없어요. ㉡ 움직도르래에서 용수철저울에 걸린 힘의 크기는 예상값과 0.1N의 차이가 생겼어요. 움직도르래의 경우, 힘의 이득은 있지만 오차가 생긴 이유를 알아봐야겠어요.

이에 대한 설명으로 옳은 것만을 〈보기〉에서 있는 대로 고른 것은? (2점)

[보기]

ㄱ. 이 수업에서 지레의 원리는 선행 조직자로 사용된 것이다.

ㄴ. 학생이 실험을 통해 ㉠을 알아내는 과정을 클로퍼 (L.Klofer)의 과학 교육목표 분류 범주 중 '자료의 해석 및 일반화'에 해당한다.

ㄷ. 교사가 ㉡에 대해 "0점 조정을 한 용수철저울로 다시 실험을 하면 예상값과 일치하는 결과를 얻을 수 있을 것이다."라고 지도해야 한다.

① ㄱ
② ㄷ
③ ㄱ, ㄴ
④ ㄴ, ㄷ
⑤ ㄱ, ㄴ, ㄷ

071

2012-10

다음은 물리 II 수업에서 숨은열의 효과를 실험으로 확인하는 과정이다.

교사 : ㉠ 지난 시간에는 물의 상태 변화와 숨은 열에 대해 배웠습니다. 오늘은 이와 관련된 흥미로운 실험을 해보겠습니다. 여러분은 100℃의 수증기를 이용하여 소금물을 100℃ 이상으로 가열하는 것이 가능하다고 생각하나요?

학생 A : ㉡ 열평형 이론에 의하면 접촉한 두 물체의 온도가 서로 같아져야 합니다. 따라서 100℃의 물체가 다른 물체를 100℃ 이상으로 올리는 것은 불가능합니다.

학생 B : 글쎄요? 가능할 것도 같은데…….

교사 : 그럼, 우리 한번 실험해 볼까요?

[탐구 문제]

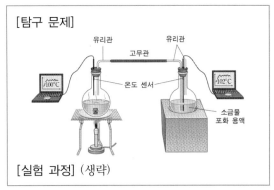

[실험 과정] (생략)

학생 A : 어? 소금물의 온도가 100℃보다 높네. 알았어! 이 현상은 ㉢ 수증기가 원래 100℃이지만, 플라스크 안에서 계속 가열되었기 때문에 수증기 온도가 100℃ 이상으로 올라가게 된 거야.

학생 B : 아니야. 나는 숨은열의 의미를 이해했어.

이 실험에 대한 설명으로 옳은 것만을 〈보기〉에서 있는 대로 고른 것은? (2.5점)

┤보기├

ㄱ. ㉠과 관련하여 이 실험에서 숨은열의 개념을 적용하기 위해서는 연역적 추론 과정이 필요하다.

ㄴ. ㉡은 수증기가 상태 변화를 할 때, 숨은열이 소금물의 온도를 변화시킬 수 있다는 점을 고려하지 않은 것이다.

ㄷ. 포퍼(K. Popper)의 관점에 의하면, 열평형 이론에 관한 학생 A의 주장 ㉡은 실험에 의해 반박되어 새로운 이론 ㉢으로 완전히 대체된 것이다.

① ㄱ
② ㄱ, ㄴ
③ ㄱ, ㄷ
④ ㄴ, ㄷ
⑤ ㄱ, ㄴ, ㄷ

072

2013-04

다음은 '온도가 다른 두 물체가 접촉할 때 두 물체 온도는 어떻게 변할까'라는 탐구 문제를 해결하기 위한 실험 수업의 한 부분이다.

[준비물]
수조, 플라스크, 알코올 온도계 2개, 스탠드, 초시계 등

[방법]
(가) 차가운 물은 수조에 넣고, 뜨거운 물은 플라스크에 담아 물의 온도를 각각 측정한다.
(나) 뜨거운 물이 담긴 플라스크를 차가운 물이 담긴 수조에 넣고 1분 간격으로 물의 온도를 각각 측정한다.
(다) 수조와 플라스크 안에 있는 물의 온도 변화를 그래프로 그려 비교한다.

─(이하 생략)─

위 수업을 MBL(Microcomputer-Based Laboratory)을 사용하여 진행하는 경우의 특징으로 옳은 것만을 〈보기〉에서 있는 대로 고른 것은? (2.5점)

┤보기├

ㄱ. 알코올 온도계 대신에 온도 센서(탐침)를 사용한다.

ㄴ. 개인차에 의한 측정오차를 줄일 수 있다.

ㄷ. 자료변환에 소요되는 시간이 짧아진다.

① ㄱ
② ㄴ
③ ㄱ, ㄷ
④ ㄴ, ㄷ
⑤ ㄱ, ㄴ, ㄷ

073

2013-05

다음은 '전지의 내부 저항과 단자 전압'에 대한 내용을 학습한 학생들에게 이 내용을 '전구연결 방법에 따른 전구 빛의 밝기'에 적용하는 수업과정이다.

[단계 1]

그림과 같이 전구 2개를 건전지에 병렬로 연결한 회로에서 두 전구의 밝기를 관찰하게 하였다.

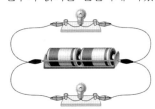

[단계 2]

이 회로에서 전구 1개를 빼내면 나머지 1개의 밝기가 어떻게 될 것인지 예상하게 하였다. 학생 세 명이 예상한 빛의 밝기 변화와 그렇게 예상한 이유는 표와 같았다.

학생	예상	이유
A	더 밝아질 것이다.	건전지에 연결하는 전구의 개수가 적을수록 밝기 때문이다.
B, C	변화가 없을 것이다.	건전지에 전구 2개를 병렬로 연결하면 전구 1개를 연결한 것과 같은 세기의 전류가 각 전구에 흐르기 때문이다.

[단계 3]

교사는 '전지의 내부 저항과 단자 전압'에 대한 학습 내용을 상기시킨 다음, 실제로 전구 1개를 빼내고 나머지 전구 1개의 밝기 변화를 관찰하게 하였다. 세 학생의 관찰 결과와 그렇게 관찰되는 이유에 대한 설명은 표와 같다.

학생	예상	이유
A	더 밝아졌다.	전구를 1개만 연결한 회로이므로 전구 2개를 병렬로 연결한 경우에 비해 2배의 전류가 흐르기 때문이다.
B	변화가 없었다.	건전지에 전구 1개를 연결한 경우와 전구 2개를 병렬로 연결한 경우에는 같은 세기의 전류가 각 전구에 흐르기 때문이다.
C	더 밝아졌다.	전지의 내부저항을 고려하면 전구 1개를 연결한 회로의 단자 전압은 전구 2개를 병렬로 연결한 회로의 경우보다 약간 더 크기 때문이다.

이 수업 과정에서 학생의 개념에 대한 설명 중 옳은 것만을 〈보기〉에서 있는 대로 고른 것은? (2.5점)

[보기]
ㄱ. [단계 3]에서 학생 A가 가진 개념은 과학적으로 옳지 않다.
ㄴ. 이 수업은 학생 B의 개념변화에 도움이 되었다.
ㄷ. [단계 3]에서 학생 C는 전지의 내부 저항과 단자 전압개념을 옳게 적용하였다.

① ㄱ
② ㄴ
③ ㄱ, ㄷ
④ ㄴ, ㄷ
⑤ ㄱ, ㄴ, ㄷ

074

2013-06

다음은 교사가 학생들에게 자기력선 개념을 지도하는 과정을 나타낸 것이다.

(1) 막대자석 위에 유리판을 얹고 철가루를 뿌리게 한 다음, 가볍게 두드려서 철가루가 규칙적으로 늘어선 모양이 드러나게 한다.
(2) 이 모양을 탐색하게 하고, 어떤 규칙성이 있는지 말해 보게 한다.
(3) 철가루가 늘어선 모양을 따라 선으로 연결하도록 한 다음, 자기력선 개념을 설명해 준다.

이 과정에서 사용된 '과학적 탐구과정'에 해당하는 것을 〈보기〉에서 고른 것은? (1.5점)

[보기]
ㄱ. 관찰   ㄴ. 추리   ㄷ. 측정
ㄹ. 가설 설정   ㅁ. 변인 통제

① ㄱ, ㄴ
② ㄱ, ㄷ
③ ㄴ, ㄷ
④ ㄴ, ㄹ
⑤ ㄹ, ㅁ

075

2013-07

〈보기〉는 현대 물리학에 관련된 과학사 사례이다. 쿤(T.Kuhn)의 과학혁명이론에서 '수수께끼 풀이(puzzle-solving)'에 해당하는 사례로 옳은 것만을 〈보기〉에서 있는 대로 고른 것은? (2.5점)

─[보기]─

ㄱ. 양자역학의 체계가 정립되면서 과학자들은 그 전까지 설명하지 못했던 비정상 제만 효과(anomalous Zeeman effect)를 그 이론체계를 이용하여 설명하는데 성공하였다. 또한, 과학자들은 양자역학을 이용해 그전까지 경험법칙에 그쳤던 파울리 배타 원리가 왜 성립하는지 설명할 수 있게 되었다.

ㄴ. 물질파 이론이 정립된 후 데이비슨(C. Davisson)은 그전에는 의미를 해석할 수 없었던 전자산란 실험 결과가 전자의 파동성에 기인한다고 보고, 새로운 실험들에서 회절무늬를 관측함으로써 전자의 파동성을 실험으로 검증하였다.

ㄷ. 아인슈타인(A. Einstein)은 에테르를 전제한 빛의 전파에 관한 이론과 고전 전자기 이론에서 등속으로 움직이는 계와 정지한 계에서의 관찰을 구별할 방법이 없음을 주장하였다. 예를 들면, 그는 고전 전자기 이론의 전자기 유도에 대한 설명의 난점을 지적하였다. 에테르의 존재는 증명이 되지 않았고 금속 고리와 자성체가 서로 접근하거나 멀어질 때 전류가 흐른다는 것만 관측할 수 있기 때문에, 관측된 것이 자성체의 움직임에 의한 것인지 고리의 움직임에 의한 것인지 알 수 없다고 주장하였다.

① ㄱ
② ㄴ
③ ㄱ, ㄴ
④ ㄱ, ㄷ
⑤ ㄴ, ㄷ

076

2013-08

다음은 30명의 학생으로 이루어진 학급에서 교사가 교과서에 소개된 5가지 신소재(그래핀, 초전도체, 탄소 나노 튜브, 유전체, 액정)에 관해 수업하는 과정을 나타낸 것이다.

(가) 수업 진행 방법을 학생들에게 설명하고 5명씩으로 구성된 학습 모둠을 만든다. 각 학습 모둠의 구성원들에게 신소재의 기본 성질과 이용 사례에 대한 조사 과제를 적은 학습지를 나누어 주고 한 명씩 서로 다른 신소재를 담당하여 전문가 역할을 하게 한다.

(나) 각 모둠에서 동일한 과제를 맡은 학생들끼리 따로 전문가 모둠을 구성하여 함께 학습 활동을 하게 한다. 이 학습 활동은 ㉠ 담당한 조사 과제를 수행하는 것이다.

(다) 각 학생은 전문가 모둠 활동을 끝내고 학습 모둠으로 돌아와서 학습한 내용을 다른 동료들에게 설명하게 한다.

이에 대한 설명으로 옳은 것을 〈보기〉에서 고른 것은? (1.5점)

─[보기]─

ㄱ. (나)의 ㉠은 '초전도체의 기본 성질과 이용 사례 조사하기'를 포함한다.

ㄴ. (나)에서 전문가 모둠의 수는 6개이다.

ㄷ. (다)에서 학습 모둠의 모둠원들은 새로 배우는 내용의 대부분을 동료 모둠원들에게서 배운다.

ㄹ. 이 수업은 STAD 모형을 이용하였다.

① ㄱ
② ㄱ, ㄷ
③ ㄴ, ㄷ
④ ㄴ, ㄹ
⑤ ㄷ, ㄹ

077

2013-09

다음은 원자 모형에 대한 과학사 사례를 기술한 것이다.

> 1904년에 제안된 톰슨(J. J. Thomson)의 원자 모형은 알
> 파 입자 산란 실험과 이에 대한 러더퍼드(E. Rutherford)
> 의 해석(양전하가 원자의 중심에 있고, 아주 작은 영
> 역을 차지하는 핵을 이루어야 한다.)에 의해 오류인
> 것으로 증명되었다. 러더퍼드의 해석은 원자에 대한
> 러더퍼드 모형으로 발전하였다.
>
> 그러나 이 모형은 고전 전자기 이론으로는 설명될 수
> 없는 문제를 가지고 있었다. 고전 전자기 이론에 따르
> 면 회전운동 하는 전자는 전자기파를 방출해야 한다.
> 그런데 전자가 에너지를 방출하면 전자의 궤도반경은
> 계속 감소하게 되고, 결국 핵에 흡수되어 원자는 붕괴
> 하게 된다.
>
> 보어(N. Bohr)는 1913년에 안정성을 '조건(가정,
> postulate)'으로 설정함으로써 이 문제를 해결했다. 논
> 리적 추론에 의해서가 아니라 '조건' 설정을 통해 문제
> 를 해결한 것임에도 불구하고, 당시 과학계는 러더퍼
> 드의 모형 대신에 보어의 모형을 받아들였다.

**이에 대한 설명으로 옳은 것만을 〈보기〉에서 있는 대로
고른 것은? (2점)**

―〔 보기 〕―
> ㄱ. 과학 개념(또는 이론)이 변할 수 있다는 것을 나
>   타낸 사례이다.
> ㄴ. 과학자 사회의 합의(또는 인정)가 사회적 구성주
>   의의 관점에서 과학적 방법이 될 수 있다는 것을
>   보여준 사례이다.
> ㄷ. 이 사례에 나타난 원자 모형의 변화과정은 귀납주
>   의에 의해 설명된다.

① ㄱ   ② ㄴ
③ ㄱ, ㄴ   ④ ㄱ, ㄷ
⑤ ㄴ, ㄷ

078

2013-10

다음은 힘에 대한 오개념을 가지고 있는 학생들을 대상
으로 하는 개념변화 수업에서 주요 단계별 교사의 활동
을 나타낸 것이다.

> **[단계 1]**
> 그림과 같이 용수철저울이 양쪽에 연결되어 있고, 나
> 무 토막은 정지해 있다. 양쪽의 용수철저울 부분을 천
> 으로 가려 나무 토막만 보이게 한 상태에서, 나무 토
> 막에 힘이 작용하는지에 대한 학생들의 생각을 말하
> 게 한다.
>
>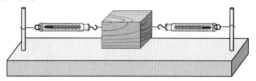
>
> **[단계 2]**
> 가렸던 천을 치워 용수철저울이 보이게 하고 용수철
> 저울의 눈금을 읽게 하여 실제로 힘이 작용하고 있음
> 을 알게 한다.
> **[단계 3]**
> 합력이 0이 되어 나무 토막이 움직이지 않음을 설명
> 하고 힘의 평형 개념을 도입한다.
> **[단계 4]**
> 줄다리기 상황에서 힘의 평형을 어떻게 설명할 수 있
> 는지 질문한다.

**이에 대한 설명으로 옳은 것만을 〈보기〉에서 있는 대로
고른 것은? (2점)**

―〔 보기 〕―
> ㄱ. [단계 1]에서 '정지해 있는 물체에는 힘이 작용하
>   지 않는다.'는 학생의 생각은 이 수업에서 변화시
>   키려는 오개념에 해당한다.
> ㄴ. [단계 2]에서는 학생들의 인지적 갈등을 일으키려
>   는 의도가 있다.
> ㄷ. [단계 4]에서는 학생이 새롭게 획득한 개념을 적
>   용하는 기회를 제공하고 있다.

① ㄱ   ② ㄴ
③ ㄱ, ㄷ   ④ ㄴ, ㄷ
⑤ ㄱ, ㄴ, ㄷ

079

2013-11

다음은 '뉴턴의 중력 법칙'을 공부한 학생이 아직 배우지 않은 '쿨롱 법칙'에 관한 문제와 답을 보고 풀이 과정에 관한 자신의 생각을 교사에게 설명한 것이다.

[문제]

아래 그림과 같이 거리 $d = 5.3 \times 10^{-11}$ m만큼 떨어져 있고, 전하량이 각각 $+q, -q$인 두 전하 사이에 작용하는 힘의 크기는 8.4×10^{-8}N이다. 거리가 2배가 된다면 이 두 전하 사이에 작용하는 힘의 크기는 얼마인가?

[답] 2.1×10^{-8}N

[학생의 생각]

이 문제와 답을 보면, 두 전하 사이의 거리가 2배가 되면 그 힘의 크기는 $\frac{1}{4}$배가 되네요. 여기서 힘이 작용하는 상황을 볼 때, 중력 법칙이 적용되는 상황과 유사해요. 두 전하 사이에 작용하는 힘의 크기가 거리의 제곱에 반비례하면, 거리가 2배가 될 때 힘의 크기는 $\frac{1}{4}$배가 되잖아요. 그러므로 두 전하 사이에 거리의 제곱에 반비례하는 힘이 작용한다고 볼 수 있어요.

이 학생이 사용한 과학적 사고로 다음 중 가장 적절한 것은? (2점)

① 귀납적 사고
② 귀추적 사고
③ 반증적 사고
④ 비판적 사고
⑤ 수렴적 사고

080

2013-12

다음은 학생의 탐구 사례이다.

어떤 학생이 용수철을 더 많이 당겼다 놓으면 더 빨리 움직이는 것을 보고 '혹시 제자리로 되돌아가는 동안의 평균 속력이 잡아당긴 길이에 비례하는 것이 아닐까'라고 추측하였다. 이 학생은 자신의 생각을 과학적으로 확인하려고 실험을 하였다. 용수철의 길이를 달리하면서 잡아당겼다 놓았을 때 원래의 길이로 되돌아가는 시간을 측정해 얻은 자료를 이용하여 다음의 표와 그래프를 작성하였다.

잡아당긴 길이(cm)	3.0	5.0	7.0	9.0
시간(s)	0.20	0.23	0.21	0.22
평균 속력(cm/s)	15	22	33	41

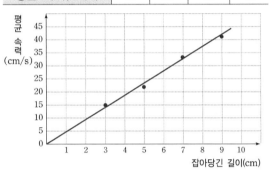

이 학생의 탐구에 대한 설명으로 옳은 것만을 〈보기〉에서 있는 대로 고른 것은? (2점)

┌─[보기]─
ㄱ. 잡아당긴 용수철의 길이가 4.0cm일 때의 평균 속력을 내삽(interpolation)에 의해 예상(prediction)할 수 있다.
ㄴ. '잡아당긴 길이에 따른 평균 속력' 그래프를 그린 것은 자료 변환에 해당한다.
ㄷ. 이 학생이 그래프를 해석하여 '모든 용수철에서 제자리로 되돌아가는 동안의 평균 속력은 잡아당긴 길이에 비례한다.'고 결론을 내린다면 성급한 일반화에 해당한다.

① ㄱ
② ㄷ
③ ㄱ, ㄴ
④ ㄴ, ㄷ
⑤ ㄱ, ㄴ, ㄷ

081

2014-A01

다음은 작용-반작용 개념을 지도하는 상황에서 제안된 어떤 수업전략에 대한 설명이다. 괄호 안의 ㉠, ㉡에 해당하는 용어를 순서대로 쓰시오. (2점)

많은 학생들이 그림 (가)와 같이 운동하던 자동차가 정지한 자동차와 충돌할 때 두 자동차에는 크기는 같고 방향은 반대인 힘이 작용한다는 것을 이해하기 어려워한다. 하지만 그림 (나)와 같이 용수철을 양손으로 누를 때 양손에는 크기는 같고 방향은 반대인 힘이 작용한다는 것은 쉽게 받아들인다.

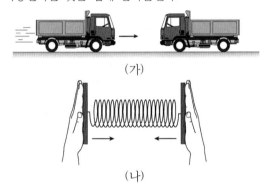

(가)

(나)

이때 '운동하던 물체가 정지한 물체와 충돌할 때 두 물체에 작용하는 작용-반작용'을 '목표 개념'이라고 한다면 '용수철을 양손으로 누를 때 양손이 받는 힘'은 '(㉠)'(이)라고 할 수 있다. 학생들이 쉽게 받아들이는 (㉠)을/를 비유로 이용하여 목표 개념을 가르칠 수 있는데, 그럼에도 불구하고 학생들은 (㉠)을/를 목표 개념과 관련지어 생각하지 못할 때가 있다. 이때 교사는 (㉠)와/과 목표 개념 사이를 연결해 주는 중간 매개체를 고안하여 새로운 비유로 제시할 수 있는데, 클레멘트(J. Clement)에 따르면 이러한 수업 전략을 (㉡)(이)라고 한다. 위의 상황에서 예를 들자면, '앞에 용수철을 달고 있는 두 자동차가 충돌하는 경우'를 도입하여 그림 (가)와 그림 (나) 사이를 연결하는 것은 (㉡)의 좋은 사례라고 할 수 있다.

082

2014-A02

지필 평가 형태로 학생의 물리 탐구 능력을 평가하기 위하여 아래의 [문항 A]와 [문항 B]를 평가 문항으로 활용하려고 한다. 이 두 문항을 통하여 공통적으로 평가할 수 있는 통합 탐구과정 1가지를 쓰시오. (2점)

[문항 A]
어떤 학생이 전압과 전류의 관계를 알아보기 위하여 그림과 같이 전기회로를 구성하였다. 직렬로 연결하는 건전지의 개수를 2개, 3개로 증가시키면서 각각의 경우 전류를 측정하는 실험을 하려고 한다. 이렇게 실험할 때의 문제점은 무엇이며, 개선 방안은 무엇인지 쓰시오.

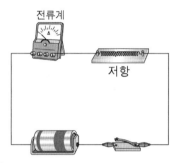

[문항 B]
그림과 같이 고무줄을 이용하여 힘과 가속도의 관계를 알아보는 실험을 하려고 할 때, 방법 (가)와 방법 (나)중에서 어떤 실험 방법이 더 적합한지 고르고 그 이유를 설명하시오.

방법 (가) : 고무줄 한 개의 길이를 2배, 3배로 늘이면서 실험한다.
방법 (나) : 고무줄의 길이는 일정하게 하고 고무줄의 개수를 증가시키면서 실험한다.

정답 및 해설_224p

083

2014-A03

다음은 오수벨(D. Ausubel)의 유의미학습 이론에 따라 교사가 소리의 속력이 공기에서보다 물에서 크다는 것을 가르친 교수·학습 내용이다. 교사가 선행조직자로 사용한 내용을 다음에서 찾아 쓰시오. (2점)

> 학생들은 그림과 같이 용수철에 펄스를 만들어 펄스의 전파를 관찰하였다. 이 활동으로 용수철 상수가 클수록 펄스의 전파 속력이 크다는 것을 알았다.
>
>
>
> 교사는 수업에서 물이 공기보다 압축되기 어렵다는 점을 이용하여 물이 공기보다 용수철 상수가 큰 물질로 볼 수 있다는 것을 설명하였다. 그리고 용수철 상수가 크면 펄스가 더 빠르게 전파한다는 것과 관련지어 소리의 속력이 공기에서보다 물에서 크다는 것을 가르쳤다.

084

2014-A04

인지 갈등을 개념 변화 수업에 적용할 때에는 갈등의 유형에 따라 수업의 형태가 달라질 수 있다. 다음 수업에서 사용된 인지 갈등의 유형을 쓰시오. (2점)

> 교사는 지구 주위를 돌고 있는 우주 정거장에서 우주인이 무게를 느끼지 못하는 경우에 대한 이유를 학생들이 어떻게 생각하는지 조사하여 학생들의 의견을 크게 2가지 주장으로 구분하였다. 교사는 그중 어느 주장이 타당한지 비교하며 수업하였다.
>
>> 주장 A : 우주인이 무게를 느끼지 못하는 이유는 지구에서 멀어져 지구의 중력에서 벗어났기 때문이다.
>> 주장 B : 우주인이 무게를 느끼지 못하는 이유는 우주 정거장이 중력을 구심력으로 하여 지구를 중심으로 원운동하고 있기 때문이다.

085

2014-A 서술형1

박 교사는 '전기에는 양(+)전기와 음(−)전기가 있고, 서로 같은 종류의 전기 사이에는 척력, 서로 다른 종류의 전기 사이에는 인력이 작용함'을 학습한 학생들에게 '물체가 전기를 띠게 되는 이유'를 가르치려고 한다. 이를 위해 박 교사는 고무풍선과 털가죽을 마찰시켜 두 물체가 서로 달라붙는 현상을 시범으로 보인 후, 고무풍선과 털가죽이 어떻게 전기를 띠게 되는지에 대해 학생들끼리 토론하도록 하였다. 다음은 이에 대한 철수와 민수의 대화 내용이다.

> 철수 : 모든 물체는 양전기와 음전기 중 하나의 성질만을 가졌어. 이를테면 고무풍선은 본래 음전기의 성질을, 털가죽은 본래 양전기의 성질을 가졌지. 평소에는 물체만의 고유한 전기 성질을 숨기고 있다가, 재질이 다른 물체끼리 문지르면 숨어 있던 본래의 전기 성질이 드러나는 거야.
> 민수 : 나는 네 생각과 달라. 물체에는 두 종류의 전기가 같은 양만큼 들어있어. 재질이 다른 물체끼리 문지르면 한 물체에 있던 음전기가 다른 물체로 이동하여 전기 성질이 드러나는 거야. 이를테면 털가죽에서 고무풍선으로 음전기가 이동해서 고무풍선은 음전기, 털가죽은 양전기의 성질을 갖는 거야.

'물체가 전기를 띠게 되는 이유'에 대한 학생의 오개념 1가지를 이 대화에서 찾아 쓰고, 이러한 오개념과 상충되는 현상을 보여주기 위하여 고무풍선을 사용하여 교실에서 해 볼 수 있는 물리 시범 1가지를 제안하시오. (3점)

086

다음은 '볼록렌즈에 의한 상'에 관한 수업을 순환학습 모형에 따라 단계별로 구성하여 순서 없이 나열한 것이다. 단계 A가 순환학습의 어느 단계에 해당하는지 쓰고, 단계 A의 수업 내용을 그 단계의 특징이 나타나도록 서술하시오. (3점)

단계	수업 내용
A	
B	글씨가 적힌 종이 위에 투명한 필름을 놓고, 그 위에 물방울을 떨어뜨린다. 물방울의 크기가 커짐에 따라 글씨가 확대되는 정도가 다른 것을 관찰한다. 초점거리가 서로 다른 두 개의 볼록렌즈에 의한 상의 배율이 다름을 확인한다.
C	렌즈에서 물체까지 거리, 초점거리와 상의 배율의 관계식을 이용하여 근시와 원시를 교정할 수 있는 렌즈에 적용한다.

087

과학철학에 대한 이해는 학생의 학습 과정에 대한 이해에 여러 가지 도움을 줄 수 있다. 다음 학생들은 "무거운 물체가 가벼운 물체보다 먼저 떨어진다."라는 생각을 가지고 있었다. 이 생각은 라카토스(I. Lakatos) 연구프로그램 이론에서 말하는 견고한 핵에 해당한다고 볼 수 있다. 두 학생의 반응을 라카토스의 발견법에 따라 다음 〈표〉와 같이 설명하고, 반증 사례에도 불구하고 학생의 개념 변화가 일어나지 않은 이유 2가지를 인지 갈등과 관련하여 쓰시오. (5점)

> 교사는 무거운 물체가 가벼운 물체보다 먼저 떨어진다고 생각하는 학생들에게 질량이 다른 두 개의 쇠 구슬이 동시에 떨어지는 현상을 시범으로 보여 주었다.
>
> 교사: 두 개의 물체가 동시에 떨어지는 것을 관찰했죠?
> 영희: 네. 선생님께서 말씀하신 대로 두 물체가 동시에 떨어졌어요. 하지만 쇠구슬의 경우는 예외적인 경우라 할 수 있어요. 그러니 제 생각이 틀린 건 아니죠.
> 민수: 네. 두 물체가 동시에 떨어졌어요. 하지만 제 생각이 틀린 건 아니에요. 왜냐하면 질량이 큰 물체는 크기가 좀 더 크기 때문이에요. 무거운 물체가 공기저항이 더 커서 동시에 떨어질 수 있었던 거죠. 만약 크기가 같고 질량이 다른 물체를 동시에 떨어뜨리면 무거운 물체가 먼저 떨어질 거예요.

구분	해당하는 사례의 학생(들)	발견법에 따른 설명
( ) 발견법		
( ) 발견법		

088

2015-A01

〈보기〉는 [영희의 생각]과 이에 대한 [교사들의 대화], 그리고 2009 개정 교육과정에 따른 과학과 교육과정의 [물리 I 내용 체계 중 일부]를 나타낸 것이다.

┌──────[보기]──────┐

[영희의 생각]

비행기가 뜨는 원리는 뭘까? 비행기가 위쪽으로 힘을 받는 이유는 날개의 모양 및 공기의 흐름과 관계있지 않을까?

[교사들의 대화]

교사 A: 영희가 비행기가 뜨는 원리에 대해 생각하였군요.

교사 B: 영희가 생각한 내용은 2009 개정 교육과정에 따른 과학과 교육과정의 '물리 I'에서 '힘과 에너지의 이용' 영역의 내용 요소 중 (㉠)에 해당돼요.

교사 A: 그렇죠. 2009 개정 교육과정에 따른 과학과 교육과정의 '물리 I'에서 (㉠)에 해당되는 성취기준 중에는 '(㉡)을/를 이용하여 양력과 마그누스 힘을 이해하고, 항공기와 구기 운동에 대한 이용을 안다.'는 것이 포함되어 있어요.

[물리 I 내용 체계 중 일부]

영역		내용 요소
에너지	에너지의 발생	기전력, 전기 에너지, 발전기, 핵발전, 핵융합과 태양에너지, 태양전지, 여러 가지 발전
	힘과 에너지의 이용	힘의 전달과 돌림힘, 힘의 평형과 안정성, (㉠), 열역학 법칙과 열기관, 열전달, 상태변화와 기상 현상, 전기 에너지 이용

└────────────────────┘

2009 개정 교육과정에 따른 과학과 교육과정에 근거하여 괄호 안의 ㉠, ㉡에 해당하는 말을 순서대로 쓰시오. (2점)

089

2015-A02

〈보기〉는 김 교사가 핵에너지 관련 내용을 지도하면서 작성한 수업 계획의 일부를 순서 없이 나열한 것이다.

┌──────[보기]──────┐

(가) 화석 연료 고갈에 따른 지구 전체의 위기, 핵분열과 원자력 발전의 원리, 원자력 발전소 사고에 따른 피해, 지역사회의 여건 등에 관한 정보를 학생들에게 제공하여, 주어진 정보를 분석하게 한다.

(나) 중저준위 방사능 폐기물 처리장 건설과 관련된 신문 기사를 나눠 주고, 우리 고장의 핵폐기물 처리장 유치 여부에 대한 문제를 제기한다.

(다) 핵폐기물 처리장 유치 여부에 따르는 비용편익 (cost-benefit)과 위험 등을 종합하여 모둠별로 결정을 내리게 하고, 그 결과와 이유를 친구들 앞에서 발표하게 한다.

(라)   …생략…

└────────────────────┘

〈보기〉에서 김 교사는 '사회적 쟁점을 도입하여 과학과 관련된 윤리적 측면에 대한 학생의 (㉠) 능력과 가치판단 능력을 함양한다.'를 수업 목표로 삼고 수업을 계획하였다. 또한 김 교사는 '문제로의 초대 → 탐색 → 해결 방안 모색 → (㉡)' 단계로 구성되는 STS 교수·학습 모형을 적용하였고, 수업전략으로는 특히 (다) 단계에서 (㉠) 방법을 적용하였다. 괄호 안의 ㉠, ㉡에 해당하는 말을 순서대로 쓰시오. (2점)

090

2015-A 서술형 1

〈자료 1〉은 '접촉면의 거칠기와 물체의 운동을 방해하는 힘의 관계'를 알아보기 위해 학생이 실험을 계획하고 수행한 결과를 기록한 실험 보고서이다. 〈자료 2〉는 2009 개정 교육과정에 따른 과학과 교육과정에서 제시한 탐구 과정 요소의 일부와 이 학생의 실험 보고서를 평가하고 피드백하기 위하여 교사가 작성한 [평가 점검표]이다.

─[자료 1]─

[실험 목표]
접촉면의 거칠기와 물체의 운동을 방해하는 힘의 관계를 알아본다.

[실험 절차]
① 크기와 모양이 같고, 거칠기와 재질이 다른 물체 A, B, C를 준비한다.
② A, B, C의 접촉면의 거칠기를 비교하여 기록한다.
③ 용수철저울의 영점 조정을 한다.
④ A를 용수철저울에 연결하여 실험대 바닥 위에 놓고 용수철저울을 천천히 당겨 A가 움직이기 시작할 때 용수철저울의 눈금을 읽는다.
⑤ B와 C도 ③과 ④의 실험 절차에 따라 같은 실험대 바닥 위에서 각각 실험한다.
⑥ 실험 결과를 이용하여 결론을 내린다.

[실험 결과]
결과 1. 접촉면의 거칠기 비교 A>B>C 순으로 거칠다.
결과 2. 물체의 운동을 방해하는 힘

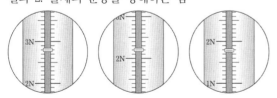

〈용수철저울의 눈금을 나타내는 사진〉

물체	A	B	C
물체의 운동을 방해하는 힘(N)	2.8	2.2	1.8

[결론]
① 접촉면이 거칠수록 운동을 방해하는 힘의 크기가 크다.
② 물체가 무거울수록 운동을 방해하는 힘의 크기가 크다.

─[자료 2]─

[탐구 과정 요소]
• 기초 탐구과정 : 관찰, 분류, 측정, 예상, 추리
• 통합 탐구과정 : 문제 인식, 가설 설정, 변인 통제, 결론 도출

[평가 점검표]

평가 요소	평가 관점
측정	용수철저울의 눈금을 바르게 읽고 기록하였는가?
㉠	㉡
결론 도출	실험 내용을 바탕으로 물체의 운동을 방해하는 힘의 속성에 대해 타당하게 결론을 내렸는가?

〈자료 2〉의 [탐구 과정 요소]를 이용하여 〈자료 1〉에서 학생이 수행한 내용 중 제대로 하지 못한 통합 탐구 과정을 찾아 [평가 점검표]의 ㉠, ㉡을 순서대로 쓰시오. 그리고 완성된 [평가 점검표]를 근거로 교사가 학생에게 피드백해야 할 내용을 평가 요소별로 실험 내용과 관련지어 각각 서술하시오. (5점)

091

2015-A 서술형 2

다음 〈보기〉는 열과 온도에 대해 교사와 영희가 나눈 대화의 일부이다.

┌─────〔보기〕─────┐

영희 : 선생님, 물질마다 고유한 온도가 있다고 생각해요. 예를 들면, 철과 솜은 온도가 다르잖아요.

교사 : 물질의 속성에 따라 온도가 결정된다고 생각하는구나. 왜 그렇게 생각하니?

영희 : 철을 만져 보면 차고, 솜을 만지면 따뜻한 느낌이 들어요.

교사 : 그러면, 온도계를 이용하여 철과 솜의 온도를 측정해 볼까? (철과 솜의 온도를 각각 측정한다.)

영희 : 어, 이상하네요. 온도계를 이용하여 철과 솜의 온도를 측정해 보니 철과 솜의 온도가 같아요. 왜 그렇죠?

교사 : 두 물체가 접촉해 있으면 온도가 같아질 때까지 온도가 높은 물체에서 온도가 낮은 물체로 열이 이동하는 거지. 같은 장소에 오래 둔 철과 솜은 각각 주위의 공기와 온도가 같게 되어 열평형 상태가 되지. 따라서 철과 솜의 온도는 같아.

영희 : 아하! 공기와 철, 공기와 솜 사이의 열 이동에 의해 열평형 상태가 되어 철과 솜의 온도가 같아지는 거군요. 그런데, 손으로 만졌을 때 왜 철이 더 차게 느껴지죠?

교사 : (㉠   )

└────────────────────┘

인지 갈등 모형에 따르면 영희에게 두 유형의 인지 갈등이 일어나고 있다. 두 유형의 인지 갈등에 대해 〈보기〉의 대화를 근거로 각각 설명하시오. 그리고 괄호 안의 ㉠에서 교사가 설명해야 할 핵심 과학개념 하나를 쓰시오. (5점)

092

2015-B 서술형 1

다음 〈보기 1〉은 학생의 물리 탐구 능력을 평가하기 위한 [문제]와 이에 대한 학생들의 [답안]이고, 〈보기 2〉는 이 탐구 문제에 대한 교사들의 대화 내용이다.

┌─────〔보기 1〕─────┐

[문제]

두발자전거를 받침대 없이 세우면 금방 쓰러지지만, 자전거를 굴리면 사람이 타지 않아도 금방 쓰러지지 않고 긴 거리를 굴러간다. '달리는 자전거는 왜 잘 쓰러지지 않을까'라는 의문을 설명할 수 있는 가설을 세우시오.

[답안]

학생 A : 자전거가 달리고 있기 때문에 쓰러지지 않는다.

학생 B : 자전거가 달릴 때 관찰할 수 없는 어떤 힘이 중력과 반대 방향으로 작용하기 때문에 쓰러지지 않는다.

학생 C : 자전거가 달리는 동안 바퀴의 각운동량이 보존되기 때문에 쓰러지지 않는다.

└────────────────────┘

┌─────〔보기 2〕─────┐

김 교사 : 학생들의 물리 탐구 능력을 평가하려고 이 문제를 냈는데, 학생 A와 학생 B처럼 답을 쓰는 학생들이 많았어요.

박 교사 : 자기 나름대로 생각하고 주장한 것을 과학적 관점에서 틀렸다고 단정 짓는 것은 바람직하지 않지만, 그래도 주어진 의문 현상에 대한 과학적 가설로는 타당하지 않은 답안이죠.

최 교사 : 그런데 달리는 자전거가 잘 쓰러지지 않는 정확한 이유가 뭐죠? 제가 알기로는 이에 대한 확실한 해답이 알려져 있지 않거든요. 차라리 '회전하는 팽이는 왜 잘 쓰러지지 않는가?'처럼 해답이 있는 문제를 탐구하게 하는 것이 바람직하지 않나요?

김 교사 : 최 선생님 말씀이 옳지만, 해답이 아직 알려져 있지 않은 문제도 탐구 문제로 의미 있다고 생각합니다. 학생들이 접하는 일상생활의 문제 중에는 교사나 과학자도 해답을 모르는 것이 많기 때문이죠.

박 교사 : 두 분이 강조하시는 탐구는 마치 쿤(T. Kuhn)의 과학혁명 이론에서 설명하는 과학자들의 탐구 활동의 두 가지 양상과 비슷하네요. 김 선생님이 강조하는 탐구가 ㉠ 과학의 위기 단계에서 기존 패러다임을 따르지 않는 문제 풀이 활동과 유사하다면, 최 선생님이 강조하는 탐구는 (㉡) 활동과 유사하군요.

└────────────────────┘

〈보기 1〉에 제시된 학생의 [답안] 중 학생 A와 학생 B의 가설이 문제 현상을 설명하려는 가설로서 타당하지 않은 이유를 각각 쓰고, 이를 근거로 학생 C의 가설이 타당한 여부와 그 이유를 설명하시오. 또한 〈보기 2〉에서 ㉠의 내용에 대응되도록 괄호 안의 ㉡에 들어갈 내용을 쓰시오. (5점)

093

2016-A01

다음은 '정전기유도' 수업에서 '순환학습 모형을 확장한 5E 수업 모형'의 수업 단계를 순서 없이 배열한 것이다.

단계	교수 · 학습 활동
(가)	검전기를 이용한 정전기 유도 현상을 학생이 과학적 용어로 설명하고, 이 현상이 적용되는 다양한 상황을 찾아 발표하게 한다.
(나)	학생의 흥미를 유발하기 위해서 대전된 풍선으로 형광등에 불이 켜지는 현상을 보여 주고 정전기 유도 현상과 관련된 경험을 이야기하도록 하여, 학생의 사전 개념을 확인한다.
(다)	학생이 투명 테이프를 이용하여 다양한 시도를 하고, 투명 테이프 두 장을 서로 붙였다 뗀 뒤에 서로 당기는 것을 확인하도록 한다.
(라)	투명 테이프에서 나타난 정전기 유도 현상을 학생 자신의 용어와 의미로 설명하도록 장려하고, 대전, 인력, 척력의 개념을 학생에게 설명해 준다.
평가	정전기 유도 현상에서 나타나는 예를 학생에게 설명하도록 하여 잘못된 개념은 없는지 확인한다.

수업 단계에 맞게 (가)~(라)를 순서대로 배열하고 (나) 단계의 명칭을 쓰시오. (2점)

094

2016-A09

다음은 '연직 위로 던진 물체의 운동'에 관해 교사가 비고츠키(L. Vygotsky)의 학습 이론에 따라 진행한 고등학교 수업에서 학생과 나눈 언어적 상호작용의 일부이다.

교사 : 지난 시간에 자유낙하에 대해 배웠죠? 자유낙하 하는 동안 어떤 힘이 작용하나요?

학생 : 중력이요.

교사 : 자유낙하 운동에서 중력이 작용한다는 것은 잘 알고 있네요. 그럼 연직 위로 던진 물체가 최고점에 도달한 순간에는 어떤 힘이 작용할까요?

학생 : 물체가 최고점에 도달하는 순간 정지하니까 힘이 작용하지 않아요.

교사 : 그럼 공을 연직 위로 던지는 상황과 자유낙하 상황을 비교해 봐요. 그림에서 A, B 지점에서부터의 운동을 살펴봐요. 위로 던진 공이 가장 높은 A에서 멈추었다 떨어지는 것과 B에서 공을 가만히 놓아 떨어지는 것이 어떻게 다르지요?

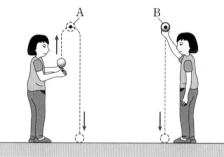

학생 : 어? 둘 다 정지했다가 떨어지네요.

교사 : 그런데 하나는 중력이 작용하고 다른 하나는 힘이 작용하지 않는다고 할 수 있나요?

학생 : 아! 그럼 위로 던진 공이 최고점에서 떨어지는 것과 자유낙하는 똑같은 운동이네요. 둘 다 중력이 작용하네요.

교사 : 그렇지요! 자 이제 연직 위로 던진 공이 올라가면서 속력이 줄어드는 경우에 공에 작용하는 힘에 대해 이야기해 봐요. ㉠ 공이 올라가면서 속력이 왜 줄어들까요?

근접 발달 영역(ZPD)의 의미를 설명하고, 이에 근거하여 교사가 의도한 언어적 상호작용의 목적 2가지를 서술하시오. 또한, 밑줄 친 ㉠에 대하여, 힘과 운동에 관한 오개념을 가진 학생이 대답할 것으로 예상되는 답변을 1가지 제시하시오. (4점)

095

2016-B01

다음은 '전자기 유도' 실험 수업의 도입부에 교사가 제시한 〈안내〉와 수업에서 사용한 〈실험 활동지〉이다. 이 실험에서 교사는 학생이 '자석의 세기가 클수록 유도전류의 세기는 크다.'라는 결론을 내릴 수 있기를 기대한다.

┌─[안내]──────────────────┐

교사: 오늘은 실험을 먼저 해 보고 그 결과에 대해 토론할 거예요. 선생님이 각 모둠의 실험대에 실험 장치를 두었어요. 〈실험 활동지〉를 잘 읽고 실험하세요.

└────────────────────────┘

┌─[실험 활동지]──────────────┐

[실험 제목] 전자기 유도
[실험 과정]
(1) 솔레노이드 속으로 막대자석을 넣었다 빼면서 검류계 바늘의 움직임을 관찰한다.

(2) 검류계의 바늘이 가리키는 최대 눈금을 관찰하여 [관찰 결과]의 표에 기록한다.
(3) 막대자석의 세기를 달리하여 과정 (1), (2)를 반복한다.
(4) 관찰 결과에서 자석의 세기와 유도 전류의 세기 사이의 관계에 대한 규칙성을 찾아 결론을 도출하여 적는다.
※ 주의 사항 : ㉠ 매번 자석을 움직이는 속력은 일정하게 유지한다.

[관찰 결과] 검류계의 최대 눈금(μA)

실험 차수 / 자석의 세기	1차	2차	3차	4차	5차	평균
1배						
2배						
3배						

[결론]

─────────────────────────

└────────────────────────┘

밑줄 친 ㉠이 나타내는 탐구 과정 기능을 쓰시오. 또한, 이 실험에서 교사는 학생들에게 어떤 과학적 사고 방법을 사용하도록 하는지 근거와 함께 서술하고, 이 과학적 사고 방법이 과학지식의 구성에서 갖는 한계점을 1가지 서술하시오. (4점)

096

2016-B02

다음은 과학사의 한 사례를 요약한 것이다.

┌────────────────────────┐

19세기 물리학자들은 빛을 물결파와 같은 파동으로 보고 여러 종류의 빛을 파장에 따라 구분하였다. 그리고 물결파의 파동이 물을 통해 전달되듯이 빛이 파동이라면 빛을 전달하는 매질이 있을 것이라 예측하였고 이를 에테르라 불렀다. 그래서 이 시기 물리학의 가장 중요한 주제 중 하나는 에테르의 성질과 구조를 알아내는 것이었다. ㉠ 많은 물리학자들이 측정 자료를 이용하여 에테르의 비중과 같은 다양한 물리량을 계산하였고, 이렇게 얻은 에테르의 성질은 백과사전에 기록되었다. 맥스웰(J. Maxwell)은 패러데이(M.Faraday)의 실험 결과를 설명할 때 에테르의 탄성을 활용하였다. 한편 1887년 마이컬슨·몰리(Michelson-Morley)는 에테르 속에서 움직이는 지구의 절대 속도를 측정하는 실험을 하였다. 실험 설계의 기본 생각은 빛을 지구의 운동 방향과 운동 방향의 수직 방향으로 각각 쏘아 되돌아오게 하여 둘의 경로 차에 의해 생기는 간섭무늬를 관찰하여 그로부터 에테르에서 움직이는 지구의 속력을 계산하고자 한 것이었다. 그러나 마이컬슨·몰리는 여러 차례의 실험에도 불구하고 경로차로 인한 간섭무늬를 발견할 수 없었다.

이후 다른 많은 과학자들이 실험을 하였으나 에테르의 존재를 증명하지 못했고, 푸앵카레(H. Poincaré)는 어떤 실험으로도 에테르를 발견하는 것은 불가능하다고 선언하며 에테르의 존재를 의심하였다. 그런데 1905년 아인슈타인(A.Einstein)은 에테르의 존재가 필요 없는 상대성 이론을 발표하였다. 그는 맥스웰의 식에 기초하여 전자기 유도에서 유도되는 전류는 자성체와 도체의 상대적 움직임에 의존할 뿐 절대속력의 도입은 필요 없다는 결론을 내렸다. 아인슈타인의 상대성 이론은 에테르를 필요로 하였던 뉴턴 역학의 절대 시공간 개념을 상대 시공간 개념으로 대체하는 이론으로 물리학자 사회에서 받아들여졌다. 이후 ㉡ 물리학자들은 상대성 이론이 예측하는 중력장에 의해 휘는 빛, 빛의 중력 적색편이, 수성의 근일점 이동을 확인하였다.

└────────────────────────┘

쿤(T. Kuhn)이 제시한 과학혁명 이론의 발달 단계 중 이 사례에 나타난 단계들을 제시하고, 각 단계에 해당하는 내용을 찾아 서술하시오. 또한, 쿤의 관점에서 밑줄 친 ㉠과 ㉡이 공통적으로 과학지식 발달에 미친 영향을 설명하시오. (4점)

097

2017-A01

다음은 2015 개정 교육과정에 따른 과학과 교육과정에서 '과학' 교과의 [성격] 및 [내용 체계] 일부이다.

[성격]

'과학'은 모든 학생이 과학의 개념을 이해하고 과학적 탐구능력과 태도를 함양하여 개인과 사회의 문제를 과학적이고 창의적으로 해결할 수 있는 과학적 소양을 기르기 위한 교과이다. '과학'에서는 일상의 경험과 관련이 있는 상황을 통해 과학지식과 탐구방법을 즐겁게 학습하고 과학적 소양을 함양하여 과학과 사회의 올바른 상호관계를 인식하며 바람직한 민주시민으로 성장할 수 있도록 한다.

… (중략) …

'과학'에서는 다양한 탐구 중심의 학습이 이루어지도록 한다. 또한, 기본개념의 통합적인 이해 및 탐구경험을 통하여 과학적 사고력, 과학적 탐구능력, 과학적 문제 해결력, 과학적 의사소통 능력, 과학적 참여와 평생학습 능력 등의 과학과 (㉠)을/를 함양하도록 한다.

… (하략) …

[내용체계]

영역	(㉡)	일반화된 지식	내용 요소			기능
			초등학교		중학교	
			3~4학년	5~6학년	1~3학년	
힘과 운동	시공간과 운동	물체의 운동 변화는 뉴턴 운동 법칙으로 설명된다.		• 속력 • 속력과 안전	• 등속 운동 • 자유 낙하 운동	• 문제 인식 • 탐구 설계와 수행 • 자료의 수집·분석 및 해석 • 수학적 사고와 컴퓨터 활용
	힘	물체 사이에는 여러 가지 힘이 작용한다.	• 무게 • 수평 잡기 • 용수철 저울의 원리		• 중력 • 마찰력 • 탄성력 • 부력	

… (하략) …

괄호 안의 ㉠, ㉡에 들어갈 용어를 순서대로 쓰시오. (2점)

098

2017-A09

다음은 단진자에 작용하는 힘에 대한 이해 수준을 평가하기 위한 [평가 목표], [평가 문항], [모범 답안] 및 [평가 기준표]이다.

[평가 목표]

단진자에 작용하는 힘이 상대적인 크기와 방향을 설명할 수 있다.

[평가 문항]

그림과 같이 실에 추를 매달아 옆으로 당겼다가 가만히 놓았더니 추가 A, B 사이를 단진동 하였다. A, B는 각각 단진동에서의 최고점이고 O는 최저점이다.

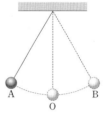

위치 A, O, B에서 단진자에 작용하는 중력과 장력의 크기 및 방향을 화살표로 나타내시오.

[모범 답안]

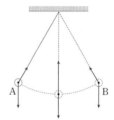

[평가 기준표]

평가 영역	평가 준거	배점
힘의 크기와 방향	A, O, B에서 중력의 크기를 동일하게 그렸는가?	1
	A, O, B에서 중력의 방향을 옳게 그렸는가?	1
	A, B에서 장력의 크기를 동일하게 그렸는가?	1
	A, O, B에서 장력의 방향을 옳게 그렸는가?	1
총점		4

※ 평가 준거마다 조건을 모두 만족하는 경우에만 1점으로 채점한다.

단진자에 작용하는 힘에 대한 학생의 이해 수준을 보다 정확하게 평가하기 위해 [평가 기준표]를 보완하려고 한다. 이때 [평가 문항]과 [모범 답안]을 고려하여 [평가 기준표]에 추가해야 할 평가 준거를 2가지 쓰시오. 또 채점 시 위와 같이 평가 준거를 세분화함으로써 얻을 수 있는 이점을 쓰시오. (4점)

099

2017-B01

다음은 중학교 교사의 자기력에 관한 수업이다.

교사: 지난 시간에는 마찰력에 대해 배웠어요. 마찰력은 물체가 닿은 면에서 물체의 운동을 방해하는 힘이라고 배웠어요. 오늘은 자기력에 대해 알아보고 자기력과 마찰력의 공통점과 차이점은 무엇인지 공부해 보기로 하지요.

학생들: 네.

교사: 여러분 앞에는 막대자석과 클립이 있는데 서로 가까이 가져가 보기도 하고, 막대자석끼리 좌우 방향도 바꿔 가면서 멀리서 가까이 가져가 봤을 때 어떤 현상이 일어나는지 실험을 해보도록 하세요.

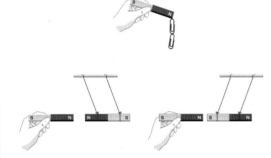

교사: 자, 지금까지 여러분이 실험에서 확인한 것처럼 클립과 같이 쇠붙이와 자석 사이에 작용하는 힘이나 자석과 자석 사이에 작용하는 힘을 자기력이라고 해요. 그럼 자기력과 마찰력의 공통점은 무엇일까요?

학생 1: 접촉해도 작용하고 물체들 사이에서 작용해요.

학생 2: 물체의 운동과 관련이 있어요.

교사: 그래요. 그럼 차이점은 무엇이 있을까요?

학생 3: 마찰력과 달리 자기력은 자석이 있어야 작용하고 물체가 서로 떨어져 있어도 작용해요.

교사: 네, 맞았어요.

마찰력에 이어 자기력을 학습한 위의 수업은 오수벨(D. Ausubel)의 동화설에 의한 유의미 학습의 유형 중 어떤 유형에 해당하는지 쓰고, 답에 대한 타당한 근거를 수업 상황에서 제시하고 있는 개념들을 예로 들어 서술하시오. (4점)

100

2017-B02

다음은 2015 개정 교육과정에 따른 고등학교 과학 교과에서 '미래 사회에서 에너지 문제'를 주제로 구성한 탐구 활동 자료이다.

―〔 자료 〕―

[목표]

화석 연료의 생성 과정과 매장량 및 사용량을 조사하여 에너지가 고갈되는 시점을 예측하고 이에 대한 대안을 찾는다.

[과정]

① 3명으로 한 모둠을 구성하고, 각 모둠원은 다음 주제 중 하나를 선택하자.

주제 1	석탄은 어떻게 생성되었는가?
주제 2	석유와 천연가스는 어떻게 생성되었는가?
주제 3	화석 연료의 매장량과 사용량은 얼마나 되는가?

② 각 모둠에서 동일한 주제를 선택한 사람은 따로 소집단을 구성하고, 도서관이나 인터넷 등을 이용하여 조사하자.

③ 각 소집단의 구성원은 조사한 내용을 소집단 내에서 발표하고 토의한 후, 토의한 내용을 정리하자.

④ 소집단의 구성원은 원래 모둠으로 돌아가서 주제별로 조사하고 토의한 내용을 바탕으로 다음 주제 4에 대해 서로의 생각을 이해하고 존중하며 토의하자. (이때 각 모둠 내 토의과정에서의 의견 조정과 진행을 위해 대표를 정하도록 한다.)

주제4	미래 사회에서 에너지 문제는 어떻게 될까? – 현재와 같은 비율로 화석 연료의 사용량이 증가할 경우 에너지가 고갈되는 시점은 언제인가? – 미래 사회의 에너지 고갈 문제를 해결하기 위한 대안은 무엇인가?

[결과]

각 모둠의 대표는 주제 4에 대해 토의한 내용을 정리하여 발표하자.

위 〈자료〉에 해당하는 협동 학습 모형은 무엇인지 쓰시오. 협동 학습에서 적극적인 상호 작용을 위해 필요한 기초 탐구 과정 1가지를 쓰고, 그렇게 답한 이유를 위 〈자료〉를 참고하여 설명하시오. (4점)

101

2018-A01

〈자료〉는 2015 개정 과학과 교육과정에서 '통합과학'의 '성격'의 일부이다. 표는 교사가 '발전과 신재생 에너지' 단원을 지도할 때 〈자료〉의 괄호 안의 ㉠에 공통으로 해당하는 과학과 핵심 역량을 함양하기 위해 STS 교수·학습 모형을 적용한 단계별 교수·학습 내용이다.

─〔자료〕─

'통합과학'에서는 다양한 탐구 중심의 학습이 이루어지도록 한다. 또한, 기본 개념의 통합적인 이해 및 탐구 경험을 통하여 과학적 사고력, 과학적 탐구능력, 과학적 문제해결력, 과학적 의사소통 능력, (㉠   ) 등의 과학과 핵심역량을 함양하도록 한다.

… (중략) …

(㉠   )은/는 사회에서 공동체의 일원으로 합리적이고 책임 있게 행동하기 위해 과학기술의 사회적 문제에 대한 관심을 가지고 의사 결정 과정에 참여하며 새로운 과학기술 환경에 적응하기 위해 스스로 지속적으로 학습해 나가는 능력을 가리킨다.

단계	교수·학습 내용
㉡	• 교사는 우리 학교에 태양광 발전 장치 설치 여부를 결정하는 것을 문제로 제기하며, 학생들이 이 문제에 대해 관심과 흥미를 가지도록 자극을 준다.
탐색	• 학생들은 문제를 명확하게 이해하기 위해 우리 학교의 여건과 태양광 발전 장치 설치와 관련 있는 다양한 자료와 정보를 수집한다. • 우리 학교에 태양광 발전 장치 설치 여부를 결정하기 위한 조사 방법이나 실험 계획을 세우고, 조사 방법과 범위, 내용을 설정하고 수행한다. • 자료를 근거로 다른 학생과 토의하여 우리 학교에 태양광 발전 장치 설치 여부를 결정하는 방안을 모색한다.
설명 및 해결 방안 제시	• 전 단계에서 수집한 정보와 실험 결과를 토대로 우리 학교에 태양광 발전 장치 설치에 대한 장단점을 분석한다. • 여러 가지 방안을 종합적으로 살펴 우리 학교에 태양광 발전 장치를 설치하는 문제에 대한 의견을 결정한다.
실행	• 우리 학교에 태양광 발전 장치 설치 여부에 대해 학생들의 최종 의견을 학교 해당 위원회에 전달한다.

괄호 안의 ㉠에 공통으로 해당하는 과학과 핵심 역량과 ㉡에 해당하는 단계를 쓰시오. (2점)

102

2018-A09

〈자료 1〉은 교사가 철수에게 전자기 유도와 관련하여 제시한 질문의 내용과 이에 대한 철수의 응답 결과를 정리한 것이며, 〈자료 2〉는 이에 대한 교사와 철수의 대화이다.

─〔자료 1〕─

그림과 같이 균일한 자기장 영역에 사각형 금속 고리가 놓인 상태에서 표에 제시된 변화를 주는 동안 금속 고리에 전류가 유도되는가?

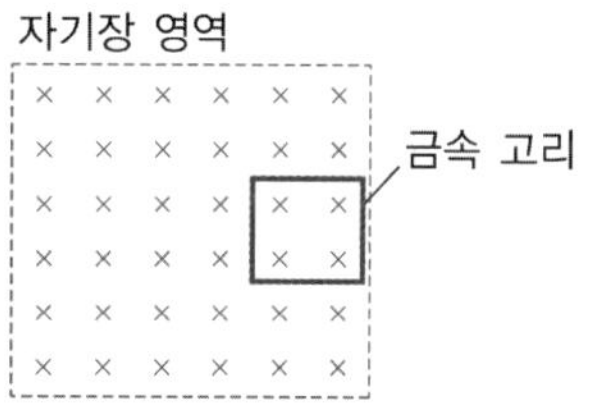

변화 조건	철수의 응답
자기장의 세기를 시간에 따라 변화시킨다.	유도된다.
고리를 오른쪽으로 당겨 자기장 영역 밖으로 이동시킨다.	유도되지 않는다.

─〔자료 2〕─

교사: 어떤 경우 금속 고리에 전류가 유도되나요?
철수: 자기장의 세기가 시간에 따라 변할 때 전류가 유도돼요.
교사: 또 다른 경우는 없을까요?
철수: 예, 자기장의 세기가 변할 때만 생겨요.
교사: 내가 시범 실험을 하나 보여줄 테니 유도 전류가 발생하는지 확인하세요.
… (중략) …
철수: 자기장의 세기가 변하는 경우가 아닌데도 유도 전류가 발생하네요.
교사: 맞아요. 자기 선속이 변하면 유도 전류가 발생하게 돼요.
철수: 자기장 영역에서 금속 고리가 회전하면서 고리면의 방향이 바뀌어도 전류가 유도되겠네요.
교사: 맞아요.

비고츠키(L. Vygotsky)의 학습 이론에 근거하여 철수의 실제적 발달 수준과 잠재적 발달 수준, 교사가 보여 주는 시범 실험의 역할을 서술하고, 적절한 시범 실험의 예를 1가지 서술하시오. (4점)

103

2018-B01

다음은 과학 지식이 발달되는 과정에 대한 두 학생의 생각을 정리한 글이다.

[학생 A의 생각]

과학은 실험이나 관찰을 통해 얻은 데이터를 일반화하는 과정에서 발달한다고 생각해요. 공을 가만히 떨어뜨리면서 시간에 따른 위치를 측정해 보면 낙하한 거리는 시간의 제곱에 비례하여 증가하죠. 이때 질량이 다른 공으로 바꾸어 실험을 해도 동일한 결과가 나와요. 이로부터 우리는 중력이 작용할 때 물체는 질량과 관계없이 등가속도로 낙하한다는 것을 알 수 있어요. 이처럼 우리는 관찰과 실험을 통해서 객관적인 사실들을 많이 수집하면 그것으로부터 일반화된 과학 법칙을 만들 수 있어요.

[학생 B의 생각]

과학 지식이 옳다는 것은 완벽하게 증명할 수 없고, 우리가 알 수 있는 것은 그 이론이 틀렸는지의 여부일 뿐이라고 생각해요. 과학 이론이란 자연 현상을 설명하고 기존의 이론이 해결하지 못한 문제를 해결하기 위해 구성된 잠정적인 가설일 뿐이죠. 이 가설을 반박하는 관찰사례가 발견되면 비판을 통해 그 가설은 곧바로 폐기되고, 그렇지 않으면 그 가설은 성공적으로 살아남게 돼요. 이러한 시험의 과정이 계속 반복되면서 이론이 점진적으로 진보하게 되는 거예요.

과학 지식의 발달 과정을 설명하는 학생 A와 학생 B의 과학 철학의 관점을 순서대로 쓰시오. 그리고 두 과학 철학의 관점이 공통적으로 갖고 있는 한계로서 관찰과 관련된 '과학지식의 특성'을 쓰고, 그 예를 1가지 서술하시오. (4점)

104

2018-B02

다음은 김 교사의 '가속 좌표계'에 대한 수업 장면이다.

김 교사는 학생들에게 가속도 운동을 하는 버스 안에서 손잡이가 그림 (가)와 같이 비스듬한 상태로 있는 동영상을 보여주었다. 영희는 손잡이에 작용하는 힘이 장력과 중력뿐이므로 손잡이가 그림 (나)와 같이 연직 방향으로 있어야 되는데 (가)와 같이 비스듬한 상태로 있는 것이 이해되지 않았다. 김 교사는 <u>관성력을 도입하여 일정한 가속도로 운동하는 버스 안의 손잡이가 비스듬한 상태로 있는 현상을 손잡이에 작용하는 힘과 관련지어 설명하였다.</u>

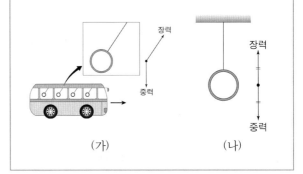

(가)   (나)

포스너(G. Posner) 등이 제안한 개념 변화를 위한 4가지 조건을 사용하여 김 교사의 설명을 통해 영희에게 적절한 개념 변화가 일어나기 위한 조건을 서술하시오. 그리고 밑줄 친 내용에 해당하는 적절한 김 교사의 설명을 서술하고, 원운동과 관련된 상황에서 관성력과 관련 있는 현상을 1가지 서술하시오. (4점)

105

2019-A09

〈자료 1〉은 '직선 도선에 흐르는 전류에 의한 자기장'에 대한 실험 지도를 위해 예비 교사가 작성한 실험 계획이고, 〈자료 2〉는 이에 대한 지도 교사와 예비 교사의 대화이다.

[자료 1]

[실험 목표]
직선 도선에 흐르는 전류가 만드는 자기장의 세기와 방향이 전류의 세기와 방향 및 도선으로부터 떨어진 거리와 어떤 관계가 있는지 알 수 있다.

[실험 과정]
1) 에나멜선, 직류전원장치, 가변 저항기, 전류계, 스위치를 전선으로 연결한다.
2) 그림과 같이 에나멜선(도선)을 클램프로 고정하여 지면과 수평하게 하고, 나침반의 중심이 도선 아래에 오도록 나침반을 놓아 도선과 나침반 사이의 거리가 10cm가 되도록 한다.

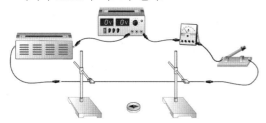

3) 도선에 1.0A의 전류를 흐르게 하고 나침반 바늘이 돌아간 방향과 각도를 측정한다.
4) 전류의 세기를 0.5A씩 높여 가면서 나침반 바늘이 돌아간 방향과 각도를 측정한다.
5) 전류의 세기를 1.0A로 고정시키고, 도선과 나침반 사이의 거리를 10cm씩 위쪽으로 늘려가며 나침반 바늘이 돌아간 방향과 각도를 측정한다.

[자료 2]

예비 교사 : 저는 학생들이 직선 전류에 의한 자기장을 공식($B = k\dfrac{I}{r}$, $k = 2 \times 10^{-7}$ T·m/A)뿐만 아니라 직접 실험을 통해서 확인해 보도록 실험을 계획하였습니다. 실제 실험 수업을 지도할 때 저의 실험 계획에서 어떤 부분을 보완해야 할까요?

지도 교사 : 실험 목표와 관련된 종속 변인, 조작 변인, 통제 변인은 잘 설정했습니다. 그러나 현재의 계획에는 ㉠ 조작 변인과 통제 변인을 실험 과정에 제대로 반영하지 못한 부분이 있습니다.

예비 교사 : 말씀대로 제 실험 계획을 점검해 보니까, … (생략) ….

지도 교사 : 구체적인 변숫값을 포함하여 실험 방법을 제시하는 것은 잘했습니다. 다만, ㉡ 계획한 방법대로 실험했을 때 측정값이 잘 나오는지 사전실험을 통해 확인해 보아야 합니다.

〈자료 2〉의 ㉠과 ㉡을 참고하여 〈자료 1〉에 나타난 예비 교사의 실험 계획의 문제점을 3가지 찾아 수정·보완하시오. 또한, 이 실험을 지도할 때 학생들에게 주의를 주어야 할 전기 관련 안전 사항을 1가지 쓰시오. (단, 지구 자기장의 세기는 약 5×10^{-5}T이다.) (4점)

106

2019-A01

〈자료 1〉은 2015 개정 과학과 교육과정 '과학탐구실험' 과목의 내용 체계 일부이고, 〈자료 2〉는 이에 대한 교사의 대화 내용이다.

〔 자료 1 〕

영역	핵심 개념	일반화된 지식	내용 요소
			과학탐구실험
역사 속의 과학 탐구	(㉠)	과학자들의 탐구실험에서 …(중략)…, 과학 탐구 수행 과정에서 (㉠)을/를 경험한다.	• 우연한 발견 • (㉡) • 패러다임의 전환을 가져온 결정적 실험
	과학자의 탐구 방법	주제에 따라 다양한 과학 탐구 방법이 활용된다.	• 귀납적 탐구 • 연역적 탐구

〔 자료 2 〕

교사 A : 과학자들이 수행했던 탐구 활동들은 (㉠)에 대한 교수·학습에서 좋은 소재가 될 수 있습니다. 갈릴레이가 수행했던 관성 관련 (㉡)이/가 대표적이죠.

교사 B : 2015 개정 과학과 교육과정의 '교수·학습 방향'에도 '과학의 잠정성, 과학적 방법의 다양성, 과학 윤리, 과학·기술·사회의 상호 관련성, 과학적 모델의 특성, 관찰과 추리의 차이 등 (㉠)와/과 관련된 내용을 적절한 소재를 활용하여 지도한다.'고 제시하고 있습니다. 다만, (㉡)에는 논리적으로 추리할 수 있는 능력이 필요하므로 학생의 논리적 사고수준을 고려하여 적용하는 것이 바람직합니다.

괄호 안의 ㉠과 ㉡에 해당하는 용어를 순서대로 쓰시오. (2점)

107

2019-B01

다음은 고등학교 물리 교사가 등가속도 운동에 관한 수업을 위해 설계한 〈실험 활동〉과 〈탐구 기능 평가표〉의 일부를 정리한 글이다.

〔 실험 활동 〕

[실험 목표]
마찰력에 의한 등가속도 운동에서 이동 거리와 속력의 관계를 설명할 수 있다.

[준비물]
레일, 수레, 속력 측정기, 스탠드, 집게, 줄자

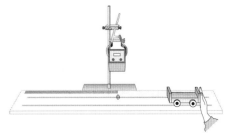

[수행 과정]
① 그림과 같이 수레와 레일을 수평면 위에 설치하고, 수레가 지나가는 속력을 측정할 수 있도록 속력 측정기를 스탠드에 설치한다.
② 속력 측정기의 센서 밑에 줄자의 0이 오도록 하여 줄자를 레일에 고정시킨다.
③ 속력 측정기를 초기화하고, 수레를 손으로 밀어 수레가 속력 측정기를 지나 이동하다가 멈출 때까지 기다린다.
④ 수레가 속력 측정기를 지날 때의 수레의 속력을 측정하여 표에 기록한다.
⑤ 속력이 측정된 지점부터 수레가 멈춘 지점까지의 거리를 측정하여 표에 기록한다.
⑥ 수레를 미는 힘의 크기를 각기 달리하여 과정 ③~⑤를 5회 이상 반복한다.

[결과 및 정리]
① 주어진 그래프용지에 이동 거리와 속력의 관계가 드러나는 그래프를 작성한다.
② 이동 거리와 속력 사이의 관계에 대한 증거로부터 수레가 (㉠) 운동을 했다는 결론을 제시한다.

[탐구 기능 평가표]

탐구 기능		배점	채점 기준
기초 탐구 기능	ⓛ	2	속력과 이동 거리를 제대로 읽고 측정함
		1	속력 또는 이동 거리 중 1개만 제대로 측정함
		0	속력과 이동 거리를 모두 측정하지 못함
통합 탐구 기능	자료 수집	2	5회 이상의 서로 다른 속력에 대한 이동 거리를 기록함
		1	5회 미만의 서로 다른 속력에 대한 이동 거리를 기록함
		0	속력과 이동 거리에 대한 자료를 제시하지 않음
	자료 변환	2	ⓒ
		1	…(생략)…
		0	…(생략)…
	자료 해석	2	ⓔ
		1	…(생략)…
		0	…(생략)…

실험 목표와 내용을 고려하여 ㉠에 들어갈 용어를 제시하고, 채점 기준을 고려하여 ㉡에 적절한 탐구 기능을 제시하시오. 또한 〈실험 활동〉을 반영하여 ㉢과 ㉣에 해당하는 채점 기준을 제시하시오. (4점)

108

2019-B02

〈자료〉는 빛과 그림자에 대한 학생의 오개념을 지도하기 위해 발생학습 모형(generative learning model)을 적용하여 계획한 교수·학습 활동을 나타낸 것이다. 이에 대하여 〈작성 방법〉에 따라 서술하시오. (4점)

[자료 1]

[예비 단계]
• 사전 조사를 통해 많은 학생들이 '그림자놀이'와 같은 일상 경험으로 인해 (㉠)(이)라는 오개념을 갖고 있다는 점을 확인한다.
• 이러한 오개념을 확인하고 인지갈등을 유발할 수 있는 시범활동을 구상한다.

[초점 단계]
• 다음과 같이 시범 장치를 준비하고 직선 모양의 광원을 비출 때 스크린에 생기는 원형 물체의 그림자 모양을 학생들에게 예상하도록 한다.

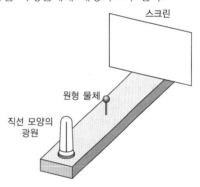

• 같은 예상을 한 학생들끼리 모둠을 이루고 왜 그렇게 생각하는지 각자 글로 작성하도록 한다.

[도전 단계]   …(생략)…

[적용 단계]
• 원형 물체 대신 원형 구멍이 뚫린 판을 놓고 직선 모양의 광원이 켜질 때 스크린에 생기는 모양을 예상하고 관찰하도록 한다.
• 관찰한 현상을 도전 단계에서 학습한 과학적 개념으로 설명하도록 한다.

[작성 방법]

• 〈자료〉의 내용을 반영하여 ㉠에 해당하는 학생의 오개념을 제시할 것
• 발생학습 모형의 특징과 [초점 단계]에서 제시된 교수·학습활동을 반영하여 [도전 단계]에서 이루어져야 할 교수·학습 활동 2가지를 구체적으로 제시할 것
• ㉠과 같은 오개념으로도 설명이 되는 '그림자놀이' 현상을 과학적 개념으로 이해시키기 위해 교사가 설명해야 할 내용을 제시할 것

109
2020-A01

〈자료 1〉은 2015 개정 과학과 교육과정에 따른 '물리학 II' 과목의 내용 체계 중 일부이고, 〈자료 2〉는 〈자료 1〉에 대해 신규 교사와 수석 교사가 나눈 대화의 일부이다. 괄호 안의 ㉠에 공통으로 해당하는 용어와 ㉡에 공통으로 해당하는 과학과 핵심 역량을 순서대로 쓰시오. (2점)

─[자료 1]─

영역	핵심 개념	일반화된 지식	내용 요소 물리학 II	기능
전기와 자기	자기	전류는 자기장을 형성한다.	• 전류에 의한 자기장 • (㉠)	… (생략)
		자기장의 변화는 전기회로에 기전력을 발생시킨다.	• 유도 기전력	…

─[자료 2]─

신규 교사: '물리학 I' 과목에서 '전류에 의한 자기 작용' 단원을 학습한 학생들에게 '물리학 II' 과목 수업 시간에 '전류에 의한 자기장' 단원을 어떻게 가르쳐야 할지 고민이 됩니다.

수석 교사: 학생들로 하여금 전류가 흐르는 도선 주위에 생기는 자기장을 (㉠)(으)로 표현하도록 활동을 구성해 보는 것은 어떨까요? 2015 개정 과학과 교육과정에 따른 '물리학 II' 과목의 평가 방법 및 유의 사항에도 "전류가 흐르는 원형도선 주위에 발생하는 자기장을 (㉠)(으)로 표현하고 글로 설명하게 하여 (㉡)을/를 평가할 수 있다."라고 되어 있습니다.

신규 교사: (㉡)은/는 2015 개정 과학과 교육과정의 과학과 핵심역량 중 하나죠?

수석 교사: 그렇습니다. (㉡)은/는 과학적 문제 해결 과정과 결과를 공동체 내에서 공유하고 발전시키기 위해 자신의 생각을 주장하고 타인의 생각을 이해하며 조정하는 능력을 말합니다.

110
2020-A05

〈자료 1〉은 철수가 작성한 '빛의 세기와 태양 전지의 전력 사이의 관계'에 대한 탐구 계획서의 일부이고, 〈자료 2〉는 교사가 철수의 계획서를 평가한 표의 일부이다. 이에 대하여 〈작성 방법〉에 따라 서술하시오. (4점)

─[자료 1]─

[탐구 계획서]
• 탐구 문제: 태양 전지에 비추는 빛의 세기에 따라 태양 전지가 생산하는 전력은 어떻게 달라질까?
• 준비물: 전등, 태양 전지, 디지털 멀티미터, 각도 조절 받침대, 전선, 저항기, 각도기
• 탐구 과정
(가) 암막 커튼을 친 실험실에서 태양 전지에 저항기를 직렬로 연결하고, 디지털 멀티미터를 연결할 준비를 한다.

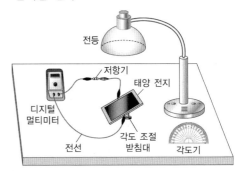

(나) 태양 전지를 수평면 위에 놓아 태양 전지 면과 수평면이 이루는 각도가 0°일 때, 태양 전지 면에 수직하게 설치된 전등을 켠다.
(다) 디지털 멀티미터를 태양 전지와 저항기에 직렬로 연결하여 전류를 측정한다.
(라) 디지털 멀티미터를 태양 전지와 저항기에 직렬로 연결하여 전압을 측정한다.
(마) 태양 전지 면과 수평면이 이루는 각도를 30°, 60°로 변화시키면서 (다), (라)를 반복한다. 이때 태양 전지 중심과 전등 중심 사이의 거리가 일정하게 유지되도록 한다.
(바) 전류와 전압의 측정값을 이용하여 전력을 구한다.
…(하략)…

[자료 2]

[탐구 계획서 평가표]

평가 요소	평가 준거	평가 결과	
		충족	미충족
조작적 정의	조작 변인이 측정 가능 하도록 제시되었는가?	○	
측정	올바른 측정 도구 사용법으로 측정 계획을 세웠는가?		○

[작성 방법]

• 교사가 <자료 2>의 평가 요소 중 '조작적 정의' 영역을 '충족'으로 평가한 근거를 <자료 1>에서 찾아 제시하고, 그 이유를 서술할 것
• 교사가 <자료 2>의 평가 요소 중 '측정' 영역을 '미충족'으로 평가한 근거를 탐구 과정 (가)~(바) 중에서 찾은 후, 해당 탐구 과정을 바르게 수정할 것

111

<자료>는 '과학탐구실험' 과목에서 소개되는 '결정적 실험'에 대한 교사들의 대화이다. 이에 대하여 <작성 방법>에 따라 서술하시오. (4점)

[자료 1]

김 교사: 베이컨(F. Bacon)은 경쟁하는 복수의 가설들이나 이론들 가운데 하나를 분명히 선택할 수 있게 해주는 '결정적 실험'의 개념을 소개했습니다. 경쟁하는 두 이론이 있을 때 어떤 실험의 결과가 (㉠)(하)면 그 실험을 통해 두 이론 중 하나를 분명히 선택할 수 있다는 것이지요.

이 교사: 그런데 실제 과학의 역사에서는 ㉡ 어떤 실험이 경쟁하는 두 이론 중 한쪽만 지지하더라도, 다른 쪽 이론이 곧바로 폐기된 경우는 많지 않습니다. 라카토스(I.Lakatos)에 의하면 …(중략)…

박 교사: 쿤(T. Kuhn)은 실험 결과가 한 이론을 선택하게 한다는 생각에는 동의하지 않았습니다. 그는 패러다임의 혁명적 교체를 통해 과학이 변화한다고 보았습니다. 기존 패러다임에서 설명할 수 없는 문제를 (㉢)(이)라 합니다. 여러 (㉢)(이)가 축적되면 기존 패러다임이 위기를 맞게 됩니다. 과학 혁명의 과정에서 어떤 실험이 기존 패러다임의 (㉢)(으)로 간주되면서 새로운 패러다임에서는 말끔하게 설명된다면, 그 실험은 결정적 실험이 될까요? 쿤은 과학자들이 논리와 실험만으로 패러다임을 결정하지 않는다는 입장이었고, 이론을 선택하는 과정에서 경험적 적합성 이외에도 일관성, 단순성 등 여러 기준이 작용한다고 보았습니다.

[작성 방법]

• 괄호 안의 ㉠에 해당하는 조건을 제시할 것
• 밑줄 친 ㉡에서 실험으로 지지되지 않은 이론이 곧바로 폐기되지 않는 이유를 라카토스의 연구 프로그램 관점에서 설명할 것
• 괄호 안의 ㉢에 공통으로 해당하는 단어를 쓸 것

112

2020-A07

〈자료〉는 수업 모형의 선택에 대해 예비 교사와 지도 교사가 나눈 대화이다. 이에 대하여 〈작성 방법〉에 따라 서술하시오. (4점)

─[자료 1]─

예비 교사: 저는 줄다리기 상황을 통해 작용 반작용 법칙에 대한 수업을 계획하고 있습니다. 수업 설계를 위해 발견 학습 모형, 순환 학습 모형, 발생 학습 모형 중 어떤 수업 모형을 활용해야 할지 고민이 됩니다.

지도 교사: (㉠) 모형은 자연 현상을 관찰하고 수집한 자료에서 학생 스스로 규칙성을 찾아 개념화할 수 있는 학습 주제에 적합한 수업모형입니다. 그런데 많은 학생들이 작용 반작용 법칙을 배운 후에도 오개념을 갖고 있습니다. 이 경우 학생들이 교사의 개입 없이 학습 목표에 스스로 도달하기는 어려울 것이므로, (㉠) 모형은 일단 제외하는 것이 좋겠습니다.

예비 교사: 그렇다면 나머지 두 수업모형 중에 어떤 것이 좋을까요?

지도 교사: (㉡) 모형은 학생의 잘못된 선개념 해소에 초점을 두고 제안된 수업모형입니다. 이 수업모형의 단계 중 예비 단계에서는 학생이 갖는 지배적인 선개념을 조사합니다.
…(중략)…
(㉡) 모형의 마지막 수업 단계에서는 학생들이 ㉢ 학습한 과학 개념을 새로운 상황에 적용하도록 해야 합니다.
…(하략)…

─[작성 방법]─

• 괄호 안의 ㉠에 공통으로 해당하는 수업 모형에서 주로 사용하는 과학적 사고의 유형을 쓰고, 그러한 사고 유형이 ㉠의 수업모형에 적합한 이유를 〈자료〉를 참고하여 제시할 것

• 괄호 안의 ㉡에 공통으로 해당하는 수업 모형을 쓰고, 포스너 (G. Posner) 등이 제안한 개념변화를 위한 4가지 조건 중 밑줄 친 ㉢과 가장 밀접한 관련이 있는 조건을 제시할 것

113

2020-B01

다음은 '전자기 유도'에 대한 수업 계획이다. 적용된 과학과 수업 모형의 종류와 (가)에 해당하는 이 수업 모형의 단계를 각각 쓰시오. (2점)

[수업 목표]
전자기 유도에 대해 설명할 수 있다.
[준비물]
구리 관 1개, 플라스틱 관 1개, 네오디뮴 자석 2개
[수업 과정]

수업 단계	교수 · 학습 활동
(가)	• 교사는 연직 방향으로 세워진 길이가 같은 구리 관과 플라스틱 관 안에 네오디뮴 자석을 동시에 떨어뜨렸을 때 어느 관 속에 넣은 자석이 먼저 떨어질 지 학생이 예측해보게 한다. • 학생은 실험 결과를 예측하고, 그렇게 생각하는 이유를 기록한다.
(나)	• 교사는 연직 방향으로 세워진 구리관과 플라스틱 관 각각에 네오디뮴 자석을 동시에 떨어뜨리고 나타나는 결과를 학생이 관찰하게 한다. • 학생은 관찰 결과를 활동지에 기록한다.
(다)	• 학생은 자신의 예측과 실험 결과가 일치하는지 비교하고, 그와 같은 결과가 나온 이유를 각자 기록한 후 모둠별로 토의한다. • 교사는 모둠별 토의 결과를 칠판에 쓰고 어떤 것이 실험 결과를 더 잘 설명하는지 학급 전체에서 토의하게 한다. • 교사는 전자기 유도에 대해 설명하고, 이 개념을 적용하여 실험 결과를 정리한다.

114

2020-B03

〈자료 1〉은 '통합과학' 과목의 '중력을 받는 물체의 운동'에 대한 실험 지도를 위해 예비 교사가 작성한 실험 계획이고, 〈자료 2〉는 〈자료 1〉에 대해 예비 교사와 지도 교사가 나눈 대화이다. 이에 대하여 〈작성 방법〉에 따라 서술하시오. (4점)

─〔 자료 1 〕─

[실험 목표]
자유 낙하 운동과 수평 방향으로 던진 물체의 운동을 비교하여 설명할 수 있다.

[준비물]
쇠구슬 2개, 쇠구슬 발사 장치, 모눈종이(1m×1m), 삼각대, 스마트폰

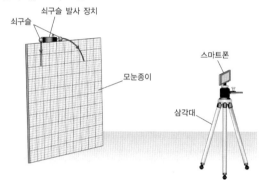

[실험 과정]
1) 쇠구슬 발사 장치와 모눈종이(1m×1m)를 테이블에 고정하고 두 쇠구슬을 발사 장치의 양쪽에 장착한다.
2) 쇠구슬을 발사하고 모눈종이를 배경으로 두 쇠구슬의 운동모습을 동영상으로 촬영한다.
3) 동영상 파일을 재생한 후 0.1초마다 모눈종이에 나타난 두 쇠구슬의 위치를 측정하여 수직 방향과 수평 방향의 구간별 이동 거리를 구한다.

[실험 결과]
1) 수직 방향 운동

시간(s) 이동 거리(cm)	0~0.1	0.1~0.2	0.2~0.3	0.3~0.4
자유 낙하하는 쇠구슬의 구간별 수직 이동 거리(cm)				
수평으로 던진 쇠구슬의 구간별 수직 이동 거리(cm)				

… (하략) …

─〔 자료 2 〕─

예비 교사: 두 쇠구슬이 동시에 운동을 시작할 때, 수평으로 던진 쇠구슬이 자유 낙하하는 쇠구슬보다 더 나중에 바닥으로 떨어진다는 생각을 많은 학생들이 가지고 있습니다. 그래서 수직 방향으로는 두 쇠구슬이 (㉠)은/는 것을 학생들이 확인하게 하고 싶습니다. ㉡ 그러기 위해서 실험할 때 쇠구슬 발사장치가 수평을 이루도록 주의해야 합니다. 그런데 1m×1m 모눈종이를 구하기가 어렵습니다. 현재 확보하고 있는 40cm×40cm 모눈종이로 바꾸어 실험해도 괜찮을까요?

지도 교사: ㉢ 그렇다면 모눈종이를 이어 붙여서 1m×1m 이상의 모눈종이로 만드는 것이 좋습니다. 현재 0.1초마다 구간 이동 거리를 구하는데 … (중략) …
이 실험에서는 자료수집이나 자료해석 과정에 비해 (㉣) 과정에서 시간이 많이 소요됩니다. 이후에 '물리학 I' 또는 '물리학 II' 과목의 등가속도 운동 관련 실험들에서도 유사한 문제가 나타날 수 있습니다.
MBL(Microcomputer-Based Laboratory)이나 스마트폰 내장 센서를 활용하면 (㉣) 과정에서 소요되는 시간을 줄이고 자료해석 등을 위한 시간을 더 확보할 수 있습니다.

─〔 작성 방법 〕─

• 괄호 안의 ㉠에 들어갈 내용을 제시할 것
• 밑줄 친 ㉡의 이유를 변인 통제의 관점에서 서술할 것
• 밑줄 친 ㉢의 과정이 필요한 이유를 서술할 것
• 괄호 안의 ㉣에 들어갈 통합 탐구 과정을 쓸 것

115

2020-B04

〈자료 1〉은 '등속 원운동 하는 물체에 작용하는 힘'에 대한 형성 평가 문항과 응답 결과의 일부이고, 〈자료 2〉는 등속 원운동에 대한 오개념 중 일부를 나타낸 것이다. 〈자료 3〉은 〈자료 1〉과 〈자료 2〉에 대해 교사들이 나눈 대화의 일부이다. 이에 대하여 〈작성 방법〉에 따라 서술하시오. (4점)

┌─────[자료 1]─────┐

[평가 문항]

행성
항성

그림은 우주 공간에서 행성이 항성을 중심으로 반시계 방향으로 등속 원운동 하는 모습을 나타낸 것이다. 관성 좌표계에서 이 행성에 작용하는 모든 힘을 화살표로 나타내고 그 이유를 설명하시오.

[응답 결과]

A	B	C
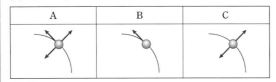		

┌─────[자료 2]─────┐

[등속 원운동에 대한 오개념]
• (㉠   )
• (㉡   )
• 등속 원운동은 속도가 일정한 운동이다.

┌─────[자료 3]─────┐

김 교사: '등속 원운동' 단원 수업 후 '등속 원운동 하는 물체에 작용하는 힘'에 대한 학생들의 개념을 분석해 보니 (㉠), (㉡)와/과 같은 2가지 오개념을 모두 가진 학생들은 평가 문항에 대해 A와 같이 응답했습니다.

이 교사: 수업 후에도 개념변화가 잘 일어나지 않고 기존 개념을 고수하거나 수업 전과 다른 오개념을 갖게 되는 경우가 많은 것 같습니다.

김 교사: 네. 평가 문항에서 (㉢)와/과 같이 응답한 학생들은 자신이 탔던 자동차가 커브 길을 돌 때 자신의 몸이 커브 길 바깥쪽으로 밀리는 경험 때문에 원심력이 작용한다고 생각했는데, 수업 시간에는 구심력이 작용한다고 배워서 혼란스럽다고 응답 이유를 적었습니다.

┌─────[작성 방법]─────┐

• 괄호 안의 ㉠과 ㉡에 해당되는 오개념을 각각 서술할 것
• 괄호 안의 ㉢에 해당하는 학생 응답을 〈자료 1〉의 [응답 결과] A~C에서 2가지 찾고, 이렇게 응답한 학생들이 처한 상황을 파인즈와 웨스트(A. Pines & L. West)가 제안한 포도덩굴 모형의 4가지 상황 중 1가지 제시할 것

116

2021-A05

〈자료 1〉은 예비 교사가 운동량 보존에 대해 설계한 [실험활동]과 [실험 활동 평가표]이다. 〈자료 2〉는 예비 교사와 지도교사가 〈자료 1〉에 대해 나눈 대화의 일부이다. 이에 대하여 〈작성 방법〉에 따라 서술하시오. (4점)

┌─────────[자료 1]─────────┐

[실험 활동]
• 실험 목표 : 두 수레가 분리되기 전의 운동량 합과 분리된 후의 운동량의 합을 비교할 수 있다.
• 준비물 : 역학 수레 2개, 추, 두꺼운 책, 자, 나무 막대, 저울
• 탐구 과정
(가) 그림과 같이 평평하고 매끄러운 책상의 양 끝에 두꺼운 책을 놓는다.

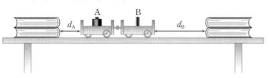

(나) 수레 A에 추를 얹어 두 수레 A, B의 질량 m_A, m_B를 측정한다.
(다) 수레에 부착된 용수철을 압축하여 A와 B를 마주 놓는다.
(라) 수레의 용수철 압축 해제 장치를 나무 막대로 가볍게 쳐서 두 수레를 분리한 후 두 수레가 책과 충돌하는 소리를 듣는다.
(마) 분리 전 수레의 위치를 바꾸어 가며 과정 (다)~(라)를 반복하여 수행해 두 수레가 책과 동시에 충돌하는 위치를 찾는다. 이때 두 수레의 이동 거리 d_A, d_B를 측정한다.
(바) A에 얹은 추의 질량을 바꾸어 가면서 과정 (나)~(마)를 반복한다.
• 결과 및 정리

… (하략) …

[실험 활동 평가표]

평가 기준	점수
실험 수행이 우수함 자료 수집 및 분석과 해석이 우수함 결과 정리 및 결론 도출이 우수함	9점
실험 수행이 양호함 자료 수집 및 분석과 해석이 양호함 결과 정리 및 결론 도출이 양호함	6점
실험 수행이 미흡함 자료 수집 및 분석과 해석이 미흡함 결과 정리 및 결론 도출이 미흡함	3점
실험에 참여하지 않음	0점

└──────────────────────────┘

┌─────────[자료 2]─────────┐

예비 교사 : 이 실험에서는 수레의 속력 대신 수레가 이동한 거리를 측정해서 수레의 운동량을 구해요. 그렇게 하기 위해 (㉠)을/를 통제 변인으로 설정하고 있어요.
지도 교사 : 이런 경우 속력을 측정하지 않기 때문에 수레의 운동량이 얼마인지 알 수 없지만, 수레의 질량과 수레가 이동한 거리의 곱이 운동량의 개념으로 사용되죠. 따라서 학생들이 이 실험을 충분히 이해하기 위해서는 (㉡) 논리가 필요해요. 피아제(J. Piaget)는 형식적 조작기에 이러한 논리를 수행할 수 있다고 말했어요.
예비 교사 : 학생들의 인지 발달 정도를 고려해서 실험 과정을 충분하게 설명해 줄 필요가 있겠네요. 선생님, 제가 작성한 [실험 활동 평가표]에 대해 말씀해 주세요.
지도 교사 : [실험 활동 평가표]는 수정이 필요해요. ㉢ 이 평가표로는 학생의 실험 활동에 대해 점수를 부여하기 어려운 경우가 있어요. 예를 들면, 어떤 학생이 '실험수행', '자료 수집 및 분석과 해석' 둘 다 우수하지만 '결과 정리 및 결론도 출'이 양호한 경우에는 몇 점을 주어야 할지를 알 수 없어요. … (하략) …

└──────────────────────────┘

┌─────────[작성 방법]─────────┐

• ㉠에 해당하는 통제 변인을 쓰고, 이 변인을 통제하는 실험 과정을 〈자료 1〉의 '탐구 과정'을 참고하여 설명할 것
• ㉡에 해당하는 논리를 쓸 것
• ㉢을 바탕으로 [실험 활동 평가표]의 수정 방안을 제시할 것

└──────────────────────────┘

117

2021-A01

〈자료 1〉은 일의 개념에 대한 문항이고, 〈자료 2〉는 〈자료 1〉을 바탕으로 교사와 학생이 나눈 대화의 일부이다.

[자료 1]

수평인 빙판 위에서 스케이트 선수가 벽을 밀어 미끄러지고 있다. 벽을 미는 동안 벽이 선수에게 수평 방향으로 작용한 힘의 크기는 F로 일정하며 벽을 미는 동안 미끄러진 거리는 d이다. 이때 벽이 선수에게 작용한 힘이 한 일은?

빙판

[자료 2]

교사: 벽이 선수에게 작용한 힘이 한 일은 얼마인가요?

학생: 이 경우에 일은 힘의 크기와 이동한 거리의 곱이므로 힘이 한 일은 Fd입니다.

교사: ㉠ 지난주에 배운 에너지 전달의 관점으로 힘이 한 일을 설명해 보세요.

학생: 벽으로부터 선수에게 Fd만큼의 에너지가 전달돼요.

교사: ㉡ 그렇다면 벽의 에너지가 줄어들 텐데, 벽의 어떤 에너지가 선수에게 전달될까요?

학생: 벽으로부터 선수에게 전달된 에너지는 없는 것 같아요.

교사: 네, 그래요.

학생: 에너지 전달의 관점에서 생각해 보니 벽이 선수에게 작용한 힘이 한 일은 0이네요. ㉢ 일을 힘의 크기와 이동한 거리의 곱이라고 생각하는 것과 일을 에너지 전달로 생각하는 것이 서로 다른 결과가 나오니 혼란스럽네요.

… (하략) …

비고츠키(L. Vygotsky)의 이론을 바탕으로 교사의 언어 활동 ㉠, ㉡의 공통적인 역할을 쓰고, 인지 갈등 모형을 바탕으로 ㉢에서 보이는 인지 갈등의 유형을 쓰시오. (2점)

118

2021-A06

〈자료〉는 교사가 인과적 의문에 대하여 학생이 설명 가설을 세울 수 있도록 지도하는 장면이다. 이에 대하여 〈작성 방법〉에 따라 서술하시오. (4점)

[자료]

학생: 평소에는 보통 쇠못인데, 자석으로 쇠못을 문질렀더니 쇠못이 마치 자석이 된 것처럼 다른 철 클립을 잡아당겨요. 정말 신기하네요.

교사: 왜 자석으로 문지르면 쇠못이 자석의 성질을 갖게 될까요? 어떤 의문에 대한 잠정적인 설명을 가설이라고 하는데, 한번 가설을 세워 보세요.

학생: 어떻게 가설을 세워야 할지 잘 모르겠어요.

교사: 이 현상에 대한 가설을 찾아보기 위해서 유사한 다른 현상을 관찰해 봅시다. 막대자석을 잘게 부수어 시험관에 담아 봅시다. 여기에 클립을 가까이 가져가면 어떻게 되나요?

학생: 클립이 달라붙지 않아요.

교사: 이번에는 자석으로 시험관을 한쪽 방향으로 문질러 봅시다. 자석을 치우고 이 시험관에 다시 클립을 가져가 봅시다. 어떻게 되나요?

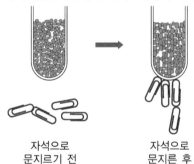

자석으로   자석으로
문지르기 전   문지른 후

학생: 클립이 달라붙네요.

교사: 지금까지 관찰한 현상으로부터 '왜 자석으로 문지르면 쇠못이 자석의 성질을 갖게 될까'라는 의문에 대한 가설을 세워 보세요.

학생: 두 현상이 다른데 어떻게 가설을 세우죠?

교사: 선생님을 따라 차근차근 생각해 봅시다. 첫째, (㉠). 둘째, (㉡).

학생: (교사의 발문에 따른 답변)

교사: 지금까지의 생각을 바탕으로 '왜 자석으로 문지르면 쇠못이 자석의 성질을 갖게 될까'에 대한 설명을 추리해 볼까요?

학생: 아, 그렇다면 '(㉢)'(이)라는 가설을 세울 수 있겠어요.

[작성 방법]

• <자료>에서 교사가 학생의 가설 설정을 지도하기 위해 적용하고 있는 '과학적 추론 방법'을 쓸 것
• ㉠과 ㉡에 들어갈 내용으로서, '과학적 추론방법'을 적용하여 학생이 올바른 가설을 세울 수 있도록 안내하는 교사의 발문 내용 2가지를 쓸 것
• ㉢에 들어갈 내용으로서, '과학적 추론 방법'을 바르게 적용했을 때 도출되는 가설을 제시할 것

119

2021-B01

<자료 1>은 2015 개정 물리학 I 교육과정의 '물질과 전자기장' 단원 [12물리 I 02-02] 성취기준과, 이 성취기준과 관련된 교수·학습 방법 및 유의 사항이며, <자료 2>는 박 교사가 이 성취 기준에 대해 오수벨(D. Ausubel)의 '유의미학습 이론'에 근거하여 수립한 수업 계획을 요약한 것이다.

[자료 1]

[12물리 I 02-02] 원자 내의 전자는 (㉠)을/를 가지고 있음을 스펙트럼 관찰을 통하여 설명할 수 있다.
<교수·학습 방법 및 유의 사항>
원자의 스펙트럼은 실제 관찰 활동을 통하여 학생들이 현상을 경험할 수 있게 하고, 태양이나 백열등의 연속 스펙트럼과 비교할 수 있다.

[자료 2]

절차	교수·학습 내용
1. 스펙트럼 개념 소개	햇빛이 프리즘을 통과하면 여러 가지 색이 나타나는데, 색에 따라 나뉘어 나타나는 띠를 스펙트럼이라고 함 스펙트럼에 나타나는 빛의 색은 파장에 의해 결정되고, 파장은 빛의 에너지와 관련이 있음
2. 햇빛의 스펙트럼 특성 설명	프리즘을 통과한 햇빛이 만드는 여러 가지 색이 연속적으로 나타나는 스펙트럼을 연속 스펙트럼이라고 함 햇빛이 연속 스펙트럼을 만드는 이유는 햇빛이 모든 파장의 가시광선을 포함하고 있기 때문임
3. 선 스펙트럼 관찰	헬륨, 수은, 네온 전등에서 나오는 빛을 간이 분광기로 관찰하면 색을 띠는 선이 띄엄띄엄 나타남. 이러한 스펙트럼을 선 스펙트럼이라고 함
4. 선 스펙트럼이 생기는 이유	원자 내의 전자는 (㉠)을/를 가지고 있음

㉠에 공통으로 해당하는 내용과 <자료 2>에서 선행조직자에 해당하는 내용을 쓰시오. (2점)

120

2021-B03

〈자료 1〉은 학생 A와 B가 계획하고 수행하여 작성한 '진폭에 따른 단진자의 주기 측정' 실험 보고서의 일부이며, 〈자료 2〉는 이 실험에 대한 결론을 작성하기 위해 두 학생이 나눈 대화이다. 이에 대하여 〈작성 방법〉에 따라 서술하시오. (4점)

┌─────[자료 1]─────┐

[탐구 목표]
단진자의 주기와 진폭의 관계를 설명할 수 있다.
[준비물]
스탠드, 실, 자, 추(100g), 각도기, 초시계
[탐구 과정]
(가) 그림과 같이 추를 실에 매달고 실의 길이가 1m가 되도록 하여 스탠드에 고정한다.

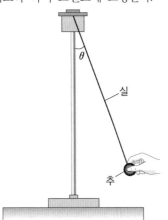

(나) 추를 매단 실과 연직선이 이루는 각도 θ가 10°가 되도록 당겼다가 놓은 후, ㉠ 추가 10회 왕복하는 데 걸리는 시간을 측정한다. (5번 반복하여 평균 시간을 구한다.)
(다) θ가 20°, 30°, 40°, 50°가 되도록 당겼다가 놓은 후, ㉠ 추가 10회 왕복하는 데 걸리는 시간을 측정한다. (5번 반복하여 평균 시간을 구한다.)
[실험 결과]

각도 θ	10°	20°	30°	40°	50°
10회 왕복하는데 걸리는 평균 시간 (초)	20.1	20.2	20.4	20.7	21.1

… (하략) …

┌─────[자료 2]─────┐

학생 A : 지난 시간에 배운 것과 같이 진폭이 변하더라도 단진자의 주기는 달라지지 않았어. '단진자의 주기는 진폭과 상관없이 일정하다.'라고 결론을 적으면 좋을 것 같아.
학생 B : 내 생각은 달라. 실험 결과를 보면 진폭이 증가할수록 단진자의 주기가 커지고 있으니 '단진자의 주기는 진폭이 증가할수록 커진다.'라고 결론을 내리는 게 옳은 것 같아.
학생 A : 실험 결과에서 나타난 시간의 차이는 실험을 수행하면서 생긴 오차일 거야.
학생 B : 그러나 오차라고 보기에는 어떤 경향이 있는 것 같아. 진폭에 따라 단진자의 주기가 변하는 이유를 확인하는 것이 좋겠어.

┌─────[작성 방법]─────┐

• ㉠과 같이 추가 10회 왕복하는 데 걸리는 시간을 측정하는 것이 1회 왕복하는 데 걸리는 시간을 측정하는 것보다 더 나은 이유를 쓸 것
• 〈자료 1〉의 [탐구 과정] 및 [실험 결과]를 근거로 '단진자의 주기 측정' 실험 시 주의해야 할 사항을 1가지 쓸 것
• 2015 개정 과학과 교육과정의 내용 체계에 기술된 8가지 기능 중 〈자료 2〉에서 두 학생의 견해 차이와 관련된 기능을 '문제 인식', '자료의 수집·분석 및 해석', '결론 도출 및 평가', '의사소통' 이외에 1가지 쓰고, 그 근거를 설명할 것

121

2021-B04

〈자료 1〉은 예비 교사가 학생들에게 직류 회로에서 전류 개념 이해를 확장시키기 위해 실시한 수업 사례이고, 〈자료 2〉는 이 사례에 대하여 지도 교수와 예비 교사가 반성한 대화 장면이다. 이에 대하여 〈작성 방법〉에 따라 서술하시오. (4점)

─[자료 1]─

예비 교사 : 다음과 같이 전구와 가변 저항을 병렬로 연결한 회로를 만들어 봅시다. 가변 저항의 값을 크게 하면 전구의 밝기는 어떻게 될까요? 왜 그렇게 생각 하는지 말해 보세요.

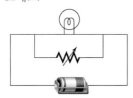

학생 A : 더 밝아져요. 왜냐하면 가변 저항값이 커지 니까 옴의 법칙에 따라 가변 저항으로 흘러 가는 전류는 줄어들고, 줄어든 만큼 전구 쪽 으로 더 많은 전류가 흐르기 때문이죠.

학생 B : 더 어두워져요. 왜냐하면 가변 저항값이 커 짐에 따라 합성 저항값도 커지고, 따라서 옴 의 법칙에 따라 회로에 흐르는 전체 전류의 세기는 작아지기 때문이죠.

예비 교사 : 자, 그럼 스위치를 켜고 어떻게 되나 실 제로 관찰해 봅시다.

… (중략) …

(실제로 실험해 보니, 전구의 밝기는 거의 변하지 않는다.)

… (중략) …

예비 교사 : 이제 실험 결과를 여러분의 처음 생각과 비교해서 설명해 볼까요?

학생 A : 실험 결과를 보니 저의 처음 생각이 틀린 것 같아요. 저항이 크면 전류가 작게 흐른다는 저의 생각을 포기하고, 새로운 가설을 찾아 봐야겠어요.

학생 B : 실험 결과는 저의 예상에서 벗어났지만, 그렇 다고 옴의 법칙에 대한 제 처음 생각을 포기하 진 않을 겁니다. 실험 결과를 설명할 수 있는 다른 이유를 옴의 법칙에 근거하여 찾아보겠 어요.

─[자료 2]─

지도 교수 : 계획했던 대로 수업이 잘 되었나요?

예비 교사 : 네. 실험해 본 결과, 이론적으로 예측했던 대로 전구의 밝기가 변하지 않았고, 학생 들의 예상과 불일치하는 사례가 되었어 요. 그런데 이에 대한 학생들의 상반된 반응을 어떻게 받아들여야 할지 모르겠 어요.

지도 교수 : 과학철학적 관점을 빌려 와서 불일치 사 례에 대한 학생들의 반응을 해석해 볼 수 있죠. 학생 A와 학생 B의 반응은 각각 포퍼(K. Popper)의 반증주의와 라카토스 (I. Lakatos)의 연구프로그램 이론 관점 중 어디에 가까운지 선택하고 그 이유를 설명해 보세요.

예비 교사 : 자신의 예상과 불일치하는 사례가 나타 났을 때, 학생 A는 (㉠)(이)라고 할 수 있고, 학생 B는 (㉡)(이)라고 할 수 있네요.

지도 교수 : 네, 잘 설명했습니다. 마지막으로, 전기회 로 실험 수행과 관련하여 한 가지 중요한 점을 지적해야겠네요. 만약 건전지의 내 부 저항을 무시할 수 없는 조건이었다면, 이 실험은 자칫 이론적 예측과는 다른 결 과를 가져왔을 것입니다. 따라서 다음부 터는 ㉢ 건전지 대신 직류 전원 장치로 바꾸어서 실험하는 것이 좋겠습니다.

─[작성 방법]─

• 〈자료 1〉을 근거로 ㉠과 ㉡에 들어갈 설명을 각각 쓸 것
• ㉢과 같은 피드백이 필요한 이유로, '건전지의 내부 저항을 무시할 수 없는 조건에서 가변 저항의 값을 크게 할 때 전구의 밝기 변화'와 '그에 대한 과학적 설명'을 제시할 것

122

2021-B05

〈자료〉는 교사가 학생들의 마찰력에 대한 오개념을 확인하고 이를 변화시키기 위해 비유 전략을 적용하는 과정이다. 이에 대하여 〈작성 방법〉에 따라 서술하시오. (4점)

┌─────〔 자료 〕─────┐

교사 : 어떤 사람이 무거운 상자를 일정한 힘 F로 당기고 있지만 상자는 움직이지 않습니다. 이때 상자에 작용 하는 마찰력의 방향과 크기에 대해 말해 볼까요?

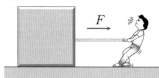

학생 A, B : 마찰력은 아래 방향으로 작용해요. 물체의 무게가 운동을 방해하기 때문이죠. 따라서 마찰력의 크기는 물체의 무게와 같아요.

교사 : 뉴턴의 운동 법칙을 적용해 보세요. 상자는 어떻게 되어야 하나요?

학생 A, B : 힘을 받으면 속력이 변해야 하는데, 상자의 속력이 0이네요. 어떻게 된 거지?

교사 : 마찰력에 대한 이해를 돕기 위해서, 아래 그림과 같은 요철을 생각해 봅시다. 아래쪽 요철은 바닥에 고정되어 있고, 위쪽 요철은 오른쪽으로 F 의 힘으로 당겨지고 있습니다. 이때 위쪽 요철의 운동을 방해하는 원인은 무엇일까요?

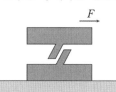

학생 A, B : 아래쪽 요철이 위쪽 요철의 움직임을 방해해요.

교사 : 이때 운동을 방해하는 힘의 방향과 크기를 말해 볼까요?

학생 A, B : 오른쪽으로 당겨지는 걸 막고 있으니까 방해하는 힘의 방향은 왼쪽입니다. 크기는 오른쪽으로 당기는 힘과 같은 크기네요.

교사 : 위쪽 요철의 움직임을 아래쪽 요철이 방해하는 상황을 상자의 움직임을 바닥이 방해하는 상황과 비교해 보세요.

학생 A : 아하, 두 상황이 서로 닮았네요. 그렇다면, 상자가 받는 마찰력은 운동하려는 방향과 반대이고, 그 크기는 외력과 같은 거군요.

학생 B : 저는 받아들일 수 없어요. 상자가 받는 마찰력과 요철의 운동을 방해하는 힘은 다른 경우라고 생각해요. 요철의 경우는 튀어나온 부분에서만 힘을 받지만, 상자는 바닥면 전체에서 힘을 받잖아요.

┌─────〔 작성 방법 〕─────┐

• 〈자료〉에서 교사가 사용한 정착 예(anchoring example) 또는 정착 개념이 무엇인지 쓸 것
• 포스너(G. Posner) 등이 제안한 개념 변화 조건 중, 학생 B가 개념 변화를 일으키기 위해 교사가 제시하는 비유가 갖추어야 할 '조건'을 1가지 제시하고, 학생 A와 B의 반응을 참고하여 그 이유를 설명할 것
• 학생 B에게 이 '조건'을 충족시키기 위해 교사가도 입할 수 있는 다리 연결 비유(bridging analogy)의 사례를 1가지 제시할 것

123

2022-A05

〈자료 1〉은 중학교 '열과 우리 생활' 단원을 수업하기 전에 학생들의 열에 관한 개념을 조사하기 위해 실시한 평가 문항과 이에 대한 학생의 응답에 관한 정보의 일부이다. 〈자료 2〉는 〈자료 1〉의 결과를 바탕으로 교사가 계획한 수업의 학생 활동지이다. 이에 대하여 〈작성 방법〉에 따라 서술하시오. (4점)

┌─────[자료 1]─────┐

[문항 1] 더운 여름, 찬물을 담아 시원하게 유지하기에 적절한 컵은?
① 종이컵　　　　② 플라스틱 컵
③ 스테인리스 컵　④ 스타이로폼 컵

[문항 2] 추운 겨울, 뜨거운 물을 담아 따뜻하게 유지하기에 적절한 컵은?
① 종이컵　　　　② 플라스틱 컵
③ 스테인리스 컵　④ 스타이로폼 컵

[문항 3] 80℃의 물에 손이 잠깐만 닿아도 화상을 입지만, 80℃의 건식 사우나실 안에서는 화상을 입지 않는 이유는?
(답 :　　　　　　　　　　　　　　　)

응답률이 가장 높은 선택지: 문항 1 - ③, 문항 2 - ④

└────────────────────┘

┌─────[자료 2]─────┐

[활동 1] 단열 효과 알아보기

(가) 냉장고에서 꺼낸 찬물을 종이컵, 플라스틱 컵, 스테인리스 컵, 스타이로폼 컵에 각각 200mL씩 담는다.
(나) 온도계를 꽂아 온도를 측정한다.
(다) 15분 후, 각 컵에 든 물의 온도를 측정하여 온도 변화를 비교한다.

종이컵　　플라스틱 컵　스테인리스 컵　스타이로폼 컵

관찰 결과	물의 온도 변화가 가장 작은 컵은?
결론	(1) 물의 온도 변화 과정에서 열은 어디에서 어디로 이동하는가? (2) 단열이 가장 잘 되는 컵은?

└────────────────────┘

[활동 2] 열과 입자의 운동 생각해 보기

(가) 그림과 같이 부피가 같은 두 개의 밀폐된 단열 상자 중 A에는 80℃의 물이, B에는 80℃의 공기가 채워져 있고, 얼음 조각이 하나씩 들어 있다고 하자.
(나) A 내부의 얼음 조각 주위에 물 입자를, B 내부의 얼음 조각 주위에 공기 입자를 그려 넣어 보자.
(다) A, B 내부에 있는 물 입자와 공기 입자의 무엇을 다르게 그려야 할까? (답 :　㉠　)

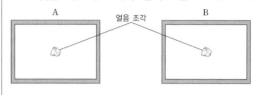

논의	(1) 얼음이 녹는 과정에서 열은 어디에서 어디로 이동하는가? (2) ㉡ 뜨거운 물에 손이 닿으면 화상을 입는 경우와 달리, 사우나실 안에서는 화상을 입지 않는 이유는?

┌─────[작성 방법]─────┐

• 〈자료 1〉에 제시된 [문항 1]과 [문항 2]의 응답 결과를 통해 알 수 있는 단열에 관한 학생의 오개념을 제시할 것
• 〈자료 1〉에 나타난 오개념을 수정하기 위한 〈자료 2〉의 [활동 1]이 개념 변화에 효과적이지 않을 수도 있다. 이를 라카토스(I. Lakatos)의 긍정적 발견법 관점으로 설명할 것
• 〈자료 1〉의 [문항 3]에 관한 내용을 이해시키기 위한 〈자료 2〉의 [활동 2]에서 ㉠에 해당하는 내용을 쓰고, 입자 그리기 활동이 밑줄 친 ㉡을 학습하는 데 효과적인 이유 1가지를 쓸 것

└────────────────────┘

124

2022-A06

〈자료 1〉은 압력에 관한 탐구 수업의 학생 활동지이고, 〈자료 2〉는 빛의 본질에 관한 과학사를 간략하게 서술한 것이다. 이에 대하여 〈작성 방법〉에 따라 서술하시오. (4점)

[자료 1]

활동 1	방법	A4 용지를 반으로 접어 종이 텐트를 만들어 탁자 위에 세운 후, 빨대를 이용해 종이 텐트의 내부로 바람을 세게 불어 보자.
	관찰 내용	종이 텐트에 무슨 일이 일어나는가? ( )
활동 2	방법	하나의 빨대를 컵에 담긴 물의 수면에 수직으로 세워 넣고 한 손으로 잡는다. 다른 빨대를 물에 담긴 빨대에 수직으로 배치한 후 입으로 세게 불어 보자.
	관찰 내용	물에 담긴 빨대에서 무슨 일이 일어나는가? ( )
활동 3	방법	A4 용지의 짧은 모서리의 양쪽 끝을 그림처럼 양손의 엄지와 집게손가락으로 잡아 아랫입술에 대고 입으로 세게 불어 보자.
	관찰 내용	A4 용지에 무슨 일이 일어나는가? ( )
활동 4	방법	컵 안에 탁구공을 넣은 후, 컵의 입구에 입을 가까이하고 수평으로 세게 불어 보자.
	관찰 내용	탁구공에 무슨 일이 일어나는가? ( )
결과 정리		활동 1~4에서 관찰한 결과로부터 파악한 ㉠ 규칙성을 바탕으로 '압력'의 변화에 대한 일반화된 결론을 서술하시오. ( )

[자료 2]

17세기에 빛의 입자설과 파동설은 서로 경쟁하였다. 뉴턴(I. Newton)은 ㉡ 프리즘을 통과한 백색광이 만드는 스펙트럼을 관찰하고, 그 현상에 대한 설명으로 빛이 여러 색의 수많은 작은 입자로 만들어졌다는 빛의 입자설을 제안하였다. 그 증거로 물결파가 장애물을 만나면 휘어져 진행하지만, 빛은 휘지 않는 대신 그림자를 만드는 현상을 제시하였다. 네덜란드의 물리학자 하위헌스(C. Huygens)는 뉴턴의 입자설을 비판하며 두 광원에서 나온 빛이 물결파와 같이 중첩되는 현상을 근거로 빛의 파동설을 주장하였다. 18세기에는 뉴턴의 명성에 힘입어 빛의 입자설이 보다 많은 지지를 받았으나, 1802년 영(T. Young)의 이중슬릿 실험 결과로 파동설이 지지를 얻기 시작했고, 1850년 피조(H. Fizeau)와 푸코(J. Foucault)가 파동설이 예측한 대로 빛이 공기보다 물에서 더 느리게 진행한다는 실험 결과를 발표하면서, ㉢ 빛의 파동설은 20세기 초까지 지지되었다.

[작성 방법]

· 〈자료 1〉의 밑줄 친 ㉠을 도출하는 과정에서 학생들에게 요구되는 과학적 사고와 〈자료 2〉의 밑줄 친 ㉡에서 적용된 과학적 사고를 순서대로 적고, 그 차이점을 서술할 것
· 〈자료 2〉의 밑줄 친 ㉢에서 파동설이 지지되는 이유를 포퍼(K. Popper)의 관점에서 서술할 것

125

2022-A07

〈자료 1〉은 예비 교사가 '솔레노이드가 만드는 자기장'에 대한 실험 수업을 진행하고 있는 장면의 일부이며, 〈자료 2〉는 예비 교사의 수업을 평가하기 위해 지도 교사가 작성한 관찰 체크리스트의 일부이다. 이에 대하여 〈작성 방법〉에 따라 서술하시오. (4점)

─[자료 1]─

예비 교사 : 지난 수업에서 솔레노이드 내부에 생기는 자기장의 세기는 전류에 비례한다는 것을 배웠어요. 그런데 두 시뮬레이션(모의실험) 결과를 비교해 보면, 전류가 차이가 나는데도 자기장의 세기는 같아요. 왜 그럴까요?

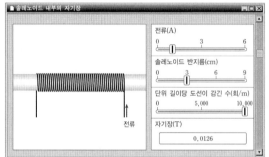

[솔레노이드 A]

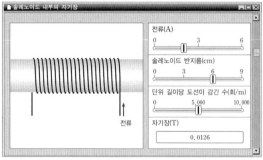

[솔레노이드 B]

학생 A : 솔레노이드의 반지름, 단위 길이당 도선이 감긴 수가 서로 달라서 자기장의 세기가 같은 것 같아요.

예비 교사 : 맞아요. 그럼 솔레노이드 내부의 자기장의 세기는 반지름, 단위 길이당 도선이 감긴 수와는 어떤 관계가 있을까요?

학생 A : 자기장의 세기는 반지름과는 관계가 없을 것 같아요.

학생 B : 제 생각에는 자기장의 세기는 단위 길이당 도선이 감긴 수에 비례할 것 같아요.

예비 교사 : 그럼 여러분이 예측한 변인들이 솔레노이드 내부의 자기장에 어떤 영향을 미치는지 시뮬레이션을 통해 확인해 봅시다. 예측한 결과가 맞는지 확인하기 위해서는 ㉠ 변인을 일정하게 유지하거나 변화시켜야 해요. 시뮬레이션 결과를 활동지의 표에 적고, ㉡ 표의 내용을 그래프로 그려 보세요. 그리고 예측 내용과 결과가 일치하는지 활동지에 기록하세요.

─[자료 2]─

[관찰 체크 리스트]

평가 항목	충족 여부
학생의 모의실험과 관련된 상황의 제시가 있는가?	㉢ 충족
학생에 의한 예측의 과정이 있는가?	㉣ 충족

─[작성 방법]─

• 〈자료 1〉의 밑줄 친 ㉠, ㉡에 해당하는 '통합 탐구 과정' 요소를 순서대로 쓸 것
• 〈자료 2〉의 밑줄 친 ㉢, ㉣과 같이 지도 교사가 평가한 이유를 〈자료 1〉을 근거로 각각 설명할 것

126

2022-B03

〈자료〉는 교사가 '정전기 유도' 단원을 지도한 후, 학생들의 오개념을 확인하고 이를 변화시키기 위해 드라이버 (R. Driver)의 개념 변화 학습 모형으로 지도하는 장면이다. 이에 대하여 〈작성 방법〉에 따라 서술하시오. (4점)

---[자료 1]---

(가) 단계

교사: 지난 탐구 활동 수업에서 정전기 유도에 대하여 배웠습니다. 이번 시간에는 여러분들이 알고 있는 개념을 확인해 보고, 잘못 알고 있는 개념들을 수정할 수 있도록 탐구 활동을 해 봅시다.

(나) 단계

교사: 그림과 같이 컵 위에 구리 막대를 놓고 구리 막대의 끝에는 검전기를 놓아둡시다. 털가죽으로 문질러 대전시킨 플라스틱 막대를 구리 막대에 가까이 가져가면 검전기의 금속박이 어떻게 될지 그림으로 그려 봅시다. 그리고 구리 막대 대신 알루미늄 막대, 유리 막대, 나무 막대로 바꿔 가면서 금속박이 어떻게 될지 각각 그림으로 그려 봅시다.

플라스틱 막대   컵   구리 막대   검전기

(다) 단계

교사: 각자 그린 그림을 발표해 보도록 합시다.

학생 A: 4종류의 막대 모두 금속박이 벌어지게 그렸어요.

학생 B: 구리 막대와 알루미늄 막대는 도체이기 때문에 금속박이 벌어지게 그렸고, 유리 막대와 나무 막대는 부도체이기 때문에 금속박이 벌어지지 않게 그렸어요.

(라) 단계

교사: 여러분의 예측이 맞는지 시범 실험을 통해서 살펴볼까요? 유리 막대와 나무 막대에 대전체를 가까이 가져갔더니 금속박이 어떻게 되었나요? 여러분의 예측과 비교해 보세요.

(마) 단계

교사: 대전체에 의한 부도체의 정전기 유도 현상을 그림으로 살펴보면 다음과 같습니다.

… (중략) …

(바) 단계

교사: 다양한 재질의 부도체로 정전기 유도 실험을 해 보고, 결과를 다시 확인해 봅시다.

(사) 단계

교사: 여러분들은 생활 속에서 부도체의 정전기 유도 현상을 쉽게 경험할 수 있습니다.

… (중략) …

(아) 단계

교사: 부도체의 정전기 유도 현상에 대한 개념이 어떻게 변화하였는지 발표해 봅시다.

학생 B: 부도체는 정전기 유도가 일어나지 않는다고 생각했었는데, 부도체에도 정전기 유도가 일어난다는 것을 알게 되었어요.

---[작성 방법]---

• 개념 변화 학습 모형에서 (다) 단계의 역할을 쓸 것
• (라) 단계명을 쓰고, (라) 단계에서 시범 실험의 역할을 쓸 것
• 학생 B의 개념 변화에 대해 (다)~(아) 단계를 근거로 피아제(J. Piaget)가 제시한 인지 구조와 환경과의 적응 과정으로 설명할 것

127

2022-B04

〈자료 1〉은 2015 개정 과학과 교육과정에 제시된 '물리학 I' 과목 '성격'의 일부이며, 〈자료 2〉는 과제 안내지의 일부이다. 이에 대하여 〈작성 방법〉에 따라 서술하시오. (4점)

─[자료 1]─

'물리학 I'은 초등학교 과학부터 고등학교 '통합과학'까지 물리 영역에서 다룬 기초 개념을 바탕으로 자연 현상을 체계적으로 이해하기 위한 과목이다. … (중략) … 단원의 내용을 학습하는 과정을 통하여 21세기를 살아가는데 필요한 과학적 사고력, 과학적 탐구 능력, (㉠), 과학적 의사소통 능력, 과학적 참여와 평생 학습 능력 등의 과학과 핵심역량을 함양하도록 한다.

─[자료 2]─

학습 목표	(1) 충격 흡수 장치의 사례를 통해 충격 흡수 원리를 이해한다. (2) 안전 문제 해결 활동을 통해 (㉠)을 키운다.
문제 상황	최근 한 아이가 학교 운동장에 설치된 그네를 타다가 높이 올라간 상태에서 떨어져 크게 다치는 사고가 발생했다. 그네에서 떨어져도 크게 다치지 않게 하려면 그네가 설치된 운동장 바닥 면에 어떤 안전장치를 설치하면 될까?
정보 수집 및 분석	㉡
해결 방안 탐구	(1) 모둠별로 정보 탐색 과정에서 도출한 결과를 바탕으로 그네가 설치된 운동장 바닥 면에 설치할 안전장치를 고안해 보자. (2) ㉢ 그네의 좌석에서 날달걀을 떨어뜨려 자신의 모둠에서 고안한 안전장치가 있을 때와 없을 때의 효과를 비교해 보자.
해결 방안 평가 및 제시	(1) 모둠별로 고안한 안전장치의 효과를 검증한 결과를 발표해 보자. (2) 효과가 검증된 장치 중, 경제성과 실용성을 비교하여 최선의 장치를 선정해 보자.

─[작성 방법]─

• 〈자료 2〉의 내용을 바탕으로 〈자료 1〉과 〈자료 2〉의 괄호 안의 ㉠에 해당하는 핵심역량을 적을 것
• 학습 목표 (1)을 바탕으로 〈자료 2〉의 ㉡에서 학생들이 수행할 과제 2가지를 적을 것
• 밑줄 친 ㉢의 과정에서 학생들이 탐구 목적에 맞게 문제 상황을 모형화(modeling)하도록 교사가 안내한 사항 1가지를 제시할 것

● 정답 및 해설_ 234p

128

2022-B05

〈자료 1〉은 '역학적 에너지와 보존'에 대해 예비 교사가 작성한 수업 모형 A, B에 따른 수업 계획이며, 〈자료 2〉는 〈자료 1〉에 대해 예비 교사와 지도 교사가 나눈 대화이다. 이에 대하여 〈작성 방법〉에 따라 서술하시오. (4점)

─[자료 1]─

[수업 목표] 역학적 에너지가 보존되는 경우와 열에너지가 발생하여 역학적 에너지가 보존되지 않는 경우를 실험을 이용해 설명할 수 있다.
[준비물] 간이 공기 부상 궤도, 용수철에 연결된 활차, 초시계

〈A수업 모형에 따른 수업 계획〉

단계	교수·학습 활동
I	교사는 간이 공기 부상 궤도 위에 떠 있는 활차와 궤도에 놓여 있는 활차를 각각 5cm 당겼다가 놓았을 때, 어떤 활차가 먼저 멈출지 예측해 보게 하고, 그렇게 생각하는 이유를 활동지에 기록하게 한다.
II	교사는 학생이 시범 실험을 관찰하게 하고 실험 결과를 표에 기록하게 한다.
III	• 학생은 자신이 예측한 결과와 실험 결과와의 공통점과 차이점에 대해 모둠별로 토의하고 모둠별 토의 결과를 발표한다. • 교사는 관련 개념을 설명한 후, 실험 결과를 더 잘 설명한 모둠을 선발한다.

〈B수업 모형에 따른 수업 계획〉

단계	교수·학습 활동
(가)	• 교사는 야구 선수가 슬라이딩하는 모습을 보여 주고, 야구 선수의 운동 에너지는 왜 감소했는지 질문을 한다. • 학생은 교사의 질문에 대한 가설을 설정하고, 가설을 검증하기 위해 실험을 설계하고 수행한다.
(나)	교사는 두 활차 실험에서 간이 공기 부상 궤도를 사용하지 않은 활차는 마찰력에 의해 열에너지가 발생하여 역학적 에너지가 보존되지 않았음을 설명하고 학생들의 실험 결과를 정리한다.
(다)	교사는 우리 주변에서 볼 수 있는 역학적 에너지가 보존되지 않는 사례에 대해 질문을 하고, ㉠ 학생들은 자신들이 생각한 사례들을 발표한다.

─[자료 2]─

예비 교사: 역학적 에너지와 보존에 대한 수업을 설계해 봤습니다. 그런데 A수업 모형과 B 수업 모형 중 어떤 수업 모형을 적용하는 것이 효과적일지 판단하기 어렵네요.

지도 교사: 수업 모형을 선택할 때는 수업 모형의 특성을 살펴보는 것이 중요하죠. A수업 모형을 사용하면 (㉡) 하는 데 효과적입니다. 그리고 순환 학습 모형 중 하나인 B 수업 모형은 새로운 개념의 구성과 추리 기능의 개선에 목적이 있습니다.

─[작성 방법]─

• 〈자료 1〉과 〈자료 2〉를 근거로 A수업 모형 B수업 모형에 해당하는 수업 모형을 순서대로 쓸 것
• 〈자료 1〉의 밑줄 친 ㉠ 활동이 (다) 단계에서 하는 역할 1가지를 쓸 것
• 〈자료 1〉을 근거로 괄호 안의 ㉡에 해당하는 A수업 모형의 장점 1가지를 쓸 것

129

〈자료 1〉은 2015 개정 과학과 교육과정 '과학탐구실험' 과목의 내용 체계 일부이다. 〈자료 2〉의 (가)와 (나)는 빛의 본질에 대한 데카르트(R. Descartes)의 생각과 뉴턴(I. Newton)의 연구에 관한 것이다. 이에 대하여 〈작성 방법〉에 따라 서술하시오. (4점)

[자료 1]

영역	핵심 개념	일반화된 지식	내용 요소 과학탐구실험
역사 속의 과학 탐구	과학의 본성	과학자들의 탐구 실험에서 과학의 다양한 본성이 발견되며, 과학 탐구 수행 과정에서 과학의 본성을 경험한다.	• …(중략)… • …(중략)… • 패러다임의 전환을 가져온 (㉠)

[자료 2]

(가) 데카르트는 색이란 빛이 물체에 닿았을 때 물체와의 상호작용 때문에 변형되어 생긴다고 하였다. 그러므로 데카르트는 햇빛이 프리즘을 통과한 후에 무지개색이 나타나는 이유를 프리즘의 특성으로 인해 빛이 변형되기 때문이라고 설명하였다.

(나) 뉴턴은 빛의 본질을 알아보기 위해 두 개의 프리즘을 사용하는 연구를 계획하였다. 우선 그는 (㉡)(이)라는 가설을 세웠고, 프리즘은 빛을 단순히 분산시키는 역할을 한다고 생각하였다. 뉴턴은 이 가설이 옳다면, 첫 번째 프리즘을 통과한 무지개의 빛 중에서 빨간색 빛만 두 번째 프리즘을 통과시키면, 그 빛은 더 이상 분산되지 않고 빨간색 빛으로 보일 것이라고 생각하였다. 반면 데카르트의 생각이 옳다면 두 번째 프리즘을 통과한 빛도 역시 무지개색으로 보였을 것이다. 실제 실험 결과는 뉴턴의 생각이 옳았다는 것을 보여 주었다. 뉴턴은 이 실험을 (㉠)(이)라고 그의 저서 『광학』에 소개하였다.

[작성 방법]

• 괄호 안의 ㉠에 공통으로 해당하는 용어를 쓸 것
• (나)의 내용을 바탕으로 괄호 안의 ㉡에 해당하는 적절한 가설을 제시할 것
• (나)에 해당하는 과학자의 탐구 방법을 쓰고, 그 근거를 설명할 것

130

〈자료〉는 주사기를 이용하여 기체의 부피와 온도의 관계를 알아보는 실험을 한 후, 이에 대하여 지도 교사와 두 예비 교사가 나눈 대화이다. 두 예비 교사는 포퍼(K. Popper), 쿤(T. Kuhn), 라카토스(I. Lakatos)의 과학 철학적 관점 중 하나를 따른다. 이에 대하여 〈작성 방법〉에 따라 서술하시오. (4점)

[자료]

지도 교사: 실험 결과, 단열된 주사기의 피스톤을 밀었을 때 실린더 안의 기온이 올라갔고, 피스톤을 당겼을 때에는 실린더 안의 기온이 내려갔어요. 이 실험 결과에 대해 어떻게 생각하세요?

예비 교사 1: 이 실험 결과에서 피스톤을 당겼을 때 기체의 온도가 내려갔으니 열역학 제1법칙은 폐기되어야 합니다. 열역학 제1법칙이 옳다면, 피스톤을 당길 때 힘이 필요하고 힘이 작용하는 방향으로 피스톤이 이동하므로 힘과 피스톤의 이동 거리를 곱한 값인 일이 열로 바뀌어 온도가 올라가야 합니다.

예비 교사 2: 그렇게 쉽게 판단하면 안 됩니다. 열역학 제1법칙을 포함하는 열역학 법칙은 물리학의 주요 법칙으로 패러다임에 해당합니다. 피스톤을 당길 때에는 기체가 팽창하면서 일을 한 것이므로 기체가 한 일만큼 실린더 안 기체의 내부 에너지가 감소하여 온도가 내려가는 것이 열역학 제1법칙에 부합합니다. ㉠풍선 외부의 기압을 변경시켜 풍선의 압축과 팽창을 일으킬 때, 풍선 내부 기체의 온도 변화를 측정해서 열역학 제1법칙을 충족하는지 추가로 확인해 보면 좋을 것 같네요.

[작성 방법]

• 예비 교사 1의 과학 철학적 관점을 쓰고, 그 근거를 설명할 것
• 예비 교사 2의 과학 철학적 관점을 따를 때, 밑줄 친 ㉠은 어떤 단계에 해당하는지 쓰고, 그 근거를 설명할 것

131

2023-A07

〈자료 1〉은 '마찰 전기로 전구에 불 켜기'에 관한 탐구 활동과 이에 대한 교사 설명의 일부이다. 〈자료 2〉는 학생들에게 소개하는 초기 전기 연구에 대한 자료이다. 이에 대하여 〈작성 방법〉에 따라 서술하시오. (4점)

─[자료 1]─

[탐구 활동]

- 탐구 목표 : 마찰 전기로 전구에 불을 켜 보며 전하가 이동하여 전류가 흐르는 과정을 설명할 수 있다.
- 준비물 : 알루미늄 접시, 수수깡, 털가죽, 네온전구, 합성수지로 만든 스타이로폼 접시, 접착테이프
- 탐구 과정

(가) 스타이로폼 접시를 털가죽으로 여러 번 문지른 후 책상 위에 스타이로폼 접시의 볼록한 면이 위로 오게 엎어 놓는다.

(나) 알루미늄 접시의 오목한 면의 중앙에 길이가 약 5cm인 수수깡을 세워 붙인 다음, ㉠ 이 수수깡을 잡아 알루미늄 접시를 스타이로폼 접시 위로 올려 놓는다.

(다) ㉡ 네온전구의 한쪽 다리를 손으로 잡고 다른 쪽 다리를 알루미늄 접시의 가장자리에 갖다 대면서 네온전구에 불이 켜지는지 관찰한다.

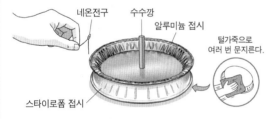

- 탐구 시 주의 사항

(가) 네온전구를 잡기 전에 손에 정전기가 없게 한다.

(나) 손이 알루미늄 접시에 닿지 않도록 주의한다.

[교사 설명]

- 탐구 과정 (다)에서 ㉢ 손으로 잡은 네온전구를 알루미늄 접시에 연결하면 불이 켜집니다. 이것은 털가죽과 스타이로폼의 마찰로 스타이로폼 접시 표면에 발생한 전하가 알루미늄 접시를 거쳐 네온전구로 이동했기 때문입니다. 이렇게 전하는 금속과 같은 도체를 따라 이동할 수 있는데, 이러한 전하의 흐름을 전류라고 합니다.

… (중략) …

전기 회로에서 전자는 전지의 (−)극에서 (+)극 쪽으로 이동합니다. ㉣ 전자의 존재를 몰랐을 때 과학자들은 전류가 전지의 (+)극에서 (−)극 쪽으로 흐른다고 정하였습니다. 그 후 전자가 이동하여 전류

가 흐른다는 사실이 밝혀졌지만, 오랫동안 사용한 전류의 방향을 바꾸기 어려웠습니다. 그래서 전기 회로에서 전류의 방향과 전자의 이동 방향은 서로 반대입니다.

─[자료 2]─

18세기에 전기와 관련된 다양한 현상들이 알려져 있었다. 화석화한 수지인 호박을 털가죽으로 문질렀을 때 호박과 털가죽은 가벼운 종잇조각이나 먼지를 잡아당겼는데 이 현상을 '전기'라고 불렀다. 유리를 명주형겊으로 문질렀을 때에도 전기가 발생했다. 이렇게 전기를 띤 호박과 유리를 가까이하면 서로 잡아당기지만 전기를 띤 호박끼리 또는 전기를 띤 유리끼리는 서로 밀친다는 것이 관찰되자 전기는 '수지전기'와 '유리전기'라는 두 종류의 유체로 이루어져 있다는 생각이 제기되었다.

동일한 전기 현상에 대하여 프랭클린(B.Franklin)은 전기가 한 종류의 '전기 유체'로 이루어져 있다는 가설을 제시했다. 그는 이 유체가 어떤 물체에 보통보다 많이 존재하면 그 물체는 양전기를 띠고, 보통보다 적게 존재하면 그 물체는 음전기를 띤다고 설명했다. 여기에서 '양'과 '음'은 각각 '전기 유체'의 '잉여'와 '부족'을 의미하였다. 이 이론으로는 '유리전기'를 띤 물체는 '전기 유체'가 남아 '양전기'를 띤 것이 되고, '수지전기'를 띤 물체는 '전기 유체'가 모자라 '음전기'를 띤 것으로 이해되었다. 또한 두 물체가 접촉했을 때, '전기 유체'는 '전기 유체'가 잉여 상태인 물체에서 보통 상태인 물체로, 보통 상태인 물체에서 부족 상태인 물체로 이동하는 성질을 갖는다. 이와 같이 ㉤ '양전기'와 '음전기'의 개념으로 전기 현상을 설명하는 것이 개념상 편리했기에 이후에 연구자들 사이에서 '양전기', '음전기'라는 용어가 보편적인 용어로 채택되었다.

─[작성 방법]─

- 밑줄 친 ㉠의 이유를 '탐구 시 주의 사항'과 관련하여 제시하고, 밑줄 친 ㉡에서 네온전구의 다리를 스타이로폼 접시가 아니라 알루미늄 접시에 갖다 대는 이유를 제시할 것
- 〈자료 2〉의 프랭클린의 이론에 근거하여, 밑줄 친 ㉢에서 '전기 유체'의 이동 방향을 제시할 것
- 밑줄 친 ㉣과 ㉤에서 공통적으로 찾을 수 있는, 과학적 지식을 형성하는 방법을 제시할 것

132

2023-B03

〈자료 1〉은 '물리학 Ⅰ'에 제시된 힘, 질량, 가속도 사이의 관계를 알아보는 실험에 대한 예비 교사의 탐구 활동 계획서이고, 〈자료 2〉는 지도 교사가 예비 교사의 탐구 활동 계획서를 평가한 표의 일부이다. 이에 대하여 〈작성 방법〉에 따라 서술하시오. (4점)

─〔 자료 1 〕─

[탐구 목표]
㉠ 힘과 가속도, 질량과 가속도의 관계를 설명할 수 있다.

[준비물]
역학 수레, 추, 용수철저울, 실, 줄자, 동영상 촬영 장치, 컴퓨터

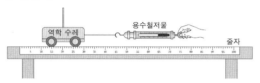

[탐구 과정]
(가) 책상 위에 역학 수레를 올려놓고 줄자를 접착테이프로 책상에 고정한 다음, 동영상 촬영을 준비한다.
(나) 그림과 같이 역학 수레에 용수철저울을 걸고 용수철저울의 눈금이 일정한 값을 가리키도록 당기면서 동영상을 촬영한다.
(다) (㉡) 상태에서 용수철저울의 눈금을 2배, 3배 증가시키면서 과정 (나)를 반복한다.
(라) 역학 수레에 추의 개수만을 1개, 2개, 3개로 증가시키면서 과정 (나)를 반복한다.
(마) 동영상을 컴퓨터로 분석하여 0.1초 간격으로 역학 수레의 위치를 측정한다.
(바) 용수철저울의 눈금과 추의 개수를 증가시킬 때마다 다음 표를 만들어 각 과정에서 역학 수레의 가속도를 구한다.
(역학 수레와 추의 질량의 합: kg, 역학 수레를 잡아당기는 힘: N)

시간(s)						
위치(cm)						
속도(cm/s)						
가속도 (cm/s^2)						

(사) 역학 수레에 작용하는 힘과 가속도, 질량과 가속도 사이의 관계를 그래프로 그린다.

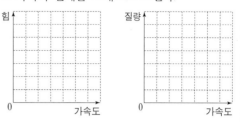

[결과 및 정리]
질량이 일정할 때 힘과 가속도, 힘이 일정할 때 질량과 가속도 사이의 관계를 각각 설명해 보자.

─〔 자료 2 〕─

평가 요소	평가 준거	평가 결과
변인 통제	변인 통제와 관련하여 탐구 과정은 옳게 제시되었는가?	㉢ 충족
자료 변환	자료 변환을 위한 그래프의 일부가 옳게 제시되었는가?	㉣ 미충족

─〔 작성 방법 〕─

• 〈자료 1〉의 탐구 과정 (다)와 (라)에 나타난 조작 변인을 밑줄 친 ㉠에서 각각 찾아 제시할 것
• 밑줄 친 ㉢과 같은 평가 결과가 되기 위하여 괄호 안의 ㉡에 해당하는 변인 통제 조건을 제시할 것
• 밑줄 친 ㉣과 같이 평가한 근거 중 1가지를 〈자료 1〉에서 찾아 제시할 것

133

2023-B04

〈자료〉는 통합과학의 '자유낙하와 수평으로 던진 물체의 운동'에 관한 수업 상황을 제시한 것이다. 이에 대하여 〈작성 방법〉에 따라 서술하시오. (4점)

─────[자료]─────

교사 : 질량이 같은 물체 A, B가 있다고 생각해 봅시다. 같은 높이에서 동시에 수평으로 던진 A와 정지상태에서 가만히 놓은 B 중 어느 쪽이 더 늦게 지면에 떨어질까요?

학생 : A가 더 늦게 떨어져요.

교사 : ㉠ 만약 관찰자가 A의 처음 속도로 등속 직선 운동하면서 A, B를 관찰하면, A, B 중 어느 쪽이 더 늦게 떨어질까요?

학생 : 관찰자가 움직이면서 관찰해도 여전히 A가 더 늦게 떨어지겠죠.

교사 : 그럴까요? 운동하는 관찰자에게 A는 정지 상태에서 가만히 놓은 것으로 보이고 B는 (㉡) (으)로 보이게 됩니다. 그러니 학생의 생각대로라면 B가 더 늦게 떨어지게 되겠네요.

학생 : 그렇겠네요. 이상한데요. 제가 뭔가 잘못 생각했나요?

교사 : 이 모순을 해결할 수 있는 방법은 (㉢) 밖에 없습니다.

학생 : 아, 그렇군요. 이제 이해가 되었어요.

─────[작성 방법]─────

• 〈자료〉와 같이 논리적 생각만으로 하는 가상의 실험을 무엇이라 하는지 쓸 것

• 포스너(G. Posner) 등이 제안한 개념변화를 위한 4가지 조건 중 교사가 밑줄 친 ㉠을 제시한 이유와 가장 밀접한 관련이 있는 조건을 제시할 것

• 관찰자에게 B가 어떻게 운동하는 것으로 보일지를 괄호 안의 ㉡에 쓰고, 〈자료〉에 나타난 학생의 오개념에 대응되는 과학적 개념을 괄호 안의 ㉢에 쓸 것

134

2023-B05

〈자료〉는 전반사가 발생하기 위한 조건을 알아보는 수업 계획이다. 이에 대하여 〈작성 방법〉에 따라 서술하시오. (4점)

─────[자료]─────

(가) 단계 : (㉠)

반원형 유리   각도기 판
레이저 광원

① 그림과 같이 각도기 판 위에 반원형 유리를 올려놓고 레이저 빛이 유리의 둥근 면에 입사하여 ㉡ 원의 중심 O를 지나도록 한다.

② 입사각을 변화시키면서 굴절각이 90가 되는 순간의 입사각을 구한다.

③ 입사각이 ②에서 구한 입사각보다 클 때, 유리의 평평한 면을 빠져나가는 빛이 있는지 관찰한다.

④ 레이저 빛을 공기에서 유리의 평평한 면의 O에 입사시킨 후 입사각을 변화시키면서 입사된 빛이 전부 반사되는 경우가 있는지 관찰한다.

(나) 단계 : 개념 도입

• 빛이 한 매질에서 다른 매질로 진행할 때 굴절 없이 전부 반사하는 현상을 전반사라고 설명한다.

• 굴절각이 90°가 되는 순간의 입사각을 임계각이라고 설명한다.

• 전반사가 발생하는 다음의 2가지 조건을 설명한다.

조건 1 : 빛은 굴절률이 큰 매질에서 작은 매질로 진행해야 한다.
조건 2 : (㉢)

(다) 단계 : (㉣)

• 전반사 현상이 나타나는 다음의 예에서 빛의 진행을 전반사로 설명한다.

예 1 : 레이저 빛이 프리즘에 입사한 후 되돌아 나온다.
예 2 : 레이저 빛이 플라스틱 컵의 뚫린 구멍에서 나오는 물줄기를 따라 진행한다.
예 3 : 휘어진 광섬유의 끝에서 레이저 빛이 보인다.

• 그 밖에 전반사 현상을 관찰할 수 있는 예를 찾아 친구에게 설명한다.

─────[작성 방법]─────

• 〈자료〉의 수업 계획에 적용된 과학과 수업 모형의 종류를 쓰고, 괄호 안의 ㉠과 ㉣에 해당하는 수업 모형의 단계명을 제시할 것

• (가) 단계의 밑줄 친 ㉡과 같이 실험하는 이유를 설명할 것

• (가) 단계의 과정 ①~③을 통해 알 수 있는, 괄호 안의 ㉢에 들어갈 전반사 조건을 제시할 것

135

2024-A05

다음 〈자료 1〉은 밀리컨(R. Millikan)의 실험과 관련된 물리학사의 일부이고, 〈자료 2〉는 2022 개정 과학과 교육과정의 '물리학' 과목의 내용 체계의 일부이다. 이에 대하여 〈작성 방법〉에 따라 서술하시오. (4점)

[자료 1]

(가) 20세기 초 물리학계에서는 더 이상 나눌 수 없는 최소 단위의 전하량이 존재하는가에 관하여 치열한 논쟁이 있었다. 에렌하프트(F. Ehrenhaft)는 최소 단위의 기본 전하량이 있는 것이 아니라 연속적인 값으로 되어 있다고 주장하였다. 한편 ㉠ <u>밀리컨(R. Millikan)은 모든 전하는 기본 전하량의 배수로 이루어진다는 가설을 세우고, 이를 실험으로 검증하고자 하였다. 결국 밀리컨이 1913년 기름방울을 활용한 실험 결과를 근거로 기본 전하량이 존재함을 증명하였다.</u> 이로부터 전하량의 최소 단위가 존재함이 받아들여졌다.

(나) 그런데 밀리컨이 죽은 뒤 과학사학자들이 밀리컨의 연구 노트를 연구하면서 밀리컨이 140회의 실험 자료 중 자신의 가설을 뒷받침할 수 있는 58회의 자료만을 골라 논문에 발표하면서, "추려낸 데이터가 아니라 60일 동안 실험한 모든 관찰 결과를 빠짐없이 수록한 것"이라고 거짓으로 적은 것이 드러났다. 하지만 또 다른 논의에서는 밀리컨이 일부 자료만 활용한 것은 실험의 엄밀성을 고려한 결과라는 주장이 제기되었다. 밀리컨이 남긴 연구 노트의 "아름다움. 온도와 조건 완벽. 대류 현상 없음. … (중략) … 발표할 만큼 아름다움." 등의 메모가 압력의 변화, 대류, 전압의 변동과 같은 실험적인 문제가 있거나 측정한 결과의 오차가 너무 큰 경우 수집한 자료를 타당하게 제외했다는 증거로 제시되었다. 무엇보다도 밀리컨이 기본 전하량을 알 수 없는 상황에서 유리한 자료만을 선별할 수는 없다는 것이다. 밀리컨이 발표한 '아름다운 결과'는 잘 통제된 상황에서 오차 없이 엄밀하게 얻어진 실험 결과가 기본 전하량이 존재함을 명확하고 단순하게 보여 준다는 것을 의미한다.

[자료 2]

범주 \ 구분	내용 요소
지식·이해	…(생략)…
과정·기능	…(생략)…
가치·태도	·과학의 심미적 가치 ·과학 유용성 ·자연과 과학에 대한 감수성 ·과학 창의성 ·과학 활동의 윤리성 ·과학 문제해결에 대한 개방성 ·안전·지속가능 사회에 기여 ·과학 문화 향유

[작성 방법]

· 〈자료 1〉의 밑줄 친 ㉠에서 사용된 과학적 탐구 방법의 유형을 제시하고 그 근거를 적을 것
· 〈자료 1〉의 (나)에서 가장 잘 드러나는 가치·태도 범주의 내용 요소 2가지를 〈자료 2〉에서 찾아 쓰고 그에 대응하는 내용을 〈자료 1〉의 (나)에서 찾아 각각 제시할 것

정답 및 해설_236p

136

2024-A06

다음은 옴의 법칙에 대한 탐구 상황에서 교사와 고등학생이 나눈 대화이다. 〈작성 방법〉에 따라 서술하시오. (4점)

[학습 목표]

교사 : 여러분 모두 중학교 때 배운 전압, 전류, 저항의 관계를 잘 알고 있네요. 실생활에서 흔히 볼 수 있는 소재를 이용하여 옴의 법칙이 성립하는지 확인해 봅시다.

학생 A, B, C : 저희 모둠은 장난감 자동차에 들어 있는 전동기를 저항으로 이용하여 옴의 법칙이 성립하는지 실험해 보겠습니다.

(학생들은 멀티테스터를 사용하여 전동기의 저항을 먼저 측정한 이후, 1.5V 건전지를 이용하여 회로를 구성하고 전동기가 회전하는 동안 전동기 양단의 단자 전압과 회로에 흐르는 전류를 각각 여러 차례 측정하고 아래와 같은 평균값을 얻었다.)

건전지 수	저항(Ω)	전압(V)	전류(A)
1개	3.0	1.4	0.11
2개	3.0	2.2	0.33

교사 : 여러분의 측정 방법과 측정 결과는 적절합니다. 그런데 이 실험 결과를 여러분이 알고 있는 옴의 법칙으로 설명할 수 있을까요?

학생 A : 이 실험 결과는 옴의 법칙으로는 설명하기 어려워요. 왜냐하면 ㉠ 옴의 법칙에 따르면 전압과 전류의 비는 저항값과 같아야 하는데 우리 실험 결과와는 차이가 많이 나요. 옴의 법칙을 버리고 이 실험 결과를 설명하기 위해 적합한 새로운 이론을 찾아야겠어요.

학생 B : 제한된 사례만으로 이미 과학자 사회에서 인정한 옴의 법칙이 틀렸다고 결론 내릴 수는 없어요. 실험 결과가 이론 예측 값과 차이가 나는 것은 오차라고 볼 수 있으니 이 실험 결과는 옴의 법칙으로 설명 가능해요. 이론과 실험 결과가 다른 것은 늘 있는 일이에요.

학생 C : 이 실험 결과는 옴의 법칙이 틀렸다기보다는 우리가 미처 생각하지 않았던 다른 이유가 있다는 것을 나타내는 게 아닐까요? ㉡ 같은 실험 조건에서 전동기가 회전 하지 않을 때 전류의 세기가 어떻게 달라지는지 추가 실험을 해 보고 그 이유를 찾아봐야겠어요.

[작성 방법]

· 밑줄 친 ㉠과 같은 실험 결과가 나온 이유를 밑줄 친 ㉡을 참고하여 설명하고, 이를 바탕으로 학생 A의 주장에서 드러나는 포퍼(K. Popper)의 반증주의 관점의 한계를 제시할 것

· 학생 B와 학생 C의 주장의 공통점을 쿤(T. Kuhn)의 과학혁명 이론 관점에서 설명하고, 차이점을 라카토스(I. Lakatos)의 연구 프로그램 이론 관점에서 설명할 것

137

2024-A07

다음 〈자료〉는 학생들에게 귀추적 추론 과정을 적용하여 과학적 가설 설정을 지도하는 교사의 수업 장면이다. 학생들은 '부메랑을 앞으로 던지면 부메랑이 원래 자리로 되돌아온다.'는 현상에 대해서 '앞으로 던진 부메랑이 왜 원래 자리로 되돌아올까?'라는 인과적 의문을 생성하고 교사의 안내에 따라 이에 대한 가설을 찾고 있다. 이에 대하여 〈작성 방법〉에 따라 서술하시오. (4점)

┌─ [자료] ─┐

교사: 부메랑의 모양과 날아가는 모습을 자세히 관찰하고 이와 유사한 다른 사례가 있는지 찾아 봅시다.

학생 A: 부메랑의 비행 모습을 보니 처음에는 똑바로 서서 회전하다가 점차 옆으로 기운 채로 회전하는 것이 마치 팽이가 처음에는 제자리에서 회전하다가 점차 기울어지며 회전하는 것과 비슷하네요.

학생 B: 부메랑의 날개 단면을 보니 마치 비행기 날개처럼 윗 부분은 볼록하고 아랫부분은 평평하게 생겼네요.

교사: 여러분이 찾은 유사 사례와 관련된 과학적 원리를 설명해 보세요.

학생 A: 각운동량 보존 법칙에 따르면 회전하는 팽이가 살짝 기울어지면 자전축이 회전하는 세차운동을 합니다.

학생 B: 베르누이 정리에 따르면 비행기 날개 모양과 같은 물체가 공기 중에 진행할 때 볼록한 면과 평평한 면 사이의 압력 차가 발생하여 볼록한 면 방향으로 힘을 받습니다.

교사: 이제 여러분이 찾은 유사 사례에 비추어 부메랑이 되돌아오는 현상을 설명할 수 있는 가설을 세워보세요.

학생 A: 제가 세운 가설은 '㉠ 회전 운동하던 부메랑이 살짝 기울어지면 각운동량 보존 법칙에 따라 세차운동을 하게 되어 진행 방향도 휘어진다.'입니다.

학생 B: 제가 세운 가설은 (㉡   )입니다.

교사: 두 학생 모두 가설을 잘 세웠습니다. 그럼 다음 시간에는 각자가 세운 가설을 검증할 수 있는 실험을 설계해 봅시다.

┌─ [작성 방법] ─┐

• 밑줄 친 ㉠이 문제 현상을 인과적으로 설명하는 가설로 적절하다고 평가할 수 있는 이유 2가지를 〈자료〉를 바탕으로 제시할 것(단, '검증 가능성'은 제외)

• 학생 B의 귀추적 추론 과정의 결과로 도출된 괄호 안의 ㉡에 해당하는 가설을 쓰고, 이 가설을 검증할 수 있는 실험 설계를 제안할 것

138

2024-B03

〈자료 1〉은 '특수상대성 이론'에 대해 예비교사가 작성한 교수·학습 지도안이고, 〈자료 2〉는 〈자료 1〉에 대해 예비 교사와 지도 교수가 나눈 대화이다. 〈작성 방법〉에 따라 서술하시오. (4점)

[자료 1]

학습 목표	특수상대성 이론의 광속 불변의 원리로부터 시간 팽창과 길이 수축 현상을 이해한다.
단계	교수·학습 활동
I	1. 교사는 특수상대성 이론의 원리와 관련된 시공간 개념을 확인한다. 2. 교사는 학생들이 사물의 길이와 시간이 절대적이라는 뉴턴 역학적 관점을 가지고 있다는 것을 확인한다.
II	1. 이전 차시에 학습했던 내용 중 특수상대성 이론의 광속 불변 원리와 상대성 원리에 관해서 간단히 복습한다. 2. 다음 2가지 주제에 대한 학생의 생각을 글로 쓰고, 발표하게 하여 학생 스스로 자신의 생각을 명확히 하게 한다. ⑴ 우리가 지구에서 측정하는 1분, 1초 같은 시간의 간격은 빠르게 날아가는 우주선 안에서도 같을까? ⑵ 정지해 있을 때 측정한 우주선의 길이는 L이다. 날아가는 우주선의 길이를 측정한 값은 L과 같을까? 우주선의 길이가 L이라고 하는 것은 불변의 사실인가?
III	1. 모둠을 구성해 학생들이 자신의 생각을 서로 비교 해보고 타당한 결론을 도출하기 위한 토론을 진행 하게 한다. 2. 광속 불변 원리로부터 시간 팽창, 길이 수축 현상이 도출됨을 설명하고, 시간과 공간의 개념이 절대적이라는 사전 개념과 비교하게 하여 학생들의 생각을 과학자적인 생각으로 바꾸어 준다.
IV	학생이 위성 항법 장치(GPS)의 활용에 특수상대성 이론의 시간 팽창 원리가 적용되는 방법을 조사하게 한다.

[자료 2]

예비 교사: 특수상대성 이론에 관해 작성한 수업 지도안인데, (㉠) 모형이 적절할 것 같아서 적용했어요.

지도 교수: (㉠) 모형은 학생의 개념변화에 효과적인 수업 모형인데, 특수상대성 이론 수업과 관련해서 개념변화가 필요한 학생의 선개념을 충분히 드러나게 할 필요가 있겠네요. 그런데 (㉠) 모형을 활용하더라도 지도안을 보니 과정·기능 목표도 달성할 수 있을 것 같습니다.

예비 교사: 저도 고민을 해 봤는데 특수상대성 이론에 관한 실험이 어렵기 때문에 과정·기능 목표를 정하지 않았습니다.

지도 교수: 과정·기능이 실험을 통해서만 학습되는 것은 아니죠. 특수상대성 이론의 광속 불변의 원리에서 시작해서 시간 팽창, 길이 수축 현상을 설명하는 과정에서 학생들은 (㉡) 과정을 통해 '과학적 사고에 근거하여 추론하기'라는 과정·기능을 학습할 수 있지 않을까요?

예비 교사: 아, 과학적 사고가 과정·기능의 일부라는 것을 잊고 있었어요. 저는 과정·기능이 실험을 통해서만 학습된다고 오해를 했네요.

지도 교수: 한 가지 더 고려해야 할 것이 있어요. 학습 단계 IV에서 제시한 사례는 2022 개정 과학과 교육과정의 진로 선택 과목인 '역학과 에너지'를 학습해야 온전히 설명할 수 있습니다. 특수상대론적 효과에 의해 인공위성에서 시간이 느리게 가는 현상과 함께 (㉢) 현상도 고려해야 실제 GPS의 시간 보정을 설명할 수 있기 때문입니다.

[작성 방법]

• 〈자료 1〉을 참고하여 〈자료 2〉의 괄호 안의 ㉠에 공통으로 해당하는 학습 모형의 이름을 쓰고, 〈자료 1〉의 학습 단계 IV에 대응하는 포스너(G. Posner) 등이 제안한 개념변화 조건 1가지를 제시할 것

• 〈자료 2〉의 괄호 안의 ㉡에 해당하는 과학적 사고 유형을 제시할 것

• 〈자료 2〉의 괄호 안의 ㉢에 들어갈 내용을 제시할 것

139

2024-B05

다음 〈자료 1〉은 2022 개정 과학과 교육과정을 토대로 예비 교사가 작성한 교수 · 학습 지도안의 개요이고, 〈자료 2〉는 이 개요에 대해 예비 교사와 지도 교사가 나눈 대화이다. 이에 대하여 〈작성 방법〉에 따라 서술하시오. (4점)

┤ 자료 1 ├

성취 기준	[9과 03-02] 열은 전도, 대류, 복사로 전달됨을 알고, 열전달 과정을 모형 등을 사용하여 다양하게 표현할 수 있다.
학습 목표	열전달 과정을 모형이나 비유를 사용하여 다양하게 표현할 수 있다.
단계	교수 · 학습 활동
도입	전도, 대류, 복사 개념을 질문법을 활용해 복습한다.
전개	• 열화상 카메라를 이용하여 뜨거운 물이 담긴 컵 주변의 색의 변화를 보여준다. • 학생들이 열의 이동방식을 주변 도구나 신체를 이용해 표현하며 학습하게 한다. … (중략) …
정리	열의 이동방식을 활용한 일상생활의 사례를 찾게 한다.

┤ 자료 2 ├

지도 교사: 전개 단계에서 학생 활동이 중학교 1학년 학생이 스스로 하기는 힘들 것 같습니다. 좀 더 구체적인 안내가 필요하겠습니다.

예비 교사: ㉠ 학생이 혼자서 할 수 있는 수준과 교사의 도움을 통해 할 수 있는 수준의 간격을 파악해서 적절한 비계를 제시하라는 말씀이시죠?

지도 교사: 맞습니다. 그리고 중학교 1학년 학생 대상 수업임을 감안할 때 비계를 ㉡ 브루너(J. Bruner)의 표현 양식에 따라 구체적으로 계획할 필요가 있습니다.

예비 교사: 그럼, 학생들에게 예시를 보여 준 후 자신들만의 모형이나 비유를 만들어 보게 하고, 개별 활동이 아니라 모둠으로 활동하도록 계획을 수정해 보겠습니다.

지도 교사: 또 하나 추가할 내용이 있습니다. 모형이나 비유를 사용하여 과학 원리를 설명할 때는 학생들에게 모형이나 비유의 한계에 대해 주의를 주어야 합니다. 학생들에게 자신들이 고안한 ㉢ 비유물과 목표물 사이의 대응 관계를 기록하게 하고, 자신들이 만든 비유의 문제점을 적어보게 하는 활동을 추가하면 좋겠습니다.

┤ 작성 방법 ├

• 〈자료 2〉의 밑줄 친 ㉠에 해당하는 용어를 비고츠키(L.Vygotsky)의 학습 이론에 근거하여 제시할 것
• 〈자료 2〉의 밑줄 친 ㉡에 해당하는 표현 양식 중 2가지를 〈자료 1〉의 전개 단계에서 찾아 근거와 함께 각각 제시할 것
• 〈자료 2〉의 밑줄 친 ㉢과 관련하여 비유의 한계 1가지를 제시할 것

140

2024-B04

〈자료 1〉은 학생이 작성한 실험 보고서, 〈자료 2〉는 〈자료 1〉을 평가하기 위해 예비 교사가 작성한 평가표와 이에 대한 학생과 예비 교사의 평가 결과, 〈자료 3〉은 이 실험 수행 평가에 대한 예비 교사와 지도 교수의 대화이다. 〈작성 방법〉에 따라 서술하시오. (4점)

─[자료 1]─

• 실험 목표 : 단진자의 주기를 측정할 수 있고, 단진자의 주기에 영향을 미치는 변인을 찾을 수 있다.
• 준비물 : 스탠드, 실, 자, 추(50g, 100g, 150g, 200g), 각도기, 초시계
• 실험 과정
(1) 스탠드에 50g 짜리 추를 실로 매달고 실의 길이가 50cm가 되도록 하여 스탠드에 고정하고, 각도기를 이용하여 추에 연결된 실이 연직선과 이루는 각도가 15°가 되도록 당긴다.

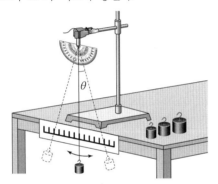

(2) 추를 가만히 놓은 후 추가 1회 왕복하여 처음 위치로 되돌아올 때까지 걸린 시간을 측정한다.
(3) 추의 질량을 50g으로 유지한 채 길이가 각각 75cm, 100cm, 125cm, 150cm인 실로 바꾸어 가며 (2)의 과정을 반복한다.
(4) 길이가 100cm인 실을 이용하여 추의 질량만 50g, 100g, 150g, 200g으로 바꾸어 가며 (2)의 과정을 반복한다.
• 결과 및 정리
(1) 실험에서 측정한 추의 질량, 실의 길이, 진폭(연직선과 이루는 각), 단진자의 주기를 표로 정리한다.
(2) 표의 내용을 가로축 실의 길이-세로축 주기의 그래프로 나타낸다.
(3) 표의 내용을 가로축 질량-세로축 주기의 그래프로 나타낸다.
… (표와 그래프 생략) …
• 결론 도출 : 단진자의 주기는 실의 길이에 비례하고 추의 질량 및 진폭과는 무관하다.

─[자료 2]─

평가 요소	평가 준거	평가 결과	
		학생	교사
측정	측정값을 정확하게 구했는가?	우수	보통
변인 설정	조작변인과 종속변인을 설정하여 실험했는가?	우수	보통
자료변환	표를 그래프로 바르게 변환했는가?	우수	보통
결론도출	실험 결과로부터 올바른 결론을 얻었는가?	우수	미흡

─[자료 3]─

예비 교사 : 교수님께 배운 대로 평가표를 분석적으로 작성했습니다. 그런데 이 평가표를 가지고 '우수-보통-미흡'의 3단계 평정 척도로 학생이 스스로 평가하게 했더니, 학생은 모든 요소에 '우수'라고 평가했지만 저는 '보통'이나 '미흡'으로 평가했어요.

지도 교수 : 일단 평가표를 수정해 봅시다. 평가 요소에 대응하는 평가 준거를 지금보다 더 구체적으로 작성해야 평가의 타당도와 신뢰도가 높아집니다. 예를 들어, '자료 변환' 평가 요소에서 교사가 '보통'으로 평가한 이유를 구체적으로 말해 보세요.

예비 교사 : 학생은 표를 그래프로 변환할 때 가로축을 실의 길이, 세로축을 주기로 나타냈습니다. 하지만 그런 그래프로는 실의 길이와 주기의 관계를 파악하기 어려우므로 가로축-실의 길이, 세로축-주기의 제곱으로 나타내는 것을 '우수'의 기준으로 삼았습니다.

지도 교수 : 그렇다면 평가 준거를 '실험결과를가로축-실의 길이, 세로축-주기의 제곱인 그래프로 나타내었는가?'로 수정해야 합니다. 마찬가지로 다른 평가 요소에서도 왜 '우수'가 아닌'보통'이라고 평가했는지 그 이유를 생각해서 평가 준거를 수정해 보세요.

예비 교사 : 네, 알겠습니다. 그 외에도 이 실험의 수행을 평가할 때 교사가 고려해야 할 점이 있나요?

지도 교수: 학생이 실험하기 전에 실험 수행 시 유의 사항과 그 이유를 알려 주고 그 이후에 실험을 수행하도록 하여 평가하는 것이 좋습니다. 예를 들어, ㉠'진자의 주기를 초시계로 측정할 때 오차를 최대한 작게 하려면 측정의 기준점을 추가 최고점에 있을 때가 아니라 최저점을 지날 때로 할 것'을 학생에게 미리 안내하면 좋습니다. 한편, 현재 학생의 실험 보고서를 보니 ㉡ 진자의 길이를 측정할 때 알려 주어야 할 유의 사항 1가지가 더 있습니다.

[작성 방법]

- <자료 3>에 근거하여 <자료 2>의 '변인 설정'에 대한 평가 준거를 수정할 것
- <자료 3>의 밑줄 친 ㉠의 이유를 측정 오차 측면에서 설명할 것
- <자료 3>의 밑줄 친 ㉡에 해당하는 내용을 쓰고 그 이유를 <자료 1>의 실험 과정 (4)를 근거로 설명할 것

141

2025-A06

〈자료〉는 중학교 '과학'의 '렌즈가 만든 상'에 대한 수업의 도입부이다. 〈작성 방법〉에 따라 서술하시오. (4점)

[자료]

교사: 이번 시간에는 초등학교에서 배운 렌즈에 의한 빛의 굴절 현상에 이어 물체 위치에 따른 렌즈에 의한 상의 모양과 크기에 대하여 알아보겠습니다. ㉠ 그림은 볼록한 둥근 모양의 어항을 통해 금붕어를 바라보고 있는 고양이를 앞쪽에서 보고 그린 것입니다. 여러분, 어항을 통해 어항 뒤에 놓인 물체를 바라본 적이 있나요?

학생 A: 네. 그림과 같은 볼록한 둥근 모양의 어항을 통해 화분을 본 적이 있는데 실제 화분보다 크게 보였어요.

교사: 그랬군요. 그럼 그림의 고양이는 어떻게 보이나요?

학생 B: 고양이 얼굴이 실제보다 더 크게 보여요. 볼록한 둥근 모양의 어항을 통해 어항 바로 뒤에 있는 물체를 보면, 실제 크기보다 더 크게 보이는 것 같아요.

학생 C: 맞아요. 고양이 얼굴이 더 크게 보여요.

교사: 네. 잘 관찰했어요. 볼록한 둥근 모양의 어항을 통해 보면 어항 바로 뒤에 있는 고양이 얼굴은 실제 크기보다 더 크게 보입니다. 오늘은 그 이유에 대하여 알아보도록 하겠습니다.

학생 D: 선생님! 그런데 질문이 있어요. ㉡ 물이 담긴 직육면체 모양의 어항을 통해 어항 바로 뒤에 있는 물체를 볼 때도 크게 보일까요?

교사: 참 좋은 질문이에요. 여러분 모두 이번 수업에서 배울 내용과 관련된 사전 지식을 가지고 있고 ㉢ 적극적으로 학습하려는 의지가 보여서 이번 수업을 통해 질문에 대한 답을 얻을 수 있을 것이라고 생각해요.

[작성 방법]

- 밑줄 친 ㉠에 해당하는 오수벨(D. Ausubel)의 선행 조직자 종류를 쓸 것
- 밑줄 친 ㉡의 상의 크기를 물체의 실제 크기와 비교하여 제시하고, 그 이유를 설명할 것
- 밑줄 친 ㉢을 통해 알 수 있는 오수벨(D. Ausubel)의 유의미 학습 조건을 쓸 것

142

2025-A05

〈자료 1〉은 물리 수업에서 수행하는 다양한 물리 실험의 목록이고, 〈자료 2〉는 〈자료 1〉에 대해 예비 교사와 지도 교사가 나눈 대화이다. 〈작성 방법〉에 따라 서술하시오. (4점)

─[자료 1]─

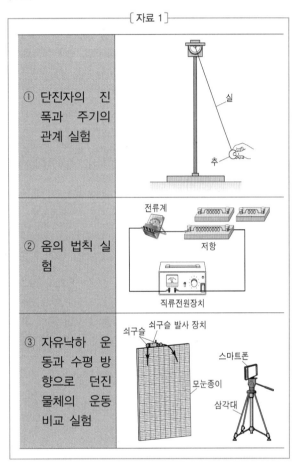

①	단진자의 진폭과 주기의 관계 실험
②	옴의 법칙 실험
③	자유낙하 운동과 수평 방향으로 던진 물체의 운동 비교 실험

─[자료 2]─

예비 교사 : 이 실험들은 모두 다양한 이상 조건에서만 이론에 맞는 실험 결과가 나올 텐데 실험 결과가 잘 나올지 걱정돼요.

지도 교사 : ㉠ 어떤 실험은 특정 변인을 무시하고, ㉡ 어떤 실험은 특정 변인이 균일하거나 일정하다는 가정하에 수행해야 합니다. 모든 과학적 이론이나 법칙은 복잡한 현상을 그대로 설명할 수는 없죠. 설명의 대상이 되는 부분을 중심으로 복잡한 현상을 단순화하여 모형화하고 이를 통해 법칙이나 이론을 도출하는 방식으로 물리학이 발전해 왔어요.

예비 교사 : 아! 현상을 단순화하기 위해 이상 조건을 도입한 사람이 갈릴레이라고 배웠어요.

─[작성 방법]─

• 〈자료 1〉의 ①과 ②에서 〈자료 2〉의 밑줄 친 ㉠에 해당하는 이상 조건을 각각 2가지씩 순서대로 제시하고, 〈자료 1〉의 ③에서 〈자료 2〉의 밑줄 친 ㉡에 해당하는 이상 조건을 1가지 쓸 것

• 〈자료 1〉의 ②에서 건전지 대신 직류 전원 장치를 사용한 이유를 이상 조건과 관련하여 설명할 것

143

2025-B03

〈자료 1〉은 부력에 대한 수업 계획이고, 〈자료 2〉는 〈자료 1〉에 따라 수업을 실시한 후 예비 교사와 지도 교사가 나눈 대화의 일부이다. 〈작성 방법〉에 따라 서술하시오. (4점)

〔 자료 1 〕

단계	교수 · 학습 활동
참여	물에 들어가서 몸이 가볍다고 느꼈던 경험을 발표시킴으로써 학생들의 흥미와 호기심을 유발하여 수업에 참여시킨다.
탐색	용수철저울에 추를 매달고 추가 비커에 담긴 물에 잠기기 전, 절반 정도 잠길 때, 그리고 완전히 잠길 때 각각 용수철저울의 눈금을 측정하여 부력의 크기를 알아보는 탐구 활동을 수행하게 한다.
설명	물에 잠긴 추의 부피와 부력의 크기가 어떤 관계인지를 설명함으로써 학생들이 부력의 개념을 명확하게 이해할 수 있게 한다.
(㉠)	아르키메데스의 유레카 이야기와 함께 양팔저울에 왕관과 금을 올려 수평을 이루게 한 다음 물속에 넣었을 때 어떻게 되는지를 생각해 보게 하여 부력의 개념을 새로운 상황에 적용하게 한다.
평가	수업에서 학습한 부력 개념에 대해 형성평가를 실시한다.

〔 자료 2 〕

예비 교사 : 부력 개념에 대한 학생들의 이해를 돕기 위해 〈자료 1〉과 같은 수업모형을 설계하고 이를 바탕으로 수업을 진행해 보았습니다.

지도 교사 : 수업을 설계하거나 실시하면서 어려웠던 점이 있었나요?

예비 교사 : 학생들이 용수철저울을 사용할 때 눈금 읽기를 어려워하였습니다.

지도 교사 : 그랬군요. 용수철저울을 사용하여 무게를 측정할 때 ㉡ 용수철저울이 눈금과 눈금 사이를 가리키면 측정하기 어려울 수 있어요. 그래서 학생들에게 용수철저울의 눈금 읽는 방법을 미리 알려 주어야 합니다.

예비 교사 : 네, 알겠습니다. 그리고 수업 중 한 학생이 다른 방식으로 부력의 크기를 측정하였습니다.

지도 교사 : 그래요? 어떤 방식으로 측정하였나요?

예비 교사 : 물이 담긴 비커를 전자저울에 올려놓고 영점조절을 한 후, 추가 물에 완전히 잠길 때 전자저울에 표시된 값을 읽어 부력의 크기를 측정하였습니다.

지도 교사 : 학생이 새로운 방법으로 부력의 크기를 측정하였군요.

예비 교사 : 네, 부력을 측정하는 방법은 다양합니다. 그런데 과학과 교육과정에 따르면 중학생 수준에서는 (㉢)을/를 다루지 않으므로 전자저울을 이용하지 않고 용수철저울을 이용하여 부력의 크기를 측정하는 탐구 활동이 교과서에 제시된 것 같습니다.

〔 작성 방법 〕

• 〈자료 1〉의 수업 계획에 적용된 수업모형의 종류를 쓰고, ㉠에 해당하는 단계명을 쓸 것
• 〈자료 2〉의 밑줄 친 ㉡ 상황에서 교사가 지도해야 할 측정 방법을 제시할 것
• 〈자료 2〉의 ㉢에 해당하는 물리 법칙 1가지를 쓸 것

144

2025-B04

《자료 1》은 힘과 가속도 사이의 관계를 알아보는 실험에 대하여 예비 교사가 작성한 탐구 활동지이고, 《자료 2》는 《자료 1》의 실험 수행 평가를 위해 예비 교사가 작성한 평가표이다. 《작성 방법》에 따라 서술하시오. (4점)

┌─────────────── 자료 1 ───────────────┐

• 실험 목표: 추에 작용한 힘과 추의 가속도의 관계를 구할 수 있다.
• 준비물: 동일한 추 8개, 도르래 2개, 클램프 2개, 실, 동작인식센서
• 실험 과정
(1) 그림과 같이 실험대 위의 양쪽 끝에 도르래 A, B를 설치하고 각 도르래에 연결된 실에 각각 4개의 추를 매단다.

(2) 추가 운동하는 동안 추의 가속도를 구할 수 있도록 그림과 같이 동작인식센서를 놓는다.
(3) 도르래의 실이 움직이지 않도록 잡고 B에 연결된 추 1개를 A에 연결된 추에 추가한 후 잡은 손을 놓아 동작인식센서를 이용하여 추의 가속도를 구한다.
(4) B에 연결된 추를 A에 연결된 추에 하나씩 옮겨 A에 연결된 추의 개수를 6개, 7개로 늘려가면서 추의 가속도를 구한다.
• 실험 결과
(1) 양쪽 추의 개수가 다를 때, 추 전체에 작용하는 힘을 구한다.
추 전체에 작용하는 힘: _____
(2) 도르래 A에 연결된 실에 매달린 추를 5개, 6개, 7개로 늘렸을 때, 추 전체에 작용하는 힘에 따른 추의 가속도를 표로 나타낸다.
… (표 생략) …
(3) (2)에서 작성한 표를 그래프로 그린다.
… (그래프 생략) …
• 결론 도출

_____

└──────────────────────────────────────┘

┌─────────────── 자료 2 ───────────────┐

평가 요소	평가 준거	평가 결과	
		도달	미도달
가설 설정	실험에 적합한 가설을 설정하였는가?		
자료 변환	(㉠)		
결론 도출	실험 결과를 바탕으로 실험 목표에 대한 답을 결론으로 제시하였는가?		
… (하략) …			

└──────────────────────────────────────┘

┌─────────────── 작성 방법 ───────────────┐

• 《자료 1》의 실험 과정 (3)~(4)에 나타난 통제 변인을 쓸 것
• 《자료 1》에 비추어 《자료 2》에 제시된 평가 요소 중 타당하지 않은 것을 쓰고, 그 이유를 설명할 것
• 《자료 2》의 ㉠에 해당하는 평가 준거를 《자료 1》에 근거하여 제시할 것

└──────────────────────────────────────┘

145

2025-B05

〈자료〉는 발광다이오드(LED)를 활용한 플랑크 상수 측정 실험 활동지의 일부이다. 〈작성 방법〉에 따라 서술하시오. (4점)

┌─ [자료] ─┐

• 준비물: 직류전원장치, 전류계, 전압계, 도선, 100Ω 저항, 여러 색의 LED, 계산기
• 실험 과정
① 그림과 같이 직류전원장치, 빨간색 LED 1개, 전류계, 저항을 직렬로, 전압계를 LED와 병렬로 연결하여 ⓐ 회로를 구성한다.

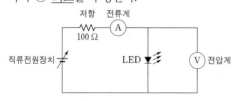

② 직류전원장치의 전압을 1.5V로 맞춘 후 LED에 흐르는 전류를 측정하여 [자료표 1]에 기록한다. 이후 전원장치의 전압을 서서히 증가시키면서 전압과 LED에 흐르는 전류를 측정하여 [자료표 1]에 기록한다. 전류가 급격히 증가하면 측정을 멈춘다.

··· ([자료표 1] 생략) ···

③ 전압이 증가함에 따라 LED에 흐르는 전류의 세기 변화를 전류-전압 그래프로 작성한다.

··· (모눈종이 생략) ···

④ 위 그래프에서 ⓑ 전류가 갑자기 증가하기 시작할 때의 전압 V_t를 [자료표 2]에 기록한다.

[자료표 2]

LED 종류(색)	파장 λ(nm)	V_t(V)
빨간색	660	
노란색	590	
초록색	562	
파란색	450	

(5) ⓒ 빨간색 LED를 노란색, 초록색, 파란색 LED로 차례로 교체하면서 (2)~(4)의 과정을 반복한다.

• 정리 및 토의
(1) [자료표 2]에 제시된 각 LED의 파장으로부터 진동수를 계산하여 [결과표]에 기록한다.
(2) V_t와 전자의 전하량(1.6×10^{-19}C)을 이용하여 각 ⓓ LED의 임계에너지(threshold energy) E_t를 계산하여 [결과표]에 기록한다.

[결과표]

LED 종류(색)	진동수 f(Hz)	임계에너지 E_t(J)
빨간색		
노란색		
초록색		
파란색		

(3) [결과표]를 에너지-진동수 그래프로 전환하여 ⓔ 기울기를 구하고, 기울기의 의미를 파악하여 기록한다.

··· (모눈종이 생략) ···

┌─ [작성 방법] ─┐

• 밑줄 친 ⓒ의 과정 없이 모든 LED를 회로에 함께 연결하여 각 LED의 전류와 전압을 측정할 수 있도록 밑줄 친 ⓐ을 재구성하는 방법을 제시할 것
• 〈자료〉에서 플랑크 상수 h를 측정하기 위해 이용하는 LED의 발광 원리를 밑줄 친 ⓑ과 ⓓ에 근거하여 설명하고, 이 실험에서 플랑크 상수를 구하는 식을 제시할 것
• 밑줄 친 ⓔ을 학생들이 수행할 때 교사가 지도해야 하는 그래프 작성 방법을 제시할 것

146

2025-A07

〈자료 1〉은 2022 개정 과학과 교육과정(교육부 고시 제 2022-33호)의 '과학탐구실험 1' 과목의 내용 체계 일부와 관련 성취기준 및 탐구활동이다. 〈자료 2〉는 물체의 자유낙하 운동에 대한 과학사의 일부이다. 〈작성 방법〉에 따라 서술하시오. (4점)

┌─────── 자료 1 ───────┐

범주 \ 구분		내용 요소
지식·이해	과학의 본성과 역사 속의 과학 탐구	• 패러다임 전환을 가져온 결정적 실험 • 과학의 본성 • 선조들의 과학
	과학 탐구의 과정과 절차	• 귀납적 탐구 • 연역적 탐구 • 탐구 과정과 절차
과정·기능		• 자연현상에서 문제를 인식하고 가설을 설정하기 • 변인을 조작적으로 정의하여 탐구 설계하기 • 다양한 도구를 활용하여 정보를 조사·수집·해석하기 • 수학적 사고와 모형을 활용하여 통합 및 융합과학 관련 현상 설명하기 • 증거에 기반한 과학적 사고를 통해 자료를 과학적으로 분석·평가·추론하기 … (하략) …

[10과탐1-01-01] 과학사에서 패러다임의 전환을 가져온 결정적 실험을 따라 해 보고, 과학의 발전 과정에 관해 설명할 수 있다.

[탐구 활동]
경사면을 이용하여 질량이 다른 물체의 낙하 운동에 대한 갈릴레이의 실험 체험하기

┌─────── 자료 2 ───────┐

(가) 자유낙하 운동에 관한 아리스토텔레스의 설명과 갈릴레이의 설명은 흔히 대조된다. 아리스토텔레스는 낙하하는 물체를 맨눈으로 관찰하고 속력이 매질에 따라 다르다는 점을 인식했다. 매질이 공기일 때와 액체일 때 낙하 속력이 다르다는 것이다. 그는 물체가 낙하하다가 최고 속력에 도달하는데, 이 속력은 물체의 무게에 비례한다고 결론을 내렸다. 또한 그는 운동을 힘과 저항의 균형으로 설명하였고, 낙하 운동도 같은 방식으로 설명하였다. 이와 같이 아리스토텔레스는 일상의 현상을 관찰하고 추론하여 서술함으로써 물체의 운동에 대한 설명을 하나의 틀로 체계화하였다. 갈릴레이는 아리스토텔레스와 달리 등속운동과 가속운동을 구분하면서 가속도의 개념을 도입하였다. 또한 갈릴레이는 현상의 단순한 관찰이 아니라 실험을 통해 정성적인 추론이 아닌 정량화를 하여 설명 체계를 구축했다는 점에서 근대 과학의 기본적인 틀을 제공하였다.

(나) 갈릴레이는 당시까지 운동을 설명할 때 속력에 대해 공간적 이동만 고려하던 관점에서 나아가 시간을 변수로 하여 측정하는 실험을 하였다. 그 당시 시간을 측정하는 방법은 정교하지 않았기 때문에 갈릴레이는 물체가 운동하는 시간을 늘리기 위해 경사면을 이용하여 자유낙하 운동을 연구하였다. 1638년에 발간한 '새로운 두 과학'이라는 책에서 갈릴레이는 실험의 과정과 정량적 결론의 도출 과정을 상세히 서술하였다. "나무판 전체 길이를 내려올 때 걸리는 시간과 전체 길이의 1/2, 1/3, 1/4 등을 내려올 때 걸리는 시간에 대해 실험을 했다네. ㉠ 이런 실험을 백 번 이상 되풀이했는데 항상 이동 거리는 이동 시간의 제곱에 비례했다네. 이것은 나무판의 기울기와 상관없이 늘 사실이었지." 실험의 결과로 갈릴레이는 자유낙하 운동에 대해 "가만히 있다가 일정하게 속력이 빨라지며 떨어지는 물체가 움직인 거리는 그 거리를 지나는 데 걸린 시간의 제곱에 비례한다."라는 결론을 제시하였다.

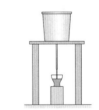

갈릴레이의 시간 측정 도구

이 실험에서 갈릴레이는 ⓛ 시간의 측정을 위해 커다란 물통을 일정 높이에 올려놓고 물통 아래 부분에 관을 달아 소량의 물이 일정하게 나오도록 한 후 물체가 서로 다른 거리를 이동하는 동안 유리컵에 받은 물의 무게를 비교하여 이동 시간의 차이를 측정하는 방법을 실험 설계에 적용하였다.

──[작성 방법]──

- <자료 1>의 <탐구 활동>을 과학사에서 패러다임의 전환을 가져온 결정적 실험으로 제시한 근거 2가지를 <자료 2>의 (가)에서 찾아 제시할 것
- <자료 1>에 제시된 내용 요소에서 <자료 2>의 밑줄 친 ㉠에서 드러난 '과학 탐구의 과정과 절차' 1가지와 밑줄 친 ⓛ에서 드러난 '과정 · 기능' 1가지를 찾아 각각 근거와 함께 순서대로 서술할 것

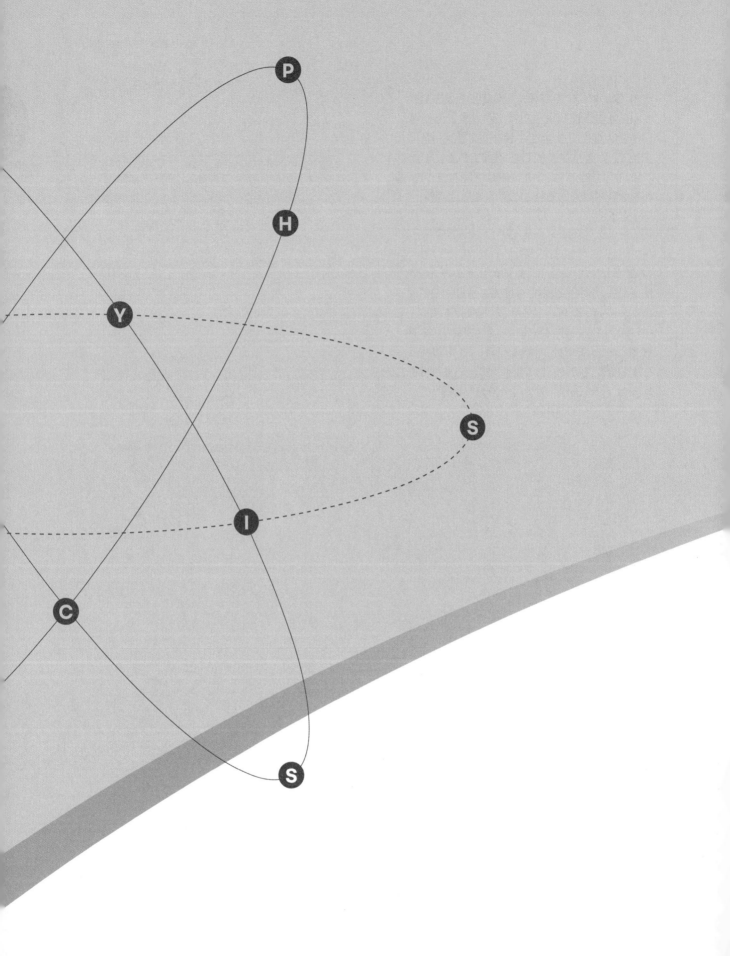

정승현
물리교육론 기출문제집

심화 서술형 문제

Chapter 02 심화 서술형 문제

01

2009-2차-01

그림 (가)와 (나)는 굴절과 관련하여 고등학교 물리Ⅰ 교과서에 나오는 대표적인 두 가지 실험에 대한 개략도이다. 이 실험들은 '실험을 통하여 굴절의 법칙을 알고 굴절률을 측정한다.'라는 학습 목표를 달성하기 위해 이용될 수 있다. 김 교사는 실험 수업을 하기에 앞서 이 두 실험들을 고윈(Gowin)의 V도에 적용하여 분석하려고 한다.

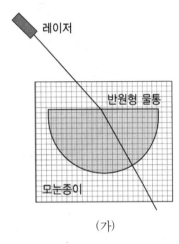

(가)

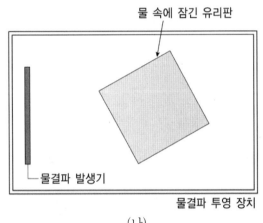

(나)

과학적 탐구에서 V도가 갖는 의의를 서술하고, 두 실험에 대해서 초점 질문, 사건, 기록, 자료 변환, 지식 주장, 개념, 법칙으로 구성된 V도를 각각 작성한 후, 이를 바탕으로 개념적 측면과 방법론적 측면에서 두 실험의 차이를 설명하시오. 또한 실제로 실험할 때 측정이 잘되도록 하기 위한 방안을 각 실험별로 2가지씩 이유와 함께 설명하시오. (20점)

풀이 ●

1) V도가 갖는 의의: 방법론적 측면에서 과학실험의 목적과 개념적 측면에서 과학의 본성을 이해시킨다.

2) 개념적 측면: 레이저 실험의 경우에서보다 물결파 투영 실험이 더 많은 개념을 필요로 한다.

   방법론적 측면: 레이저 실험의 경우 레이저의 빛의 진행 경로가 실제 굴절되는 모습이지만 물결파의 경우에는 물결파의 파면에 수직 방향이 진행 방향이다. 그리고 물결파가 잘 보이기 위해서는 적절한 진동수를 선택해서 실험해야 한다.

3) ① 레이저 실험

   ㉠ 레이저 빛이 잘 보이도록 물통에 우유를 넣어 빛이 잘 보이게 한다.

   ㉡ 모눈종이 눈금의 $\frac{1}{10}$까지 정확하게 읽어 측정 오차를 줄인다.

   ② 물결파 실험

   ㉠ 유리판이 있는 곳과 없는 곳의 깊이 차이를 어느 정도 고려해서 굴절이 잘 보이게끔 실험한다.

   ㉡ 물결 통을 수평으로 해서 물의 깊이를 일정하게 유지한다.

Tip

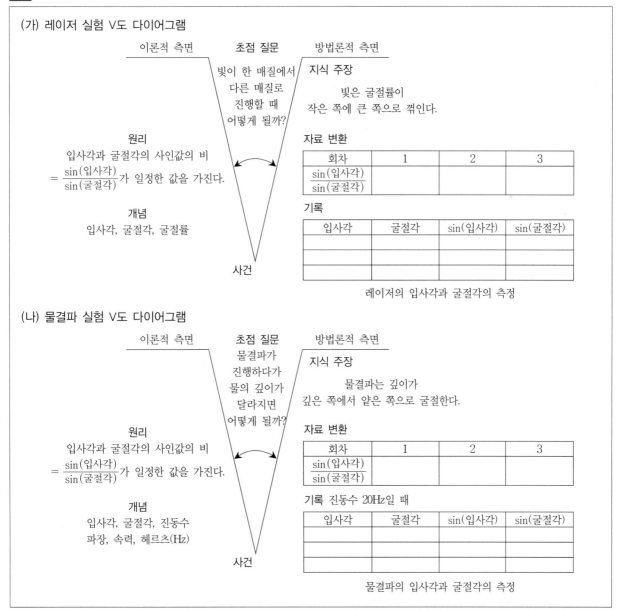

(가) 레이저 실험 V도 다이어그램

이론적 측면 / 초점 질문 / 방법론적 측면

초점 질문: 빛이 한 매질에서 다른 매질로 진행할 때 어떻게 될까?

지식 주장: 빛은 굴절률이 작은 쪽에 큰 쪽으로 꺾인다.

원리: 입사각과 굴절각의 사인값의 비 $= \dfrac{\sin(\text{입사각})}{\sin(\text{굴절각})}$가 일정한 값을 가진다.

개념: 입사각, 굴절각, 굴절률

자료 변환

회차	1	2	3
$\dfrac{\sin(\text{입사각})}{\sin(\text{굴절각})}$			

기록

입사각	굴절각	$\sin(\text{입사각})$	$\sin(\text{굴절각})$

레이저의 입사각과 굴절각의 측정

사건

(나) 물결파 실험 V도 다이어그램

이론적 측면 / 초점 질문 / 방법론적 측면

초점 질문: 물결파가 진행하다가 물의 깊이가 달라지면 어떻게 될까?

지식 주장: 물결파는 깊이가 깊은 쪽에서 얕은 쪽으로 굴절한다.

원리: 입사각과 굴절각의 사인값의 비 $= \dfrac{\sin(\text{입사각})}{\sin(\text{굴절각})}$가 일정한 값을 가진다.

개념: 입사각, 굴절각, 진동수 파장, 속력, 헤르츠(Hz)

자료 변환

회차	1	2	3
$\dfrac{\sin(\text{입사각})}{\sin(\text{굴절각})}$			

기록 진동수 20Hz일 때

입사각	굴절각	$\sin(\text{입사각})$	$\sin(\text{굴절각})$

물결파의 입사각과 굴절각의 측정

사건

02

자연에서 관찰되는 진동 현상들은 용수철 진자의 운동모형으로 단순화시켜 이해할 수 있다. 먼저 용수철 진자에 대한 평가 문항을 고찰해 보고 관련된 다른 현상에 적용해 보자. (30점)

1) 예비 교사 A는 '물리 학습 평가' 수업 시간에 '용수철 진자의 주기 측정 실험에서 학생의 탐구 능력 평가'를 위하여 아래와 같이 두 가지 평가 목표를 설정하고 문항 초안을 만들었다.

─[평가 목표]─
- 용수철 진자의 주기 측정 실험 과정을 이해한다.
- 용수철 진자의 주기 측정 실험으로부터 얻어진 주기 관계식을 이해한다.

─[문항 초안]─

1. 다음은 수직으로 매단 용수철을 이용한 단진동 실험의 과정과 결론이다.

[실험 과정]
(가) 용수철 상수 k인 용수철에 질량 m인 추를 매달아 연직 아래로 10cm만큼 잡아당겼다가 가만히 놓아 단진동하게 한다.
(나) 10회, 20회, 30회 왕복했을 때의 시간을 측정하여 이로부터 주기를 구한다.
(다) 추의 질량을 바꾸어 가면서 위의 과정을 반복 실험하여 용수철 진자의 주기를 구한다.
(라) 진폭을 바꾸어 가면서 위의 과정을 반복 실험하여 용수철 진자의 주기를 구한다.

[도출된 결론]
용수철 진자의 주기의 제곱은 질량에 비례하고 진폭과는 무관하다.

이 실험에 대한 설명으로 옳은 것을 <보기>에서 모두 고른 것은? (단, 중력가속도는 9.8m/s²이다.)

─[보기]─
ㄱ. 질량이 4개가 되면 주기는 2배가 된다.
ㄴ. 이 실험에서 주기는 독립 변인이고, 질량은 종속 변인이다.
ㄷ. 용수철 진자가 최하점에 있을 때 용수철에 저장된 위치 에너지는 최대가 된다.
ㄹ. 질량이 1kg인 추를 매달고 실험했을 때 예상되는 주기는 2π초이다.

① ㄱ, ㄴ   ② ㄱ, ㄹ
③ ㄴ, ㄷ   ④ ㄱ, ㄷ, ㄹ
⑤ ㄴ, ㄷ, ㄹ

예비 교사 A가 만든 위 문항 초안에서 개선할 부분 4가지를 찾아 수정하고, 그 이유를 쓰시오. 또, 수정한 내용을 근거로 선택형 문항을 개발할 때 고려해야 할 사항을 제안하시오. (10점)

2) 기체의 압축에 의한 물체의 진동은 공기식 충격 흡수 장치(air shock absorber)에 이용되고 있다. 그 원리를 이해하고 진동 현상을 관찰하기 위하여 기체로 채워진 관 속에서 진동하는 물체의 운동을 세 단계로 나누어 생각해 본다.

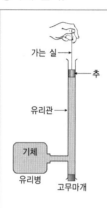

그림은 유리병과 연결된 반지름 r인 유리관 속에 공기보다 무거운 기체를 가득 채우고, 가는 실이 연결된 질량 m인 작은 원통형 추를 유리관 속에 넣고 실을 잡고 있는 것이다. 유리병과 유리관 속 기체의 압력이 대기압과 같은 P_0이고, 부피가 V_0인 상태에서 실을 놓을 때 추의 운동방정식은 $m\dfrac{d^2y}{dt^2} = F_{\text{ext}} + (P_0 - P)\pi r^2$이다. 여기서 P는 추가 진동하는 동안 관 속 기체의 압력이고, F_{ext}는 대기압과 관 속 기체의 압력 차에 의한 힘을 제외한 모든 외력의 합이다. 추가 진동하는 동안 기체는 준정적 단열과정(PV^{γ}=일정, 여기서 γ는 정압비열과 정적비열의 비이다.)를 유지한다.

1) 상황을 단순화시켜 용수철 진자의 운동을 비교한다.

기체의 압력 P를 처음 부피 V_0와 기체가 압축된 길이 y의 함수로 바꾸고, 위 운동방정식에 F_{ext}는 중력뿐이라고 할 때, 운동방정식을 단순화시켜서 정리하면 수직으로 세워진 용수철 위에 연결되어 있는 물체의 운동방정식 $m\dfrac{d^2y}{dt^2} = mg - Ky$와 같은 형태의 방정식이 얻어진다.

2) 실제 운동을 관찰한다.

이 실험을 실행하였더니 진동하는 동안 유리관 속의 기체는 빠지지 않았으며, 감쇠진동이 관찰되었다. 그러므로 추에는 중력 외에 속도에 의존하는 감쇠력이 작용했다.

3) 다른 상황에서 일어나는 유사한 현상을 찾아 진동 현상을 관찰한다.

추의 운동과 유사한 단진동과 감쇠진동을 관찰할 수 있는 전기회로를 각각 만들어 특정 회로요소 양단에 오실로스코프를 연결하여 전위차를 관찰함으로써 시간에 따른 추의 변위를 유추해 본다.

추의 운동을 단진동으로 단순화시킬 조건, 단진동의 각진동수의 값과 풀이 과정, 실제 운동에서 추에 작용하는 감쇠력이 $-bv$라고 할 때 감쇠상수 b의 범위와 풀이 과정을 쓰시오. 또 단진동과 감쇠진동을 관찰할 수 있는 각 전기회로의 개략도와 오실로스코프로 관찰되는 전위차의 그래프를 그리시오. (단, 필요한 경우 $(1+x)^{-a} \simeq 1 - ax(x \ll 1)$의 근사식을 사용하시오.) (20점)

풀이 ●

1) ① 개선 사항

   ㉠ 실험에서는 문자가 아닌 변인을 수치로 제시해야 한다. 조작 변인인 질량의 경우 제시가 안 되어 있다.

   ㉡ 주기는 10회 왕복했을 때의 시간으로 정한다. 왕복 회수를 변화시키는 것은 불필요하다.

   ㉢ 자료 변환과 자료 해석의 과정이 생략되어 있다. 평가 목표를 완성하기 위해서는 이 과정이 필요하다.

   ㉣ 평가 문항 보기에 이 실험과 관계없는 개념이 등장한다. 위치 에너지는 이 실험과 관련이 없는 개념이다.

   ㉤ 2π초의 주기가 된다는 것은 실험 데이터로 얻은 주기 관계식으로 예상이 불가능하며, 무리수 측정도 안 된다.

   ② 선택형 문항 개발 시 고려사항

   ㉠ 실험에 관련이 없는 개념을 선지로 제공해서는 안 된다.

   ㉡ 평가 목표에 맞는 선지가 제공되어야 한다. 이론식의 이해가 아닌 실험을 통한 관계식의 이해이므로 수치계산을 묻는 문항은 적절하지 않다.

2) ① 단진동으로 단순화 가정

$$P_0 V_0^\gamma = PV^\gamma$$

초기 부피를 $V_0 = Ay_0 \ (A = \pi r^2)$이라 하자. y_0는 초기 높이이고, y는 초기 높이로부터 기체가 압축된 길이이다.

$$V = A(y_0 - y)$$

$$P = P_0 \left(\frac{V_0}{V}\right)^\gamma = P_0 \left(\frac{V_0}{V_0 - Ay}\right)^\gamma = P_0 \left(\frac{1}{1 - Ay/V_0}\right)^\gamma = P_0 \left(1 - \frac{A}{V_0}y\right)^{-\gamma}$$

$\dfrac{A}{V_0}y \ll 1$이면 $P = P_0 \left(1 - \dfrac{A}{V_0}y\right)^{-\gamma} \simeq P_0 \left(1 + \dfrac{\gamma A}{V_0}y\right)$이다.

이 식을 운동방정식 $m\dfrac{d^2 y}{dt^2} = F_{ext} + (P_0 - P)\pi r^2 = mg + (P_0 - P)\pi r^2$에 대입하면

$$m\frac{d^2 y}{dt^2} = mg - \frac{\gamma \pi^2 r^4 P_0}{V_0}y = mg - Ky$$

$$\frac{d^2 y}{dt^2} + \frac{\gamma \pi^2 r^4 P_0}{m V_0}y - g = 0$$

$$\frac{d^2 y}{dt^2} + \frac{\gamma \pi^2 r^4 P_0}{m V_0}\left(y - \frac{mg V_0}{\gamma \pi^2 r^4 P_0}\right) = 0$$

평형점 $y_{평형} = \dfrac{mg V_0}{\gamma \pi^2 r^4 P_0}$를 중심으로 단진동을 한다.

각진동수 $\omega = \sqrt{\dfrac{\gamma \pi^2 r^4 P_0}{m V_0}}$이다. 그리고 단진동으로 단순화시킬 조건은 운동방정식이 y에 대한 1차 함수로 되어야 하므로 과정에서 사용된 $\dfrac{\pi r^2}{V_0}y \ll 1$이 단진동 조건이다.

② 실제 운동(감쇠진동)

중력뿐만 아니라 감쇠력 $-bv$가 작용하면 운동방정식은 다음과 같다.

$$m\frac{d^2 y}{dt^2} = mg - \frac{\gamma \pi^2 r^4 P_0}{V_0}y - bv$$

$$\frac{d^2 y}{dt^2} + \frac{b}{m}\frac{dy}{dt} + \frac{\gamma \pi^2 r^4 P_0}{m V_0}y = g$$

감쇠운동은 과감쇠, 임계운동, 감쇠진동 세 가지로 나뉘게 된다.

감쇠진동하기 위한 조건은 $\left(\dfrac{b}{m}\right)^2 - 4\dfrac{\gamma \pi^2 r^4 P_0}{m V_0} < 0$이므로 b의 범위는 다음과 같다.

$$0 < b < \sqrt{\frac{4\gamma P_0 \pi^2 r^4 m}{V_0}}$$

③ 역학적 진동과 전기회로의 유사성

역학적 진동과 RLC 회로 대응 관계

대응 관계	
변위 y	전하량 q
속도 v	전류 I
질량 m	유도계수 L
감쇠계수 b	저항 R
용수철 상수 k	전기용량 역수 $1/C$
중력	외부 전원 V

㉠ 단진동 전기회로의 개략도와 오실로스코프의 축전기 전위차 그래프 : 그림과 같이 축전기에 초기 전하가 충전되어

외부 전위보다 높다면 외부 전위를 기준으로 각진동수 $\omega = \dfrac{1}{\sqrt{LC}}$ 인 진동회로의 그래프가 된다.

이는 $\dfrac{d^2 y}{dt^2} + \dfrac{\gamma \pi^2 r^4 P_0}{m V_0}\left(y - \dfrac{mg V_0}{\gamma \pi^2 r^4 P_0}\right) = 0$ 와 비교하면 $K = \dfrac{1}{C}$ 에, $m = L$ 에 대응시키는 것과 동일하다.

해는 $y = A\cos\sqrt{\dfrac{K}{m}}t + \dfrac{mg}{K}$ 이다. 여기서 A 는 $y_{초기} - y_{평형}$ 이다. 회로와 대응시키면 다음과 같다.

$$q = A\cos\left(\frac{1}{\sqrt{LC}}t\right) + CV$$

$q = CV$ 이므로 $V_C = \dfrac{A}{C}\cos\left(\dfrac{1}{\sqrt{LC}}t\right) + V$

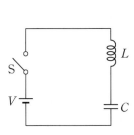 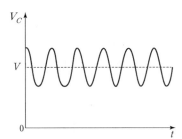

㉡ 감쇠진동 전기회로의 개략도와 오실로스코프의 축전기 전위차 그래프

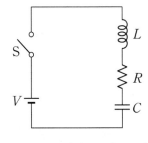 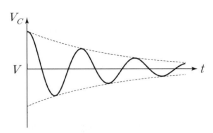

$t = 0$ 에서 $I(0) = 0$ 이고, 진폭이 A 라 하자. (자세한 내용은 일반물리 감쇠진동 참고)

$\omega_1 = \sqrt{\dfrac{1}{LC} - \dfrac{R^2}{4L^2}}$ 으로 정의하면, 축전기 양단에 걸리는 전위 $V_C(t)$ 는 다음과 같다.

$$V_C(t) = Ae^{-\frac{R}{2L}t}\cos(\omega_1 t - \phi) + V, \quad \tan\phi = \frac{R}{2L\omega_1}$$

03

다음은 전자기 유도에 관련된 내용이다. 물음에 답하시오. (30점)

1) 패러데이 법칙에 대한 지식이나 자속에 대한 개념이 전혀 없는 학생에게 물리 교사가 그림의 실험 개략도와 같은 장치를 이용하여 다음과 같은 전자기 유도 실험을 보여주었다.

> (가) 실험대에 긴 직선 도선을 놓고 가변 전원에 연결하여 전류를 흐르게 한다.
> (나) 모양을 바꿀 수 없는 직사각형 닫힌 도선을 세로 변이 직선 도선과 나란하게 실험대 위에 놓는다.
> (다) 직선 도선은 움직이지 않은 채 닫힌 도선을 실험대 면을 따라 직선 도선에 수직인 방향으로 가까이 또는 멀리 움직이면서 닫힌 도선에 기전력이 생기는지를 측정한다. (이때 닫힌 도선에는 기전력을 측정할 수 있는 장치가 연결되어 있다.)

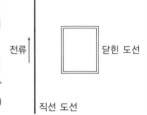

이 실험에서 닫힌 도선이 움직일 때 기전력이 유도되는 '현상'과 닫힌 도선의 움직임이 빠를수록 유도 기전력이 큰 것을 보여준 교사는 기전력이 생긴 이유가 닫힌 도선이 움직일 때 전류가 흐르는 도선 주위에 생긴 자기장이 닫힌 도선 안에 있는 전자에 자기력, 즉 로렌츠 힘을 작용했기 때문이라고 설명했다. 그런 후에 교사는 학생에게 같은 장치를 이용하여 닫힌 도선에 기전력을 유도하는 다른 방법이 있는지 알아보라고 했다. 이때, 모든 도선은 항상 실험대 위에 있어야 하고 회전시켜서도 안 되며, 닫힌 도선의 세로 변은 직선 도선과 평행을 유지해야 한다는 조건을 주었다.

다음은 실험을 끝낸 학생과 교사가 나눈 대화이다.

> ─────[대화 내용]─────
> 학생: 닫힌 도선에 유도된 기전력이 로렌츠 힘 때문이라고 할 수 없는 '현상' 두 개를 발견했습니다.
> 교사: 어떤 경우들인지 학생이 관찰한 것을 자세히 설명해 보세요.
> 학생: (㉠)
> 교사: 그렇다면, 학생의 실험에 근거하여 로렌츠 힘 때문에 기전력이 유도된다는 내 설명을 수정해야겠네요. 내가 보여준 '현상'과 학생이 발견한 두 '현상'만 고려한다면 유도 기전력은 어떤 경우에 생긴다고 하는 것이 합리적일까요? 세 '현상'의 분석과 함께 설명해 보세요.
> 학생: (㉡)
> 교사: 전자기 유도와 관련하여 패러데이가 발표한 '닫힌 도선에 유도되는 기전력의 크기는 닫힌 도선을 지나는 자속의 시간 변화율에 비례한다'는 이론이 있어요. 패러데이 이론에서 자속 Φ는 자기장 $\vec{B}$, 닫힌 도선 안의 면적 요소 $d\vec{A}$라고 할 때 $\Phi = \int \vec{B} \cdot d\vec{A}$로 정의되는 값입니다. 외부 자기장이 차폐된 실험실에서, 세기를 임의로 조절할 수 있는 균일한 자기장을 발생시키는 전자석과, 면이 자기장에 항상 수직이며 내부 면적을 조절할 수 있는 직사각형 모양의 닫힌 도선을 이용하여 패러데이 이론을 정량적으로 검증해 봅시다. 이를 위해 패러데이 이론의 수식을 실험 상황에 적합한 형식으로 전개하고, 장치를 어떻게 구성하고, 변인을 어떻게 통제하면서 측정하고, 측정 데이터는 어떻게 분석해야 하는지를 포함한 구체적인 실험 계획서를 작성하여 제출하세요. 실험 계획서에는 필요한 개략도와 적당한 양식의 데이터 기록표, 패러데이 이론이 측정 데이터와 맞는지를 최종 확인하는데 사용할 그래프 양식을 포함시키세요.

이 실험 수업을 하기 전에 학생에게 패러데이 법칙에 대한 지식이나 자속에 대한 개념이 전혀 없었음을 고려하여, ㉠과 ㉡에 들어갈 학생의 옳은 대답을 각각 기술하고 교사의 요구에 적합한 실험 계획서를 작성하시오. (20점)

2) 위에서 제시한 학생과 교사와의 〈대화 내용〉을 '순환학습(Learning Cycle)' 모형으로 분석해 보려고 한다. 순환학습의 세 가지 유형 중, 가설을 제안하고 검증하는 과정으로 구성된 '가설-연역적 순환학습'에 적합하게 위 〈대화 내용〉을 3단계로 재구성하시오. (단, 재구성할 때 대화 내용의 순서를 바꾸거나 필요한 대화 내용을 추가할 수 있고 약간의 표현 수정은 가능하지만 주어진 내용을 없앨 수는 없다.) (10점)

풀이 ●

1) ㉠: 닫힌 도선은 움직이지 않고 직선 도선을 실험대 면을 따라 닫힌 도선에 멀어지거나 가까워지게 움직인다. 전류의 세기를 변화시킨다.

   ㉡: 닫힌 도선과 직선 도선과의 거리가 변할 때 그리고 전류의 세기가 시간에 따라 변할 때 유도 기전력이 발생한다.

   유도 기전력이 발생하는 이유는 닫힌 도선이 움직일 때만 전류가 흐르는 도선 주위에 생긴 자기장이 닫힌 도선 안에 있는 전자에 자기력, 즉 로렌츠 힘을 작용했기 때문이라고 했으므로 움직일 때 전류가 흐르는 않거나 다른 요인으로 유도 기전력이 발생 됨을 보여주면 된다. 면적 변화가 없으므로 자기장의 변화를 표현하면 된다. 수직 방향의 거리가 변할 때와 전류에 의한 자기장의 세기가 변할 때를 고려하면 된다.

   ① 자기장의 세기가 조작변인, 면적이 통제변인

   유도 기전력 $\varepsilon = \dfrac{d\Phi}{dt} = A\dfrac{dB}{dt}$

   ② 면적 변화가 조작변인, 자기장의 세기가 통제변인; ㄷ자 모형 유도 기전력 실험을 구성

   유도 기전력 $\varepsilon = \dfrac{d\Phi}{dt} = B\dfrac{dA}{dt} = B\ell v$ (ℓ은 세로 변 길이, v는 가로 방향 도선의 이동 속력)

   ※ 실험 계획서는 생략

2) ① 탐색 단계(exploration)

   > 학생: 닫힌 도선에 유도된 기전력이 로렌츠 힘 때문이라고 할 수 없는 '현상' 두 개를 발견했습니다.
   > 교사: 어떤 경우들인지 학생이 관찰한 것을 자세히 설명해 보세요.
   > 학생: 닫힌 도선은 움직이지 않고 직선 도선을 실험대 면을 따라 닫힌 도선에 멀어지거나 가까워지게 움직일 때와 전류의 세기를 변화시킬 때입니다.

   ② 개념 도입 단계(concept introduction)

   > 교사: 학생의 실험에 근거하여 로렌츠 힘 때문에 기전력이 유도된다는 내 설명을 수정해야겠네요. 내가 보여준 '현상'과 학생이 발견한 두 '현상'만 고려한다면 유도 기전력은 어떤 경우에 생긴다고 하는 것이 합리적일까요? 세 '현상'의 분석과 함께 설명해 보세요.
   > 학생: 닫힌 도선과 직선 도선과의 거리가 변할 때 그리고 전류의 세기가 시간에 따라 변할 때 유도 기전력이 발생합니다.

   ③ 개념 적용 단계(concept application)

   > 교사: 전자기 유도와 관련하여 패러데이가 발표한 '닫힌 도선에 유도되는 기전력의 크기는 닫힌 도선을 지나는 자속의 시간 변화율에 비례한다'는 이론이 있어요. 패러데이 이론에서 자속 Φ는 자기장 $\vec{B}$, 닫힌 도선 안의 면적 요소 $\overrightarrow{dA}$라고 할 때 $\Phi = \displaystyle\int \vec{B} \cdot \overrightarrow{dA}$로 정의되는 값입니다. 외부 자기장이 차폐된 실험실에서, 세기를 임의로 조절할 수 있는 균일한 자기장을 발생시키는 전자석과, 면이 자기장에 항상 수직이며 내부 면적을 조절할 수 있는 직사각형 모양의 닫힌 도선을 이용하여 패러데이 이론을 정량적으로 검증해 봅시다. 이를 위해 패러데이 이론의 수식을 실험 상황에 적합한 형식으로 전개하고, 장치를 어떻게 구성하고, 변인을 어떻게 통제하면서 측정하고, 측정 데이터는 어떻게 분석해야 하는지를 포함한 구체적인 실험 계획서를 작성하여 제출하세요. 실험 계획서에는 필요한 개략도와 적당한 양식의 데이터 기록표, 패러데이 이론이 측정 데이터와 맞는지를 최종으로 확인하는데 사용할 그래프 양식을 포함시키세요.

04

여러 물리 현상을 동일한 수학적 모형으로 설명하거나, 하나의 물리 개념이 여러 가지 다른 현상에서 어떻게 나타 나는지 생각하는 활동은 과학적 사고에 도움을 준다. 〈사례 1〉은 전기 현상에서 사용한 수학적 모형을 일상적 상황에 적용해 보는 과정의 일부를 제시한 것이고, 〈사례 2〉는 속력을 구할 수 있는 서로 다른 방법 2가지를 제시한 것이다.

[사례 1]

[전기 현상]

그림과 같은 RC회로에서 전하 Q_0로 충전된 축전기의 전하가 스위치를 닫으면 줄어들기 시작한다. 이때 축전기에 남아있는 전하량 $Q(t)$를 수학적 모형으로 나타내면,

$-\dfrac{dQ}{dt} = \dfrac{1}{RC}Q$가 된다. 이를 적분하여 Q를 구하면 $Q(t) = Q_0 e^{-\frac{t}{RC}}$이다.

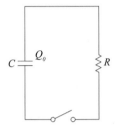

[일상적 상황]

얼마 전 철수는 부모님과 함께 자동차를 타고 집으로 가는데, 고속도로에 차량이 많아져 속력이 점점 줄어들고 있었다. 집까지 90km가 남았을 때는 차의 속력계가 90km/h를 나타내었고, 70km가 남았을 때는 70km/h를 나타내었다. 다음은 철수와 어버지의 대화 내용 중 일부이다.

철수: 이렇게 가면 50km가 남았을 때는 50km/h이겠네요. 그러면 집에 언제 갈 수 있나요?
아버지: 앞으로도 계속해서 남은 거리와 속력이 비례한다면 무한대의 시간이 걸릴 수 있어.
철수: 왜요?
아버지: 그건 수학적 모형을 만들어 설명할 수 있지.
철수: 어떻게요?
아버지: 일단, 남은 거리를 x라 하고, 그 지점에서 차의 속력을 v라 하면…

[사례 2]

[속력 구하는 방법 1]
• 상황: 오른쪽 그림은 질량 m인 고무마개를 줄에 매달아 회전시키는 것을 나타낸 것이다.
• 방법: 줄의 회전이 거의 한 수평면에서 이루어질 때, 회전 주기 T와 회전 반지름 r을 측정하거나, 고무마개의 질량 m을 알고 고무마개에 작용하는 구심력 F와 회전 반지름 r을 측정하면, $v = \dfrac{2\pi r}{T}$ 식이나 $F = m\dfrac{v^2}{r}$ 식을 이 용하여 등속 원운동 하는 고무마개의 속력을 구할 수 있다.

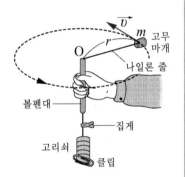

[속력 구하는 방법 2]
• 상황: 오른쪽 그림과 같이 질량 m인 총알이 v의 속력으로 수평으로 날아와 가벼운 줄에 매달린 질량 M인 나무토막에 박힌 후 높이 y까지 올라간다.
• 방법: 총알이 박힌 직후 나무토막이 움직이는 속력을 V라고 하면, 운동량 보존법칙에 따라 $mv = (m+M)V$이고, 에너지 보존법칙에 따라 $\dfrac{1}{2}(m+M)v^2 = (m+M)gy$이다. M, m, 중력가속도 g를 알고 y를 측정하면 v를 구할 수 있다.

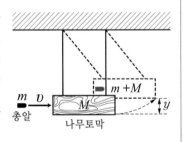

1) 〈사례 1〉의 마지막 대화 내용에 적합한 수학적 모형을 만들어 설명하고, 이와 동일한 수학적 모형으로 설명할 수 있는 서로 다른 현상을 추가로 2가지만 제시하고 설명하시오. 그리고 〈사례 2〉의 방법들 이외에 물리학의 여러 영역에서 서로 다른 개념이나 법칙을 적용하여 속력을 구할 수 있는 방법 4가지만 〈사례 2〉처럼 제시하시오.

2) 〈사례 2〉에서 제시한 [속력 구하는 방법 1]의 상황에서 고무마개에 작용하는 구심력 F와 고무마개의 속력 v와의 관계를 실험을 통해 구해보려고 한다. 다음에 제시한 〈실험 안내서〉의 실험 목표와 준비물을 참고하여 고등학생용 실험 안내서를 완성하시오.

┤ 실험 안내서 ├

제목	등속 원운동하는 물체에 작용하는 구심력과 물체의 속력과의 관계
실험 목표	회전 반지름이 일정할 때, 구심력과 속력의 관계를 구한다.
준비물	볼펜대, 고무마개, 나일론 줄, 자, 초시계, 저울, 고리쇠 여러 개, 클립, 집게
실험 과정	
결과 및 해석	
정리	

풀이 ●━━━

1) 그림과 같이 남은 거리 x, 초기 거리 d, 그 지점에서 속력을 v라 하면 수식은 다음과 같다.

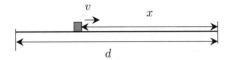

$-\dfrac{dx}{dt} = x$ 여기서 $-$부호 x는 시간에 따라 줄어들기 때문이다.

$\dfrac{dx}{x} = -dt \rightarrow \ln\dfrac{x}{d} = -t$

$\therefore x(t) = de^{-t}$

따라서 남은 거리가 0이 될 때의 시간은 $t = \infty$가 되므로 무한대의 시간이 걸린다.

① 동일한 수학 모형으로 설명할 수 있는 현상

㉠ 방사성 붕괴 : 활성도는 남아있는 입자에 비례한다. 초기 입자수 N_0, 비례상수(붕괴상수) λ라 하면 다음과 같다.

$-\dfrac{dN}{dt} = \lambda N$

$\dfrac{dN}{N} = -\lambda dt$

$N(t) = N_0 e^{-\lambda t}$

㉡ 탄성력과 동일한 저항력을 받는 용수철 운동

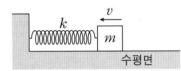

평형점으로부터 A만큼 당긴 정지상태에서 움직인다고 하고, 거리 x, 속력 v라 하자.

$b\dfrac{dx}{dt} = -kx$

$\dfrac{dx}{x} = -\dfrac{k}{b}dt \rightarrow \ln\dfrac{x}{A} = -\dfrac{k}{b}t$

$x(t) = Ae^{-\frac{k}{b}t}$

② 서로 다른 개념이나 법칙을 적용하여 속력을 구할 수 있는 방법

㉠ 마찰이 없는 수평면에서 진폭 A로 당긴 정지상태에서 최대속력 $v_{\max}$를 구하는 방법 : 에너지 보존에서 의해서 $\dfrac{1}{2}kA^2 = \dfrac{1}{2}mv_{\max}^2$ 이다. $v_{\max} = A\sqrt{\dfrac{k}{m}}$

㉡ 기주공명 실험을 통한 매질에서 파동의 속력 : $v = \lambda f$이고 진동수를 아는 소리굽쇠를 활용하여 기주공명에서 정상파 이론을 적용한다.

$L = \dfrac{2n-1}{4}\lambda$, 소리가 크게 들리는 인접한 거리 차이 $\Delta L = \dfrac{\lambda}{2}$이므로 파장을 구할 수 있다.

따라서 진동수와 파장으로부터 속력 v를 구할 수 있다.

㉢ 일정한 중력장이 작용하는 지표면에서 공기 저항력 $-kv$를 받는 물체의 종단 속력 v_t이다.

운동방정식은 $mg - kv = ma$이고, 종단 속력에 도달하면 알짜힘은 0이다.

$mg - kv = ma$

$mg - kv_t = 0$

$\therefore v_t = \dfrac{mg}{k}$

ㄹ) 균일한 자기장 B인 영역에서 자기장과 수직을 이루는 면에서 운동하는 전하량 Q이고, 질량이 m인 전하의 속력

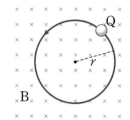

렌츠 힘과 원심력의 평형에 의해서 $F = QvB = \dfrac{mv^2}{r}$ 이다. 반경을 알면 속력은 다음과 같다.

$$v = \frac{QBr}{m}$$

2)

─[실험 안내서]─

제목	등속 원운동 하는 물체에 작용하는 구심력과 물체의 속력과의 관계
실험 목표	회전 반지름이 일정할 때, 구심력과 속력의 관계를 구한다.
준비물	볼펜대, 고무마개, 나일론 줄, 자, 초시계, 저울, 고리쇠 여러 개, 클립, 집게

실험 과정

가) 그림과 같이 장치하고, 집게의 위치를 일정하게 유지하면서(r을 일정하게 유지) 고무마개를 회전시켜 10회전 하는데 걸리는 시간을 측정하여 주기 T를 구한다.

나) 집게 위치를 과정 가)와 같이 일정하게 하고, 고리쇠의 수를 늘려가면서 주기 T를 측정한다.

고리쇠 수	10회전 시간(초)	주기(초)	주기 2(초 2)

결과 및 해석

- 클립의 위치를 일정하게 하였을 때 주기와 속력은 어떠한 관계가 있는가?
- 고리쇠의 무게는 무엇을 의미하는가?
- 클립의 위치를 일정하게 하였을 때 추의 수와 주기는 어떠한 관계가 있는가?
- 고리쇠의 무게 F와 $\dfrac{1}{T^2}$의 그래프에서 기울기는 어떠한 값을 갖는가?
- 구심력과 속력은 어떠한 관계가 있는가?

정리

고무마개 질량을 m이라 할 때, 구심력에 대한 식 $F = \dfrac{mv^2}{r} = mr\dfrac{4\pi^2}{T^2}$ 과 측정 결과를 비교해 보자.

05

다음은 예비 교사인 철수가 교육실습 중, 보일의 법칙에 대한 실험을 지도하면서 고등학생인 영희와 나눈 대화의 일부이다.

┤ 대화 내용 ├

철수: 온도가 일정할 때 기체의 부피와 압력을 잘 측정했니?

영희: 예.

철수: 과학적 관찰과 측정은 관찰자의 선입견 없이 객관적으로 이루어져 누가 관찰하거나 측정해도 항상 동일한 결과를 얻을 수 있어야 한단다. 그래야 참(true)인 결과를 얻을 수 있기 때문이지. 이제 기체의 부피와 압력의 관계 그래프를 해석해 보니까 어떠니?

영희: 기체의 부피와 압력이 반비례해요.

철수: 그래, 만일 그러한 결과가 다양한 조건에서 충분히 많은 관찰과 측정을 통해 얻어진 것이라면, 우리는 그러한 결과를 참이라고 할 수 있단다.

영희: 네. 그런데, 왜 기체 부피가 작을 때 압력이 큰가요?

철수: 좋은 질문이구나. 답을 말하기 전에 먼저 답을 찾는 과정을 생각해볼까? 우리가 관찰한 결과에 대해서 '왜?'라는 질문을 하는 것은 중요하단다. 과학자들은 그러한 질문에 대해 먼저 임시적인 답을 제안해 보는데, 그러한 임시적인 답을 가설이라고 한단다.

영희: 그러면 가설은 어떻게 제안하나요?

철수: 귀추적 사고를 사용하여 가설을 제안할 수 있지. 귀추적 사고란, (㉠   )

영희: 그렇군요. 그러면 가설이 맞는지 틀리는지 알 수 있는 방법은 무엇인가요?

철수: 실험을 통해 검증을 해 보는 방법이 있지. 만일 실험 결과가 가설을 지지하지 않는다면 가설이 적절하지 않다고 보고 새로운 다른 가설을 찾아봐야겠지.

영희: 만일 가설을 지지하는 실험 결과가 나오면요?

철수: 가설을 지지하는 결과가 나오면 보통은 가설이 참이라고 하기 쉽지만, 연역 논리로는 그렇지 않단다. 포퍼(K. Popper)라는 과학 철학자에 의하면, 과학적 가설을 지지하는 실험 결과가 나왔다고 하더라도 가설이 참이라고 결론 내릴 수 없다는 거야.

영희: 왜 그렇지요?

철수: (㉡   )

위 〈대화 내용〉의 ㉠과 ㉡에 들어갈 철수의 옳은 설명을 적절한 예와 함께 제시하시오. 그리고 〈대화 내용〉에서 〈보기〉의 내용과 관련지어 설명할 수 있는 부분을 각각 찾아 분석하시오. (20점)

┤ 보기 ├

• 과학적 관찰의 이론 의존성
• 귀납 논리의 한계
• 기술(description)과 설명(explanation)
• 과학적 가설의 반증 과정

풀이 ●

1) ㉠ : 이미 알고 있는 현상을 다른 현상에 적용하여 인과적 의문을 해결하기 위해 적용하는 추론 방식

   ㉡ : 반증주의는 과학지식은 검증할 수 없다고 생각하고 오직 반증만 가능하다고 본다. 포퍼의 반증주의에 의하면 반증 사례가 나오면 일반화된 명제가 폐기되고 새롭게 대체될 수 있기 때문이다.

2) ① 과학적 관찰의 이론 의존성

   과학적 관찰과 측정은 관찰자의 선입견 없이 객관적으로 이루어져 누가 관찰하거나 측정해도 항상 동일한 결과를 얻을 수 있어야 한다.

   ② 귀납 논리의 한계

   과학적 가설을 지지하는 실험 결과가 나왔다고 하더라도 가설이 참이라고 결론 내릴 수 없다. 귀납법은 유한한 관찰로 일반화를 유도하기 때문에 자체적으로 오류의 가능성을 내포하고 있다.

   ③ 기술(description)과 설명(explanation)

   기술의 경우는 기체의 부피와 압력이 반비례한다. 설명의 경우는 우리가 관찰한 결과에 대해서 '왜?'라는 질문을 하는 것이 중요하다. 과학자들은 그러한 질문에 대해 먼저 임시적인 답을 제안해 보는데, 그러한 임시적인 답을 가설이라고 한다.

   ④ 과학적 가설의 반증 과정

   실험 결과가 가설을 지지하지 않는다면 가설이 적절하지 않다고 보고 새로운 다른 가설을 찾아봐야 한다.

철수는 그림과 같이 길이가 l_1, l_2인 줄에 질량 m인 쇠구슬을 달아 진자 실험을 하였다. 왼쪽에서 평행광선을 비추었더니 스크린에 비친 두 쇠구슬의 그림자가 동일한 수직선상에서 각각 위아래로 진동하였다. 두 쇠구슬의 그림자 위치 y_1과 y_2를 MBL(Micro-computer Based Laboratory)장치와 센서로 측정하여 시간에 대한 두 그림자 위치의 차이($y_2 - y_1$) 그래프를 얻었다.

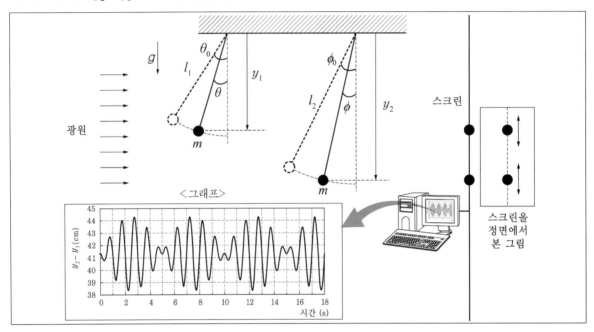

<그래프>

철수는 <그래프>에서 파형이 주기적으로 나타나는 것을 관찰하고, 이러한 특성을 다음과 같은 과정으로 알아보았다. (30점)

① 라그랑지안 방정식을 이용하여 두 진자의 운동을 분석한다.

줄의 질량과 공기저항을 무시할 때, 라그랑지안은 $L = T - V =$ _____ ㉠ _____ 이다.

라그랑지안 방정식을 적용하면 두 진자의 각도에 대한 방정식이 아래와 같다.

$$\ddot{\theta} + \frac{g}{l_1}\sin\theta = 0, \quad \ddot{\phi} + \frac{g}{l_2}\sin\phi = 0$$

초기값 θ_0와 ϕ_0가 작으면, $\theta = \theta_0 \cos\omega_1 t$, $\phi = \phi_0 \cos\omega_2 t$이다.

② 두 쇠구슬의 그림자 위치의 차이 $(y_2 - y_1)$를 구한다.

천장을 기준으로 하고, 아래 방향을 양(+)의 방향으로 하면, $y_1 = l_1\cos\theta$, $y_2 = l_2\cos\phi$이므로

$$
\begin{aligned}
y_2 - y_1 &= l_2\cos\phi - l_1\cos\theta \\
&\approx l_2\left(1 - \frac{1}{2}\phi^2\right) - l_1\left(1 - \frac{1}{2}\theta^2\right) \quad (\theta_0\text{가 작으므로 } \cos\theta \approx 1 - \frac{1}{2}\theta^2) \\
&= (l_2 - l_1) + \frac{1}{2}(l_1\theta^2 - l_2\phi^2) \\
&= (l_2 - l_1) + \frac{1}{2}(l_1\theta_0^2\cos^2\omega_1 t - l_2\phi_0^2\cos^2\omega_2 t)
\end{aligned}
$$

파형을 보면 _____ ㉡ _____ 이므로, $A = \frac{1}{2}l_1\theta_0^2 = \frac{1}{2}l_2\phi_0^2$으로 두면,

$$
\begin{aligned}
y_2 - y_1 &= (l_2 - l_1) + A(\cos^2\omega_1 t - \cos^2\omega_2 t) = (l_2 - l_1) + \frac{A}{2}(\cos 2\omega_1 t - \cos 2\omega_2 t) \\
&= (l_2 - l_1) - A\sin(\omega_1 + \omega_2)t\sin(\omega_1 - \omega_2)t \\
&= (l_2 - l_1) - A\sin 2\pi(f_1 + f_2)t\sin 2\pi(f_1 - f_2)t
\end{aligned}
$$

③ 수학적으로 유도한 결과와 그래프의 파형을 비교하여, 두 진자의 진동수를 각각 구한다.

$f_1 =$ _____ ㉢ _____ , $f_2 =$ _____ ㉣ _____

1) 위 과정에서 ㉠~㉣의 빈칸에 들어갈 내용을 쓰고, 만일 위 실험에서 평행광선을 위에서 아래로 비추어 바닥에 비친 두 진자의 그림자 위치 차이를 측정한다면 결과가 어떻게 달라질지 정성적으로 설명하시오. (20점)

2) 김 교사는 고등학교 교육과정의 물리 내용에 나오는 '주기와 진동수', '파동의 중첩원리' 개념을 다음에 제시한 〈사고 활동〉을 활용하여 고등학생을 지도하는 데 적절한 수업을 계획하고 있다. 김 교사가 계획 중인 아래의 〈수업 활동 계획〉에서 '상관관계 찾기' 이외의 내용을 완성하시오. (단, 수업 내용을 이미 제시한 '상관관계 찾기'의 경우와 같이 〈사고 활동〉에 알맞은 주요 내용이 분명하게 나타나도록 간략하게 제시하시오.) (10점)

[사고 활동]

사고 활동	설명
상관관계 찾기	두 사물이나 두 사건 간에 있을 수 있는 상관관계를 찾기
변인 통제하기	독립 변인이 두 개 이상일 때, 하나의 변인만을 변화시키고 나머지 변인들을 일정하게 유지하기
보존되는 것 찾기	겉보기에 다른 여러 사물이나 사건 속에서 일정한 값을 발견하기
예측하기	주어진 법칙과 조건에 따라 어떤 현상이 일어날지 연역 논리적으로 예측하기

[수업 활동 계획]

물리 개념	사고 활동	수업 내용
주기와 진동수	상관관계 찾기	1개의 진자에 대해 길이를 달리해서 주기의 변화를 측정한다. 측정한 결과로부터 진자의 길이와 주기의 상관관계를 도출한다.
	변인 통제하기	
파동의 중첩 원리	보존되는 것 찾기	
	예측하기	

풀이 ●

1) ㉠ : $\frac{1}{2}ml_1^2\dot{\theta}^2 + mgl_1\cos\theta$, $\frac{1}{2}ml_2^2\dot{\phi}^2 + mgl_2\cos\phi$

회전운동 에너지 $T = \frac{1}{2}I\dot{\theta}^2 = \frac{1}{2}ml^2\dot{\theta}^2$, 퍼텐셜 에너지 천정의 기준으로 하면 $V = -mgy = -mgl\cos\theta$

㉡ : $t = 0$일 때, 진폭이 최소 또는 진폭이 0이 되는 시간이 존재

아래와 같이 진폭이 다른 함수의 중첩인 경우에는 진폭의 최솟값과 최댓값이 존재하고 진폭이 0이 되는 지점이 존재하지 않게 된다.

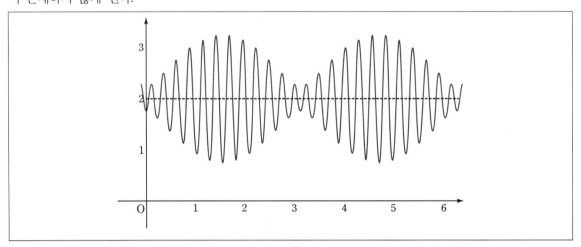

문제의 경우에는 진폭이 0이 되는 완전 상쇄 지점이 주기적으로 존재한다.

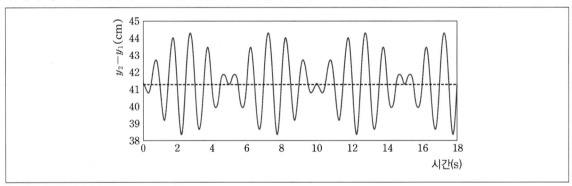

㉢ : $f_1 = \frac{11}{20}$Hz, ㉣ : $f_1 = \frac{9}{20}$Hz

$l_2 - l_1 = 0$으로 하고, $y_2 - y_1 = (l_2 - l_1) - A\sin 2\pi(f_1 + f_2)t \sin 2\pi(f_1 - f_2)t$ 그래프와 주기성이 유사한 그래프는 아래와 같다.

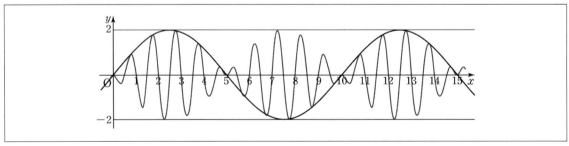

$y = -2\sin 2\pi(f_1 + f_2)t \sin 2\pi(f_1 - f_2)t$ 의 그래프를 분석하면 우선 큰 주기가 10초이므로 $\sin 2\pi(f)t$ 에서 주기는 $\frac{1}{f}$ 이므로 $f_1 - f_2 = \frac{1}{10}$ Hz이다. 그리고 작은 주기 $\frac{1}{f_1 + f_2}$ 는 10초에 10개의 파형이 존재하므로 1초이다.

$f_1 + f_2 = 1$ Hz

두 식을 연립하면 $f_1 = \dfrac{11}{20}\,\text{Hz}$, $f_1 = \dfrac{9}{20}\,\text{Hz}$ 이다. 주의할 것은 맥놀이와 함수가 다르므로 혼동하면 안 된다. 맥놀이는 다음과 같다.

$$y_1(t) = A\cos(2\pi f_1 t),\ \ y_2(t) = A\cos(2\pi f_2 t)$$

$$y(x,t) = y_1 + y_2 = A\left[\cos(2\pi f_1 t) + \cos(2\pi f_2 t)\right] = 2A\cos 2\pi\left(\frac{f_1 - f_2}{2}t\right)\cos 2\pi\left(\frac{f_1 + f_2}{2}t\right)$$

함수 형태가 다르므로 주의가 필요하다. 꼭 개념적으로 정리하고 넘어가야 한다.

진자 1개를 y축 그림자에 비추면 최하 지점에서 최고 지점까지 왕복 운동을 한다. 그런데 진자가 x축 그림자를 비추게 되면 가장 왼쪽에서 진자를 놓으면 최하 지점을 거치고 가장 오른쪽을 거쳐 다시 최하 지점을 거쳐 초기 위치에 오게 된다. 즉, y축 보다 주기가 2배 증가하고, 진동수는 2배 감소하게 된다. 이는 맥놀이 현상과 동일한 현상을 보이게 된다. 수식을 표현해 보면 다음과 같다.

$$
\begin{aligned}
x_2 - x_1 &= l_2\sin\phi - l_1\sin\theta \simeq l_2\phi - l_1\theta \\
&= l_2\phi_0\cos\omega_2 t - l_1\theta_0\cos\omega_1 t \quad\quad (\text{if } B = l_2\phi_0 = l_1\theta_0) \\
&= B(\cos\omega_2 t - \cos\omega_1 t) \\
&= 2B\sin 2\pi\left(\frac{f_1 + f_2}{2}\right)t\,\sin 2\pi\left(\frac{f_1 - f_2}{2}\right)t
\end{aligned}
$$

그래프의 형태는 다음과 같다.

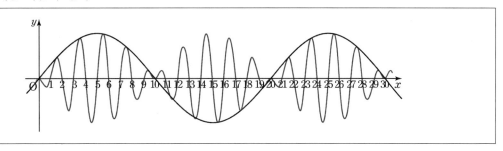

2)

[수업 활동 계획]

물리 개념	사고 활동	수업 내용
주기와 진동수	상관관계 찾기	1개의 진자에 대해 길이를 달리해서 주기의 변화를 측정한다. 측정한 결과로부터 진자의 길이와 주기의 상관관계를 도출한다.
	변인 통제하기	두 쇠구슬의 질량을 동일하게 한다. 진자의 진폭을 동일하게 실험한다.
파동의 중첩 원리	보존되는 것 찾기	각 진자의 역학적 에너지가 보존됨을 확인한다. 두 파동이 중첩될 때 진폭이 보존됨을 확인한다.
	예측하기	두 파동이 중첩될 때 진폭의 최대(보강) 또는 최소(상쇄)가 발생할 것이라고 예측한다.

진자 실험에서 조작 변인으로는 쇠구슬의 질량, 진자의 진폭, 진자의 길이가 존재하므로 진자의 길이를 제외한 변인을 통제 변인으로 설정한다.

우리는 줄의 질량과 공기저항을 무시하는 상황에서 라그랑지안으로 운동방정식을 도출하였다. 진자의 초기 진폭이 계속 유지되어 주기성을 갖는 파형이 반복되리라 예측하므로 역학적 에너지가 보존된다고 가정한다. 이에 따라 두 진자가 중첩될 때, 진폭의 최댓값 역시 보존된다. 마찰이 존재한다면 역학적 에너지가 소모되어 진폭이 점차 감소되는 감쇠진동이 발생한다. 파동의 중첩현상의 핵심은 간섭 현상이므로 보강과 상쇄를 확인하는 것이 핵심이다.

07

다음은 〈제7차 '물리 Ⅰ' 교육과정의 목표〉와 어느 고등학교의 〈'물리 Ⅰ' 학습 내용〉이다.

〈제7차 '물리 Ⅰ' 교육과정의 목표〉

가. 자연현상의 탐구를 통하여 물리의 기본개념을 이해하고, 실생활에 이를 적용한다.

나. 자연현상을 과학적으로 탐구하는 능력을 기르고, 실생활 문제 해결에 이를 활용한다.

다. 자연현상과 물리 학습에 대하여 흥미와 호기심을 가진다.

라. 물리학이 기술의 발달과 생활에 미치는 영향을 바르게 인식한다.

〈'물리 Ⅰ' 학습 내용〉

먼저 다음 [탐구] 활동을 통해 매질의 성질과 빛의 굴절에 대해 알아보자.

[탐구]

수조 바닥에 진한 설탕물을 넣고 그 위에 증류수를 가만히 부으면, 아래는 밀도가 높고 위로 갈수록 밀도가 낮은 설탕물이 된다. 이때 그림과 같이 레이저 빛을 비추어 보자. 레이저 빛은 어떻게 진행할까?

그림은 레이저 빛을 비추었을 때 빛이 굴절하는 현상을 나타낸 것이다. 설탕물의 밀도에 따라 빛의 속력이 달라지는 것을 이용하여 레이저 빛이 그림처럼 휘며 진행하는 이유를 설명해 보자.

위의 [탐구] 활동을 해 보면, 밀도가 연속적으로 변하는 매질을 빛이 지날 때 연속적으로 굴절하는 것을 관찰할 수 있다. 매질 1과 매질 2에서의 빛의 속력을 각각 v_1, v_2라고 하면, 빛이 매질 1에서 매질 2로 입사할 때 입사각(θ_1)과 굴절각(θ_2)은 다음의 관계식을 만족한다.

$$\frac{\sin\theta_1}{\sin\theta_2} = \frac{v_1}{v_2} = \frac{n_2}{n_1}$$

여기서 n_1, n_2는 각각 매질 1과 매질 2의 굴절률이다.

이 관계식을 이용하면 [탐구]에서 관찰한 레이저 빛이 휘며 진행하는 현상을 설명할 수 있다.

교사는 이 학습 내용을 바탕으로 〈제7차 '물리 Ⅰ' 교육과정의 목표〉 중 '물리의 기본개념 이해'와 '자연현상의 과학적 탐구 능력 신장'을 학습 목표로 하는 수업을 계획할 수 있다. 각 학습 목표별로 성취 정도를 평가하기 위한 평가 방법을 3개씩만 제시하고, 각 학습 목표별로 평가 방법을 1개 선택하여 위 학습 내용을 근거로 타당한 평가 문항(또는 도구)을 1개 개발하시오. 그리고 각 평가 문항(또는 도구)의 평가 목표와 정답을 서술하시오. (단, 서술형 또는 논술형 문항의 경우에는 채점 기준을 제시하시오.) (20점)

풀이 ●

1) ① 학습 목표 : 물리의 기본 개념 이해

  ② 평가 방법

    ㉠ 객관식 문제를 통해 물리 개념을 이해했는지 확인

    ㉡ 주관식으로 빛의 굴절 현상을 서술하도록 요구

    ㉢ 실험 보고서를 작성해 실험 결과와 개념의 연결을 평가

  ③ 선택된 평가 방법 및 평가 문항

    ㉠ 선택된 평가 방법 : 주관식 문제

    ㉡ 평가 문항 : "레이저 빛이 설탕물에서 휘며 진행하는 이유를 빛의 굴절 법칙과 속력 변화의 관점에서 설명하시오."

    ㉢ 평가 목표 : 학생들이 빛의 굴절 법칙 및 매질의 속력 변화가 굴절에 미치는 영향을 이해했는지 평가

    ㉣ 정답

      • 빛은 매질의 밀도에 따라 속력이 변한다.

      • 설탕물의 밀도가 연속적으로 변하면, 굴절률 또한 연속적으로 변한다.

      • 스넬의 법칙에 따라 입사각과 굴절각이 변하며, 레이저 빛이 곡선 형태로 진행한다.

    ㉤ 채점 기준

      • 빛의 굴절 법칙을 정확히 언급(5점)

      • 매질의 밀도와 속력의 관계 설명(5점)

      • 레이저 빛의 곡선 진행 이유를 서술(5점)

      • 논리적 일관성과 서술 완전성(5점)

2) ① 학습 목표 2 : 자연 현상의 과학적 탐구 능력 신장

  ② 평가 방법

    ㉠ 실험 수행 후 보고서를 제출하도록 요구

    ㉡ 학생들이 직접 탐구 계획을 세우고 결과를 도출하도록 함

    ㉢ 실험 시뮬레이션을 활용한 분석 능력 평가

  ③ 선택된 평가 방법 및 평가 문항

    ㉠ 선택된 평가 방법 : 실험 보고서 작성

    ㉡ 평가 문항 : "실험을 통해 빛의 굴절 및 매질의 속도 변화를 관찰한 결과를 보고서로 작성하시오."

    ㉢ 평가 목표 : 탐구 과정에서 자료를 수집하고, 이를 분석 및 정리하는 능력 평가

    ㉣ 정답

      • 설탕물의 밀도 변화와 빛의 진행 경로를 기록

      • 속력 변화에 따른 각도 차이 설명

      • 실험 결과가 이론적 배경과 어떻게 일치하는지 서술

    ㉤ 채점 기준

      • 실험 결과를 정확히 기록(7점)

      • 결과 해석 및 이론과의 연결 설명(8점)

      • 보고서의 논리적 흐름과 완성도(5점)

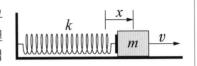

여러 가지 방식으로 접근하여 주어진 물리계를 해석하는 것은 과학적 사고의 신장에 도움을 준다. 〈상황 1〉은 역학적으로 진동하는 계와 그 진동수를 구하는 예를, 〈대화〉는 그와 다른 방법을 사용하여 진동수를 구하는 과정에 대해 교사와 학생이 나누는 대화를, 〈상황 2〉는 전자기적으로 진동하는 계를 나타낸 것이다. (30점)

[상황 1]

그림과 같이 질량 m인 물체가 탄성계수 k인 용수철에 연결되어 진동하고 있다. x는 평형점으로부터 물체의 변위를, $v = \dot{x}$는 물체의 속도를 나타낸다. 용수철이 물체에 작용하는 복원력은 $F = -kx$이고, 이를 뉴턴의 운동법칙 $F = ma$와 결합하면

$$m\ddot{x} + kx = 0$$

이 된다. 이 방정식의 해는 진동수가 $f = \dfrac{1}{2\pi}\sqrt{\dfrac{k}{m}}$인 단순조화진동을 나타낸다.

[대화]

교사: 물리학에서는 한 가지 법칙을 여러 상황에 적용할 수 있어. 그리고 하나의 상황을 다양한 방법으로 해석할 수도 있지. 먼저 〈상황 1〉의 그림과 수식을 한번 살펴볼래? 용수철에 매달려 운동하는 물체의 진동수를 구하기 위해 일반적으로 이런 방법을 사용하지.

학생: 네. 전에 배운 기억이 나요. 그때 이 방법으로 진동수를 구했어요.

교사: 〈상황 1〉에 기술된 방법 외에 또 어떤 방법이 있을까?

학생: 벡터량인 힘 대신 스칼라량인 에너지를 사용해서 문제를 해결할 수도 있다고 배웠어요. 역학적 에너지 보존법칙을 이용하면 어떨까요?

교사: 좋은 생각이야. 이 계의 역학적 에너지는 어떻게 주어지지?

학생: 운동 에너지와 위치 에너지의 합이니까…… (에너지의 표현을 적는다.)

교사: 이로부터 단순조화진동을 기술하는 방정식을 얻으려면 어떻게 해야 할까?

학생: $\ddot{x}$항이 있어야 하니까 에너지를 시간에 대해 미분하고,

$$\frac{dE}{dt} = 0 \quad \text{[방법 1]}$$

으로 두면 되겠네요. (계산을 해 본 다음) 아, 이렇게 하니까 〈상황 1〉과 동일한 방정식이 얻어졌어요. 그럼 방정식의 해도 같겠네요.

교사: 그렇지. 또 다른 방법은 없을까?

학생: 방법이 또 있다는 말씀이시죠? 제가 한번 생각해 볼게요. (잠시 후) 운동 에너지와 위치 에너지의 표현을 알고 있으니 라그랑지안을 이용해 보면 어떨까요? 그런데 라그랑지안으로부터 운동방정식은 어떻게 얻지요?

교사: 다음 식을 이용해 보렴.

$$\frac{d}{dt}\left(\frac{\partial L}{\partial \dot{x}}\right) - \frac{\partial L}{\partial x} = 0 \quad \text{[방법 2]}$$

학생: 역시 〈상황 1〉과 같은 방정식이 얻어졌어요. 진동수를 구하기 위한 또 다른 방법이 있나요?

교사: 다음 식을 사용하여 진동수를 직접 구할 수도 있단다.

$$f = \frac{1}{2\pi}\sqrt{\frac{(\text{복원력의 크기})}{(\text{질량}) \times (\text{변위의 크기})}} \quad \text{[방법 3]}$$

학생: $x > 0$일 때, 복원력의 크기는 kx이고, 질량과 변위의 크기는 각각 m과 x이므로 〈상황 1〉과 결과가 같아지는군요. 이거 정말 재미있네요. 그런데 [방법 3]의 식이 다른 진동계에서도 유효한가요?

교사: 네가 직접 확인해 보겠니? 다만 [방법 3]의 식에서 복원력, 질량, 변위는 계에 따라 〈상황 1〉과 다른 물리량이 될 수 있다는 점을 염두에 두어야 한다.

학생: 알겠어요. 예를 들어 회전하는 계의 경우 '변위(x)'는 '회전각(θ)'으로 대체될 수 있겠네요.

┌─────[상황 2]─────┐

그림은 인덕턴스(유도용량)가 L인 인덕터(유도기)와 전기용량이 C인 축전기가 직렬로 연결된 회로를 나타낸 것이다. 스위치 S를 닫기 전 축전기의 전하량은 Q_0이며, $t=0$일 때 스위치를 닫는다.

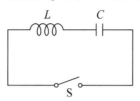

1) 교사와 학생의 〈대화〉에서 설명된 [방법 1]과 [방법 3]을 이용하여 〈상황 2〉에서 물리량과 식 및 상세한 풀이 과정을 포함하여 진동수를 구하고, 물리진자에 대해 [방법 2]를 이용하여 진동수를 구하시오. (20점)

2) 〈대화〉는 용수철의 단순조화진동을 나타낸 〈상황 1〉에서 시작하여 진동계에 관련된 여러 내용을 학습하는 과정으로 볼 수 있다. 오수벨(D. Ausubel)의 유의미 학습이론을 적용한 수업 전략 측면에서 이 학습 과정을 설명하고, 3가지 유의미가를 바탕으로 〈대화〉에서 일어난 학습을 유의미 학습의 조건과 관련지어 설명하시오. (10점)

풀이 ●

1) ① LC 회로 진동

[방법 1] 축전기와 인덕터에 저장된 에너지의 합은 보존된다.

전기 에너지 $U_C = \dfrac{Q^2}{2C}$, 자기 에너지 $U_L = \dfrac{1}{2}LI^2$

$$E = \dfrac{Q_0^2}{2C} = \dfrac{Q^2}{2C} + \dfrac{1}{2}LI^2$$

$$\dfrac{dE}{dt} = \dfrac{Q}{C}\dfrac{dQ}{dt} + LI\dfrac{dI}{dt} = 0 \quad \left(\because \dfrac{dQ}{dt} = I\right)$$

$$L\dfrac{d^2Q}{dt^2} + \dfrac{1}{C}Q = 0$$

$$\therefore f = \dfrac{1}{2\pi}\dfrac{1}{\sqrt{LC}}$$

[방법 3] 역학적 단순조화진동과 RC 회로 대응 관계

대응 관계	
변위 x	전하량 Q
속도 v	전류 I
질량 m	유도계수 L
용수철 상수 k	전기용량 역수 $1/C$
복원력의 크기	$V_C = Q/C$

$$f = \dfrac{1}{2\pi}\sqrt{\dfrac{(\text{복원력의 크기})}{(\text{질량}) \times (\text{변위의 크기})}} = \dfrac{1}{2\pi}\sqrt{\dfrac{Q}{C} \times \dfrac{1}{LQ}} = \dfrac{1}{2\pi}\sqrt{\dfrac{1}{LC}}$$

$$\therefore f = \dfrac{1}{2\pi}\sqrt{\dfrac{1}{LC}}$$

② 물리진자

[방법 1] 고정축이 O이고, 고정축으로부터 질량중심까지의 거리가 L_{CM}, 물리진자의 회전 관성을 I라 하자. 그리고 중력 퍼텐셜의 기준점을 고정축 O지점이라 하자.

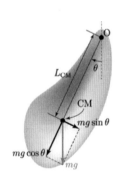

$$T = \dfrac{1}{2}I\dot{\theta}^2, \quad V = -mgL_{CM}\cos\theta$$

$$L = T - V = \dfrac{1}{2}I\dot{\theta}^2 + mgL_{CM}\cos\theta$$

$$\dfrac{d}{dt}\left(\dfrac{\partial L}{\partial \dot{x}}\right) - \dfrac{\partial L}{\partial x} = 0 \rightarrow I\ddot{\theta} + mgL_{CM}\sin\theta = 0$$

작은 진동에서 $\sin\theta \simeq \theta$를 만족하므로

$$I\ddot{\theta} + mgL_{CM}\theta = 0$$

$$\therefore f = \dfrac{1}{2\pi}\sqrt{\dfrac{mgL_{CM}}{I}}$$

2) 오수벨의 유의미 학습이론은 새로운 학습 내용과 기존의 지식을 연결하여 의미를 도출하는 것을 강조한다. 학생은 학습 과제에 대한 선행지식이 있는 상태에서 <상황 1>의 역학적으로 진동하는 계와 그 진동수를 구하는 예를 선행 조직자(비교 조직자)로 활용하였다. 단순조화진동자의 수식과 개념을 토대로 새로운 방법(에너지 접근법, 라그랑지안법 등)을 익히게 된다. 그리고 다양한 방법으로 동일한 결과를 도출하여 개념의 유기적 관계를 이해한다. 서로 관계가 없던 것으로 이해되었던 개념들이 하나의 인지구조 아래 속하게 되는 과정이 진행됨으로써 새로운 개념은 이전에 학습한 내용과 긴밀한 관련성을 맺으며 통합되도록 제시하며, 이를 통합 조정의 원리라 한다. 나아가 선행 조직자는 선행지식과 새로 학습하는 내용인 다른 진동계(회전하는 물리진자, LC 진동) 간의

유사성과 차이점을 비교하여 인지구조를 확장함으로써 서로 간의 적절한 관련성을 규정하는 인지적 다리 역할을 한다.

유의미 학습의 조건은 다음과 같다.

• 학습 과제는 논리적 유의미가를 가져야 한다.
• 학습 과제는 잠재적 유의미가를 가져야 한다.
• 학습 과제는 심리적 유의미가를 가져야 한다.

① 논리적 유의미가는 실사성과 구속성을 가진 학습 과제의 특성을 의미한다.

   ㉠ 실사성이란 수학의 공리나 과학의 기본 법칙과 같은 본질적 속성을 의미한다. 뉴턴의 운동법칙 $F = ma$는 용수철 진동에서 $F = m\ddot{x} = -kx$로 표현되는데, 뉴턴의 운동법칙 $F = ma$는 물체의 운동을 설명하는 기본 원리로 모든 상황에서 표현 방식이 달라져도 본질적 속성은 동일함으로 실사성을 가진다. 또한 역학적 에너지 보존 법칙은 운동 에너지와 위치 에너지의 합이 일정하고, 단지 상호 간의 이동만 할 뿐이라는 보편적 사실이다. 용수철 진동에서 '$\frac{1}{2}m\dot{x}^2 + \frac{1}{2}kx^2$ = 일정'하다는 것이 하나의 예시이다. 나아가 다른 계인 물리진자나 LC 회로 진동에서도 적용할 수 있다. 실사성은 학습 내용 자체의 본질적인 의미에 중점을 둔다.

   ㉡ 구속성이란 임의적으로 맺어진 관계가 굳어져 그 관계를 변경할 수 없는 것을 말한다. 구속성은 학습 내용이 기존 지식과 연결되도록 구조화된 방식에 중점을 둔다. 단순한 예시로는 질량, 탄성계수, 변위, 힘, 진동수를 문자화 하는 것이 하나의 예시이다. 나아가 용수철 운동에서 운동방정식 $m\ddot{x} + kx = 0$과 용수철 진동의 라그랑주 방정식 $\frac{d}{dt}\left(\frac{\partial L}{\partial \dot{x}}\right) - \frac{\partial L}{\partial x} = 0$은 같은 결과를 내기 때문에 라그랑주 방정식과 뉴턴 운동방정식은 구속성을 갖는다라고 할 수 있다. 실사성과의 차이는 뉴턴의 운동법칙 $F = ma$의 본질적인 속성에 중점을 두는 것이 아니라 운동방정식의 표현 방식에 중점을 두는 것에 있다. 나아가 운동방정식은 벡터식에서 유도되었는데, 라그랑주 방정식은 스칼라량인 에너지 공간에서 정의가 된 상태에서 도출되기 때문에 기존에 알고 있는 운동방정식과 새로운 지식인 라그랑주 방정식을 새롭게 연결한다고 볼 수 있다. 또한 용수철 진동의 운동방정식과 $m\ddot{x} + kx = 0$과 LC 진동의 미분 방정식 $L\ddot{Q} + \frac{1}{C}Q = 0$은 수학적으로 동일한 형태를 지니고 있으므로 구속성을 지녔다고 할 수 있다. 용수철 진동의 운동방정식으로부터 진동수를 구하는 방식과 동일하게 LC 진동의 진동수를 구할 수 있는데, 상황에 따라 다른 물리량으로 대체될 수 있다는 유사성을 바탕으로 학습을 이해하기 때문이다. 이로써 학습 과제는 논리적 유의미가를 지녔다고 할 수 있다.

② 잠재적 유의미가는 논리적 유의미가를 지닌 학습 과제가 학습자의 인지구조와 관계를 맺을 수 있는지에 대한 특성을 말한다. 잠재적 유의미가는 학습자가 기존에 관련된 선행지식을 보유하고 있어, 새로운 지식과 연결하여 학습할 준비가 되어 있는 상태를 말한다. 학생은 이미 단순조화진동에서 진동수를 구하는 방법(상황 1)을 학습한 경험이 있다. 이는 새로운 방법([방법 1], [방법 2], [방법 3])을 이해하고 적용할 수 있는 기반이 된다. 따라서 학습 과제는 잠재적 유의미가가 있다고 볼 수 있다.

③ 심리적 유의미가는 잠재적 유의미가가 내재된 학습 과제에 대해 학습자가 학습할 의향이 있을 때의 특성을 말한다. 흥미나 동기를 불러일으키는 속성이다. 하나의 상황을 다양한 방법으로 해석할 수도 있다는 교사의 말에 학생은 적극적으로 새로운 상황을 적용하여 문제를 해결하려는 의향을 보인다. 그리고 '이거 정말 재미있네요. 그런데 [방법 3]의 식이 다른 진동계에서도 유효한가요?'라며 흥미와 학습 동기 의사를 적극적으로 표현한다. 이로써 학습 과제는 심리적 유의미가가 있다고 볼 수 있다.

09

다음은 콤프턴 산란에 대해 토론하고 있는 학생들의 대화 내용이다. (30점)

영희 : 빛의 이중성에 대한 과학사는 참 재미있어.

철수 : 영과 프레넬 등의 빛의 간섭과 회절에 관한 연구 이후 맥스웰이 고전 전자기학을 완성하면서 대부분 과학자가 빛을 파동이라고 생각했지. 그런데 1905년에 아인슈타인이 광전효과 실험을 해석하면서 빛이 입자라는 주장을 했어.

영희 : 20세기 초반에 빛의 파동설과 입자설에 관한 많은 논란이 있었는데, 이와 관련하여 콤프턴이 중요한 실험을 했다면서?

철수 : 맞아. 1923년에 콤프턴은 [그림 1]과 같은 실험 장치를 이용하여 X선을 탄소 표적에 쏘아 여러 각도로 산란된 X선의 파장과 세기를 측정했어. 그는 [그림 2]와 같이 입사한 X선의 파장 λ와 이보다 긴 파장 λ'에서 X선의 세기가 극대가 되고, $\Delta\lambda = \lambda' - \lambda$가 산란각에 따라 달라진다는 것을 발견했지.

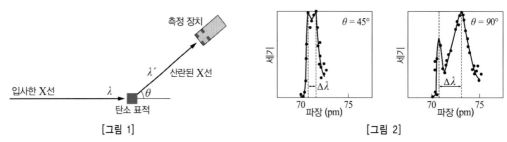

[그림 1]
[그림 2]

영희 : 그런데 그게 빛의 파동설과 입자설에 관한 논란과 어떤 관련이 있지?

철수 : 빛을 파동으로 보는 고전물리학으로는 설명할 수 없는 현상이었기 때문이지. 고전물리학에 의하면 X선은 전자기파이기 때문에 X선의 진동하는 전기장이 탄소 원자 안의 전자를 진동시키는데, 이때 전자의 진동에 의해 방출되는 전자기파의 진동수는 X선의 진동수와 같거든.

영희 : 그래? 그럼 하나씩 알아보자. 우선 어떻게 탄소 원자의 전자가 진동할 수 있지?

철수 : 콤프턴 당시의 원자모형은 아니지만, 이렇게 생각하면 도움이 될 거야. 탄소 원자를 [그림 3-1]과 같이 반지름이 a인 공 모양의 균일한 전자구름이 점으로 된 전하량 $+Q$의 원자핵을 둘러싸고 있는 것으로 단순화하기로 해. 이제 [그림 3-2]와 같이 어떤 이유로 원자핵과 전자구름의 중심이 약간 어긋나면 서로 어떤 힘을 미치는지 알아볼까?

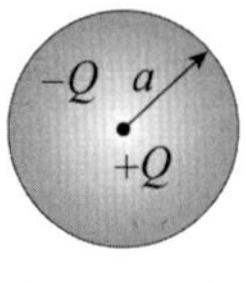

[그림 3-1] 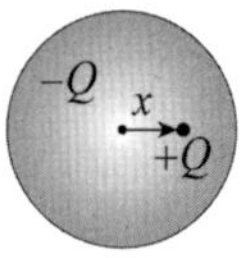   [그림 3-2]

> (가) 우선 전자구름의 중심으로부터 x만큼 떨어진 곳의 전기장을 구해보자.
>   ……

영희 : 그러면 그 진동수는 X선의 진동수와 다를 수도 있지 않을까?

철수 : 그렇지. 하지만 전자기파에 의해 전자가 운동하는 것은 역학 시간에 배운 강제진동과 같아. 변위에 비례하는 복원력과 속도에 비례하는 저항력, 그리고 주기적인 힘 $F_0\sin\omega t$를 받아 움직이는 물체의 운동방정식은

$$m\frac{d^2x}{d^2t} + b\frac{dx}{dt} + kx = F_0\sin\omega t$$ 가 되는데

> (나) 이 방정식을 풀어서 알아보자.
>   ……

영희 : 그러니까 진동자가 자신의 고유 진동수에 관계없이 외부 힘의 진동수로 진동하는 거네. 그런데 전자가 진동하면 왜 전자기파가 나오는 거지?

철수 : 가속되는 전하는 전자기파를 방출하기 때문이지. 전자가 진동하면 원자는 진동하는 전기쌍극자처럼 행동하게 돼. 이때 각진동수 ω로 진동하는 전기쌍극자로부터 r만큼 떨어진 곳에 도달하는 전자기파 세기의 $\left(\dfrac{\mu_0 p_0^2 \omega^4}{32\pi^2 c}\right)\dfrac{\sin^2\phi}{r^2}$ 가 돼. 여기에서 ϕ는 전기쌍극자 모멘트의 방향과 $\vec{r}$이 이루는 각이고, p_0는 전기쌍극자 모멘트의 크기, μ_0는 진공에서의 투자율, c는 빛의 속도야. 이 식을 이용하면 맑은 날 하늘이 파랗게 보이는 것도 설명할 수 있어.

영희 : 흔히들 '하늘이 파랗게 보이는 것은 공기에 의한 빛의 산란 때문'이라고 하는데, 내가 조금 더 설명해 볼게.

> (다) 그 산란의 물리적 의미는 ……
>
> 그리고 하늘이 파랗게 보이는 것은……

철수 : 그러니까 빛을 전자기파로 취급해도 원자나 분자에 의한 빛의 산란을 설명할 수 있는 거야. 하지만 그것만으로는 [그림 2]와 같은 실험 결과를 설명할 수 없었지.

영희 : 그러면 컴프턴은 자신의 실험을 어떻게 해석했지?

철수 : 컴프턴은 아인슈타인의 광자 개념을 도입했어. 이에 의하면 파장이 λ인 광자의 에너지는 $E = hc/\lambda$, 운동량은 $p = h/\lambda$지. 이것을 질량이 m인 입자의 에너지-운동량 관계식 $E^2 = (pc)^2 + (mc^2)^2$과도 잘 맞아. 광자는 질량이 0인 입자이기 때문이지.

> (라) [그림 4]와 같이 파장이 λ인 광자가 정지해 있는 전자와 충돌하면 어떻게 되는지 알아보자.
>
> ……

[그림 4]

이러한 결과로부터 컴프턴은 입사시킨 X선보다 긴 파장의 X선이 나올 수 있다는 것뿐만 아니라, 산란각 θ와 $\Delta\lambda$의 관계까지도 설명할 수 있었어. 이후로도 여러 실험 결과들이 발표되었지만 결과적으로 빛의 이중성은 양자역학을 통해 새롭게 해석되었지.

1) 이 대화에서 (가)~(라)에 들어갈 내용을 적절한 수식이나 물리 개념 등을 사용하여 완성하시오. (20점)

2) 이 대화 내용을 참고로 콤프턴 산란이 물리학의 변화에 미친 영향을 라카토스(I. Lakatos)의 연구프로그램과 쿤(T. Kuhn)의 과학 혁명 관점에서 각각 설명하시오. (10점)

풀이 ●

1) (가) 가우스 법칙을 활용하면 다음과 같다.

$$\int \vec{E} \cdot d\vec{S} = \frac{1}{\epsilon_0} \int \rho dV$$

$$E(4\pi x^2) = \frac{1}{\epsilon_0} \int \left(\frac{-Q}{\frac{4}{3}\pi a^3} \right) dV = -\frac{Q}{\epsilon_0 R^3} x^3$$

$$E = -\frac{Q}{4\pi\epsilon_0 R^3} x$$

(나) 강제진동의 해의 형태는 $x(t) = x_c(t) + x_p(t)$로 나타낼 수 있다. 여기서 $x_c(t)$는 감쇠진동의 해이고, $x_p(t)$는 외력 $F(t) = F_0 \sin\omega t$에 의한 해이다. $x_c(t) = Ce^{-\frac{b}{2}t} f(t)$의 형태를 나타낸다. 여기서 $e^{-\frac{b}{2}t}$는 감쇠항이고, $f(t)$는 b, k에 따라 달라지는 함수이다. $b^2 - 4mk > 0$이면 지수함수 형태이고, $b^2 - 4mk = 0$이면 일차 함수, $b^2 - 4mk < 0$이면 삼각함수 형태이다. 그리고 $x_p(t)$는 외력의 함수를 따라가는 삼각함수 형태의 해이다. 충분한 시간이 지나면 감쇠항을 지닌 $x_c(t) = Ce^{-\frac{b}{2}t} f(t) \simeq 0$이 되어 정상상태에서 진동하므로 $x(t) \simeq x_p(t)$가 된다. $x(t) \simeq x_p(t) = -A\cos(\omega t - \alpha)$

강제진동이 정상상태이면 RLC 교류회로와 매우 유사하다.

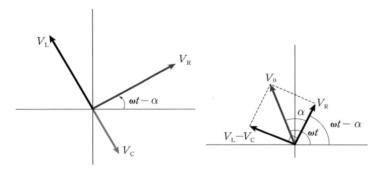

이를 이용하여 해를 구하면

$$x(t) = A\sin\left(\omega t - \alpha - \frac{\pi}{2}\right) = -A\cos(\omega t - \alpha) = -\frac{F_0}{\sqrt{\omega^2 b^2 + (m\omega^2 - k)^2}} \cos(\omega t - \alpha), \left(\tan\alpha = \frac{m\omega^2 - k}{\omega b}\right)$$

그러면 역학적 강제진동의 경우 위치 $x(t)$의 진폭 A가 최대가 될 때의 진동수를 구해보자.

$$A = CV_C = CIX_C = C\left(\frac{V_0}{|Z|}\right)\frac{1}{\omega C} = \frac{V_0}{\omega|Z|}$$

$$= \frac{V_0}{\omega\sqrt{R^2 + \left(\omega L - \frac{1}{\omega C}\right)^2}} = \frac{V_0}{\sqrt{\omega^2 R^2 + \omega^2\left(\omega L - \frac{1}{\omega C}\right)^2}}$$

$$= \frac{V_0}{\sqrt{\omega^2 R^2 + \omega^4 L^2 - \frac{2L}{C}\omega^2 + \frac{1}{C^2}}} = \frac{V_0}{\sqrt{\omega^4 L^2 + \left(R^2 - \frac{2L}{C}\right)\omega^2 + \frac{1}{C^2}}}$$

분모가 최소가 되어야 하므로

$$4\omega^3 L^2 + 2\left(R^2 - \frac{2L}{C}\right)\omega = 0$$

$$\omega^2 = \frac{1}{LC} - \frac{R^2}{2L^2}$$

$$\therefore \omega_r = \sqrt{\frac{k}{m} - \frac{b^2}{2m^2}}$$

진폭이 최대가 되기 위한 공명 각진동수는 $\omega_r = \sqrt{\frac{k}{m} - \frac{b^2}{2m^2}}$ 이다.

(다) 전자기파의 평균 세기는 $\left(\dfrac{\mu_0 p_0^2 \omega^4}{32\pi^2 c}\right)\dfrac{\sin^2\phi}{r^2}$ 이므로 동일한 입자에서 산란각이 ϕ로 같고, 거리가 r이면 관측되는 전자기파의 평균 세기는 p_0와 관련이 있다. $p_0 = Qx_0$이며, 여기서 $x_0 = A$인 진동 진폭이다.

산란의 물리적 의미는 공기 중의 분자(대부분 질소나 산소)가 태양 빛과 상호작용하여 진동하면서 전자기파 진동수에 해당하는 공명된 빛을 방출하는 것을 말한다. 낮에 맑은 하늘이 파랗게 보이는 것은 공명 진동수가 보라색 계열에 가까워 이에 해당하는 빛이 산란이 잘 되기 때문이다. 그런데 보라색이 아니라 파란색으로 보이는 이유는 우리 눈의 시신경 세포가 보라색보다 파란색에 더 잘 반응하기 때문이다. 그리고 석양에는 태양 빛이 비스듬하게 늘어오므로 산란이 살뢰는 파란색은 산란되어 우리 눈에 들어오는 빛이 직어지고 오히려 산란이 잘 안되는 붉은색 계열이 우리 눈에 더 잘 들어오기 때문이다.

파장이 짧은 푸른색은
대기에 의해 산란되어 파랗게 보인다.

파장이 긴 붉은색은
산란되지 않고 대기에 남아있어 붉게 보인다.

(라) 컴프턴 산란

① 에너지 보존식

$$\frac{hc}{\lambda} + m_e c^2 = \frac{hc}{\lambda'} + E_e$$

② 운동량 보존식

㉠ x축: $\dfrac{h}{\lambda} = \dfrac{h}{\lambda'}\cos\theta + p_e\cos\phi$

㉡ y축: $0 = \dfrac{h}{\lambda'}\sin\theta - p_e\sin\phi$

(f : 입사한 X선의 진동수, f' : 산란된 X선의 진동수, λ : 입사한 X선의 파장, λ' : 산란된 X선의 파장, m_e : 전자의 질량, v : 광자와 충돌한 후 전자의 속도)

㉢ $\dfrac{hc}{\lambda} - \dfrac{hc}{\lambda'} + m_e c^2 = E_e$: 에너지 보존식으로부터

$$\rightarrow \left(\frac{hc}{\lambda} - \frac{hc}{\lambda'} + m_e c^2\right)^2 = E_e^2 = (p_e c)^2 + (m_e c^2)^2$$

$$\left(\frac{hc}{\lambda}\right)^2 + \left(\frac{hc}{\lambda'}\right)^2 - \frac{2h^2 c^2}{\lambda\lambda'} + 2\left(\frac{hc}{\lambda} - \frac{hc}{\lambda'}\right)m_e c^2 + (m_e c^2)^2 = (p_e c)^2 + (m_e c^2)^2$$

$$\left(\frac{hc}{\lambda}\right)^2 + \left(\frac{hc}{\lambda'}\right)^2 - \frac{2h^2 c^2}{\lambda\lambda'} + 2\left(\frac{hc}{\lambda} - \frac{hc}{\lambda'}\right)m_e c^2 = (p_e c)^2 \quad \cdots\cdots ①$$

운동량 보존식으로부터

$x: \dfrac{h}{\lambda} - \dfrac{h}{\lambda'}\cos\theta = p_e\cos\phi$

$y: \dfrac{h}{\lambda'}\sin\theta = p_e\sin\phi$

$$\left(\frac{h}{\lambda} - \frac{h}{\lambda'}\cos\theta\right)^2 = (p_e\cos\phi)^2$$

$$\left(\frac{h}{\lambda'}\sin\theta\right)^2 = (p_e\sin\phi)^2$$

두 식을 더하면

$$\left(\frac{h}{\lambda}\right)^2 + \left(\frac{h}{\lambda'}\right)^2 - \frac{2h^2}{\lambda\lambda'}\cos\theta = p_e^2$$

여기에 c^2을 곱하고

$$\left(\frac{hc}{\lambda}\right)^2 + \left(\frac{hc}{\lambda'}\right)^2 - \frac{2h^2c^2}{\lambda\lambda'}\cos\theta = (p_e c)^2 \ \cdots\cdots \ ②$$

②−①을 하면

$$\frac{2h^2c^2}{\lambda\lambda'}(1-\cos\theta) = 2\left(\frac{hc}{\lambda} - \frac{hc}{\lambda'}\right)m_e c^2$$

$$\therefore \ \lambda' - \lambda \doteq \frac{h}{m_e c}(1-\cos\theta)$$

2) ① 라카토스(I. Lakatos)의 연구 프로그램 관점

기존의 고전 전자기학의 산란(핵)에 새로운 관측 결과를 추가하여 빛의 입자성에 의한 X선의 산란(보호대)을 추가하였다. 이로써 파동성에 의한 산란과 입자성에 의한 산란의 개념을 추가하여 빛의 이중성 개념으로 확장하였다.

② 쿤(T. Kuhn)의 과학 혁명 관점

쿤의 관점에서 콤프턴 산란은 빛의 파동성을 패러다임으로 하는 정상과학의 위기를 초래하고, 빛의 파동설과 입자설 사이의 패러다임 전환을 촉진한 사례로 볼 수 있다. 기존의 고전적 패러다임으로는 설명되지 않는 실험 결과(위기)가 콤프턴 산란 실험에서 제기되었으며, 결과적으로 빛의 이중성을 패러다임으로 하는 새로운 이론인 양자역학으로 설명이 가능하게 되었다.

10

포퍼(K. Popper)는 과학 지식의 생성과 변화 과정에 있어서 귀납의 한계를 지적하면서 이론 생성 과정보다는 이론 검증 과정의 중요성을 역설하였다. 포퍼는 과학자들의 탐구 과정이 아래의 〈관점〉에 제시된 논리적 과정을 따르며, 이러한 논리적 과정이 순환하면서 과학은 합리적으로 진보한다고 주장하였다. 〈상황 1〉은 현대물리학의 발전에 있어서 중요한 탐구 과정의 한 사례를, 〈상황 2〉는 학교에서 벌어지는 과학 탐구 과정의 한 사례를, 〈상황 3〉은 산란의 한 예를 단순화한 경우를 나타낸 것이다 (30점)

─────[관점]─────

과학은 문제에서 출발한다. 과학자는 검증 가능한 여러 가지 가설을 통해 그 문제를 해결하려고 시도한다. 과학자는 가설의 오류를 탐색하고 오류가 있는 가설을 제거하기 위해 노력한다.

─────[상황 1]─────

알파 입자의 다양한 특성을 연구하던 러더퍼드(E. Rutherford)는 알파 입자 실험의 큰 장애물이었던 산란 현상을 본격적으로 탐구해 보기로 결심하고 가이거(H. Geiger), 마스덴(E. Marsden)과 함께 진공 속에서 얇은 금속박(metal foil)으로 진행하는 알파 입자의 산란 현상을 측정하는 실험을 수행했다. 1년여에 걸친 정교한 실험 끝에 알파 입자가 약 8천 개 중의 하나꼴로 매우 드물게 90도 이상의 둔각으로 산란된다는 사실을 발견하였는데, 이는 당시의 원자 구조에 대한 지식으로는 도저히 설명할 수 없는 결과였다.

러더퍼드는 이처럼 둔각으로 산란되는 현상을 설명하기 위해 여러 가지 대안들을 모색했으며, 결국에는 '알파 입자들이 수많은 원자들과 여러 차례 충돌하다가 우연히 다시 정면으로 돌아온다.'는 가설을 제안했다. 하지만 이 가설은 실험적으로 확인된 둔각 산란 현상과 정확히 들어맞지는 않았고 결국 폐기되었다. 다른 대안을 찾는 계속적인 시도 끝에 그는 '원자 대부분은 텅 빈 공간이며 양전하가 원자 중심의 매우 작은 부피 안에 밀집되어 있어서 알파 입자를 둔각으로도 산란시킨다.'는 가설을 세울 수 있게 되었다. 이 가설로부터 유도되는 산란 공식은 가이거와 마스덴이 실험적으로 얻은 결과와 일치하였다. 이론으로부터 도출한 공식과 실험 결과가 일치하는 것을 확인한 러더퍼드는 원자의 유핵(有核) 모형을 주장할 수 있었다.

러더퍼드의 산란 실험으로부터 얻어진 유핵 모형은 원자에 대한 이해에 획기적인 진보를 가져왔지만, 당시의 전자기학 이론과 상충한다는 점과 원자에서 방출되는 복사 에너지가 불연속적이라는 관찰 결과 때문에 새로운 문제 생황을 맞게 되었다.

─────[상황 2]─────

학생들이 옴의 법칙을 검증하기 위하여 꼬마전구, 건전지, 전압계, 전류계 등으로 회로를 구성하여 실험을 하였다. 실험 결과, 전압과 전류의 그래프는 직선 형태에서 약간 벗어났으며 전류가 증가할수록 그 차이가 심하게 나타났다. 김 교사는 학생들에게 이 실험 결과로부터 어떤 후속 탐구가 가능할 것인지 생각해 보고 그 이유를 말하도록 하였다.

철수 : 모든 실험에는 오차가 있어요. 이 정도의 차이는 실험에서 우연히 발생하는 오차라고 할 수 있고, 따라서 이 결과에는 아무런 문제가 없어요. 이 실험에 대해 더 이상의 탐구는 필요 없어요.

영희 : 전류가 증가함에 따라 그 차이가 심해지는 경향을 보이기 때문에, 이것을 실험에서 우연히 발생하는 오차라고 할 수는 없고 뭔가 다른 원인이 있을 거예요. 저항값이 전류에 따라 변했다고 해 버리면 이 실험 결과로도 옴의 법칙을 충분히 설명할 수 있어요.

민수 : 전류가 증가함에 따라 그 차이가 심해지는 경향을 보이는 것은 뭔가 다른 문제 때문이라고 생가해요. 열이 날수록 저항값이 커져서 그런 게 아닐까요? 꼬마전구 대신에 열이 덜 발생하는 탄소저항으로 바꾸어 실험하여 전압과 전류가 비례하는 결과를 얻는다면, 옴의 법칙은 확실하게 증명될 거예요.

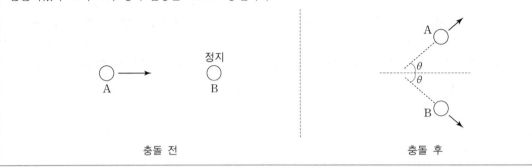

［ 상황 3 ］

그림과 같이 상대론적 총에너지가 E_0인 입자 A가 정지해 있던 입자 B와 탄성 충돌한 후, 각각 동일한 각 θ로 산란되었다. A와 B의 정지 질량은 m으로 동일하다.

정지
A   B

A

θ
θ

B

충돌 전   충돌 후

1) 〈관점〉을 근거로 과학의 탐구 과정을 세 단계로 나누어 설명한 후, 이를 적용하여 〈상황 1〉에 나타난 러더퍼드의 탐구 과정을 설명하고, 〈상황 2〉에 나타난 세 학생의 응답을 앞에서 설명한 〈관점〉의 탐구 과정 세 단계에 근거하여 평가하시오. 또한 물리 탐구를 지도할 때 고려할 점을 〈관점〉의 탐구 과정에 따라 논하시오. (20점)

2) 〈상황 3〉에서 산란각 θ의 표현식을 m, E_0, 빛의 속력 c로 나타내고, 이로부터 충돌 전 A의 속력이 c보다 매우 작은 경우와 c에 매우 가까운 경우로 나누어 산란각의 근사값을 구하시오. 또한 이를 통해 충돌 전 A의 속력에 따른 산란각의 변화에 대해 추론하시오. (10점)

풀이 ●

1) ① 반증주의

과학은 문제에서 출발한다. 과학자들은 이 문제를 해결하기 위해 반증 가능한 가설을 내어놓는다. 어떤 가설은 반증 사례가 제시되면 곧 기각되고, 어떤 가설은 엄중한 비판과 검증을 통과하여 기각되지 않는다. 그리고 기각되면 새로운 반증 가능한 가설이 등장한다.

문제 상황에 맞는 반증 가능한 가설 – 반증 사례 후 기각 – 새로운 가설 등장

② 〈상황 1〉
　㉠ 문제 상황과 반증 가능한 가설 : 둔각으로 산란되는 현상을 설명하기 위해 '알파 입자들이 수많은 원자들과 여러 차례 충돌하다가 우연히 다시 정면으로 돌아온다.'는 가설을 제안
　㉡ 반증 사례 후 기각 : 실험적으로 확인된 둔각 산란 현상과 정확히 들어맞지는 않았고 결국 폐기
　㉢ 새로운 가설 등장 : '원자 대부분은 텅 빈 공간이며 양전하가 원자 중심의 매우 작은 부피 안에 밀집되어 있어서 알파 입자를 둔각으로도 산란시킨다.'는 가설

③ 〈상황 2〉
　철수 : 반증 사례가 나왔는데 문제 상황 자체를 인식하지 않고 기존의 가설을 그대로 받아들이고 있다.
　영희 : 문제 상황을 인식 후 가설을 세웠는데 일반성이 좁고 반증 가능성이 낮다. 세심한 가설로 반증주의 입장에서 올바르지 않다.
　민수 : 문제를 인식 후 열이 날수록 저항값이 커진다는 반증 가능한 새로운 가설을 등장시키고 실험을 진행하였다. 반증주의 입장과 맞는 방법이다.

④ 물리 탐구를 지도할 때 고려할 점

이러한 반증주의가 안고 있는 문제는 다음과 같다.

㉠ 관찰이 이론에 의존하는 특성이 있으므로 관측 시 있는 그대로 관측하고 기록해야 한다.

㉡ 반증된 사실이 이론 또는 보조가설인지 아니면 다른 매개변인인지 진위를 확인할 방법이 불가능. 반증 사례가 나와도 이를 근거로 이론이 폐기되지 않을 수 있다. 따라서 변인 통제를 분명하게 실험해야 한다.

㉢ 과학적 이론이 임시변통적(ad hoc) 가설 때문에 반증되지 않는 문제점이 있다. 그러므로 가설은 검증이 가능하고 반증 가능성이 있는 가설이어야 한다.

2) 충돌 전 A의 속력과 운동량의 크기를 각각 v_0, p_0라 하자. 그리고 충돌 후 A와 B의 동일한 운동량의 크기와 에너지를 각각 p와 E라 하자.

상대론 에너지 공식: $E^2 = (pc)^2 + (mc^2)^2$

운동량 보존: $p_0 = 2p\cos\theta$ …… ①

에너지 보존: $E_0 + mc^2 = 2E$ …… ②

①과 상대론 에너지 공식으로부터

$(p_0 c)^2 = E_0^2 - mc^2 = 4(pc)^2\cos^2\theta$ …… ③

②와 상대론 에너지 공식으로부터

$(E_0 + mc^2) = E_0^2 + 2E_0 mc^2 + (mc^2)^2 = 4((pc)^2 + (mc^2)^2)$

$E_0^2 + 2E_0 mc^2 - 3(mc^2)^2 = 4(pc)^2$ …… ④

④ － ③ → $2E_0 mc^2 - 2(mc^2)^2 = 4(pc)^2\sin^2\theta$ …… ⑤

⑤/③ → $\tan^2\theta = \dfrac{2mc^2(E_0 - mc^2)}{E_0^2 - (mc^2)^2} = \dfrac{2mc^2}{E_0 + mc^2}$

따라서 $\tan\theta = \sqrt{\dfrac{2mc^2}{E_0 + mc^2}}$ 이다.

$E_0 = \gamma mc^2 = \dfrac{mc^2}{\sqrt{1 - (\frac{v_0}{c})^2}}$ 인데 $v_0 \ll c$ 라면 $\gamma \simeq 1$ 이므로 $\tan\theta \simeq 1$

$\therefore \theta \simeq 45°$

반대로 $v_0 \to c$ 라면 $\gamma \to \infty$ 이므로 $\tan\theta \simeq 0$

$\therefore \theta \simeq 0°$

v_0가 c보다 매우 작은 값일 때 45°에 근접한 산란각을 보이고, v_0가 증가함에 따라 산란각은 작아지며 빛의 속도에 근접하면 산란각은 0으로 수렴한다.

※ $v_0 \ll c$ 이면 고전역학 2차원 탄성 충돌과 비슷해진다.

고전 운동량 보존: $m\vec{v_0} = m\vec{v_A} + m\vec{v_B} \to \vec{v_0} = \vec{v_A} + \vec{v_B}$ …… ①

고전 에너지 보존: $\frac{1}{2}mv_0^2 = \frac{1}{2}mv_A^2 + \frac{1}{2}mv_B^2 \to v_0^2 = v_A^2 + v_B^2$ …… ②

①을 제곱하면 $v_0^2 = v_A^2 + v_B^2 + 2\vec{v_A}\cdot\vec{v_B}$ 이고 ②를 이용하면 $2\vec{v_A}\cdot\vec{v_B} = 0$ 이 됨을 알 수 있다.

$\vec{v_A}\cdot\vec{v_B} = v_A v_B\cos 2\theta = 0$

$\therefore \theta = 45°$

물리교육에서는 추상적인 물리 개념을 좀 더 쉽게 설명하기 위해 비유(analogy)가 많이 사용된다. 다음의 〈자료 1〉은 어느 물리 교재에 제시된 비유를, 〈자료 2〉는 비유물(analog 또는 source)의 조건과 비유의 한계를, 〈자료 3〉은 두 물리계를 기술한 것이다. (30점)

─[자료 1]─

"도선에 흐르는 전류는 철로 된 실뭉치로 가득 채워져 있는 파이프 속을 흐르는 물에 비유할 수 있다. 파이프 속을 흐르는 물 분자들이 철로 된 실뭉치에 부딪히면서 흐르게 되면 실뭉치가 들어있지 않은 파이프 속을 흐르는 경우보다 유속이 더 느린 것과 같이, 도선에 흐르는 전자들은 도선의 원자들과 충돌하여 유동속도(drift velocity)를 가지고 느리게 흐른다."

─[자료 2]─

〈비유물의 조건〉
첫째, 학습자에게 친숙해야 한다.
둘째, 비유물 자체가 학생들에게 이해될 수 있어야 한다.
셋째, 목표물(target)과의 대응 관계가 명확하고 목표물에 대한 설명 가능성이 높아야 한다.

〈비유의 한계〉
첫째, 비유물의 친숙함 필요조건이긴 하지만 충분조건은 되지 못한다.
둘째, 비유물과 목표물의 모든 요소들이 일대일 대응관계를 가지는 것은 아니다.
셋째, 비유를 잘못 사용하면 오개념으로 이끌 수도 있다.

─[자료 3]─

물체의 속도에 비례하는 저항력을 받으며 연직으로 낙하하는 질량 m인 물체의 운동방정식은 다음과 같다.

$$m\frac{dv}{dt} = mg - bv \quad \cdots\cdots \text{[식 1]}$$

여기서 $b(>0)$는 저항력과 속도 사이의 비례상수이다. 물체의 종단 속력 $v_T = \frac{mg}{b}$는 이 식으로부터 쉽게 얻을 수 있다.

그림은 균일한 자기장 B속에서, 경사각 θ의 비탈면 위에 놓인 ㄷ자 모양의 도체 레일 위를 질량 m인 금속 막대가 미끄러져 내려오는 것을 나타낸 것이다. 자기장의 방향은 연직 위 방향이고 레일의 폭은 W이다. R이외의 전기저항과 공기의 저항 및 모든 마찰은 무시한다.

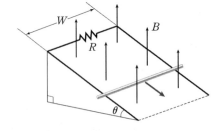

1) 비유 추론(analogical reasoning)을 통해 〈자료 1〉에서 비유 관계를 형성하는 요소들을 모두 찾아 대응시키고, 이 비유의 적절성을 〈자료 2〉에 제시된 '비유물의 조건'과 '비유의 한계'의 관점에서 논하시오. (20점)

2) 〈자료 3〉의 그림에 나타낸 계에서 사각형 회로를 통과하는 자기장 선속(magnetic flux)을 금속 막대가 이동한 거리의 함수로 쓰고, 이로부터 유도전류를 구한 다음, 금속 막대에 대해 [식 1]과 유사한 운동방정식을 세워 금속 막대가 종단속력에 도달했을 때의 전류를 계산하시오. 또한 이때 금속 막대의 중력 퍼텐셜에너지의 시간 변화율과 저항에서의 소모 전력을 서로 관련지어 논하시오. (10점)

풀이 ●

1) ① 비유 관계를 형성하는 요소

　　도선 – 파이프, 전류 – 파이프 속을 흐르는 물, 물의 유속 – 전자의 유동속도(drift velocity), 물 분자들이 철로된 실뭉치에 부딪힘 – 전자들은 도선의 원자들과 충돌

② 비유물의 조건

　　㉠ 학습자에게 친숙해야 한다. → 물의 흐름은 학습자에게 친숙한 개념이다.

　　㉡ 비유물 자체가 학생들에게 이해될 수 있어야 한다. → 도선에서 전류와 저항이 발생되는 원리와 파이프 속에 흐르는 물 분자들이 철뭉치와 충돌한다는 개념은 학생들이 이해가능하다.

　　㉢ 목표물(target)과의 대응 관계가 명확하고 목표물에 대한 설명 가능성이 높아야 한다. → 세부적으로 대응 관계가 확실하고 이로써 도선에 흐르는 전류와 저항의 개념에 대해 보다 쉽게 설명이 가능하다.

③ 비유의 한계

　　실제 전류의 흐름과 전자의 흐름은 반대이다. 그리고 파이프가 끊기면 물리 밖으로 배출되지만 도선이 끊기면 전류(전자)가 배출되지 않는다.

2) $\Phi_B = \int \vec{B} \cdot d\vec{a} = BWS\cos\theta$ 　(여기서 S는 이동 거리)

$\varepsilon = BWv\cos\theta = IR$

$\therefore I = \dfrac{BWv\cos\theta}{R}$ 　$\left(\because v = \dfrac{dS}{dt}\right)$

$m\dfrac{dv}{dt} = mg\sin\theta - BIW\cos\theta = mg\sin\theta - \dfrac{B^2W^2\cos^2\theta}{R}v$ 　…… ①

종단속도 시 가속도 $\dfrac{dv}{dt} = 0$ 이므로, $I_T = \dfrac{mg}{BW}\tan\theta$

$\dfrac{dE_{위치}}{dt} = mgv\sin\theta$, $\dfrac{dE_{저항}}{dt} = \dfrac{\varepsilon^2}{R} = \dfrac{B^2W^2\cos^2\theta}{R}v^2$

식 ①에 의해서 $\dfrac{dE_{위치}}{dt} = \dfrac{dE_{저항}}{dt}$ 이다.

종단속력 도달 시 금속 막대의 중력 퍼텐셜 에너지의 시간변화율과 저항에서의 소모 전력은 서로 같아진다.

12

에너지는 실생활에서 자주 사용하는 물리량이다. 김 교사는 중학교 과학 '일과 에너지' 단원을 가르치기 전, 학생들의 사전 개념(preconception)을 조사하는 과정에서 학생들이 에너지 개념을 잘못 이해하고 있음을 발견하였다. 〈자료 1〉은 에너지에 대해 학생들이 대화하는 내용을, 〈자료 2〉는 초인지(metacognition)를 통한 물리 개념 변화 단계를, 〈자료 3〉은 에너지와 관련된 물체의 운동을 나타낸 것이다. (30점)

┤ 자료 1 ├

영희: 오늘 우리는 에너지를 많이 소모했어. 정말 피곤해.
민수: 힘은 에너지니까 힘을 내야겠어.
철수: 그래, 밥을 먹고 에너지를 보충하자.

┤ 자료 2 ├

(가) 학생의 사전 개념
(나) 정보 제시에 의한 갈등 상황
(다) 갈등 해소를 위한 학습 활동
(라) 학생의 새로운 개념

┤ 자료 3 ├

그림은 반지름 R인 고정 도르래에 질량이 각각 m_A, m_B인 물체 A, B가 가느다란 줄에 연결되어, 정지 상태에서 움직이기 시작하여 각각 x만큼 이동한 순간의 모습을 나타낸 것이다. (단, 중력가속도는 g, 도르래의 회전축에 대한 관성 모멘트는 I이고, 도르래와 회전축 사이의 마찰 및 줄의 질량은 무시하며, $m_A > m_B$이다.)

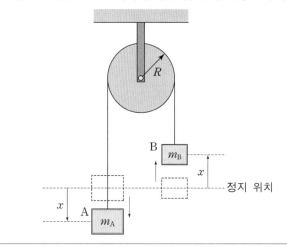

---

1) 김 교사는 〈자료 1〉에 나타난 학생들의 사전 개념 중에서 과학적 개념과 다른 부분을 과학적 개념으로 대체하기 위하여 〈자료 2〉와 같이 교수·학습을 계획하였다. 에너지에 대한 학생들의 사전 개념 중에서 과학적 개념과 다른 부분을 〈자료 1〉에서 모두 찾아 설명하시오. 〈자료 2〉에서 각 단계별로 초인지 요소와 학생 스스로 하는 초인지 질문을 1가지씩 제시하시오. 또한, 〈자료 2〉의 (다)단계에서 개념 이해를 돕기 위하여 교사가 할 수 있는 교수·학습 활동을 3가지만 제시하시오. (20점)

2) 〈자료 3〉에서 도르래가 회전하지 않는 경우와 회전하는 경우로 구분하여 물체 A의 운동 에너지를 x의 함수로 각각 구하고, 이 두 경우의 차이를 일 − 에너지 정리를 적용하여 설명하시오. (단, 회전하는 경우 줄은 미끄러지지 않는다.) (10점)

풀이 ●

1) ① 오개념

   에너지를 많이 소모했어. → 에너지는 소모되지 않고 다른 에너지로 전환될 뿐이다.

   힘이 에너지이다. → 힘과 에너지는 개념이 서로 다르다.

   ② 초인지(Metacognition)

   "생각에 대한 생각"이라는 의미로, 우리가 자신의 인지 과정을 인식하고 파악하는 능력을 가리킨다. 즉, 인지적인 작업을 수행하는 동안 자신의 인지 과정을 인식하고 평가하는 능력을 의미한다.

   ③ 구성요소

   인지 상태에 대한 인식, 인지에 대한 조절(계획, 모니터링, 점검)

   ④ 인지에 대한 조절

   ㉠ 계획: 과제를 수행하기 전에 과제 수행과정 파악과 결과를 예상

   ㉡ 모니터링: 학습하는 중에 인지 활동이 목절을 달성하기에 알맞는지 평가

   ㉢ 점검: 학습 후 인지 변화의 결과를 평가

단계	요소	질문
학생의 사전 개념	인지 상태에 대한 인식	내가 가지고 있는 사전 개념은 무엇인가? 내가 모르고 있는 것은 무엇인가? 내가 알고 있는 것은 믿을 수 있는가?
정보 제시에 의한 갈등 상황	갈등의 인식	나의 사전 개념과 차이점이 무엇인가? 나의 사전 개념과 어디가 어떻게 다른가? 나의 사전 개념과 제시된 정보 중 누가 옳은지 어떻게 알 수 있는가?
갈등 해소를 위한 학습 활동	인지에 대한 조절 (계획, 모니터링, 점검)	새 개념을 이해하는 방법은? 그 방법을 사용하려면 어떻게 해야 하는가? 그 방법을 올바르게 사용한 것인가?
학생의 새로운 개념	변화된 인지 상태의 인식	내 사전 개념 중 변화된 것은? 새롭게 알게 된 것은 무엇인가?

   ⑤ 교수·학습 활동

   오개념을 변화시키기 위한 교수·학습 활동은 구성주의 바탕으로 인지 갈등 해소를 기반으로 한다. 새로운 개념 도입 및 원리 설명, 적절한 비유나 실험 제시, 새로운 개념이 적용될 수 있는 다양한 상황 제시한다.

2) ① 도르래가 회전하지 않는 경우(도르래와 줄의 마찰이 없다고 가정)

$$\frac{1}{2}m_A v^2 + \frac{1}{2}m_B v^2 = (m_A - m_B)gx$$

$$T_A + \frac{m_B}{m_A}T_A = (m_A - m_B)gx \quad (\because T_A = \frac{1}{2}m_A v^2)$$

$$\therefore T_A = \frac{m_A(m_A - m_B)gx}{m_A + m_B}$$

   ② 도르래가 회전하는 경우

   도르래의 회전운동 에너지 $T_{도르래} = \frac{1}{2}Iw^2 = \frac{1}{2}I\frac{v^2}{R^2}$

$$\frac{1}{2}m_A v^2 + \frac{1}{2}m_B v^2 + \frac{1}{2}\frac{I}{R^2}v^2 = (m_A - m_B)gx$$

$$T_A + \frac{m_B}{m_A}T_A + \frac{I}{m_A R^2}T_A = (m_A - m_B)gx$$

$$\left(\frac{m_A+m_B}{m_A}+\frac{I}{m_AR^2}\right)T_A=(m_A-m_B)gx$$

$$T_A=\frac{m_A(m_A-m_B)gx}{m_A+m_B+\dfrac{I}{R^2}}$$

도르래가 회전하지 않는 경우에는 물체 A와 B에 중력이 한 일이 물체 A와 물체 B의 운동 에너지로 전환된다. 도르래가 회전하는 경우에는 물체 A와 B에 중력이 한 일이 물체 A와 물체 B의 운동 에너지 그리고 도르래의 회전운동 에너지로 전환된다. 따라서 두 경우에 중력이 한일은 동일하지만, 도르래가 회전하는 경우에는 회전운동 에너지가 추가되므로 A의 운동 에너지가 작다.

13

1927년 데이비슨(C. Davisson)과 저머(L. Germer)는 니켈 결정에 전자빔을 입사시켰더니 X선을 입사시켰을 때 얻은 회절무늬와 유사한 결과를 얻었고, 이로부터 전자가 파동의 성질을 가진다는 드브로이(de Broglie)의 이론을 검증할 수 있었다. 이 내용은 2009 개정 교육과정에 따른 과학과 교육과정의 고등학교 물리 II '미시세계와 양자현상' 영역에 포함되어 있다. 〈자료 1〉은 A 교사가 이 내용을 지도하기 위해 준비한 수업 계획이며, 〈자료 2〉는 〈자료 1〉을 바탕으로 수업을 진행한 후 A 교사가 동료 교사들과 나눈 수업에 대한 평가, 〈자료 3〉은 정방구조 결정에서의 X선 회절과 관련된 내용이다. (30점)

─────[자료 1]─────

[수업 목표]
데이비슨−저머 실험을 통하여 전자가 파동의 성질을 나타냄을 설명할 수 있다.

[수업 방법]
컴퓨터 모의실험, 귀추적(abductive) 사고, 순환학습 모형

[교수 · 학습 활동]
(1) 탐색 : 파동의 회절에 대한 컴퓨터 모의실험 → X선 회절 사진 관찰 → 데이비슨-저머 실험 결과 관찰 → 두 회절 무늬 비교를 통한 전자의 파동 성질 추론
(2) 개념 소개 : 드브로이의 물질파 이론 소개, 전자의 드브로이 파장 계산
(3) 개념 적용 : 물질파 이론을 적용하여 전자현미경의 원리를 설명

─────[자료 2]─────

A교사 : 학생들이 컴퓨터로 모의실험 할 때까지는 좋아했는데, 모의실험이 끝나고 X선 회절이 나오면서부터는 학생들의 수업 참여도가 현저히 떨어져서 힘들었습니다. 또한, 수업 후 확인해 보니 대부분의 학생들이 전자가 횡파처럼 진동하며 움직인다고 생각하더군요.

이 교사 : A선생님의 수업 계획은 좋았습니다. 다만 수업 방법을 실제 수업에 적용할 때는 계획대로 되지 않는 부분이 있는데, 어떤 점에서 문제가 있고 그 이유가 무엇인지 함께 생각해 보면 다른 선생님들에게도 도움이 될 수 있을 겁니다.

A교사 : 저는 학생들이 탐색 단계에서 귀추적 사고를 활용하여 전자의 파동 성질을 스스로 발견하기를 기대했습니다. 그런데 일부 학생들은 전혀 수업을 이해하지 못한 것 같아서 과연 이러한 접근이 옳았는지 반성이 되네요.

김 교사 : 물질파 이론을 먼저 소개하는 대신, 학생들의 탐색 활동을 먼저 도입한 이 수업 접근은 바람직하다고 생각합니다. 다만, 물질의 이중성 개념 자체가 워낙 추상적이라 내용 이해가 어려웠을 수 있어요. 순환학습 모형을 확장하여, 참여-탐색-설명-정교화-평가로 구성되는 5E 모형으로 현재의 교수 · 학습 활동을 보완하면 어떨까요?

박 교사 : 탐색 단계를 통해 학생들의 자기 주도적 활동을 유도하는 것은 좋은 시도입니다. 그런데, 개별 활동 위주로 진행된 이 수업을 다양한 수준의 학생들이 고루 섞이는 모둠 활동 위주로 바꾸면, 개념 이해뿐만 아니라 과학적 태도 함양에도 더 도움이 되는 수업이 될 것 같네요.

┤ 자료 3 ├

그림 (가)는 파장 λ인 X선이 결정체에 입사하였을 때, 산란된 X선을 검출하는 것을 나타낸 모식도이다. 입사된 X선과 산란된 X선의 진행 방향이 이루는 각은 2θ이다. 그림 (나)는 정방구조 결정체에서 파장 λ인 X선이 간격 d_1인 격자면에 각 θ로 입사하는 것을 나타낸 것이다. θ는 X선 방향과 격자면 사이의 각이고 a_0은 격자상수이다.

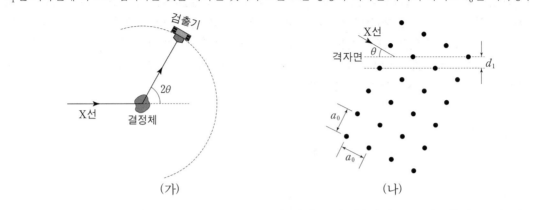

1) ⟨자료 1⟩과 ⟨자료 2⟩를 근거로 하여 A 교사의 의도대로 수업이 잘 진행되지 않은 부분과 그 원인을 ⟨자료 1⟩의 3가지 수업 방법 측면에서 각각 논하시오. 또한, 김 교사의 제안에 따라 ⟨자료 1⟩의 [교수·학습 활동]을 다시 작성하시오. 박 교사의 주장처럼 개별 활동을 모둠 활동으로 재구성할 때 기대되는 장점을 2가지 쓰고, 이에 대해 비고츠키(L. Vygotsky)의 이론(사회 문화적 관점)을 바탕으로 설명하시오. (20점)

2) ⟨자료 3⟩의 그림 (가)에서 간격이 d인 이웃한 두 결정면에 의한 X선 회절 무늬 세기가 1차 최대인 조건식을 유도하시오. 그림 (나)에서 결정체의 a_0과 d_1의 관계식을 구하고, $\lambda = 0.1\text{nm}$인 X선을 사용하여 $\theta = 30°$에서 1차 최대 회절 신호가 검출되었을 때 a_0을 구하시오. (10점)

풀이 ●

1) ① 컴퓨터 모의실험

　모의실험은 일반적으로 수업에서 하기 어려운 실험을 가상으로 하는 실험이다. 일반적으로 전자를 입자로 생각하는 학생들이 많고 수업 후 대부분 학생들이 전자가 횡파처럼 진동하며 움직인다고 하였으므로 모의실험으로 전자의 파동성을 설명하기에는 부족하다.

② 귀추적(abductive) 사고

　두 회절무늬 비교를 통한 전자의 파동 성질 추론하는데 일부 학생들은 전혀 수업을 이해하지 못한 것 같다고 하였으므로 충분한 배경지식이나 구체적 안내가 부족하여 추론 과정이 효과적이지 못하였다.

③ 순환학습 모형

　물질의 이중성 개념 자체가 추상적이므로 3단계 순환학습 모형으로 수업을 진행하기에는 어려움이 있다. 탐색, 개념 소개, 개념 적용 단계가 잘 연결되지 않아 학습 흐름이 단절되는 면이 있다. 개념 소개 전에 학생들이 탐구 과정에서 물질파 이론을 이해하기 위한 기초를 충분히 이해하지 못한 채 활동이 진행되었다.

④ 5단계 순환학습 모형(5E 수업 모형)

　참여 - 탐색 - 설명 - 정교화 - 평가로 이루어진다.

　㉠ 참여 : 학생들이 알고 있는 것과 할 수 있는 것을 촉진시켜 주는 연결고리를 제공한다.

　　→ 빛의 이중성에 대해 학습한 결과를 바탕으로 전자의 경우 이중슬릿이나 회절실험을 하였을 때 어떻게 될지 생각하고 토의 및 발표하게 한다.

　㉡ 탐색 : 주어진 문제에 대한 답이나 해결책에 관한 대안을 토의한다.

　　→ 데이비슨-저머 실험 결과 관찰하게 한 후 이런 결과가 발생하게 된 이유에 대해 토의하게 한다.

　㉢ 설명 : 학생들은 문제에 관한 다른 학생들의 해답이나 가설검증 과정에 관한 설명을 듣는다.

　　→ 학생들이 내린 결론에 대해 서로 발표하게 한다. 그리고 교사는 전자의 이중성과 드브로이 물질파 원리를 설명한다. 그리고 학생들이 빛의 이중성과 전자의 이중성의 개념을 연결시키게 한다.

　㉣ 정교화 : 교수-학습 결과를 유사하거나 새로운 상황에 적용한다.

　　→ 전자의 이중성을 새로운 상황에 적용할 수 있는지(보어의 원자 모형 등)에 대해 발표하게 한다.

　㉤ 평가 : 학습한 기능과 지식을 평가한다.

　　→ 형성 평가와 피드백을 실시한다.

⑤ 모둠 활동 장점

　개별 책무성이 강화된다. 학습 과제 해결을 위한 상호 의존성과 협동성이 높아진다.

2) ① 브레그 회절 실험 $2d\sin\theta = \lambda$

② $a_0 = \sqrt{5}\, d_1$

③ $a_0 = \dfrac{\sqrt{5}}{10}\,\mathrm{nm}$

〈자료 1〉은 물리학의 발전과 물리 교수·학습 상황에 있어서 모형의 의의에 대한 설명이고, 〈자료 2〉는 현대물리학의 발전 과정에서 중요한 역할을 한 2가지 원자구조 모형에 대한 설명이다.

─[자료 1]─

모형은 물리학 이론의 형성과 변화에서 중요한 역할을 할 뿐 아니라 물리 교수·학습 상황에서도 중요한 수단이 된다. 모형은 이미 관찰된 현상에 대한 설명을 제공할 뿐 아니라 새로운 사실에 대한 예측과 실험을 유도한다. 때로는 ㉠ 실험 결과를 보다 잘 설명하기 위해 새로운 모형이 제안되기도 하고 기존의 모형이 수정되기도 하면서 물리학 이론이 역동적으로 발전한다. 하지만 모형은 물리학 탐구나 ㉡ 물리 교수·학습 상황에서 한계 또한 갖는다.

─[자료 2]─

[모형 1]
이 모형에 따르면 수소 원자는 그림 (가)와 같이 반지름 R, 전하량 $+e$로 균일하게 대전된 구 모양의 원자 내부에 질량 m, 전하량 $-e$인 전자가 원자의 중심($r=0$)에 놓여있는 것과 같다.

+e의 양전하 분포

전자($-e$)

R

(가)

이 모형에 의하면 전자는 원자의 중심에서 $r(< R)$만큼 벗어날 때 단진동 하며, 원자는 단진동 하는 전자의 진동수에 해당하는 빛을 방출한다고 볼 수 있다.

[모형 2]
이 모형에 따르면 수소 원자는 그림 (나)와 같이 전하량 $+e$인 점입자의 원자핵(양성자) 주위에 전하량 $-e$인 전자가 파동적 성질에 의해 분포하고 있는 것과 같다.

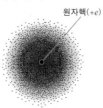

원자핵($+e$)

(나)

이 모형과 관계된 양자역학적인 수소 원자의 바닥상태 파동함수는

$$\psi_{000}(\vec{r}) = R_{10}(r)\, Y_0^0(\theta, \phi) = \sqrt{\frac{1}{4\pi}}\, R_{10}(r)$$

이다. 이 상태에 해당하는 전자의 전하밀도(단위부피당 전하량) $\rho(\vec{r}) = (-e)\left|\psi_{100}(\vec{r})\right|^2$ 를 파동함수의 규격화 조건을 이용하여 구하면

$$\rho(r) = -\frac{e}{\pi a_0^3}\, e^{-2r/a_0} \quad (a_0\text{은 보어 반지름})$$

으로 전자의 전하가 구대칭으로 분포함을 알 수 있다.

[모형 1]이 [모형 2]로 발전하는 과정에서 러더퍼드(E. Rutherford)의 알파 입자 산란 실험과 데이비슨-거머(Davisson-Germer)의 전자 회절 실험이 각각 어떤 영향을 미쳤는지 〈자료 1〉의 ㉠을 참고로 하여 설명하고, ㉡에서 언급한 모형의 한계 2가지를 [모형 2]와 관련지어 논하시오. 그리고 [모형 1]에서 단진동 하는 전자의 각진동수 ω와 [모형 2]에서 $\psi_{100}(\vec{r})$에 대한 r의 기댓값 $\langle r \rangle$를 풀이 과정과 함께 각각 구하시오. (단, 필요하면 적분식 $\int_0^\infty x^{n-1}e^{-\beta x}dx = \frac{(n-1)!}{\beta^n}$ 을 활용하시오.) (10점)

풀이 ●

1) 알파 입자 산란 실험은 [모형 1]에서 양전하가 균일하게 구에 분포된 것이 아니라 [모형 2]에서 처럼 중심에 점입자의 원자핵으로 존재한다는 유핵 모형을 탄생시켰다. 그리고 데이비슨-거머의 전자 회절 실험은 전자의 파동적 성질을 실험으로 입증하여 [모형 2]의 전자의 파동성에 영향을 미쳤다.

2) 모형의 한계
   ① 전자가 실제 모형과 같이 분포하고 있다는 오개념을 유발할 수 있다.
   ② 개념의 난해함으로 인해 학습자에게 인지적 부담을 초래할 수 있다.

3) ① ω 구하기

$$F = -eE$$

$$\nabla \cdot E = \frac{\rho}{\epsilon_0} \quad \text{쿨롱의 법칙}$$

$$\int \nabla \cdot E = \int E da = \int \frac{\rho}{\epsilon_0} dV \;\rightarrow\; E(4\pi r^2) = \frac{\rho}{\epsilon_0} \frac{4\pi r^3}{3} \;\left(\because \rho = \frac{e}{\frac{4}{3}\pi R^3} \right)$$

$$E = \frac{\rho r}{3\epsilon_0} = \frac{e}{4\pi\epsilon_0 R^3} r \;\rightarrow\; F = -\frac{e^2}{4\pi\epsilon_0 R^3} r = -kr$$

$$\therefore w = \sqrt{\frac{k}{m}} = \frac{e}{\sqrt{4\pi\epsilon_0 m R^3}}$$

② $\langle r \rangle$ 구하기

$$\langle r \rangle = \int r |\psi_{100}(\vec{r})|^2 dV = \int_0^\infty r \frac{1}{4\pi} |R_{10}(r)|^2 4\pi r^2 dr = \int_0^\infty |R_{10}(r)|^2 r^3 dr \qquad \cdots\cdots \text{㉠}$$

그런데 $\rho(r) = -\dfrac{e}{\pi a_0^3} e^{-2r/a_0} = -e \dfrac{1}{4\pi} |R_{10}(r)|^2$

$$|R_{10}|^2 = \frac{4}{a_0^3} e^{-2r/a_0} \quad \cdots\cdots \text{㉡}$$

식 ㉡을 식 ㉠에 대입

$$\langle r \rangle = \frac{4}{a_0^3} \int_0^\infty r^3 e^{-2r/a_0} dr = \frac{4}{a_0^3} \left(\frac{3!}{\left(\frac{2}{a_0^2} \right)^4} \right) = \frac{3}{2} a_0$$

$$\therefore \langle r \rangle = \frac{3}{2} a_0$$

15

〈자료 1〉은 고등학생을 대상으로 일반상대성 이론을 지도하기 위해 박 교사가 세운 수업 계획의 일부이다. 〈자료 2〉는 일반상대성 이론의 기본 원리를 도출하기 위한 사고 실험을 요약한 것이다.

〔 자료 1 〕

[학습 목표]
중력렌즈 효과를 일반상대성 이론으로 설명할 수 있다.

[교수·학습 활동]
• 중력렌즈 효과를 나타내는 천체 사진을 보여 주며 의문 유발
• [사고 실험 1]로부터 등가원리 소개
• [사고 실험 1]과 [사고 실험 2]로부터 빛이 중력장에서 휘어짐을 추론
• 중력렌즈 효과를 일반상대성 이론으로 설명

〔 자료 2 〕

[사고 실험 1]
그림 (가)에서 관찰자가 탄 엘리베이터는 중력가속도가 g인 지구의 균일한 중력장에서 정지해 있다. 여기서 들고 있던 공을 가만히 놓아 공이 바닥으로 떨어지는 ㉠ 가속도를 측정한다. 그림 (나)에서 관찰자가 탄 엘리베이터는 중력이 미치지 않는 우주 공간에서 일정한 가속도 g로 위로 가속되고 있다. 마찬가지로 동일한 공을 가만히 놓아 공이 바닥으로 떨어지는 ㉡ 가속도를 측정한다.

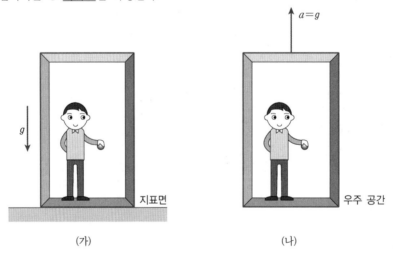

(가)   (나)

[사고 실험 2]
그림 (가)와 (나)의 상황에서 각각 관찰자가 레이저 광선을 바닥과 평행하게 발사하면서 그 경로를 조사한다.

박 교사의 [교수·학습 활동]은 어떤 유형의 과학적 추론 과정을 따르고 있는지 〈자료 1〉과 〈자료 2〉의 내용을 근거로 설명하고, 사고 실험이 물리 교수·학습에서 갖는 교육적 의의를 상대성 이론 수업과 관련하여 한 가지만 쓰시오. 또한 [사고 실험 1]에서 뉴턴의 운동 법칙으로부터 중력질량 m_g와 관성질량 m_i를 써서 ㉠을 구하고, 이 결과를 ㉡과 비교하여 등가원리를 설명하시오. 그리고 [사고실험 2]의 결과가 고전역학과 일반상대성 이론에 따라 어떻게 다르게 예측되는지 쓰고, 그러한 현상이 나타나는 이유를 등가원리에 근거하여 설명하시오. (10점)

풀이 ●

1) 귀추적 추론

    [사고 실험 1]와 유사한 상황인 [사고 실험 2]에 적용하여 중력렌즈 효과를 나타내는 천체 사진의 인과적 의문을 해결하는 추론과정이다.

2) 실험이 불가능하거나 어려울 때 효과적이다.

3) ㉠ $F = m_g g = m_i a \rightarrow a = \dfrac{m_g}{m_i} g$, ㉡ $a = g$

    ㉠과 ㉡의 가속도가 동일해야 하므로 중력질량 m_g와 관성질량 m_i은 동일하다.

4) 고전 역학에서는 [사고 실험 2]에서 (가) 상황에서는 직진하고 (나) 상황에서는 상대속도에 따라 아래 방향으로 휜다. 일반 상대론에서는 등가원리에 의해서 (가) 상황과 (나) 상황은 동일하며 구별이 불가능하다. 따라서 빛은 중력에 의해서 휜다.

16

다음은 고등학교 물리 II '양자물리' 수업에 대한 학생들의 반응이다. 양자 역학 개념 학습 과정을 물리 학습 이론 관점에서 〈작성 방법〉에 따라 논하시오. (10점)

> 교사: '운동과 에너지' 단원에서 배웠던 단진동에서 입자가 어떻게 움직였는지 생각해 봅시다. … (중략) … 파동함수의 절댓값을 제곱한 값은 입자가 존재할 확률을 알려 줍니다. … (중략) … 터널 효과에서 퍼텐셜에너지 보다 작은 에너지를 가진 입자가 접근할 때 그 입자에 대응하는 파의 일부가 반사되고 나머지는 투과된다는 것을 배웠어요. 입자가 넘을 수 없는 퍼텐셜 장벽을 통과한 것이죠. 오늘 수업에서 배운 내용에 대해 여러분의 생각을 얘기해 봅시다.
>
> 학생 A: 단진동이 단순히 용수철에 매달린 입자의 운동만을 설명하는 것이라 생각하였는데, 양자 역학의 다양한 현상도 설명할 수 있다는 것을 배웠어요. 이미 알고 있는 고전 역학의 내용과 연관 지어 생각하니 양자 역학의 내용을 공부하는 데 어려움이 없었어요. 특히 확률밀도로 해석할 수 있다는 것은 지금까지 제가 알고 있던 파동함수의 의미를 새롭게 해석해 주는 것이라 인상적이었어요.
>
> 학생 B: 파동함수의 확률밀도는 입자가 특정 위치에 있을 확률이라는 것을 알았어요. 그것을 고전 역학에서 보면 무한 퍼텐셜 우물에서 입자가 발견될 확률은 어느 곳에서나 같다는 것은 충분히 이해가 되었어요. 하지만 양자 역학에서는 입자가 발견될 확률이 위치에 따라 다르다는 것이 이해하기 어려워요. 왜냐하면 서로 같은 퍼텐셜 우물 상황인데, 고전 역학과 양자 역학이 서로 다른 결과가 나오는 것은 받아들이기 어렵네요.
>
> 학생 C: 저는 입자가 파동적 성질을 가진다는 것을 처음에는 받아들이기 어려웠어요. 그러나 양자 역학이 발전하여 이미 다양한 분야에서 적용되고 있고 특히 양자역학의 터널 효과가 주사터널현미경 실험에 적용되어 쓰이고 있잖아요. 즉, 입자가 퍼텐셜 장벽 너머에서 발견될 확률밀도가 있다는 것을 증명한 것이잖아요. 양자 역학은 유용한 것이고, 미시 세계의 입자가 파동인지 아닌지는 중요하지 않다고 이해했어요. 그래서 양자 역학에서 파동함수로 입자의 운동을 설명하는 것을 받아들일 수 있었어요.
>
> 학생 D: 슈뢰딩거 방정식을 풀어 해석한 터널 효과를 수학적으로는 이해했어요. 입자가 퍼텐셜 장벽 너머에서 발견될 확률밀도가 있다는 것이잖아요. 하지만 입자가 통과할 수 없는 퍼텐셜 장벽을 통과하였다는 것을 믿을 수가 없어요. 입자가 파동적 성질을 가진다는 것은 받아들이기 어렵네요.

─[작성 방법]─

- 오수벨(D. Ausubel)의 '유의미학습'의 '잠재적 유의미가'를 설명하고, 이 관점에서 학생 A와 B의 학습을 비교 분석하여 서술하고, 이를 근거로 학생 A와 B 중 추가적인 학습 과제가 필요한 학생에게 줄 구체적인 학습 과제를 제시할 것
- '인지갈등과 개념변화'에서 '인지갈등'을 설명하고, 이 관점에서 학생 C와 D의 학습을 비교 분석하여 서술하고, 이를 근거로 개념 변화가 일어나기 어려웠던 이유를 제시할 것
- 서론에는 물리 개념 학습에서 교사가 학생의 사전 개념을 고려해야 하는 이유를 포함할 것
- 서론, 본론, 결론의 형식을 갖출 것

풀이 ●──

1) 잠재적 유의미가(potential meaningfulness)는 논리적 유의미를 지닌 학습과제가 학습자의 인지구조와 관계를 맺을 수 있는지에 대한 특성을 말한다.

   학생 A는 고전역학의 내용과 양자역학의 현상을 연결시키고 파동함수의 새로운 의미까지 받아들이고 있으니 학습과제가 잠재적 유의마가를 가지고 있다.

   학생 B는 같은 상황에서 고전역학과 양자역학이 서로 다른 결과를 낸다는 사실을 받아들이기 어려워한다. 따라서 잠재적 유의미가를 가진 학습과제라 하기 어렵다.

   학생 B는 고전역학과 양자역학에서 물질을 입자성만 가진 것으로 이해하고 있다. 양자역학은 고전역학과 다르게 물질의 이중성, 즉 입자성과 파동성을 동시에 가짐으로써 탄생되었다. 그래서 물질의 이중성을 이해하는 학습 과제인 전자의 물질파 이론과 전자의 이중슬릿 간섭이나 회절 등 실험을 학습과제로 제시한다.

2) 인지갈등이란 기존개념으로 설명할 수 없는 현상에 직면하여 자신의 생각이 잘못된 것임을 인식하는 상태를 말한다.

   학생 C는 입자가 파동성을 갖는다는 사실을 받아들이기 어려운 인지갈등 상태에 있었다. 그리고 양자역학이 다양한 분야에 적용되고 터널 효과가 주사터널현미경에 사용되고 있다는 사실을 확인한다. 양자역학에서 입자를 파동함수로 설명하는 것을 받아들이면서 인지갈등을 극복하여 개념변화가 일어났다.

   학생 D는 수학적으로는 받아들이지만 입자가 통과할 수 없는 퍼텐셜 장벽을 통과한다는 사실을 받아들이지 못한다. 따라서 인지 갈등을 극복하지 못하고 입자의 파동성을 갖는다는 개념변화가 일어나지 않았다.

3) 교사가 학생의 사전 개념을 고려해야 하는 이유 : 유의미학습은 학생의 사전 개념에서 새로운 개념으로 의미 있게 연결시키는 학습을 말한다. 새로운 개념이 사전 개념과 너무 상충되거나 무관할 때 학습에 어려움이 있다. 따라서 교사는 학생의 사전 개념을 고려해야 한다.

4) 서론, 본론, 결론 형식은 무시한다.

17

다음은 광전 효과에 대한 수업의 일부이다. [교사의 설명 ㉡]에서 사용하고 있는 교수 · 학습 전략에 대해 〈작성 방법〉에 따라 논하시오. (10점)

교사 : 오늘은 광전 효과에 대해 알아보도록 합시다. 광전 효과가 무엇이고 광전 효과 실험을 통해 무엇을 알 수 있는지 모의실험을 통해 구체적으로 살펴보기로 하죠.

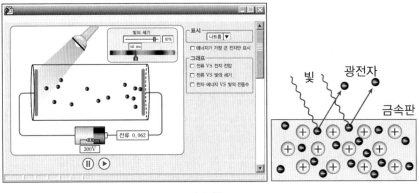

··· (중략) ···

[교사의 설명 ㉠]

모의실험을 통해 빛의 세기와는 무관하게 특정 진동수 이상에서 전자가 금속에서 튀어나온다는 사실을 알 수 있었습니다. 그런데 전자가 튀어나오려면 금속에서 전자를 자유롭게 해주는 최소한의 에너지인 일함수와 운동 에너지로 전환되는 에너지가 필요하기 때문에 일함수보다 큰 에너지가 필요합니다. 이때 일함수만큼의 에너지를 갖는 빛의 특정 진동수를 임계 진동수라고 합니다. 따라서 임계 진동수보다 큰 진동수에서 전자가 금속에서 튀어나오고, 빛의 세기가 세더라도 진동수가 임계 진동수보다 작으면 전자는 튀어나오지 못하게 됩니다.

[교사의 설명 ㉡]

다르게 설명하면, 바구니 안에 검은색 구슬이 담겨 있을 때 흰색 구슬로 바구니 안의 검은색 구슬을 맞혀서 바구니 밖으로 검은색 구슬이 튀어나오게 하는 상황을 생각해 봅시다. 바구니 안에 담긴 검은색 구슬들의 표면으로부터 바구니 테두리까지의 높이를 일함수, 흰색 구슬이 부딪쳐서 검은색 구슬이 바구니 밖으로 가까스로 튕겨 나올 수 있는 속력인 임계 속력을 임계 진동수라고 가정해 봅시다. 임계 속력보다 큰 속력의 흰색 구슬로 바구니 안의 검은색 구슬을 맞히면 흰색 구슬의 운동 에너지가 커서 맞은 검은색 구슬은 바구니 밖으로 튀어나올 수 있습니다. 그러나 임계 속력보다 작은 속력의 흰색 구슬로 맞히었을 때는 운동 에너지가 작아서 맞은 검은색 구슬은 바구니 높이를 뛰어넘지 못하여 밖으로 튀어나올 수 없게 되는 것입니다. 그리고 맞히는 흰색 구슬의 수가 많더라도 임계 속력보다 작은 속력이라면, 흰색 구슬에 맞은 검은색 구슬들은 바구니 높이를 뛰어넘지 못하게 되겠지요.

┤ 작성 방법 ├

• [교사의 설명 ㉡]에서 사용하고 있는 교수 · 학습 전략이 무엇인지 쓰고, 그에 대해 간단히 설명할 것 (단, 강의법은 제외)
• [교사의 설명 ㉠]과 [교사의 설명 ㉡]의 내용을 활용하여 이 교수 · 학습 전략의 장점과 한계점을 각각 1가지씩 설명할 것
• 이 교수 · 학습 전략이 학습에 효과적으로 사용되기 위한 조건을 2가지 제시할 것
• 글을 짜임새 있게 구성하여 논술할 것

풀이 ●

1) 비유 활용 수업 전략

   직관적으로 이해되는 개념이나 상황을 비유를 통해 익숙하지 않은 목표개념에 연결시켜 이해하는 수업 방식이다.

2) ㉠은 과학개념의 나열을 통해 지식을 전달하므로 효과적으로 이해하기 어려운 점이 있다. 반면에 ㉡은 비유를 통해 추상적인 개념과 익숙하고 친숙한 개념과의 유사성을 바탕으로 보다 쉽게 목표개념을 이해할 수 있다는 장점이 있다. 하지만 비유 활용 수업은 잘못 사용하면 오개념을 발생시킬 수 있다는 단점이 있다.

3) 비유물의 조건

   ① 학습자에게 친숙해야 한다.

   ② 비유물이 학생들에게 이해될 수 있어야 한다.

   ③ 목표물과 대응관계가 명확하고 설명 가능성이 높아야 한다.

18

다음은 교사가 수업 전에 조사한 [학습 환경]과 '물체의 가속도에 영향을 주는 요인'에 대한 [수업 계획]을 나타낸 것이다. [학습 환경]을 고려하여, 교사가 사용하고 있는 교수 · 학습 전략을 물리 학습 이론 관점에서 〈작성 방법〉에 따라 논하시오. (10점)

[학습 환경]
• 학생은 과학에 대한 흥미가 적어 수업에 적극적으로 참여하지 못하는 경향이 있다.
• 여러 변인들을 고려하여 실험을 설계하는 수준에 도달하지 못한 학생이 많다.
• 학생은 힘과 가속도의 관계에 대한 여러 가지 오개념을 가지고 있다.

[준비물]
역학 수레(500g) 1개, 추(500g) 4개, 도르래, 실, 동영상 촬영 장치, 컴퓨터

[수업 계획]
1. 일상생활에서 경험할 수 있는 여러 가지 물체의 운동이 포함된 동영상을 제시한다. 이를 통해 다양한 물체의 운동이 무엇에 영향을 받는지 생각해 보게 한다.
2. 학생에게 물체의 가속도에 영향을 주는 변인이 무엇이 있는지 찾고 가설을 세우도록 한다.
3. 학생은 자신이 세운 가설을 검증하기 위한 실험을 설계한다.
※ 실험 설계에 어려움이 있는 학생에게는 다음과 같은 실험 방법을 안내한다.

• 가설 : (㉠   )
① 그림과 같이 실험 테이블에 도르래를 설치하고 실의 양 끝에 역학 수레와 추를 연결한다. 이때 역학 수레 위에 추 3개를 올려놓는다.

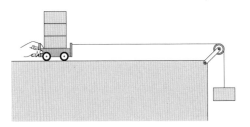

② 손을 놓아 역학 수레의 운동을 동영상으로 촬영하고, 이로부터 가속도를 구한다.
③ 역학 수레에 있는 추를 1개씩 반대쪽 추에 연결한 후 ②의 과정을 반복한다.

---

4. 학생은 실험 설계에 따라 실험을 수행하고 그 결과를 기록한 후 결과를 정리한다. 이때 실험 결과를 그래프로 나타낸다.
5. 학생은 실험을 통해 얻은 자료를 해석하여 가설이 성립하는지 판단한다.
6. 힘과 가속도의 관계를 다양한 운동에 적용해 본다.

┌ 작성 방법 ┐

• 교사가 사용한 교수 · 학습 모형을 설명하고, 이때 괄호 안의 ㉠에 해당하는 가설을 제시할 것
• 학생이 수업을 통해 새로운 과학 개념을 획득하는 과정을 피아제(J. Piaget)의 '인지발달 이론'을 이용하여 설명할 것
• 학생이 경험할 수 있는 일상생활 소재를 제시하는 이유를 오수벨(D. Ausubel)의 '유의미학습 이론'의 '심리적 유의미가'를 이용하여 설명할 것
• 학생이 변인 통제를 통해 실험을 설계하는 부분에서 어려워하는 것을 피아제의 '인지발달단계'를 이용하여 설명할 것
• 교사가 제시한 실험 설계에서 조작 변인, 종속 변인, 통제 변인을 제시하고, 새로운 추를 추가하여 연결하지 않고 역학 수레에 있는 추를 반대쪽으로 하나씩 옮겨 가면서 실험을 수행하는 이유를 설명할 것
• 글을 짜임새 있게 구성하여 논술할 것

풀이 ●

1) 실험 탐구 학습(가설 검증) 모형

ㄱ: 질량이 일정할 때 물체의 가속도는 힘에 비례한다.

수레와 추를 하나의 계로 보면 전체 질량이 일정하다. 그러므로 전체 질량은 통제 변인이고, 오른쪽 추가 받는 중력이 계에 가해지는 힘이 조작 변인이다. 그리고 가속도는 종속 변인이다. 올바른 가설은 통제 변인과 조작 변인 그리고 종속 변인과의 관계가 명확하다.

2) 피아제(J. Piaget)의 인지발달 이론의 구성은 다음과 같다.

도식: 사물이나 현상에 대한 이해의 틀 → 학생들이 물체의 가속도 운동에 관한 사전 지식을 말한다.

동화: 이미 갖고 있는 도식 또는 체계에 의해 새로운 대상이나 사건을 해석하고 이해하는 인지 과정
→ 수업 계획 1~4의 과정이 해당한다.

조절: 조절은 기존의 인지구조로 새로운 대상을 받아들일 수 없는 경우에 기존의 구조를 변형시키는 과정
→ 수업 계획 5의 과정을 통해 자신의 오개념과 실험 결과를 비교하고 인지 상태의 변화가 발생한다.

평형: 계속적인 동화와 조절을 통해 인지구조가 변하는 과정 → 수업 계획 6을 통해 학습한 내용을 다양한 운동에 적용해서 새로운 개념에 대한 이해와 학습을 증진시킨다.

3) 심리적 유의미가(psychological meaningfulness)는 잠재적 유의미가가 내재된 학습과제에 대해 학습자가 학습할 의향이 있을 때의 특성을 말한다. 따라서 일상생활 소재를 제시하여 학습과제의 친숙함을 유지하고, 흥미를 유발시켜 학습할 의향을 촉진시킨다.

4) 변인 통제는 조작 변인과 통제 변인 그리고 종속 변인 간의 추상적 사고 능력을 필요로 한다. 따라서 추상적 사고 능력을 바탕으로 가설을 설정하는 형식적 조작기에 도달하지 못한 상태이다.

5) 통제 변인: 수레와 추의 전체 질량

조작 변인: 추의 질량

종속 변인: 가속도

$a = \dfrac{M_\text{추}}{M_\text{수레} + M_\text{추}} g$ 이므로 수레와 추의 총질량을 동일하게 변인 통제를 하면 추의 개수와 가속도가 정비례하게 나온다.

〈자료 1〉은 물리 교수·학습 상황을, 〈자료 2〉는 20세기 초 물리학 발전사의 일부를 요약한 것이다. 물리 교수·학습 상황과 물리학자들이 새로운 지식을 구성하는 과정의 유사성에 대해 〈작성 방법〉에 따라 논하시오. (10점)

─[자료 1]─

(가) 교사 : 냄비에서 물이 끓을 때 뚜껑이 움직이는 모습을 볼 수 있죠? 이것은 뜨거워진 수증기가 뚜껑을 밀어 올리기 때문이에요. 그래서 수증기가 힘을 주어 뚜껑을 움직였으니 수증기가 일을 했다고 할 수 있어요. 눈에 보이지 않는 기체의 일을 어떻게 표현하고 설명하면 좋을까요?

　　 학생 : 기체 분자를 작은 알갱이로 표현하면 어떨까요? 플라스틱 알갱이들이 들어 있는 통을 흔들면 알갱이들이 벽을 때리듯이, 기체 분자들이 열을 받아 움직이면 벽과 충돌하여 일을 한다고 설명할 수 있을 것 같아요.

(나) 교사 : 솔레노이드에 자석을 넣거나 뺄 때 유도 전류가 발생한다는 것을 실험을 통해서 관찰했어요.

　　 학생 : 자석과 유도 전류 사이에는 어떤 관계가 있을까요?

　　 교사 : 이것과 유사한 상황을 생각해 보세요.

　　 학생 : 앙페르 법칙에서 도선에 흐르는 전류의 세기가 클수록 더 큰 자기장이 생기는 것을 알았어요. 그럼 자석의 세기가 클수록 더 큰 유도 전류가 생기지 않을까요?

(다) 교사 : 다음 장치에서 구리 막대 대신 유리 막대로 바꾸면 정전기 유도가 일어날까요? 예측을 해 보고, 왜 그렇게 생각하는지 말해 보세요.

대전된 PVC막대　　구리 막대　　검전기

비커

　　 학생 : 정전기 유도는 일어나지 않을 것 같아요. 정전기 유도가 일어나려면 전기가 통하는 도체여야 하는데, 유리 막대는 전기가 통하지 않는 부도체이기 때문이에요.

　　 교사 : 실제로 관찰해 보세요. (시범 실험 후) 생각이 바뀌었나요?

　　 학생 : 유리도 전기가 통하는 도체인가 봐요.

─[자료 2]─

19세기 말경 과학자들은 물질이 원자와 분자로 구성되어 있다는 것에 대해 많은 증거를 가지고 있었지만 원자 자체에 대해서는 거의 모르고 있었다. 러더퍼드(E. Rutherford) 연구팀은 α 입자의 속성에 대해 연구를 하던 중 원자에 입사된 α 입자가 90도 이상의 둔각으로 산란되는 것을 발견하였다. 이 현상을 설명하기 위해 러더퍼드는 원자의 질량 대부분이 좁은 공간에 집중된, 양전하를 띤 무거운 핵의 존재를 제안하였다. 무거운 핵과 가벼운 전자로 이루어진 원자 구조가 가능한가에 대한 문제는 무거운 태양 주위를 중력에 의해 공전하는 행성들로 이루어진 태양계처럼 원자도 무거운 핵 주위를 전기력에 의해 공전하는 전자들로 구성된다고 가정하면 설명되었다. 원자에 대한 태양계 모형은 가속하는 전자가 에너지를 방출하기 때문에 결국 원자가 붕괴된다는 문제가 있었다. 1913년 보어(N. Bohr)는 원자에서 전자가 허용된 궤도에 있을 때는 전자기 복사를 하지 않고 허용된 궤도 사이를 전이할 때만 복사선을 방출하거나 흡수한다는 모형을 제시하였다. 보어의 모형은 당시 알려진 수소 스펙트럼 관찰 사실을 적절히 설명할 수 있었기에 즉각적이고 광범위하게 그것을 일반화하려는 노력이 이어졌다. 이러한 과정에서 보어의 초기 모형으로 설명할 수 없는 관찰 사례들도 발견되었다. 그럼에도 불구하고 보어의 모형은 폐기되지 않고 환산 질량과 상대론적 효과를 반영하면서 정교화되었다.

┌─[작성 방법]─┐

- <자료 1>의 (가)에서 학생이 사용한 기능을 2015 개정 과학과 교육과정의 '내용체계'에 제시된 '기능' 중에서 쓰고, 과학자가 이 기능을 사용하는 사례를 <자료 2>에서 찾아 해당 사례에서 드러나는 이 기능의 역할을 제시할 것
- <자료 1>의 (나)에서 학생이 사용한 과학적 사고의 유형과 사고의 과정을 쓰고, 유사한 사례를 <자료 2>에서 찾아 제시할 것
- <자료 1>의 (다)에서 교사가 학생의 개념 변화를 위해 사용한 전략의 한계를 라카토스(I. Lakatos)의 연구 프로그램 이론에 기초하여 쓰고, 이때 적용된 라카토스의 이론이 드러난 사례를 <자료 2>에서 찾아 제시할 것
- 근거에 기반하여 체계적으로 논술할 것

풀이 ●

(가)는 열역학의 기체 분자 운동, (나)는 전자기학의 전자기 유도, (다)는 정전기 유도 현상 파트이다.

1) 2015 개정 과학과 교육과정의 '내용 체계'에 제시된 '기능'

　① 문제 인식

　② 탐구 설계와 수행

　③ 자료의 수집, 분석 및 해석

　④ 수학적 사고와 컴퓨터 활용

　⑤ 모형의 개발과 사용

　⑥ 증거에 기초한 토론과 논증

　⑦ 결론 도출 및 평가

　⑧ 의사소통

　(가)에서 사용한 기능은 '모형의 개발과 사용'이다.

　<자료 2>에서는 무거운 태양 주위를 중력에 의해 공전하는 행성들로 이루어진 태양계처럼 원자도 무거운 핵 주위를 전기력에 의해 공전하는 전자들로 구성된다고 가정하였다. 익숙하지 않은 추상적인 개념과 익숙하고 친숙한 개념과의 유사성을 바탕으로 보다 쉽게 이해하고 설명하는 역할을 한다.

2) (나)에서는 귀추적 사고를 사용하였다.

　① 관찰 단계(동일현상 관찰) → 앙페르 법칙에서 도선에 흐르는 전류의 세기가 클수록 더 큰 자기장이 생기는 것

　② 인과적 의문 생성 단계(상호 공통점 연결) → 솔레노이드에 자석을 넣거나 뺄 때 유도 전류가 발생한다는 것을 통해 자석과 유도 전류 사이에는 어떤 관계가 있을까 하는 의문생성

　③ 가설 생성 단계(현상의 가설 생성) → 자석의 세기가 클수록 더 큰 유도 전류가 생기지 않을까

　<자료 2>에는 태양의 행성모델과 러더퍼드의 원자 구조 모형 관계이다.

3) (다)에서는 반증 사례를 통해 개념 변화를 인지하기 위한 수업 전략이다. 하지만 이 사례는 라카토스 연구 프로그램의 부정적 발견법에 해당한다. '정전기 유도는 전기가 통하는 도체여만 한다.'는 견고한 핵을 지키기 위해 '유리 막대도 도체이다'라는 특수 사례로 취급한다. 이러한 이유 때문에 개념 변화가 일어나지 않는다는 한계를 가지고 있다. <자료 2>에서는 보어의 원자 모형은 변칙 사례를 통해 견고한 핵은 유지하고 환산 질량과 상대론적 효과를 반영하는 보호대를 설정함으로써 더욱 정교화된 긍정적 발견법에 해당한다.

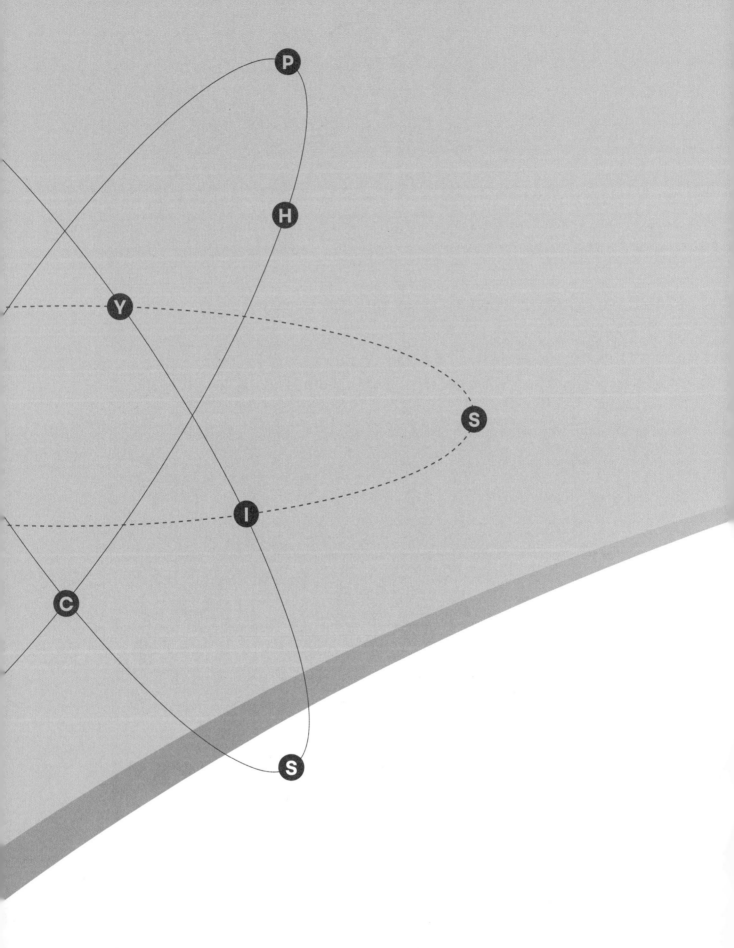

정승현
물리교육론 기출문제집

Chapter

03

2022년 개정
과학과 교육과정

01 공통 교육과정
02 선택 중심 교육과정

Chapter
03

2022년 개정 과학과 교육과정

01 공통 교육과정

과학

과학과 교육과정은 미래 사회를 살아갈 시민으로서 '과학적 소양을 갖추고 더불어 살아가는 창의적인 사람'을 육성하는 것을 목적으로 한다. 과학과 교육과정에서는 과학 지식·이해, 과정·기능, 가치·태도가 복합적으로 발현되어 나타나는 총체적인 능력인 역량을 함양하고자 한다.

과학과 교육과정에서는 자기관리, 지식정보처리, 창의적 사고, 심미적 감성, 협력적 소통, 공동체 역량 등과 같은 범교과적이고 일반적인 총론의 역량과 연계하여 과학적 탐구와 문제해결 능력, 과학적 의사결정 능력 등을 기르는 데 초점을 둔다. 이를 위해 과학과 교육과정은 생태 소양, 민주 시민의식, 디지털 소양을 갖추고, 첨단 과학기술을 기반으로 융복합 영역을 창출하는 미래 사회에 유연하게 대응할 수 있는 과학적 소양을 갖춘 사람을 양성하는 것을 목표로 한다.

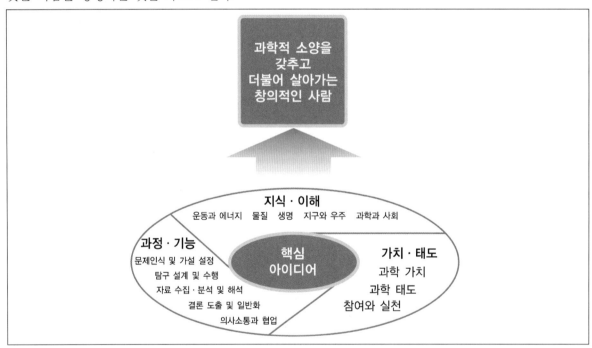

과학과 교육과정의 영역은 운동과 에너지, 물질, 생명, 지구와 우주, 과학과 사회의 5개 영역으로 구성하였다. 운동과 에너지 영역은 자연과 사물 사이의 상호작용이나 법칙을, 물질 영역은 물질의 구조와 성질 및 화학적 변화를, 생명 영역은 인간을 포함한 생명 현상의 원리를, 지구와 우주 영역은 자연 현상의 변화와 지구시스템의 주요 원리를 다룬다. 과학과 사회 영역은 개인과 사회의 지속가능한 발전에서 과학의 역할을 강조하는 현실을 반영한 추가 영역으로, 과학의 일반적 성격 및 사회적 역할을 중점적으로 다룬다.

과학과 핵심 아이디어는 과학 영역별로 주요 개념과 일반화된 지식을 중심으로 구성하였다. 운동과 에너지, 물질, 생명, 지구와 우주, 과학과 사회 등 과학의 영역별로 주요 과학 개념과 원리의 일상생활 적용과 통합·융합 교육을 체험할 수 있도록 과학의 지식·이해, 과정·기능, 가치·태도를 종합하여 핵심 아이디어를 도출하였다. 이러한 핵심 아이디어는 해당 영역의 학습을 통해 일반화할 수 있는 내용을 진술한 것으로, 과학과 관통개념을 공유하면서 과목별로 위계성과 연속성을 지닌다.

과학과 교육과정은 '성격 및 목표', '내용 체계 및 성취기준', '교수·학습 및 평가'로 구성된다. '성격 및 목표'에서는 각 과목의 고유한 특성과 주요 목표를 제시하였다. '내용 체계 및 성취기준'에서는 과목의 핵심 아이디어와 지식·이해, 과정·기능, 가치·태도별 주요 내용 요소 및 학생이 교과 학습을 통해 할 수 있기를 기대하는 도달점을 성취기준으로 제시하였다. 즉, 과학과 성취기준은 다양한 탐구 중심의 학습을 통해 '영역'별 지식·이해, 과정·기능, 가치·태도의 세 차원을 상호보완적으로 함양함으로써 영역별 핵심 아이디어에 도달할 수 있도록 제시하였다. 과학과 지식·이해는 과학과 영역별로 학생이 알고 이해해야 하는 내용을 학년군별로 제시하였다. 과학과 과정·기능은 학생들이 과학학습을 통해 개발할 것으로 기대하는 과학과 탐구 기능과 과정에 해당하는 것으로, 문제 인식 및 가설 설정, 탐구 설계 및 수행, 자료 수집·분석 및 해석, 결론 도출 및 일반화, 의사소통과 협업을 근간으로 영역별 특성을 반영하였다. 과학과 가치·태도는 과학 가치(과학의 심미적 가치, 감수성 등), 과학 태도(과학 창의성, 유용성, 윤리성, 개방성 등), 참여와 실천(과학 문화 향유, 안전·지속가능 사회에 기여 등)으로 구성하였다. '교수·학습 및 평가'에서는 교육과정에서 제시한 성취기준에 도달하는 데 필요한 교수·학습 및 평가의 주요 방향을 제시하였다. 과학과 교육과정에서는 학생이 지식·이해뿐만 아니라 과정·기능, 가치·태도를 균형 있게 발달시킬 수 있도록 지도하고, 학생이 행위 주체로서 자신의 역량 함양을 위해 교수·학습에 참여하도록 하는 방향, 그리고 교수·학습과 연계하여 학생의 학습과 성장을 도울 수 있는 평가 방향을 제시하였다. 특히, 미래 교육 환경에 적합한 다양한 교수·학습 활동을 통해 디지털·인공지능 기초 소양을 함양하도록 하였다.

1. 성격 및 목표

(1) 성격

'과학'은 '과학적 소양을 갖추고 더불어 살아가는 창의적인 사람'을 육성하기 위한 교과이다. '과학' 교과에서는 모든 학생이 과학의 기본개념을 익히고, 과학 탐구 능력과 태도를 길러, 자연과 일상생활에서 접하는 현상을 과학적으로 이해하고, 민주 시민으로서 개인과 사회 문제를 과학적으로 해결하고 참여·실천하는 역량 함양에 중점을 둔다.

'과학'은 초등학교 1~2학년에서 학습한 내용과 연계하여 미래 사회를 살아가기 위한 역량을 함양하고, 고등학교 과학 교과목 학습에 필요한 과학 기초 학력을 보장하기 위한 교과이다. '과학'은 초등학교 1~2학년의 '슬기로운 생활'과 고등학교 1학년의 '통합과학 1, 2', '과학탐구실험 1, 2', 그리고 고등학교 일반선택, 융합선택 및 진로선택 과목과 긴밀하게 연계되어 있다.

'과학'은 운동과 에너지, 물질, 생명, 지구와 우주 및 과학과 사회의 5개 영역으로 구성된다. 운동과 에너지 영역에서는 힘과 에너지, 전기와 자기, 열, 빛과 파동 등을 다루며, 물질 영역에서는 물질의 성질, 물질의 변화, 물질의 구조 등을 다룬다. 생명 영역에서는 생물의 구조와 에너지, 항상성과 몸의 조절, 생명의 연속성, 환경과 생태계, 생명과학과 인간의 생활 등을 다루며, 지구와 우주 영역에서는 고체 지구, 유체 지구, 천체 등을 다룬다. 과학과 사회 영역에서는 이들 4개 영역의 내용을 통합적으로 다루면서 과학과 안전, 과학과 지속가능한 사회, 과학과 진로 등을 다룬다.

미래 사회는 첨단 과학기술을 기반으로 혁신적인 융복합 영역이 창출되는 사회로, 과학적 문제해결력과 창의성을 발휘하는 전문가 집단과 과학적 소양을 갖춘 시민이 함께 이끄는 사회이다. '과학'에서는 다양한 탐구 중심의 학습을 통해 '과학'의 5개 영역과 관련된 지식·이해, 과정·기능, 가치·태도의 세 차원을 상호보완적으로 함양함으로써 영역별 핵심 아이디어를 습득하고, 행위 주체로서 갖추어야 할 과학적 소양을 기를 수 있을 것이다.

(2) 목표

자연현상과 일상생활에 대하여 흥미와 호기심을 가지고 과학적 탐구를 통해 주변의 현상을 이해하고, 개인과 사회의 문제를 과학적이고 창의적으로 해결하는 데 민주 시민으로서 참여하고 실천하는 과학적 소양을 기른다.

① 자연현상과 일상생활에 대한 흥미와 호기심을 바탕으로, 개인과 사회의 문제를 인식하고 과학적으로 해결하려는 태도를 기른다.

② 과학의 탐구 방법을 이해하고 자연현상과 일상생활의 문제를 과학적으로 탐구하는 능력을 기른다.

③ 자연현상과 일상생활을 과학적으로 탐구하여 과학의 핵심 개념을 이해한다.

④ 과학과 기술 및 사회의 상호 관계를 이해하고, 개인과 사회의 문제해결에 민주 시민으로서 참여하고 실천하는 능력을 기른다.

2. 내용 체계 및 성취기준

(1) 내용 체계(운동과 에너지)

핵심 아이디어		• 자연과 일상생활 속의 여러 가지 힘은 물체의 속력과 운동 방향을 변화시키고, 물체의 운동은 힘과 에너지를 통해 예측할 수 있으며, 이는 안전한 일상생활의 토대가 된다. • 전하와 전류는 다양한 전기와 자기 현상을 일으키고, 전기와 자기에 대한 성질은 전구, 전동기 등 여러 가지 전기 기구의 작동 원리로 유용하게 활용된다. • 열은 온도가 높은 곳에서 낮은 곳으로 이동하며, 일상생활에서는 단열 등 다양한 분야에 물질의 열적 성질이나 열의 이동방식이 이용된다. • 빛과 소리는 반사, 굴절, 진동 등 파동의 특성을 가지며, 그 특성은 거울, 렌즈, 악기, 색의 구현 등 편리하고 심미적인 삶에 도움이 된다.
범주 \ 구분		학년(군)별 내용 요소
		중학교 1~3학년
지식 · 이해	힘과 에너지	• 힘 • 중력 • 마찰력 • 탄성력 • 부력 • 부력 / • 등속 운동 / • 자유 낙하 운동 • 일과 에너지 / • 중력에 의한 위치 에너지 • 운동 에너지 / • 역학적 에너지 보존
	전기와 자기	• 전기력 • 대전 • 정전기 유도 • 전압 • 전류 / • 옴의 법칙 • 전기 에너지 / • 자기력 • 자기장
	열	• 열평형 / • 전도 • 대류 • 복사 • 비열 / • 열팽창
	빛과 파동	• 시각과 상 • 반사와 굴절 • 거울과 렌즈 • 빛의 합성과 색 • 파동의 발생과 전달 / • 파동의 요소와 소리의 특성

과정 · 기능	• 자연과 일상생활에서 운동과 에너지 관련 문제 인식하기 • 문제를 해결하기 위한 탐구 설계하기 • 관찰, 측정, 분류, 예상, 추리 등을 통해 자료를 수집하고 비교·분석하기 • 수학적 사고와 컴퓨터 및 모형 활용하기 • 결론을 도출하고, 자연과 일상생활에서 운동과 에너지 관련 상황에 적용·설명하기 • 자신의 생각과 주장을 과학적 언어를 사용하여 다양한 방식으로 표현하고 공유하기	• 자연과 일상생활에서 운동과 에너지와 관련된 현상을 관찰하고 문제를 찾아 정의하고 가설을 설정하기 • 적절한 변인을 포함하여 탐구 설계하기 • 운동과 에너지 사이의 관계를 이끌어내기 위해 자료를 수집하고 이를 그래프로 변환하여 해석하기 • 운동과 에너지와 관련된 다양한 현상을 관찰하여 규칙성을 추리하기 • 모형을 만들어 현상을 설명하거나 예측하기 • 과학적 증거에 기반하여 주장하기
가치 · 태도	• 과학의 심미적 가치 • 과학 유용성 • 자연과 과학에 대한 감수성 • 과학 창의성 • 과학 활동의 윤리성 • 과학 문제 해결에 대한 개방성 • 안전·지속가능 사회에 기여 • 과학 문화 향유	

(2) 성취기준(중학교 1~3학년)

① 과학과 인류의 지속가능한 삶

[9과01-01] 과학적 탐구 방법을 이해하고, 일상생활의 문제에 대한 과학적 해결 방안을 제안할 수 있다.
[9과01-02] 과학의 발전이 인류 문명에 미친 영향을 이해하고, 인공지능 등 첨단 과학기술이 가져올 미래 사회의 변화를 조사하여 발표할 수 있다.
[9과01-03] 인류의 지속가능한 삶을 위한 과학기술의 중요성과 역할에 대해 토의하고, 개인과 사회 차원의 활동 방안을 찾아 실천할 수 있다.

탐구 활동
주변에서 탐구할 문제를 발견하고 탐구 계획서 작성하기

ⓐ 성취기준 해설
 • [9과01-01] 간단한 탐구실험을 제시하여 탐구 절차 및 방법을 익히도록 하며, 학생이 스스로 발견한 문제를 일정 기간 동안 지속적으로 탐구하여 해결해 보는 기회를 제공할 수 있다.
 • [9과01-02] 과학적 탐구 방법을 통해 얻은 과학 지식과 방법이 인류 문명과 문화 발달에 미친 영향을 중심으로 학습하고, 원리보다는 활용 측면에서 첨단 과학기술 사례를 함께 다룬다.
ⓑ 성취기준 적용 시 고려 사항
 • 초등학교 3~4학년군 '기후변화와 우리 생활', 5~6학년군 '자원과 에너지'와 연계된다.
 • 인류 문명 발달 과정에서 과학적 원리 발견, 기술 발달, 기기 발명에 관한 자료를 수집하고 토의하도록 지도할 수 있다. 과학 개념과 원리가 기술, 공학, 예술, 수학 등 과학 외의 교과와 관련 있음을 사례를 통해 이해하도록 한다.

- 조사와 토의·토론 등의 교수·학습 방법을 활용하여 첨단 과학기술 사례를 찾고, 이 과정에서 과학이 사회에 미치는 영향을 알게 한다. 조사한 자료를 바탕으로 미래 생활의 모습을 예측하도록 하고, 이를 글이나 그림으로 표현하도록 하여 관련 내용을 평가할 수 있다.
- 인류가 직면한 에너지나 환경 문제와 같은 과학 관련 쟁점을 알고 이에 대한 자신의 의견을 과학적으로 제시하게 한다.

② 열

[9과03-01] 온도와 열평형 과정을 물질을 구성하는 입자들의 배치나 움직임 등으로 설명할 수 있다.
[9과03-02] 열은 전도, 대류, 복사로 전달됨을 알고, 열전달 과정을 모형 등을 사용하여 다양하게 표현할 수 있다.
[9과03-03] 물질에 따라 비열과 열팽창 정도가 다름을 알고, 이러한 성질이 일상생활에서 유용하게 활용됨을 인식할 수 있다.

탐구 활동
- 열화상 카메라를 이용하여 물체에서 열의 전도 비교하기
- 온도 센서를 이용하여 여러 가지 액체의 비열 비교하기

  ㉠ 성취기준 해설
  - [9과03-01] 온도가 다른 두 물체가 열평형에 도달하는 과정을 시간-온도 그래프 등을 활용하여 설명할 수 있도록 한다.
  - [9과03-02] 열의 이동방식을 주변 도구나 신체를 이용하여 비유적으로 다양하게 표현하고, 그 차이를 설명할 수 있도록 한다.
  ㉡ 성취기준 적용 시 고려 사항
  - 초등학교 5~6학년군 '열과 우리 생활', 고등학교 '역학과 에너지'의 열과 에너지와 연계된다.
  - 온도를 측정하거나 열의 전도를 관찰하는 활동에서 온도 센서 등 디지털 탐구 도구를 활용하도록 한다.
  - 비열과 열팽창 실험에서 가열 장치로 실험할 때 화상이나 화재 등 안전사고에 유의하도록 안전 교육을 실시하고, 안전장치나 안전 장구가 갖추어진 상태에서 실시하도록 한다.

③ 물질의 상태 변화

[9과04-01] 확산 및 증발 현상을 관찰하여 물질을 구성하는 입자가 운동하고 있음을 추론할 수 있다.
[9과04-02] 물질의 세 가지 상태의 특징을 설명하고, 이를 입자 모형으로 표현할 수 있다.
[9과04-03] 여러 가지 물질의 상태 변화를 관찰하고, 이를 입자 모형으로 설명할 수 있다.
[9과04-04] 물질의 상태 변화와 열에너지 출입 관계를 이해하고, 이를 실생활에 적용하여 과학의 유용성을 인식할 수 있다.

탐구 활동
- 확산 현상 관찰하기
- 물질의 상태 변화 시 질량과 부피 변화 측정하기
- 상태 변화 실험에서 가열 곡선 또는 냉각 곡선 그리기

  ㉠ 성취기준 해설
  - [9과04-02] 물질의 상태를 나타내는 입자 모형은 입자 사이의 상대적 거리, 입자 배열의 불규칙한 정도, 입자의 운동성 등을 비교한 내용을 포함한다.
  - [9과04-03] 여러 가지 물질의 상태 변화를 관찰하여 융해, 응고, 기화, 액화, 승화를 구분하고, 물질의 상태가 변할 때 부피는 변하고 질량과 물질의 성질은 변하지 않는 이유를 입자 모형으로 설명한다.

- [9과04-04] 물질의 상태 변화 시 온도가 일정한 이유를 상태 변화 과정에서 출입하는 열에너지와 관련지어 설명한다.

ⓒ **성취기준 적용 시 고려 사항**

- 초등학교 3~4학년군 '물의 상태 변화', 고등학교 '물질과 에너지'의 물질의 세 가지 상태와 연계된다.
- 질량은 물질이 가지고 있는 고유한 양임을 설명한다. 질량은 무게를 측정하여 확인하고, 기체의 질량을 저울로 측정할 때는 부력이 측정값에 영향을 줄 수 있음을 유의한다.
- 상태 변화 시 열에너지의 출입으로 입자의 배열과 운동이 달라지는 실험 결과를 입자 모형을 사용하여 설명하도록 한다.
- 녹는점, 끓는점, 어는점의 정확한 개념은 중학교 1~3학년군 '물질의 특성'에서 학습하므로 각 상태 변화가 일어나는 온도라는 측면에 주안점을 둔다.

④ **힘의 작용**

[9과05-01] 물체에 작용하는 힘을 화살표를 이용하여 나타내고, 힘의 평형을 이루는 조건을 설명할 수 있다.
[9과05-02] 중력, 탄성력, 마찰력, 부력을 이해하고, 각 힘의 특징을 크기와 방향으로 설명할 수 있다.
[9과05-03] 알짜힘이 0이 아닐 때 물체의 운동 상태가 변함을 알고, 그 예를 조사하여 분류할 수 있다.
[9과05-04] 다양한 사례에서 작용하는 힘과 힘의 평형 관계를 설명하고, 일상생활에서 힘의 특징을 이용한 기구나 장치를 설계할 수 있다.

탐구 활동
- 용수철의 탄성력 측정하기
- 물속에서 부력 측정하기
- 장난감이나 놀이 기구에서 힘의 작용 탐구하기

ⓐ **성취기준 해설**

- [9과05-01] 힘의 정의를 알고 힘을 크기와 방향으로 나타낼 수 있도록 하며, 나란한 힘의 합력만을 다루도록 한다.
- [9과05-02] 중력을 지도할 때, 질량과 무게를 구별하도록 한다.
- [9과05-03] 물체가 힘을 받았을 때 물체의 운동을 속력이 변하거나 운동 방향이 바뀌거나 두 가지가 모두 변하는 사례로 분류하도록 한다.
- [9과05-04] 바닥에 놓인 물체에 작용하는 힘을 설명할 때, 중력과 함께 바닥이 물체를 떠받치는 힘을 도입한다.

ⓒ **성취기준 적용 시 고려 사항**

- 초등학교 3~4학년군 '힘과 우리 생활', 고등학교 '통합과학 1'의 시스템과 상호작용, '물리학'의 힘과 에너지와 연계된다.
- 학생들이 일상적으로 경험하는 힘의 개념을 글, 그림 등 다양한 형태로 표현하도록 하여 과학적인 힘의 개념이 형성되도록 지도한다.
- 힘의 작용에 대한 이해 정도를 평가하기 위해 일상생활에서 물체가 힘을 받았을 때 속력이 변하거나 운동 방향이 바뀌거나 두 가지가 모두 변하는 사례를 조사하고, 포스터 발표, 보고서 작성 등 다양한 형태의 산출물을 제작하도록 할 수 있다.

⑤ 기체의 성질

[9과06-01] 압력의 의미를 알고, 기체의 압력을 입자의 운동으로 설명할 수 있다.

[9과06-02] 기체의 압력과 부피 관계를 실험 결과로부터 알아내고, 이를 입자 모형으로 해석할 수 있다.

[9과06-03] 기체의 온도와 부피 관계를 실험 결과로부터 알아내고, 이를 입자 모형으로 해석할 수 있다.

탐구 활동

기체의 압력과 부피 관계와 기체의 온도와 부피 관계를 실험으로 알아보기

ㄱ 성취기준 해설

- [9과06-01] 압력의 의미는 일상생활에서 경험할 수 있는 예시로 설명하고, 기체의 압력은 일정한 면적에 입자의 충돌로 가해지는 힘의 수준에서 다룬다.
- [9과06-02~03] 기체의 압력과 부피, 기체의 온도와 부피를 측정한 각각의 실험 결과에서 두 변인 간 관계를 찾고 그 이유를 입자 모형으로 설명한다.

ㄴ 성취기준 적용 시 고려 사항

- 초등학교 3~4학년군 '여러 가지 기체', 고등학교 '물질과 에너지'의 물질의 세 가지 상태와 연계된다.
- 기체의 압력과 부피, 온도와 부피 관계를 확인할 수 있는 생활 속 현상을 찾아 발표하는 활동을 할 수 있다. 또한, 수식을 활용하여 변인 사이의 양적 관계를 계산하는 정량적 내용은 고등학교 '물질과 에너지'에서 다루므로 입자 모형을 이용한 정성적 설명에 주안점을 둔다.
- 탐구 활동 수행 시, 의사소통과 협업 능력을 키우기 위해 여러 모둠의 데이터를 공유하여 탐구 활동을 수행할 수 있으며, 데이터 공유 시 공유 플랫폼을 활용할 수 있다.
- 데이터를 수집하거나 시각화할 때 다양한 센서와 소프트웨어를 활용하여 디지털 소양을 함양하도록 지도한다.

⑥ 빛과 파동

[9과10-01] 빛의 반사와 굴절의 원리를 이해하고, 물체를 보는 과정을 빛의 경로를 이용하여 표현할 수 있다.

[9과10-02] 평면거울에서 상이 생기는 원리를 설명하고, 일상생활에서 사용되는 거울과 렌즈의 종류를 분류하고 상의 특징을 비교할 수 있다.

[9과10-03] 물체의 색을 빛의 반사와 관련지어 설명하고, 영상 장치에서 빛의 합성을 이용하여 다양한 색이 표현되는 원리를 이해할 수 있다.

[9과10-04] 파동의 발생과 전달 과정을 이해하고, 소리의 특성을 진폭, 진동수, 파형 등의 과학적 용어로 표현할 수 있다.

탐구 활동

- 거울과 렌즈에 의한 상의 특징 관찰하기
- 디지털 탐구 도구를 이용하여 소리의 진폭, 진동수, 파형 탐구하기

ㄱ 성취기준 해설

- [9과10-01] 실험을 통해 빛의 반사, 굴절의 특징을 확인하고, 굴절 법칙은 정량적으로 다루지 않는다.
- [9과10-02] 상이 생기는 원리는 평면거울에 의한 상만을 빛의 반사 법칙을 적용하여 이해하도록 한다. 다양한 거울과 렌즈에 의해 생기는 상의 위치나 크기를 정량적으로 계산하거나 실상과 허상을 구분하는 활동은 하지 않고, 정성적인 특징을 다양한 예를 통해 비교하도록 한다.
- [9과10-04] 소리는 파동의 일종으로 매질을 통해 전달됨을 설명하고, 다양한 소리의 파형을 비교하여 파동의 진폭, 진동수, 파장의 개념을 설명하도록 한다. 종파와 횡파를 구분하여 설명하지는 않는다.

ⓒ 성취기준 적용 시 고려 사항
- 초등학교 3~4학년군 '소리의 성질', 5~6학년군 '빛의 성질', 고등학교 '물리학'의 빛과 물질과 연계된다.
- 학생들의 이해와 흥미를 위해 빛과 파동의 성질을 이용한 다양한 기구나 악기를 활용할 수 있다.
- 파동을 이용한 에너지와 정보의 전달 사례를 조사하여 동영상, 포스터, 보고서 등 다양한 형태의 산출물을 제작하도록 하고 이를 평가할 수 있다.
- 음악, 미술 등 다른 교과와 주제 통합 수업으로 구성할 수 있다.

⑦ 전기와 자기

[9과14-01] 마찰 전기, 정전기 유도 현상을 관찰하고, 이를 전기력과 원자 모형을 이용하여 설명할 수 있다.
[9과14-02] 전기 회로에서 전류를 모형으로 설명하고, 실험을 통해 저항, 전류, 전압 사이의 관계를 이끌어낼 수 있다.
[9과14-03] 저항의 직렬연결과 병렬연결의 특징을 비교하고, 일상생활에서 전기 에너지가 다양한 형태의 에너지로 전환됨을 소비 전력과 관련지어 설명할 수 있다.
[9과14-04] 자기장 안에 놓인 전류가 흐르는 코일이 받는 힘의 특성을 추리하고, 전동기 등 일상생활에서 활용한 예를 찾을 수 있다.

탐구 활동
- 저항, 전류, 전압 사이의 관계 탐구하기
- 전류가 흐르는 코일 주위의 자기장 관찰하기

ⓖ 성취기준 해설
- [9과14-02] 일상생활에 활용되는 다양한 물질의 저항이 다름을 도체와 부도체의 예를 들어 설명하고, 반도체를 소개한다.
- [9과14-03] 저항의 연결에 따른 합성 저항의 정량적인 계산과 혼합 연결은 다루지 않는다. 소비 전력은 정량적인 계산보다는 에너지 전환 관점에서 다루도록 하고, 효율적인 전기 사용의 중요성을 인식하도록 한다.
- [9과14-04] 코일을 이용하여 전류의 세기와 방향에 따른 자기장의 세기와 방향을 정성적으로 확인하고, 전류가 흐르는 코일과 자석의 상호작용 관점에서 전동기의 원리를 이해하도록 한다.

ⓒ 성취기준 적용 시 고려 사항
- 초등학교 3~4학년군 '자석의 이용', 5~6학년군 '전기의 이용', 고등학교 '통합과학 1'의 물질과 규칙성, '통합과학 2'의 환경과 에너지, '물리학'의 전기와 자기와 연계된다.
- 전기회로 실험에서 디지털 탐구 도구나 가상 실험을 활용할 수 있다.
- 가정에서 전기 에너지가 전환되어 나타나는 다양한 형태의 에너지와 소비 전력에 대해 조사하여 보고서를 작성하게 하고, 이를 평가할 수 있다.
- 환경이나 기후변화의 관점에서 효율이 높은 전기 기구를 사용하는 것의 중요성을 이해하고 에너지의 효율적 사용을 실천하도록 지도한다.

⑧ 운동과 에너지

[9과19-01] 직선상에서 움직이는 물체의 운동을 그래프로 나타내고 해석할 수 있다.
[9과19-02] 자유낙하 하는 물체의 운동에서 시간에 따른 속력의 변화가 일정함을 분석할 수 있다.
[9과19-03] 일의 정의를 알고, 자유낙하 하는 물체의 운동에서 중력이 한 일을 위치 에너지와 운동 에너지로 표현
할 수 있다.
[9과19-04] 물체의 운동에서 역학적 에너지의 전환과 보존을 이해하고, 이를 활용하여 일상생활 속 물체의 운동을
예측할 수 있다.

[탐구 활동]
• 여러 가지 물체의 자유낙하 운동 분석하기
• 자유낙하 하는 물체의 역학적 에너지 보존 실험하기

㉠ 성취기준 해설
• [9과19-01] 물체의 직선운동에서 등속운동과 속력이 일정하게 증가하거나 감소하는 운동을 다루
며, 속력이 변하는 경우에는 시간-속력 그래프를 그려서 운동을 분석한다.
• [9과19-02] 자유낙하 하는 물체의 운동에서 물체의 종류나 질량에 상관없이 단위 시간당 속력 변
화량이 9.8m/s로 일정함을 자료를 분석하여 이끌어내도록 한다.
• [9과19-03] 중력이 한 일은 운동 에너지, 중력에 대해서 한 일은 위치 에너지로 전환됨을 확인한다.
• [9과19-04] 단진자나 자유낙하 하는 물체 등의 사례에서 역학적 에너지 보존 법칙을 이용해 물체
의 운동 상태를 예측할 수 있음을 설명한다.
㉡ 성취기준 적용 시 고려 사항
• 초등학교 5~6학년군 '물체의 운동', 고등학교 '통합과학 1'의 시스템과 상호작용, '물리학'의 힘과
에너지와 연계된다.
• 공기 등에 의한 마찰을 무시할 수 있는 물체의 운동을 기록한 실험이나 동영상 자료를 활용할 수
있다.
• 운동에 대한 기록과 자료의 해석·분석에 사진기나 운동 센서 등 다양한 디지털 탐구 도구를 활용
할 수 있도록 한다.

3. 교수 · 학습 및 평가

(I) 교수 · 학습

① 교수 · 학습의 방향
㉠ '과학' 관련 다양한 활동을 통해 '과학' 교육과정에서 제시한 목표를 달성하고, '과학' 관련 기초 소양
및 미래 사회에 필요한 역량을 함양하기 위한 교수·학습 계획을 수립하여 지도한다.
㉡ '과학' 교육과정의 내용 체계표에 제시된 핵심 개념인 지식·이해뿐만 아니라 과정·기능, 가치·태도
를 균형 있게 발달시킬 수 있도록 지도한다.
㉢ 역량 함양을 위한 깊이 있는 학습이 이루어지도록 적절하고 다양한 일상생활 소재나 실험·실습의
기회를 학생들에게 제공하여 실제적인 맥락에서 문제를 해결하는 경험을 할 수 있도록 한다.
㉣ 학생의 발달과 성장을 지원할 수 있도록 학생의 능력 및 수준에 적합한 '과학' 과목의 교수·학습 계
획을 수립하고, 학생이 능동적인 학습자로서 수업에 참여할 수 있도록 한다.
㉤ 디지털 교육 환경 변화에 따른 온·오프라인 연계 수업을 실시하고, 다양한 디지털 플랫폼과 기술
및 도구를 적극적으로 활용한다.

② 교수·학습 방법

㉠ 학년이나 학기 초에 교과협의회를 열어 교육과정-교수·학습-평가가 일관되게 이루어질 수 있도록 '과학' 과목의 교수·학습 계획을 수립한다.

- 교수·학습 계획 수립이나 학습 자료 개발 시 학교 여건, 지역 특성, 학습 내용의 특성과 난이도, 학생 수준, 자료의 준비 가능성 등을 고려하여 교육과정의 내용, 순서 등을 재구성할 수 있다.
- 학생이 과제 연구, 과학관 견학과 같은 여러 가지 과학 활동에 참여할 수 있도록 계획한다.
- 실험·실습에서 지속적인 관찰이 요구되는 내용을 지도할 때는 자료 준비, 관찰자, 관찰 내용 등에 관한 세부 계획을 미리 세운다.
- 학교급 전환에 따른 학교급 간 교육내용 연계 및 진로연계교육을 고려하여 지도계획을 수립한다.
- 융합적 사고와 과학적 창의성을 계발하기 위해 내용 연계성을 고려하여 과목 내 영역이나 수학, 기술, 공학, 예술 등 다른 교과와 통합 및 연계하여 지도할 수 있도록 계획한다.

㉡ 강의, 실험, 토의·토론, 발표, 조사, 역할놀이, 프로젝트, 과제 연구, 과학관 견학과 같은 학교 밖 과학 활동 등 다양한 교수·학습 방법을 적절히 활용하고, 학생이 능동적으로 수업에 참여할 수 있도록 한다.

- 학생의 지적 호기심과 학습 동기를 유발할 수 있도록 발문하고, 개방형 질문을 적극적으로 활용한다.
- 교사 중심의 실험보다 학생 중심의 탐구 활동을 설계하고, 동료들과의 협업을 통해 과제를 해결하는 과정에서 상호 협력이 중요함을 인식하도록 지도한다.
- 탐구 수행 과정에서 자신의 의견을 명확히 표현하고 다른 사람의 의견을 존중하는 태도를 가지며, 과학적인 근거에 기초하여 의사소통하도록 지도한다.
- 모형을 사용할 때는 모형과 실제 자연 현상 사이에 차이가 있음을 이해할 수 있도록 한다.
- 과학 및 과학과 관련된 사회적 쟁점을 주제로 과학 글쓰기와 토론을 실시하여 과학적 사고력, 과학적 의사소통 능력 등을 함양할 수 있도록 지도한다.

㉢ 학생의 디지털 소양 함양과 교수·학습 환경의 변화를 고려하여 교수·학습을 지원하는 다양한 디지털 기기 및 환경을 적극적으로 활용한다.

- '과학' 학습에 대한 학생의 이해를 돕고 흥미를 유발하며 구체적 조작 경험과 활동을 제공하기 위해 모형이나 시청각 자료, 가상 현실이나 증강 현실 자료, 소프트웨어, 컴퓨터 및 스마트 기기, 인터넷 등의 최신 정보 통신 기술과 기기 등을 실험과 탐구에 적절히 활용한다.
- 온라인 학습 지원 도구를 적극적으로 활용하여 대면 수업의 한계를 극복하고, 다양한 교수·학습 활동이 온라인 학습 환경에서도 이루어질 수 있도록 한다.
- 지능정보기술 등 첨단 과학기술 기반의 과학 교육이 이루어질 수 있도록 지능형 과학실을 활용한 탐구 실험·실습 중심의 교수·학습 활동 계획을 수립하여 실행한다.
- '과학' 관련 탐구 활동에서 다양한 센서나 기기 등 디지털 탐구 도구를 활용하여 실시간으로 자료를 측정하거나 기상청 등 공공기관에서 제공한 자료를 활용하여 자료를 수집하고 처리하는 기회를 제공한다.
- 학교 및 학생의 디지털 활용 수준 등을 고려하여 디지털 격차가 발생하지 않도록 유의한다.

㉣ 학생의 과학에 대한 흥미, 즐거움, 자신감 등 정의적 영역에 관한 성취를 높이고 과학 관련 진로를 탐색할 수 있는 교수·학습 방안을 강구한다.

- 과학 지식의 잠정성, 과학적 방법의 다양성, 과학 윤리, 과학·기술·사회의 상호 관련성, 과학적 모델의 특성, 과학의 본성과 관련된 내용을 적절한 소재를 활용하여 지도한다.
- 학습 내용과 관련된 첨단 과학기술을 다양한 형태의 자료로 제시함으로써 현대 생활에서 첨단 과학이 갖는 가치와 잠재력을 인식하도록 지도한다.

- 과학자 이야기, 과학사, 시사성 있는 과학 내용 등을 도입하여 과학에 대한 호기심과 흥미를 유발한다.
- 학교의 지역적 특성을 고려하여 지역의 자연환경, 지역 명소, 박물관, 과학관 등 지역별 과학 교육 자원을 적극적으로 활용한다.
- '과학' 관련 직업이나 다양한 활용 사례를 통해 학습과 진로에 대한 동기를 부여한다.

ⓜ 학생이 '과학' 교육과정에 제시된 탐구 및 실험·실습 활동을 안전하게 진행할 수 있는 환경을 조성한다.
- 실험 기구의 사용 방법, 화학 약품을 다룰 때 주의할 점과 안전 사항을 사전에 지도하여 사고가 발생하지 않도록 유의한다.
- 야외 탐구 활동 및 현장 학습 시에는 사전 답사를 하거나 관련 자료를 조사하여 안전한 활동을 실행한다.
- 실험 기구나 재료는 수업 이전에 충분히 준비하되, 실험 후 발생하는 폐기물은 적법한 절차에 따라 처리하여 환경을 오염시키지 않도록 유의한다.
- 생물을 다룰 때는 생명을 아끼고 존중하는 태도를 가질 수 있도록 지도한다.

ⓗ 범교과 학습, 생태전환교육, 디지털·인공지능 기초 소양 함양과 관련한 교육내용 중 해당 주제와 연계하여 지도할 수 있는 내용을 선정하여 함께 학습할 수 있도록 지도한다.

ⓢ 학습 부진 학생, 특정 분야에서 탁월한 재능을 보이는 학생, 특수교육 대상 학생 등 모두를 위한 교육을 위해 학습자가 지닌 교육적 요구에 적합한 교수·학습 계획을 수립하여 지도한다.
- 학생의 능력과 흥미 등 개인차를 고려하여 학습 내용과 실험·실습 활동 등을 수정하거나 대체 활동을 마련하여 제공할 수 있다.
- 특수교육 대상 학생의 학습 참여도를 높이기 위해 학습자의 장애 및 발달 특성을 고려하여 교과 내용이나 실험·실습 활동을 보다 자세히 안내하거나 학생이 이해할 수 있도록 적합한 대안을 제시할 수 있다.

(2) 평가

① 평가의 방향
ⓖ '과학'에서 평가는 교육과정 성취기준에 근거하여 실시하되, 평가 결과에 대한 환류를 통해 학생의 학습과 성장을 도울 수 있도록 계획하여 실시한다.
ⓛ '과학' 교육과정상의 내용 체계와의 관련성을 고려하여 지식·이해, 과정·기능, 가치·태도를 균형 있게 평가하되, 지식·이해 중심의 평가를 지양한다.
ⓒ 학습 부진 학생, 특정 분야에서 탁월한 재능을 보이는 학생, 특수교육 대상 학생 등의 경우 적절한 평가 방법을 제공하여 교육적 요구에 맞는 평가가 이루어질 수 있도록 한다.
ⓔ '과학' 학습 내용을 평가할 때, 온라인 학습 지원 도구 등 디지털 교육 환경을 활용한 평가 방안이나 평가 도구를 활용한다.

② 평가 방법
ⓖ '과학' 과목의 평가는 평가 계획 수립, 평가 문항과 도구 개발, 평가의 시행, 평가 결과의 처리, 평가 결과의 활용 등의 절차를 거쳐 실시한다.
ⓛ 교수·학습 계획을 수립할 때, '과학' 교육과정 성취기준을 고려하여 평가의 시기나 방법을 포함한 평가 계획을 함께 수립한다.
- 교수·학습과 평가를 유기적으로 연결하여, 학습 결과에 대한 평가뿐만 아니라 평가 과정이 학생 자신의 학습 과정이나 결과를 성찰할 기회가 되도록 한다.
- 평가의 시기와 목적에 맞게 진단 평가, 형성 평가, 총괄 평가 등을 계획하여 실시한다.

- 평가는 교수·학습의 목표와 성취기준에 근거하여 실시하고, 그 결과를 후속 학습 지도 계획 수립과 지도 방법 개선, 진로 지도 등에 활용한다.
- 평가 결과를 바탕으로 학생 개별 맞춤형 환류를 제공하여 학생 스스로 평가 결과를 해석하고 학습 계획을 세울 수 있도록 한다.

ⓒ 지식·이해, 과정·기능, 가치·태도를 고르게 평가함으로써 '과학'의 교수·학습 목표 도달 여부를 종합적으로 파악할 수 있도록 한다. 또한, 학습의 결과뿐만 아니라 학습의 과정도 함께 평가한다.
- '과학'의 핵심 개념을 이해하고 적용하는 능력을 평가한다.
- '과학'의 과학적 탐구에 필요한 문제 인식 및 가설 설정, 탐구 설계 및 수행, 자료 수집·분석 및 해석, 결론 도출 및 일반화, 의사소통과 협업 등과 관련된 과정·기능을 평가한다.
- '과학'에 대한 흥미와 가치 인식, 학습 참여의 적극성, 협동성, 과학적으로 문제를 해결하는 태도, 창의성 등을 평가한다.

ⓔ 학생의 학습 과정과 결과를 평가하기 위해 지필 평가(선택형, 서술형, 논술형 등), 관찰, 실험·실습, 보고서, 면담, 구술, 포트폴리오, 자기 평가, 동료 평가 등의 다양한 방법을 활용한다.
- 성취기준에 근거하여 평가 요소에 적합한 평가 상황을 설정하고, 타당한 평가 방법을 선정한다.
- 타당도와 신뢰도가 높은 평가를 위하여 가능하면 공동으로 평가 도구를 개발하여 활용한다.
- 평가 도구를 개발할 때는 창의융합적 문제해결력 및 인성과 감성 함양에 도움이 되는 소재나 상황들을 적극적으로 발굴하여 활용한다.
- 평가 요소에 따라 개별 평가와 모둠 평가를 실시하고, 자기 평가와 동료 평가도 활용할 수 있다.
- 디지털 교수·학습 환경을 고려하여 온라인 학습 지원 도구 등을 활용한 온라인 평가를 병행하여 활용할 수 있다.

02 선택 중심 교육과정

교육과정 설계의 개요

과학과 교육과정은 미래 사회를 살아갈 시민으로서 '과학적 소양을 갖추고 더불어 살아가는 창의적인 사람'을 육성하는 것을 목적으로 한다. 과학과 교육과정에서는 과학 지식·이해, 과정·기능, 가치·태도가 복합적으로 발현되어 나타나는 총체적인 능력인 역량을 함양하고자 한다.

과학과 교육과정에서는 자기관리, 지식정보처리, 창의적 사고, 심미적 감성, 협력적 소통, 공동체 역량 등과 같은 범교과적이고 일반적인 총론의 역량과 연계하여 과학적 탐구와 문제해결 능력, 과학적 의사결정 능력 등을 기르는 데 초점을 둔다. 이를 위해 과학과 교육과정은 생태 소양, 민주 시민의식, 디지털 소양을 갖추고, 첨단 과학기술을 기반으로 융복합 영역을 창출하는 미래 사회에 유연하게 대응할 수 있는 과학적 소양을 갖춘 사람을 양성하는 것을 목표로 한다.

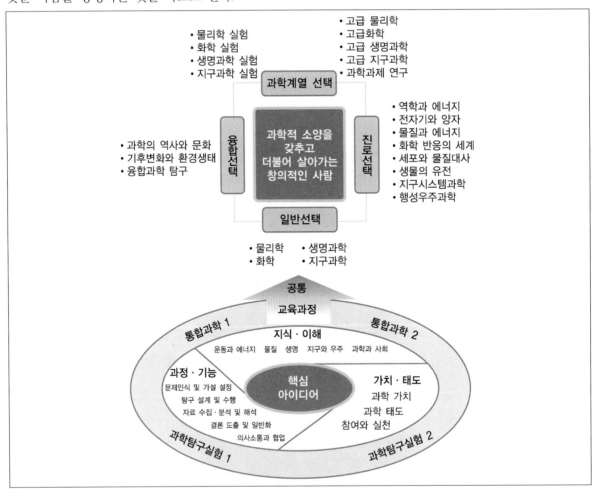

고등학교 과학과 교육과정은 물리학, 화학, 생명과학, 지구과학, 통합·융합과학 등과 관련된 과목과 영역으로 구성하였다. 과학과 핵심 아이디어는 과학 분야별 주요 개념과 일반화된 지식을 중심으로 구성하였다. 물리학, 화학, 생명과학, 지구과학 등 과학의 분야별로 주요 과학 개념과 원리의 일상생활 적용과 통합·융합 교육을 체험할 수 있도록 과학의 지식·이해, 과정·기능, 가치·태도를 종합하여 핵심 아이디어를 도출하였다. 이러한 핵심 아이디어는 해당 영역의 학습을 통해 일반화할 수 있는 내용을 진술한 것으로, 과학과 관통개념을 공유하면서 과목별로 위계성과 연속성을 지닌다.

고등학교 과학과 과목은 공통 과목에서 출발하여 일반선택, 융합선택, 진로선택 과목으로 구성된다. 일반선택 과목은 과학의 학문영역별 주요 학습 내용으로, 융합선택 과목은 과학 안팎의 주제를 융합하여 체험·응용하는 내용으로, 진로선택 과목은 심화학습 및 진로 관련 내용으로 구성하였다. 학생들은 공통 과목을 이수하고, 진로·적성에 따라 일반선택·융합선택·진로선택 과목을 이수하고, 이어서 과학계열 진로선택 과목을 이수할 수 있다.

고등학교 과학과 공통 과목은 통합과학 1과 통합과학 2 및 과학탐구실험 1과 과학탐구실험 2로 구성된다. 공통 과목은 중학교까지 학습한 내용을 바탕으로 자연 현상을 통합적으로 이해하고, 이를 기반으로 자연과 인간의 관계, 과학기술의 발달과 미래 예측과 적응, 사회문제에 대한 합리적 판단 능력 등 미래 사회에 필요한 과학적 소양 함양을 목적으로 한다.

일반선택 과목은 과학과 공통 과목과 연계하여 이공계 진로를 선택하기 위한 기초 과학 개념을 이해하기 위한 과목이며, 인문사회 및 예체능계로 진로를 선택하는 학생들도 알아야 할 자연과학의 기본적이고 핵심적인 내용으로 구성된다. 고등학교 과학과 일반선택 과목은 '물리학', '화학', '생명과학' 및 '지구과학'의 4개 과목으로 구성된다.

융합선택 과목은 인문사회, 예체능 및 이공계 진로를 선택하는 모든 학생을 위한 과목으로, 과학이 인간의 삶과 어떻게 관련되며 환경, 사회, 문화 등 폭넓은 맥락 속에서 과학적 이해를 추구하는 과학 교양 과목이다. 융합선택 과목은 '과학의 역사와 문화', '기후변화와 환경생태' 및 '융합과학 탐구'의 3개 과목으로 구성된다.

진로선택 과목은 이공계 진로를 선택하는 학생을 위한 과목으로, 일반선택 과목과 연계하여 각 분야의 과학이 어떻게 응용·심화되는지를 보여주는 과목이다. 진로선택 과목은 물리학 분야의 '역학과 에너지'와 '전자기와 양자', 화학 분야의 '물질과 에너지'와 '화학반응의 세계', 생명과학 분야의 '세포와 물질대사'와 '생물의 유전', 지구과학 분야의 '지구시스템과학'과 '행성우주과학' 등 8개의 과목으로 구성된다.

과학계열 선택과목은 융합선택과 진로선택 과목으로 구성된다. 융합선택 과목은 '물리학 실험', '화학 실험', '생명과학 실험' 및 '지구과학 실험'의 4개 과목으로 구성된다. 과학계열 진로선택 과목은 '고급 물리학', '고급 화학', '고급 생명과학', '고급 지구과학' 및 '과학과제 연구'의 5개 과목으로 구성된다.

과학과 교육과정은 '성격 및 목표', '내용 체계 및 성취기준', '교수·학습 및 평가'로 구성된다. '성격 및 목표'에서는 각 과목의 고유한 특성과 주요 목표를 제시하였다. '내용 체계 및 성취기준'에서는 과목의 핵심 아이디어와 지식·이해, 과정·기능, 가치·태도별 주요 내용 요소 및 학생이 교과 학습을 통해 할 수 있기를 기대하는 도달점을 성취기준으로 제시하였다. 즉, 과학과 성취기준은 다양한 탐구 중심의 학습을 통해 영역별 지식·이해, 과정·기능, 가치·태도의 세 차원을 상호보완적으로 함양함으로써 영역별 핵심 아이디어에 도달할 수 있도록 제시하였다. 과학과 지식·이해는 과학과 영역별로 학생이 알고 이해해야 하는 내용을 학년군별로 제시하였다. 과학과 과정·기능은 학생들이 과학 학습을 통해 개발할 것으로 기대하는 과학과 탐구 기능과 과정에 해당하는 것으로, 문제 인식 및 가설 설정, 탐구 설계 및 수행, 자료 수집·분석 및 해석, 결론 도출 및 일반화, 의사소통과 협업을 근간으로 영역별 특성을 반영하였다. 과학과 가치·태도는 과학 가치(과학의 심미적 가치, 감수성 등), 과학 태도(과학 창의성, 유용성, 윤리성, 개방성 등), 참여와 실천(과학문화 향유, 안전·지속가능 사회에 기여 등)으로 구성하였다.

'교수·학습 및 평가'에서는 교육과정에서 제시한 성취기준에 도달하는 데 필요한 교수·학습 및 평가의 주요 방향을 제시하였다. 과학과 교육과정에서는 학생이 지식·이해뿐만 아니라 과정·기능, 가치·태도를 균형 있게 발달시킬 수 있도록 지도하는 방향, 학생이 행위 주체로서 자신의 역량 함양을 위해 교수·학습에 참여하도록 하는 방향, 그리고 교수·학습과 연계하여 학생의 학습과 성장을 도울 수 있는 평가 방향을 제시하였다. 특히, 미래 교육 환경에 적합한 다양한 교수·학습 활동을 통해 디지털·인공지능 기초 소양을 함양하도록 하였다.

공통 과목 │ 통합과학 1, 통합과학 2

1. 성격 및 목표

(1) 성격

'통합과학 1'과 '통합과학 2'는 '과학적 소양을 갖추고 더불어 살아가는 창의적인 사람'을 육성하는 것을 목적으로 한다. '통합과학 1'과 '통합과학 2' 과목에서는 모든 학생이 과학의 기본개념을 익히고, 과학 탐구 능력과 태도를 길러, 자연과 일상생활에서 접하는 현상을 과학적으로 이해하고, 민주 시민으로서 개인과 사회문제를 해결하고 참여·실천하는 역량 함양에 중점을 둔다.

미래 사회는 첨단 과학기술을 기반으로 혁신적인 융복합 영역이 창출되는 사회로, 과학적 문제해결력과 창의성을 발휘하는 전문가 집단과 과학적 소양을 갖춘 시민이 함께 이끄는 사회이다. 과학적 소양을 바탕으로 더불어 살아가는 창의적인 사람을 육성하기 위해 '통합과학 1'과 '통합과학 2'는 물리학, 화학, 생명과학, 지구과학 등의 분야를 관통하는 지식·이해, 과정·기능, 가치·태도의 세 차원을 아울러 구성한다.

'통합과학 1'과 '통합과학 2'는 중학교까지 학습한 과학 내용과 연계하여 미래 사회를 살아가기 위한 역량을 함양하고, 고등학교 과학과 선택과목 학습에 필요한 과학 기초 학력을 보장하기 위한 과목이다. '통합과학 1'은 과학의 기초, 물질과 규칙성, 시스템과 상호작용의 3개 영역으로 구성된다. '통합과학 2'는 변화와 다양성, 환경과 에너지, 과학과 미래 사회의 3개 영역으로 구성된다. 과학의 기초 영역에서는 시공간을 포함한 과학 탐구에서 중요한 기본량과 단위, 측정과 표준 등 과학의 도구적 언어를 다룬다. 물질과 규칙성, 시스템과 상호작용, 변화와 다양성, 환경과 에너지 영역은 전통적인 과학의 기초 지식과 개념에 해당하는 내용이면서도 빅 아이디어 중심으로 물리학, 화학, 생명과학, 지구과학과 같은 과학 영역을 관통하고 통합하는 내용으로 구성하였다. 과학과 미래 사회 영역에서는 인공지능과 로봇, 생명과 과학 윤리 등 지속가능한 미래 사회의 책임 있는 민주 시민이 갖추어야 할 첨단 과학 지식, 인공지능과 과학 탐구, 과학·기술·윤리 등을 다룬다.

'통합과학 1'과 '통합과학 2'에서는 다양한 탐구 중심의 학습을 통해 지식·이해, 과정·기능, 가치·태도의 세 차원을 상호보완적으로 배양함으로써 영역별 핵심 아이디어에 도달할 수 있다. '통합과학 1'과 '통합과학 2'의 6개 영역과 관련된 지식·이해와 가치·태도를 함양하기 위한 과학과 과정·기능을 체험함으로써 행위 주체로서 갖추어야 할 과학적 소양을 기를 수 있을 것이다.

(2) 목표

자연 현상과 일상생활에 대하여 흥미와 호기심을 가지고 과학적 탐구를 통해 주변의 현상을 이해하고 개인과 사회의 문제를 과학적이고 창의적으로 해결하는 데 민주 시민으로서 참여하고 실천하는 과학적 소양을 기른다.

① 자연 현상과 일상생활에 대한 흥미와 호기심을 바탕으로, 개인과 사회의 문제를 인식하고, 이를 과학적으로 해결하려는 태도를 기른다.

② 과학의 탐구 방법을 이해하고 일상생활의 문제를 과학적으로 탐구하는 능력을 기른다.

③ 자연 현상과 일상생활을 과학적으로 탐구하여 과학의 핵심 개념을 이해한다.

④ 과학과 기술 및 사회의 상호 관계를 이해하고 이를 바탕으로 개인과 사회의 문제해결에 민주 시민으로서 참여하고 실천하는 능력을 기른다.

2. 내용 체계 및 성취기준

통합과학 1

(1) 내용 체계

핵심 아이디어	• 자연 세계는 시간과 공간을 배경으로 몇 가지 기본량으로 기술할 수 있으며, 양을 측정할 때 사용하는 표준과 단위는 일상생활과 산업기술에서 중요하다. • 우주 초기 원소 형성, 태양계의 형성과 진화, 별의 진화 등 모든 천문 현상은 천체에서 방출되는 빛의 분석을 통해 이루어진다. • 자연계에 존재하는 원소에는 규칙성이 있으며, 원소의 결합으로 지각과 생명체를 구성하는 물질들이 구성된다. • 자연계에서 물체의 운동 변화는 역학적 상호작용으로 설명하며, 일상생활에서 안전하고 편리한 삶에 활용된다. • 지구계는 기권, 수권, 지권, 생물권 등 여러 하위 권역들로 구성되며, 지구계 구성 권역들이 물질과 에너지를 교환하는 과정에서 다양한 자연 현상들이 발생한다. • 생명체는 생명 시스템의 기본 단위인 세포로 구성되어 있으며, 세포에서 일어나는 다양한 반응을 통해 생명 현상이 유지된다.

범주 \ 구분		내용 요소
지식·이해	과학의 기초	• 기본량과 단위 • 측정과 어림 • 정보와 신호
	물질과 규칙성	• 원소 형성 • 별의 진화 • 원소의 주기성 • 이온 결합 • 공유 결합 • 지각과 생명체 구성 물질의 규칙성 • 물질의 전기적 성질
	시스템과 상호작용	• 지구시스템의 구성과 상호작용 • 판구조론과 지각 변동 • 중력장 내의 운동 • 충격량과 운동량 • 생명 시스템의 기본 단위 • 물질대사 • 유전자와 단백질
과정·기능		• 자연 현상에서 문제를 인식하고 가설을 설정하기 • 변인을 조작적으로 정의하여 탐구 설계하기 • 다양한 도구를 수학적 사고를 활용하여 정보를 조사·수집·해석하기 • 수학적 사고와 모형을 활용하여 통합 및 융합 과학 관련 현상 설명하기 • 증거에 기반한 과학적 사고를 통해 자료를 과학적으로 분석·평가·추론하기 • 결론을 도출하고 자연 현상 및 융복합 문제 상황에 적용·설명하기 • 과학적 주장을 다양한 방법으로 소통하고, 의사결정을 위해 과학적 지식 활용하기
가치·태도		• 과학의 심미적 가치 • 과학 유용성 • 자연과 과학에 대한 감수성 • 과학 창의성 • 과학 활동의 윤리성 • 과학 문제해결에 대한 개방성 • 안전·지속가능 사회에 기여 • 과학 문화 향유

(2) 성취기준(과학의 기초)

> [10통과1-01-01] 자연을 시간과 공간에서 기술할 수 있음을 알고, 길이와 시간 측정의 현대적 방법과 다양한 규모의 측정 사례를 조사할 수 있다.
>
> [10통과1-01-02] 과학 탐구에서 중요한 기본량의 의미를 알고, 자연 현상을 기술하는 데 단위가 가지는 의미와 적용사례를 설명할 수 있다.
>
> [10통과1-01-03] 과학 탐구에서 측정과 어림의 의미를 알고, 일상생활의 여러 가지 상황에서 측정 표준의 유용성과 필요성을 논증할 수 있다.
>
> [10통과1-01-04] 자연에서 일어나는 다양한 변화를 측정·분석하여 정보를 산출함을 알고, 이러한 정보를 디지털로 변환하는 기술을 정보 통신에 활용하여 현대 문명에 미친 영향을 인식한다.

> **탐구 활동**
> • 미시세계와 거시세계의 물체의 크기에 따른 차이점 분석하기
> • 일상생활에서 측정 표준이 활용되는 사례 탐색하기
> • 스마트 기기를 활용하여 여러 가지 기본량을 측정하고 분석하기

① 성취기준 해설

  ㉠ [10통과1-01-01] 원자와 우주를 시간과 공간 차원에서 비교하면서 규모(scale)의 의미와 필요성을 소개하고, 시간과 공간을 측정하려는 과학자들의 노력이 인간의 경험 범위를 얼마나 확장했는지를 설명한다.

  ㉡ [10통과1-01-02] 과학의 기본량으로 시간, 길이, 질량, 전류, 온도 등 초·중학교 과학 교과에서 이미 학습한 내용을 중심으로 다루며, 부피, 속력, 농도 등과 같은 초·중·고등학교 과학 교과의 주요 과학 개념들이 이러한 기본량으로부터 도출됨을 설명한다.

  ㉢ [10통과1-01-04] 인간을 둘러싼 자연계의 변화가 전달될 때 신호가 되고, 이를 측정하여 분석할 때 정보가 됨을 다룬다. 센서를 통해 아날로그 형태의 다양한 신호가 전기 신호로 바뀌어 디지털 정보가 됨을 소개하며, 센서의 작동 원리는 다루지 않는다.

② 성취기준 적용 시 고려 사항

  ㉠ 이 영역은 고등학교 과학 과목의 출발점으로서 과학의 본질에 관해서 탐구 대상과 방법론 측면에서 다룬다. 즉 과학은 시간과 공간을 배경으로 하는 우주를 대상으로 하며, 여기서 벌어지는 다양한 현상을 관찰하고 측정하는 것이 과학의 기초이자 인간 사회의 일상생활에도 유용함을 소개한다.

  ㉡ 고등학교 과학 과목의 출발점으로서 학생들이 과학에 대해 흥미와 호기심을 가질 수 있도록 개념 설명은 지양하고 학생들의 흥미를 끄는 구체적인 사례를 중심으로 지도한다.

  ㉢ 가장 짧은 시간과 긴 시간, 가장 짧은 거리와 긴 거리는 무엇인지 등에 관한 질문으로부터 다양한 시공간 규모를 인간의 경험 세계와 비교·탐색함으로써 자연 세계의 신비를 느끼게 하고 과학 탐구에 대한 호기심을 유발한다.

  ㉣ 과거로부터 현재까지 자연 현상을 관찰하고 정밀하게 측정하고자 하는 인간의 노력을 부각함으로써, 우주의 광대함과 인간의 도전 정신의 위대함, 그와 동시에 인간의 활동으로서 과학의 한계를 제시하도록 한다.

  ㉤ 과학의 기본량 측정이나 생활 속의 측정 표준에서 학교 환경에서 사용가능한 다양한 디지털 탐구 도구를 적극적으로 활용한다.

3. 교수·학습 및 평가

(I) 교수·학습

① 교수·학습의 방향

㉠ '통합과학 1'과 '통합과학 2' 관련 다양한 활동을 통해 교육과정에서 제시한 목표를 달성하고, '통합과학 1'과 '통합과학 2' 관련 기초 소양 및 미래 사회에 필요한 역량을 함양하기 위한 교수·학습 계획을 수립하여 지도한다.

㉡ '통합과학 1'과 '통합과학 2' 교육과정의 내용 체계표에 제시된 핵심 개념인 지식·이해뿐만 아니라 과정·기능, 가치·태도를 균형 있게 발달시킬 수 있도록 지도한다.

㉢ 역량 함양을 위한 깊이 있는 학습이 이루어지도록 적절하고 다양한 일상생활 소재나 실험·실습의 기회를 학생들에게 제공하여 실제적인 맥락에서 문제를 해결하는 경험을 할 수 있도록 한다.

㉣ 학생의 발달과 성장을 지원할 수 있도록 학생의 능력 및 수준에 적합한 '통합과학 1'과 '통합과학 2' 과목의 교수·학습 계획을 수립하고, 학생이 능동적인 학습자로서 수업에 참여할 수 있도록 한다.

㉤ 디지털 교육 환경 변화에 따른 온·오프라인 연계 수업을 실시하고, 다양한 디지털 플랫폼과 기술 및 도구를 적극적으로 활용한다.

② 교수·학습 방법

㉠ 학년이나 학기 초에 교과협의회를 열어 교육과정-교수·학습-평가가 일관되게 이루어질 수 있도록 '통합과학 1'과 '통합과학 2' 과목의 교수·학습 계획을 수립한다.

• 교수·학습 계획 수립이나 학습자료 개발 시 학교 여건, 지역 특성, 학습 내용의 특성과 난이도, 학생 수준, 자료의 준비 가능성 등을 고려하여 교육과정의 내용, 순서 등을 재구성할 수 있다.

• 학생이 과제 연구, 과학관 견학과 같은 여러 가지 과학 활동에 참여할 수 있도록 계획한다.

• 실험·실습에서 지속적인 관찰이 요구되는 내용을 지도할 때는 자료 준비, 관찰자, 관찰 내용 등에 관한 세부 계획을 미리 세운다.

• 학생이 스스로 진로를 고려하여 과학 과목 이수 경로를 설계할 수 있도록 하고, 선택과목 간 교육 내용 연계 및 진로연계교육을 고려하여 지도계획을 수립한다.

• 융합적 사고와 과학적 창의성을 계발하기 위해 내용 연계성을 고려하여 과목 내 영역이나 수학, 기술, 공학, 예술 등 다른 교과와 통합 및 연계하여 지도할 수 있도록 계획한다.

㉡ 강의, 실험, 토의·토론, 발표, 조사, 역할놀이, 프로젝트, 과제 연구, 과학관 견학과 같은 학교 밖 과학 활동 등 다양한 교수·학습 방법을 적절히 활용하고, 학생이 능동적으로 수업에 참여할 수 있도록 한다.

• 학생의 지적 호기심과 학습 동기를 유발할 수 있도록 발문하고, 개방형 질문을 적극적으로 활용한다.

• 교사 중심의 실험보다 학생 중심의 탐구 활동을 설계하고, 동료들과의 협업을 통해 과제를 해결하는 과정에서 상호 협력이 중요함을 인식하도록 지도한다.

• 탐구 수행 과정에서 자신의 의견을 명확히 표현하고 다른 사람의 의견을 존중하는 태도를 가지며, 과학적인 근거에 기초하여 의사소통하도록 지도한다.

• 모형을 사용할 때는 모형과 실제 자연 현상 사이에 차이가 있음을 이해할 수 있도록 한다.

• 과학 및 과학과 관련된 사회적 쟁점을 주제로 과학 글쓰기와 토론을 실시하여 과학적 사고력, 과학적 의사소통 능력 등을 함양할 수 있도록 지도한다.

㉢ 학생의 디지털 소양 함양과 교수·학습 환경의 변화를 고려하여 교수·학습을 지원하는 다양한 디지털 기기 및 환경을 적극적으로 활용한다.

• '통합과학 1'과 '통합과학 2' 학습에 대한 학생의 이해를 돕고 흥미를 유발하며 구체적 조작 경험과 활동을 제공하기 위해 모형이나 시청각 자료, 가상 현실이나 증강 현실 자료, 소프트웨어, 컴퓨터 및 스마트 기기, 인터넷 등의 최신 정보 통신 기술과 기기 등을 실험과 탐구에 적절히 활용한다.

- 온라인 학습 지원 도구를 적극적으로 활용하여 대면 수업의 한계를 극복하고, 다양한 교수 · 학습 활동이 온라인 학습 환경에서도 이루어질 수 있도록 한다.
- 지능정보기술 등 첨단 과학기술 기반의 과학 교육이 이루어질 수 있도록 지능형 과학실을 활용한 탐구 실험 · 실습 중심의 교수 · 학습 활동 계획을 수립하여 실행한다.
- '통합과학 1'과 '통합과학 2'와 관련 탐구 활동에서 다양한 센서나 기기 등 디지털 탐구 도구를 활용하여 실시간으로 자료를 측정하거나 기상청 등 공공기관에서 제공한 자료를 활용하여 자료를 수집하고 처리하는 기회를 제공한다.
- 학교와 학생의 디지털 활용 수준 등을 고려하여 디지털 격차가 발생하지 않도록 유의한다.

㉣ 학생의 '통합과학 1'과 '통합과학 2'에 대한 흥미, 즐거움, 자신감 등 정의적 영역에 관한 성취를 높이고 '통합과학 1'과 '통합과학 2' 관련 진로를 탐색할 수 있는 교수 · 학습 방안을 강구한다.

- 과학 지식의 잠정성, 과학적 방법의 다양성, 과학 윤리, 과학 · 기술 · 사회의 상호 관련성, 과학적 모델의 특성, 과학의 본성과 관련된 내용을 적절한 소재를 활용하여 지도한다.
- 학습 내용과 관련된 첨단 과학기술을 다양한 형태의 자료로 제시함으로써 현대 생활에서 첨단 과학이 갖는 가치와 잠재력을 인식하도록 지도한다.
- 과학자 이야기, 과학사, 시사성 있는 과학 내용 등을 도입하여 과학에 대한 호기심과 흥미를 유발한다.
- 학교의 지역적 특성을 고려하여 지역의 자연환경, 지역 명소, 박물관, 과학관 등 지역별 과학 교육 자원을 적극적으로 활용한다.
- '통합과학 1'과 '통합과학 2' 관련 직업이나 다양한 활용 사례를 통해 학습과 진로에 대한 동기를 부여한다.

㉤ 학생이 '통합과학 1'과 '통합과학 2' 교육과정에 제시된 탐구 및 실험 · 실습 활동을 안전하게 진행할 수 있는 환경을 조성한다.

- 실험 기구의 사용 방법, 화학 약품을 다룰 때 주의할 점과 안전 사항을 사전에 지도하여 사고가 발생하지 않도록 유의한다.
- 야외 탐구 활동 및 현장 학습 시에는 사전 답사를 하거나 관련 자료를 조사하여 안전한 활동을 실행한다.
- 실험 기구나 재료는 수업 이전에 충분히 준비하되, 실험 후 발생하는 폐기물은 적법한 절차에 따라 처리하여 환경을 오염시키지 않도록 유의한다.
- 생명체를 다룰 때는 생명을 아끼고 존중하는 태도를 가질 수 있도록 지도한다.

㉥ 범교과 학습, 생태전환교육, 디지털 · 인공지능 기초 소양 함양과 관련한 교육내용 중 해당 주제와 연계하여 지도할 수 있는 내용을 선정하여 함께 학습할 수 있도록 지도한다.

㉦ 학습 부진 학생, 특정 분야에서 탁월한 재능을 보이는 학생, 특수교육 대상 학생 등 모두를 위한 교육을 위해 학습자가 지닌 교육적 요구에 적합한 교수 · 학습 계획을 수립하여 지도한다.

- 학생의 능력과 흥미 등 개인차를 고려하여 학습 내용과 실험 · 실습 활동 등을 수정하거나 대체 활동을 마련하여 제공할 수 있다.
- 특수교육 대상 학생의 학습 참여도를 높이기 위해 학습자의 장애 및 발달 특성을 고려하여 교과 내용이나 실험 · 실습 활동을 더 자세히 안내하거나 학생이 이해할 수 있도록 적합한 대안을 제시할 수 있다.

◎ 교육과정에서 제시된 성취기준에 학생이 도달할 수 있도록 하고, 최소 성취수준 보장을 위한 교수 · 학습 계획을 수립한다.

- 교수 · 학습 과정에서 학생의 성취 정도를 수시로 파악함으로써 교육과정 성취기준 도달 정도를 점검한다.

- 교육과정 성취기준에 도달하지 못하는 학생을 위해서 별도의 학습자료를 제공하는 등 최소 성취수준에 도달할 수 있도록 지도한다.

⑵ 평가

① 평가의 방향

㉠ '통합과학 1'과 '통합과학 2' 과목의 평가는 교육과정 성취기준에 근거하여 실시하되, 평가 결과에 대한 환류를 통해 학생의 학습과 성장을 도울 수 있도록 계획하여 실시한다.

㉡ '통합과학 1'과 '통합과학 2' 교육과정상의 내용 체계와의 관련성을 고려하여 지식·이해, 과정·기능, 가치·태도를 균형 있게 평가한다. 특히, 지식·이해 중심의 평가를 지양한다.

㉢ 학습 부진 학생, 특정 분야에서 탁월한 재능을 보이는 학생, 특수교육 대상 학생 등의 경우 적절한 평가 방법을 제공하여 교육적 요구에 맞는 평가가 이루어질 수 있도록 한다.

㉣ '통합과학 1'과 '통합과학 2' 학습 내용을 평가할 때, 온라인 학습 지원 도구 등 디지털 교육 환경을 활용한 평가 방안이나 평가 도구를 활용한다.

② 평가 방법

㉠ '통합과학 1'과 '통합과학 2' 과목의 평가는 평가 계획 수립, 평가 문항과 도구 개발, 평가의 시행, 평가 결과의 처리, 평가 결과의 활용 등의 절차를 거쳐 실시한다.

㉡ 교수·학습 계획을 수립할 때, '통합과학 1'과 '통합과학 2' 교육과정 성취기준을 고려하여 평가의 시기나 방법을 포함한 평가 계획을 함께 수립한다.

- 교수·학습과 평가를 유기적으로 연결하여, 학습 결과에 대한 평가뿐만 아니라 평가 과정이 학생 자신의 학습 과정이나 결과를 성찰할 기회가 되도록 한다.
- 평가의 시기와 목적에 맞게 진단평가, 형성 평가, 총괄 평가 등을 계획하여 실시한다.
- 평가는 교수·학습의 목표와 성취기준에 근거하여 실시하고, 그 결과를 후속 학습 지도 계획 수립과 지도 방법 개선, 진로 지도 등에 활용한다.
- 평가 결과를 바탕으로 학생 개별 맞춤형 환류를 제공하여 학생 스스로 평가 결과를 해석하고 학습 계획을 세울 수 있도록 한다.

㉢ 지식·이해, 과정·기능, 가치·태도를 고르게 평가함으로써 '통합과학 1'과 '통합과학 2'의 교수·학습 목표 도달 여부를 종합적으로 파악할 수 있도록 한다. 또한, 학습의 결과뿐만 아니라 학습의 과정도 함께 평가한다.

- '통합과학 1'과 '통합과학 2'의 핵심 개념을 이해하고 적용하는 능력을 평가한다.
- '통합과학 1'과 '통합과학 2'의 과학적 탐구에 필요한 문제 인식 및 가설 설정, 탐구 설계 및 수행, 자료 수집·분석 및 해석, 결론 도출 및 일반화, 의사소통과 협업 등과 관련된 과정·기능을 평가한다.
- '통합과학 1'과 '통합과학 2'에 대한 흥미와 가치 인식, 학습 참여의 적극성, 협동성, 과학적으로 문제를 해결하는 태도, 창의성 등을 평가한다.

㉣ '통합과학 1'과 '통합과학 2'를 평가할 때는 학생의 학습 과정과 결과를 평가하기 위해 지필 평가(선택형, 서술형, 논술형 등), 관찰, 실험·실습, 보고서, 면담, 구술, 포트폴리오, 자기 평가, 동료 평가 등의 다양한 방법을 활용한다.

- 성취기준에 근거하여 평가 요소에 적합한 평가 상황을 설정하고, 타당한 평가 방법을 선정한다.
- 타당도와 신뢰도가 높은 평가를 위하여 가능하면 공동으로 평가 도구를 개발하여 활용한다.
- 평가 도구를 개발할 때는 창의융합적 문제해결력과 인성 및 감성 함양에 도움이 되는 소재나 상황들을 적극적으로 발굴하여 활용한다.
- 평가 요소에 따라 개별 평가와 모둠 평가를 실시하고, 자기 평가와 동료 평가도 활용할 수 있다.

- 디지털 교수·학습 환경을 고려하여 온라인 학습 지원 도구 등을 활용한 온라인 평가를 병행하여 활용할 수 있다.
  ㉤ 학생들의 '통합과학 1'과 '통합과학 2' 교육과정 성취기준에 대한 도달 정도를 파악하기 위해 형성평가를 실시하고, 그 결과를 바탕으로 최소 성취수준 보장을 위한 맞춤형 교수·학습 활동을 실시한다.
    - 다양한 평가 도구를 활용하여 '통합과학 1'과 '통합과학 2' 교육과정에 근거한 최소 성취수준에 도달할 수 없는 학생을 사전에 파악함으로써 최소 성취수준 보장을 위한 조치를 취한다.
    - 평가 결과를 학생의 '통합과학 1'과 '통합과학 2' 학습 성취수준에 대한 진단과 더불어 학생 맞춤형 보정 계획과 연계하도록 한다.

공통 과목) 과학탐구실험 1, 과학탐구실험 2

1. 성격 및 목표

(1) 성격

'과학탐구실험 1'과 '과학탐구실험 2'는 과학적 소양을 갖추고 더불어 살아가는 창의적인 사람'을 육성하기 위한 과목이다. '과학탐구실험 1'과 '과학탐구실험 2'에서는 모든 학생이 과학의 기본 개념을 익히고 과학 탐구 능력과 태도를 길러, 자연과 일상생활에서 접하는 현상을 과학적으로 이해하고, 민주 시민으로서 개인과 사회 문제를 과학적으로 해결하고 참여·실천하는 역량 함양에 중점을 둔다.

'과학탐구실험 1'과 '과학탐구실험 2'는 중학교까지 학습한 과학 내용과 탐구 활동을 연계하여 미래 사회를 살아가기 위한 역량을 함양하고, 고등학교 과학과 선택과목 학습에 필요한 최소한의 과학 기초 학력과 탐구 역량을 배양하기 위한 과목이다.

미래 사회는 첨단 과학기술을 기반으로 혁신적인 융복합 영역이 창출되는 사회로, 과학적 문제해결력과 창의성을 발휘하는 전문가 집단과 과학적 소양을 갖춘 시민이 함께 이끄는 사회이다. 이러한 과학적 소양을 바탕으로 더불어 살아가는 창의적인 사람을 육성하기 위해 '과학탐구실험 1'과 '과학탐구실험 2'는 과학의 본성과 역사 속의 과학 탐구, 과학 탐구의 과정과 절차, 생활 속의 과학 탐구, 미래 사회와 첨단 과학 탐구 영역을 관통하는 지식·이해, 과정·기능, 가치·태도의 세 차원을 아울러 구성하되, 과학 지식 생산을 위한 과학탐구실험 활동의 체험적·실천적 경험을 제공하는 데 중점을 둔다.

'과학탐구실험 1'과 '과학탐구실험 2'에서는 첨단 과학기술과 지능형 과학실을 활용한 다양한 탐구 중심의 학습을 통해 지식·이해, 과정·기능, 가치·태도의 세 차원을 상호보완적으로 배양함으로써 영역별 핵심 아이디어에 도달할 수 있다. '과학탐구실험 1'과 '과학탐구실험 2'와 관련된 지식·이해와 가치·태도를 함양하기 위한 과학과 과정·기능을 체험함으로써 행위주체로서 갖추어야 할 과학적 소양을 기를 수 있을 것이다.

(2) 목표

자연 현상과 일상생활에 대하여 흥미와 호기심을 가지고 과학적 탐구를 통해 주변의 현상을 이해하고 개인과 사회의 문제를 과학적이고 창의적으로 해결하는 데 민주 시민으로서 참여하고 실천하는 과학적 소양을 기른다.

① 자연 현상과 일상생활에 대한 흥미와 호기심을 바탕으로, 개인과 사회의 문제를 인식하고, 이를 과학적으로 해결하려는 태도를 기른다.
② 과학의 탐구 방법을 이해하고 일상생활의 문제를 과학적으로 탐구하는 능력을 기른다.
③ 자연 현상과 일상생활을 과학적으로 탐구하여 과학의 핵심 개념을 이해한다.
④ 과학·기술·사회의 상호 관계를 이해하고 이를 바탕으로 개인과 사회의 문제해결에 민주 시민으로서 참여하고 실천하는 능력을 기른다.

2. 내용 체계 및 성취기준

과학탐구실험 1

(1) 내용 체계

핵심 아이디어		• 과학사와 과학자들의 탐구실험에서 과학의 다양한 본성이 발견되며, 과학 탐구 수행 과정에서 과학의 본성을 경험할 수 있다. • 탐구할 문제와 상황 특성에 따라 탐구 활동은 문제 발견, 탐구 활동 계획 수립, 탐구 수행, 결과 표상 등의 과정으로 진행된다. • 주제에 따라 다양한 과학 탐구 방법을 활용하고, 과학에 대한 흥미와 호기심, 즐거움 등을 함양한다. • 과학 탐구는 흥미와 호기심, 협력, 증거에 근거한 결과 해석 등 다양한 과학적 태도가 필요하다.
범주 ＼ 구분		내용 요소
지식 · 이해	과학의 본성과 역사 속의 과학 탐구	• 패러다임의 전환을 가져온 결정적 실험 • 과학의 본성 • 선조들의 과학
	과학 탐구의 과정과 절차	• 귀납적 탐구 • 연역적 탐구 • 탐구 과정과 절차
과정 · 기능		• 자연 현상에서 문제를 인식하고 가설을 설정하기 • 변인을 조작적으로 정의하여 탐구 설계하기 • 다양한 도구를 활용하여 정보를 조사 · 수집 · 해석하기 • 수학적 사고와 모형을 활용하여 통합 및 융합 과학 관련 현상 설명하기 • 증거에 기반한 과학적 사고를 통해 자료를 과학적으로 분석 · 평가 · 추론하기 • 결론을 도출하고 자연 현상 및 융복합 문제 상황에 적용 · 설명하기 • 과학적 주장을 다양한 방법으로 소통하고, 의사결정을 위해 과학적 지식 활용하기
가치 · 태도		• 과학의 심미적 가치 • 과학 유용성 • 자연과 과학에 대한 감수성 • 과학 창의성 • 과학 활동의 윤리성 • 과학 문제해결에 대한 개방성 • 안전 · 지속가능 사회에 기여 • 과학 문화 향유

(2) 성취기준

① 과학의 본성과 역사 속의 과학 탐구

[10과탐1-01-01] 과학사에서 패러다임의 전환을 가져온 결정적 실험을 따라 해보고, 과학의 발전 과정에 관해 설명할 수 있다.

[10과탐1-01-02] 과학사의 다양한 사례들로부터 과학의 본성을 추론할 수 있다.

탐구 활동

• 경사면을 이용하여 질량이 다른 물체의 낙하 운동에 대한 갈릴레이의 실험 체험하기
• 크기, 시간, 온도 등 과학의 단위 및 도량형 발견의 역사 추적하기
• 멘델레예프의 주기율표 만들기

㉠ 성취기준 해설

• [10과탐1-01-01] 과학사에서 패러다임의 전환을 가져온 대표적 사례로 갈릴레이가 수행했던 다양한 형태의 실험을 '통합과학 1'과 '통합과학 2'에서 다룬 탐구 활동 및 주제와 관련지어 수행해 본다.
• [10과탐1-01-02] 과학자들의 꾸준한 노력과 함께 과학자의 우연한 발견 등을 통한 과학 지식 도출과 과학 지식의 잠정성 등 다양한 사례를 통해 과학의 본성을 체험할 기회를 제공하고, 우리 선조들의 과학 기술 발전의 사례도 찾아본다.

㉡ 성취기준 적용 시 고려 사항

• 고등학교 '통합과학 1'과 '통합과학 2'의 물질과 규칙성, 시스템과 상호작용, 변화와 다양성, 환경과 에너지, 그리고 '과학의 역사와 문화'의 과학과 문명의 탄생과 통합과 연계된다.
• '통합과학 1'과 '통합과학 2'에 제시된 과학사와 관련된 과학자들의 탐구 활동을 중심으로 직접 실험과 탐구를 수행하도록 지도할 수 있다. 특히 과학의 본성이나 가설연역적 탐구 방법 등을 직접적인 실험과 탐구 활동을 통해 체험할 수 있도록 한다.
• 과학사 내용을 담은 영상 등과 같은 시각 자료를 활용하여 과학 탐구 활동에 대한 흥미를 유발할 수 있다.

② 과학 탐구의 과정과 절차

[10과탐1-02-01] 직접적인 관찰을 통한 탐구를 수행하고, 귀납적 탐구 방법을 설명할 수 있다.

[10과탐1-02-02] 가설 설정을 포함한 과학사의 대표적인 탐구실험을 수행하고, 연역적 탐구 방법의 특징을 예증할 수 있다.

[10과탐1-02-03] 탐구 수행에서 얻은 정성적 혹은 정량적 데이터를 분석하고 그 결과를 다양하게 표상하고 소통할 수 있다.

[10과탐1-02-04] 흥미와 호기심을 갖고 과학 탐구에 참여하고, 분야 간 협동 연구 등을 통해 협력적 탐구 활동을 수행하며, 도출한 결과를 증거에 근거하여 해석하고 평가할 수 있다.

탐구 활동

• 파스퇴르의 생물 속생설 도출 과정 재연하기
• 손전등을 이용하여 뉴턴의 프리즘 실험 구현하기
• 관측 자료(빅데이터)를 활용하여 한반도의 기후변화 경향성 파악하기
• 화학 반응을 활용한 과학마술 시나리오 개발 및 시연하기
• 우리 주변에서 천연 항생 물질 찾기

㉠ 성취기준 해설
- [10과탐1-02-01~02] 과학사의 다양한 사례를 중심으로 귀납적 탐구와 연역적 탐구 등을 다룬다.
- [10과탐1-02-02] '과학탐구실험 1'에서 제시한 탐구 활동과 연계하여 귀납적 탐구 및 연역적 탐구를 학생들이 직접 수행함으로써 과학 지식의 변천 과정을 체험하게 한다.

㉡ 성취기준 적용 시 고려 사항
- 고등학교 '통합과학 1'의 시스템과 상호작용, '통합과학 2'의 변화와 다양성, 환경과 에너지, 과학과 미래 사회 영역과 연계된다.
- 전 지구적 규모의 빅데이터를 활용한 귀납적 탐구, 과학사의 동시 발견 등 인류 차원의 과학발전과 과학의 본성을 체험하도록 지도할 수 있다.
- 파스퇴르의 생물 속생설 도출 과정, 주기율표 구성 과정 등을 프로젝트 학습의 형태로 진행함으로써 과학 탐구의 전체 과정과 해결책 도출 과정을 체험하고 올바른 과학적 태도를 배양하도록 지도할 수 있다.
- '관측 자료(빅데이터)를 활용하여 한반도의 기후변화 경향성 파악하기' 등의 경우 전 지구 규모의 실측 데이터를 활용하여 지구시스템 차원의 연결성과 상호작용을 파악하고, 데이터의 디지털화와 시뮬레이션 등을 체험함으로써 디지털 소양을 함양하도록 지도할 수 있다.
- 과학 탐구에서 협업의 필요성과 의의를 강조하기 위해 생활 속의 과학 탐구와 관련된 과제 연구, 프로젝트 학습 등을 통해 탐구를 수행하도록 지도할 수 있다. 장기간의 공동 탐구 활동을 통해 올바른 과학적 태도와 탐구 과정을 체험하도록 지도할 수 있다.

Chapter
03

과학탐구실험 2

(1) 내용 체계

핵심 아이디어		• 과학 탐구를 통해 생활 및 다양한 상황에 과학 지식을 적용한다. • 과학 탐구의 산출물은 첨단 과학기술 등 다양한 분야로 공유 및 확산된다. • 과학 탐구에서는 생명 존중, 연구 진실성, 지식 재산권 존중 등과 같은 연구 윤리와 함께 안전 사항을 준수해야 한다.
범주 ＼ 구분		내용 요소
지식 · 이해	생활 속의 과학 탐구	• 제품 속 과학 • 놀이 속 과학 • 스포츠 속 과학 • 문화예술 속 과학
	미래 사회와 첨단 과학 탐구	• 첨단 과학기술 • 탐구 산출물 • 안전 사항 • 연구 윤리
과정 · 기능		• 자연 현상에서 문제를 인식하고 가설을 설정하기 • 변인을 조작적으로 정의하여 탐구 설계하기 • 다양한 도구를 활용하여 정보를 조사 · 수집 · 해석하기 • 수학적 사고와 모형을 활용하여 STEM 관련 현상 설명하기 • 증거에 기반한 과학적 사고를 통해 자료를 과학적으로 분석 · 평가 · 추론하기 • 결론을 도출하고 자연 현상 및 STEM 상황에 적용 · 설명하기 • 과학적 주장을 다양한 방법으로 소통하고, 의사결정을 위해 과학적 지식 활용하기
가치 · 태도		• 과학의 심미적 가치 • 과학 유용성 • 자연과 과학에 대한 감수성 • 과학 창의성 • 과학 활동의 윤리성 • 과학 문제해결에 대한 개방성 • 안전 · 지속가능 사회에 기여 • 과학 문화 향유

(2) 성취기준

① 생활 속의 과학 탐구

[10과탐2-01-01] 영화, 건축, 요리, 스포츠, 미디어 등 생활 속의 과학 원리를 실험 등을 통해 탐구하고, 과학 원리를 활용한 놀이 체험을 통해 과학의 즐거움과 유용성을 느낄 수 있다.

[10과탐2-01-02] 사회적 이슈나 생활 속에서 과학 탐구 문제를 발견하고, 이를 해결하기 위한 과학 탐구 활동을 계획하고 수행할 수 있다.

[10과탐2-01-03] 과학 개념을 적용하여 실생활 문제의 해결방안을 창의적으로 고안하고, 필요한 도구를 설계 · 제작할 수 있다.

탐구 활동
• 미디어나 생활 속의 과학 원리와 유사과학 탐색 · 비평하기
• 스마트 기기를 이용하여 우리 주변에 서식하고 있는 다양한 생물을 조사하고 외래종이 생물다양성에 미치는 영향 논증하기
• 스마트 기기를 이용하여 놀이공원에서 다양한 운동의 가속도 비교하기
• 운동 관련 안전사고 예방 장치 고안하기
• 오염물질 측정 장치를 활용한 학교 주변 환경 탐구하기

㉠ 성취기준 해설

- [10과탐2-01-01] 과학이 적용된 생활 제품, 영화, 건축, 요리, 스포츠, 미디어, 놀이 체험 등의 다양한 분야에서 몇 가지 사례를 중심으로 과학적 원리, 유용성과 가치, 즐거움 등을 깨달을 수 있는 탐구와 실험 활동을 진행한다.
- [10과탐2-01-02] '통합과학 1'과 '통합과학 2'에 제시된 일상생활과 관련된 탐구 주제 및 활동을 중심으로 사회적 현상과 이슈에서 문제를 찾고, 연구 윤리와 안전 사항을 준수하여 과학 탐구의 전체 과정을 수행하며, 해결책을 다양한 표상을 통해 산출하도록 한다.
- [10과탐02-01-03] '운동 관련 안전사고 예방 장치 고안하기' 탐구 활동을 통해 협업의 가치를 깨닫고, 과학 탐구 전체 과정을 경험하여 공학적 설계 과정을 거쳐 창의적인 산출물을 고안하게 한다.

㉡ 성취기준 적용 시 고려 사항

- 고등학교 '통합과학 1'의 물질과 규칙성, 시스템과 상호작용, '통합과학 2'의 변화와 다양성, 환경과 에너지 영역과 연계된다.
- 운동 관련 안전사고 예방 장치 고안하기, 오염물질 측정 장치를 활용한 학교 주변 환경 탐구하기 등의 활동을 통해 과학 장치의 유용성과 효율성 평가 준거 개발, 과학 탐구에서 협업의 필요성, 장치 기획에서부터 산출물 발표까지 과학 공동체 활동의 중요성을 인식하도록 지도할 수 있다.

② 미래 사회와 첨단 과학 탐구

[10과탐2-02-01] 첨단 과학기술 속의 과학 원리를 찾아내는 탐구 활동을 통해 과학 지식이 활용된 사례를 추론할 수 있다.
[10과탐2-02-02] 과학 원리가 적용된 첨단 과학기술 및 탐구 산출물을 발표하고 공유하며, 이를 확산할 수 있다.
[10과탐2-02-03] 탐구 활동 과정에서 지켜야 할 생명 존중, 연구 진실성, 지식 재산권 존중 등과 같은 연구 윤리와 함께 과학기술 이용과 관련된 과학 윤리 및 안전 사항을 준수할 수 있다.

탐구 활동

- 마이크로 컨트롤러(Micro Controller unit)를 활용하여 물리적, 생명적 현상을 수집하고 분석하기
- 각종 센서를 활용한 생활 발명품 아이디어 고안 및 시제품 발표 대회 개최하기
- 희토류 등 자원탐사 및 정주 공간 확보를 위한 우주개발 사례 조사를 통해 과학기술의 발전 방향 평가하기

㉠ 성취기준 해설

- [10과탐2-02-01] 마이크로 컨트롤러(Micro Controller unit)를 활용한 각종 자료 수집·분석 등의 활동을 통해 첨단 과학기술에 포함된 기초 과학 원리를 파악하고, 주변 환경을 탐구하고 개선하는 데 첨단 과학기술을 활용하는 체험을 제공한다.
- [10과탐2-02-02] 사물인터넷 센서의 실시간 데이터 활용 등을 통해 첨단 과학기술을 이용한 산출물을 만들어내는 탐구 활동을 진행한다.
- [10과탐2-02-03] 자원탐사 및 정주 공간 확보를 위한 우주개발 사례 조사 등의 활동을 통해 미래 과학기술의 발전 방향, 과학기술 이용과 관련된 환경정의, 안전 사항을 점검할 기회를 제공한다.

㉡ 성취기준 적용 시 고려 사항

- 고등학교 '통합과학 1'의 물질과 규칙성, '통합과학 2'의 환경과 에너지, 과학과 미래 사회 영역과 연계된다.
- 각종 센서를 활용한 생활 발명품 아이디어 고안 등의 탐구 활동을 통해 공학적 설계를 바탕으로 창의적 산출물을 만들어내는 과정을 체험하도록 지도할 수 있다.
- 생명 존중, 연구 진실성, 저작권 존중 등과 같은 연구 윤리 준수 및 안전 사항 준수를 포괄적으로 경험할 수 있는 탐구와 실험 활동을 진행할 수 있다.

3. 교수·학습 및 평가

(1) 교수·학습

① 교수·학습의 방향

㉠ '과학탐구실험 1'과 '과학탐구실험 2'와 관련한 다양한 활동을 통해 교육과정에서 제시한 목표를 달성하고, '과학탐구실험 1'과 '과학탐구실험 2' 관련 기초 소양 및 미래 사회에 필요한 역량을 함양하기 위한 교수·학습 계획을 수립하여 지도한다.

㉡ '과학탐구실험 1'과 '과학탐구실험 2' 교육과정의 내용 체계표에 제시된 핵심 개념인 지식·이해뿐만 아니라 과정·기능, 가치·태도를 균형 있게 발달시킬 수 있도록 지도한다.

㉢ 역량 함양을 위한 깊이 있는 학습이 이루어지도록 적절하고 다양한 일상생활 소재나 실험·실습의 기회를 학생들에게 제공하여 실제적인 맥락에서 문제를 해결하는 경험을 할 수 있도록 한다.

㉣ 학생의 발달과 성장을 지원할 수 있도록 학생의 능력 및 수준에 적합한 '과학탐구실험 1'과 '과학탐구실험 2' 과목의 교수·학습 계획을 수립하고, 학생이 능동적인 학습자로서 수업에 참여할 수 있도록 한다.

㉤ 디지털 교육 환경 변화에 따른 온·오프라인 연계 수업을 실시하고, 다양한 디지털 플랫폼과 기술 및 도구를 적극적으로 활용한다.

② 교수·학습 방법

㉠ 학년이나 학기 초에 교과협의회를 열어 교육과정-교수·학습-평가가 일관되게 이루어질 수 있도록 '과학탐구실험 1'과 '과학탐구실험 2' 과목의 교수·학습 계획을 수립한다.

• 교수·학습 계획 수립이나 학습자료 개발 시 학교 여건, 지역 특성, 학습 내용의 특성과 난이도, 학생 수준, 자료의 준비 가능성 등을 고려하여 교육과정의 내용, 순서 등을 재구성할 수 있다.

• 학생이 과제 연구, 과학관 견학과 같은 여러 가지 과학 활동에 참여할 수 있도록 계획한다.

• 실험·실습에서 지속적인 관찰이 요구되는 내용을 지도할 때는 자료 준비, 관찰자, 관찰 내용 등에 관한 세부 계획을 미리 세운다.

• 학생이 스스로 진로를 고려하여 과학 과목 이수 경로를 설계할 수 있도록 하고, 선택과목 간 교육 내용 연계 및 진로연계교육을 고려하여 지도계획을 수립한다.

• 융합적 사고와 과학적 창의성을 계발하기 위해 내용 연계성을 고려하여 과목 내 영역이나 수학, 기술, 공학, 예술 등 다른 교과와 통합 및 연계하여 지도할 수 있도록 계획한다.

㉡ 강의, 실험, 토의·토론, 발표, 조사, 역할놀이, 프로젝트, 과제 연구, 과학관 견학과 같은 학교 밖 과학 활동 등 다양한 교수·학습 방법을 적절히 활용하고, 학생이 능동적으로 수업에 참여할 수 있도록 한다.

• 학생의 지적 호기심과 학습 동기를 유발할 수 있도록 발문하고, 개방형 질문을 적극적으로 활용한다.

• 교사 중심의 실험보다 학생 중심의 탐구 활동을 설계하고, 동료들과의 협업을 통해 과제를 해결하는 과정에서 상호 협력이 중요함을 인식하도록 지도한다.

• 탐구 수행 과정에서 자신의 의견을 명확히 표현하고 다른 사람의 의견을 존중하는 태도를 가지며, 과학적인 근거에 기초하여 의사소통하도록 지도한다.

• 모형을 사용할 때는 모형과 실제 자연 현상 사이에 차이가 있음을 이해할 수 있도록 한다.

• 과학 및 과학과 관련된 사회적 쟁점을 주제로 과학 글쓰기와 토론을 실시하여 과학적 사고력, 과학적 의사소통 능력 등을 함양할 수 있도록 지도한다.

㉢ 학생의 디지털 소양 함양과 교수·학습 환경의 변화를 고려하여 교수·학습을 지원하는 다양한 디지털 기기 및 환경을 적극적으로 활용한다.

• '과학탐구실험 1'과 '과학탐구실험 2' 학습에 대한 학생의 이해를 돕고 흥미를 유발하며 구체적 조

작 경험과 활동을 제공하기 위해 모형이나 시청각 자료, 가상 현실이나 증강 현실 자료, 소프트웨어, 컴퓨터 및 스마트 기기, 인터넷 등의 최신 정보 통신 기술과 기기 등을 실험과 탐구에 적절히 활용한다.

- 온라인 학습 지원 도구를 적극적으로 활용하여 대면 수업의 한계를 극복하고, 다양한 교수·학습 활동이 온라인 학습 환경에서도 이루어질 수 있도록 한다.
- 지능정보기술 등 첨단 과학기술 기반의 과학 교육이 이루어질 수 있도록 지능형 과학실을 활용한 탐구 실험·실습 중심의 교수·학습 활동 계획을 수립하여 실행한다.
- '과학탐구실험 1'과 '과학탐구실험 2'와 관련 탐구 활동에서 다양한 센서나 기기 등 디지털 탐구 도구를 활용하여 실시간으로 자료를 측정하거나 기상청 등 공공기관에서 제공한 자료를 활용하여 자료를 수집하고 처리하는 기회를 제공한다.
- 학교와 학생의 디지털 활용 수준 등을 고려하여 디지털 격차가 발생하지 않도록 유의한다.

㉣ 학생의 '과학탐구실험 1'과 '과학탐구실험 2'에 대한 흥미, 즐거움, 자신감 등 정의적 영역에 관한 성취를 높이고 '과학탐구실험 1'과 '과학탐구실험 2' 관련 진로를 탐색할 수 있는 교수·학습 방안을 강구한다.

- 과학 지식의 잠정성, 과학적 방법의 다양성, 과학 윤리, 과학·기술·사회의 상호 관련성, 과학적 모델의 특성, 과학의 본성과 관련된 내용을 적절한 소재를 활용하여 지도한다.
- 학습 내용과 관련된 첨단 과학기술을 다양한 형태의 자료로 제시함으로써 현대 생활에서 첨단 과학이 갖는 가치와 잠재력을 인식하도록 지도한다.
- 과학자 이야기, 과학사, 시사성 있는 과학 내용 등을 도입하여 과학에 대한 호기심과 흥미를 유발한다.
- 학교의 지역적 특성을 고려하여 지역의 자연환경, 지역 명소, 박물관, 과학관 등 지역별 과학 교육 자원을 적극적으로 활용한다.
- '과학탐구실험 1'과 '과학탐구실험 2' 관련 직업이나 다양한 활용 사례를 통해 관련된 학습과 진로에 대한 동기를 부여한다.

㉤ 학생이 '과학탐구실험 1'과 '과학탐구실험 2' 교육과정에 제시된 탐구 및 실험·실습 활동을 안전하게 진행할 수 있는 환경을 조성한다.

- 실험 기구의 사용 방법, 화학 약품을 다룰 때 주의할 점과 안전 사항을 사전에 지도하여 사고가 발생하지 않도록 유의한다.
- 야외 탐구 활동 및 현장 학습 시에는 사전 답사를 실시하거나 관련 자료를 조사하여 안전한 활동을 실행한다.
- 실험 기구나 재료는 수업 이전에 충분히 준비하되, 실험 후 발생하는 폐기물은 적법한 절차에 따라 처리하여 환경을 오염시키지 않도록 유의한다.
- 생명체를 다룰 때는 생명을 아끼고 존중하는 태도를 가질 수 있도록 지도한다.

㉥ 범교과 학습, 생태전환교육, 디지털·인공지능 기초 소양 함양과 관련한 교육내용 중 해당 주제와 연계하여 지도할 수 있는 내용을 선정하여 함께 학습할 수 있도록 지도한다.

㉦ 학습 부진 학생, 특정 분야에서 탁월한 재능을 보이는 학생, 특수교육 대상 학생 등 모두를 위한 교육을 위해 학습자가 지닌 교육적 요구에 적합한 교수·학습 계획을 수립하여 지도한다.

- 학생의 능력과 흥미 등 개인차를 고려하여 학습 내용과 실험·실습 활동 등을 수정하거나 대체 활동을 마련하여 제공할 수 있다.
- 특수교육 대상 학생의 학습 참여도를 높이기 위해 학습자의 장애 및 발달 특성을 고려하여 교과 내용이나 실험·실습 활동을 더 자세히 안내하거나 학생이 이해할 수 있도록 적합한 대안을 제시할 수 있다.

◎ 교육과정에서 제시된 성취기준에 학생이 도달할 수 있도록 하고, 최소 성취수준 보장을 위한 교수·학습 계획을 수립한다.

• 교수·학습 과정에서 학생의 성취 정도를 수시로 파악함으로써 교육과정 성취기준 도달 정도를 점검한다.

• 교육과정 성취기준에 도달하지 못하는 학생을 위해서 별도의 학습자료를 제공하는 등 최소 성취수준에 도달할 수 있도록 지도한다.

⑵ 평가

① 평가의 방향

㉠ '과학탐구실험 1'과 '과학탐구실험 2' 과목의 평가는 교육과정 성취기준에 근거하여 실시하되, 평가 결과에 대한 환류를 통해 학생의 학습과 성장을 도울 수 있도록 계획하여 실시한다.

㉡ '과학탐구실험 1'과 '과학탐구실험 2' 교육과정상의 내용 체계와의 관련성을 고려하여 지식·이해, 과정·기능, 가치·태도를 균형 있게 평가한다. 특히, 지식·이해 중심의 평가를 지양한다.

㉢ 학습 부진 학생, 특정 분야에서 탁월한 재능을 보이는 학생, 특수교육 대상 학생 등의 경우 적절한 평가 방법을 제공하여 교육적 요구에 맞는 평가가 이루어질 수 있도록 한다.

㉣ '과학탐구실험 1'과 '과학탐구실험 2' 학습 내용을 평가할 때, 온라인 학습 지원 도구 등 디지털 교육 환경을 활용한 평가 방안이나 평가 도구를 활용한다.

② 평가 방법

㉠ '과학탐구실험 1'과 '과학탐구실험 2' 과목의 평가는 평가 계획 수립, 평가 문항과 도구 개발, 평가의 시행, 평가 결과의 처리, 평가 결과의 활용 등의 절차를 거쳐 실시한다.

㉡ 교수·학습 계획을 수립할 때, '과학탐구실험 1'과 '과학탐구실험 2' 교육과정 성취기준을 고려하여 평가의 시기나 방법을 포함한 평가 계획을 함께 수립한다.

• 교수·학습과 평가를 유기적으로 연결하여, 학습 결과에 대한 평가뿐만 아니라 평가 과정이 학생 자신의 학습 과정이나 결과를 성찰할 기회가 되도록 한다.

• 평가의 시기와 목적에 맞게 진단평가, 형성 평가, 총괄 평가 등을 계획하여 실시한다.

• 평가는 교수·학습의 목표와 성취기준에 근거하여 실시하고, 그 결과를 후속 학습 지도 계획 수립과 지도 방법 개선, 진로 지도 등에 활용한다.

• 평가 결과를 바탕으로 학생 개별 맞춤형 환류를 제공하여 학생 스스로 평가 결과를 해석하고 학습 계획을 세울 수 있도록 한다.

㉢ 지식·이해, 과정·기능, 가치·태도를 고르게 평가함으로써 '과학탐구실험 1'과 '과학탐구실험 2'의 교수·학습 목표 도달 여부를 종합적으로 파악할 수 있도록 한다. 또한, 학습의 결과뿐만 아니라 학습의 과정도 함께 평가한다.

• '과학탐구실험 1'과 '과학탐구실험 2'의 핵심 개념을 이해하고 적용하는 능력을 평가한다.

• '과학탐구실험 1'과 '과학탐구실험 2'의 과학적 탐구에 필요한 문제 인식 및 가설 설정, 탐구 설계 및 수행, 자료 수집·분석 및 해석, 결론 도출 및 일반화, 의사소통과 협업 등과 관련된 과정·기능을 평가한다.

• '과학탐구실험 1'과 '과학탐구실험 2'에 대한 흥미와 가치 인식, 학습 참여의 적극성, 협동성, 과학적으로 문제를 해결하는 태도, 창의성 등을 평가한다.

㉣ '과학탐구실험 1'과 '과학탐구실험 2'를 평가할 때는 학생의 학습 과정과 결과를 평가하기 위해 지필 평가(선택형, 서술형, 논술형 등), 관찰, 실험·실습, 보고서, 면담, 구술, 포트폴리오, 자기 평가, 동료 평가 등의 다양한 방법을 활용한다.

- 성취기준에 근거하여 평가 요소에 적합한 평가 상황을 설정하고, 타당한 평가 방법을 선정한다.
- 타당도와 신뢰도가 높은 평가를 위하여 가능하면 공동으로 평가 도구를 개발하여 활용한다.
- 평가 도구를 개발할 때는 창의 융합적 문제해결력 및 인성과 감성 함양에 도움이 되는 소재나 상황 들을 적극적으로 발굴하여 활용한다.
- 평가 요소에 따라 개별 평가와 모둠 평가를 실시하고, 자기 평가와 동료 평가도 활용할 수 있다.
- 디지털 교수·학습 환경을 고려하여 온라인 학습 지원 도구 등을 활용한 온라인 평가를 병행하여 활용할 수 있다.

㉤ 학생들의 '과학탐구실험 1'과 '과학탐구실험 2' 교육과정 성취기준에 대한 도달 정도를 파악하기 위해 형성평가를 실시하고, 그 결과를 바탕으로 최소 성취수준 보장을 위한 맞춤형 교수·학습 활동을 실시한다.

- 다양한 평가 도구를 활용하여 '과학탐구실험 1'과 '과학탐구실험 2' 교육과정에 근거한 최소 성취수준에 도달할 수 없는 학생을 사전에 파악함으로써 최소 성취수준 보장을 위한 조치를 취한다.
- 평가 결과를 학생의 '과학탐구실험 1'과 '과학탐구실험 2' 학습 성취수준에 대한 진단과 더불어 학생 맞춤형 보정 계획과 연계하도록 한다.

일반 선택 과목 물리학

1. 성격 및 목표

(1) 성격

'물리학'은 모든 자연 현상과 과학기술을 이해하는 데 필요한 기초 개념을 제공하고 자연 세계에 대한 본질적 이해를 추구하는 학문이다. 물리학은 자연 세계의 신비를 탐구하면서 얻을 수 있는 지적 희열을 제공할 뿐만 아니라, 물리 탐구를 통해 생성된 과학 지식은 공학과 기술에 응용되어 현대 문명과 일상생활에도 지대한 영향을 주고 있다.

'물리학'은 21세기를 살아가는 데 필요한 미래 사회의 핵심역량과 민주 시민으로서 갖추어야 할 물리학에 대한 기초 소양을 함양하기 위한 과목이다. '물리학'은 일상생활이나 자연 현상, 첨단 과학기술 속에 물리학의 기본 법칙이 담겨 있음을 알고 이들 현상을 이해하고 탐구할 수 있는 능력을 바탕으로 민주 시민으로서 개인과 사회 문제를 과학적으로 해결하고 참여·실천하는 역량을 함양하는 데 중점을 둔다.

'물리학'은 초등학교 '과학'부터 고등학교 '통합과학 1, 2', '과학탐구실험 1, 2'까지 다룬 물리학의 기초 개념을 바탕으로 자연 현상을 체계적으로 이해하기 위한 과목이다. '물리학'의 내용은 고등학교 진로선택 과목 '역학과 에너지', '전자기와 양자' 및 융합선택 과목 '과학의 역사와 문화', '융합과학 탐구'와 긴밀한 연계를 가진다. '물리학'은 직접 관찰 가능한 거시세계 현상에서 시작하여 인간의 지각 범위를 초월하는 미시세계로 이어지는 스토리라인에 따라 힘과 에너지, 전기와 자기, 빛과 물질 영역으로 구성된다. 힘과 에너지 영역에서는 물체의 운동 상태 변화를 물체가 받는 힘과의 관계 및 에너지 전환과 보존 관점에서 이해하는 것을 주요 내용으로 한다. 전기와 자기 영역에서는 전기장과 자기장이 서로 유도하는 현상에 대한 이해를 바탕으로 전기 에너지 활용과 유무선 정보 통신 기술에 대한 응용을 다룬다. 빛과 물질 영역에서는 미시세계에서 일어나는 현상을 빛과 물질의 이중성을 중심으로 학습하고 원자 구조에 대한 이해를 바탕으로 반도체 소자의 원리를 소개한다.

미래 사회는 첨단 과학기술을 기반으로 혁신적인 융복합 영역이 창출되는 사회로, 과학적 문제해결력과 창의성을 발휘하는 전문가 집단과 과학적 소양을 갖춘 시민이 함께 이끄는 사회이다. '물리학'에서는 다양한 탐구 중심의 학습을 통해 지식·이해, 과정·기능, 가치·태도의 세 차원을 상호보완적으로 함양함으로써 영역별 핵심 아이디어에 도달하고, 행위 주체로서 갖추어야 할 과학적 소양을 기를 수 있을 것이다.

(2) **목표**

자연 현상과 일상생활에 대하여 흥미와 호기심을 가지고 탐구하여 자연의 신비와 아름다움을 인식하고, 물리학의 기본 개념을 통합적으로 이해하며 올바른 과학적 태도를 기른다. 또한 물리학의 탐구 능력을 함양하고 이를 활용하여 물리학과 관련된 개인과 사회의 문제를 과학적이고 창의적으로 해결하는 데 민주 시민으로서 참여하고 실천하는 과학적 소양을 기른다.

① 자연 현상과 일상생활에 대한 흥미와 호기심을 바탕으로 물리학과 관련된 개인과 사회의 문제를 인식하고, 이를 과학적으로 해결하려는 태도를 기른다.

② 과학의 탐구 방법을 이해하고 물리학과 관련된 일상생활의 문제를 과학적으로 탐구하는 능력을 기른다.

③ 자연 현상과 일상생활을 과학적으로 탐구하여 물리학의 핵심 개념을 이해한다.

④ 과학과 기술 및 사회의 상호 관계를 이해하고 이를 바탕으로 개인과 사회의 문제해결에 민주 시민으로서 참여하고 실천하는 능력을 기른다.

2. 내용 체계 및 성취기준

(1) **내용 체계**

핵심 아이디어		• 물체에 알짜힘이 작용하면 속도 변화가 일어나며, 이러한 관계는 일상생활에서 안전하고 편리한 삶에 적용된다. • 자연계에서 벌어지는 모든 현상에서 에너지는 보존되고 전환되며, 이때 전환되는 에너지를 효율적으로 활용하는 것은 현대 기술 문명에서 중요하다. • 전하를 띤 입자는 전기장을 만들어 다른 전하에 전기력을 가하며, 이는 전기 회로에서 전기 에너지를 저장하고 소비하는 장치의 기본 원리이다. • 전기와 자기가 서로 관련되는 현상은 전기 에너지의 전환, 전기 신호와 에너지 전달과 관련된 기술에 적용된다. • 빛이 중첩, 간섭, 굴절하고 물질과 상호작용을 하는 성질은 광학 기기, 정밀 측정, 영상 장치 등 다양한 기술에 활용된다. • 원자 내의 전자는 양자화된 에너지 준위를 가지며, 이러한 성질은 반도체 소자의 발명으로 응용되어 현대 문명과 산업을 혁신적으로 변화시켰다.
범주 　　　　**구분**		**내용 요소**
지식 · 이해	힘과 에너지	• 평형과 안정성　• 뉴턴 운동 법칙　• 일-에너지 정리 • 역학적 에너지 보존　• 열과 에너지 전환
	전기와 자기	• 전기장과 전위차　• 축전기　• 자성체　• 전류의 자기 작용　• 전자기 유도
	빛과 물질	• 중첩과 간섭　• 굴절　• 빛과 물질의 이중성　• 에너지띠와 반도체　• 광속 불변
과정 · 기능		• 물리 현상에서 문제를 인식하고 가설을 설정하기 • 변인을 조작적으로 정의하여 탐구 설계하기 • 다양한 도구와 수학적 사고를 활용하여 정보를 수집 · 기술하기 • 증거와 과학적 사고에 근거하여 자료를 분석 · 평가 · 추론하기 • 결론을 도출하고 자연 현상 및 기술 상황에 적용하여 설명하기 • 모형을 생성하고 활용하기 • 다양한 매체를 활용하여 표현하고 의사소통하기

| 가치 · 태도 | • 과학의 심미적 가치
• 과학 유용성
• 자연과 과학에 대한 감수성
• 과학 창의성
• 과학 활동의 윤리성
• 과학 문제 해결에 대한 개방성
• 안전 · 지속가능 사회에 기여
• 과학 문화 향유 |

(2) 성취기준

① 힘과 에너지

[12물리1-1] 물체에 작용하는 알짜힘과 돌림힘이 0일 때 평형을 이룸을 알고, 다양한 구조물의 안정성을 분석할 수 있다.

[12물리1-2] 뉴턴 운동 법칙으로 등가속도 운동을 설명하고, 교통안전 사고 예방에 적용할 수 있다.

[12물리1-3] 작용과 반작용 관계와 운동량 보존 법칙을 알고, 스포츠, 교통수단, 발사체 등에 적용할 수 있다.

[12물리1-4] 일과 운동 에너지의 관계를 이해하고, 위치 에너지와 역학적 에너지 보존 법칙을 설명할 수 있다.

[12물리1-5] 역학적 에너지가 열의 형태로 전환될 때 에너지 총량이 변하지 않음을 설명할 수 있다.

[12물리1-6] 열이 역학적 에너지로 전환되는 과정의 효율을 정성적으로 이해하고, 영구기관이 불가능함을 사례를 통해 논증할 수 있다.

탐구 활동
- 동영상을 활용하여 물체의 등가속도 운동 분석하기
- 일차원 충돌 상황에서 운동량 보존 확인하기

② 전기와 자기

[12물리2-1] 전하를 띤 입자들이 전기장과 전위차를 형성하여 서로 전기적으로 상호작용함을 설명할 수 있다.

[12물리2-2] 전기 회로에서 저항의 연결에 따라 소비 전력이 달라짐을 알고, 다양한 전기 기구에서 적용되는 사례를 찾을 수 있다.

[12물리2-3] 축전기에서 전기 에너지를 저장하는 원리가 각종 센서와 전기 신호 입력 장치 등 실생활 제품에서 활용됨을 설명할 수 있다.

[12물리2-4] 자성체의 종류를 알고 일상생활과 산업 기술에서 자성체가 활용되는 예를 찾을 수 있다.

[12물리2-5] 전류의 자기 작용을 이용하여 에너지를 전환하는 장치의 원리를 알고, 스피커와 전동기 등을 설계할 수 있다.

[12물리2-6] 전자기 유도 현상이 센서, 무선통신, 무선충전 등 에너지 전달 기술에 적용되어 현대 문명에 미친 영향을 인식할 수 있다.

탐구 활동
- 저항의 직렬연결과 병렬연결에서 전류와 전압 측정하여 비교하기
- 다양한 재료를 활용하여 스피커를 설계하고 제작하여 음성 정보의 전기적 재생 과정 탐색하기
- 전자기 유도 작용을 이용한 무선 충전 원리를 이해하고 구현하기

③ 빛과 물질

[12물리03-01]	빛의 중첩과 간섭을 통해 빛의 파동성을 알고, 이를 이용한 기술과 현상을 예를 들어 설명할 수 있다.
[12물리03-02]	빛의 굴절을 이용하여 볼록렌즈에서 상이 맺히는 과정을 설명하고, 반도체와 디스플레이 제작 공정에서 중요하게 활용됨을 인식할 수 있다.
[12물리03-03]	빛과 물질의 이중성이 전자 현미경과 영상 정보 저장 등 다양한 분야에 활용됨을 설명할 수 있다.
[12물리03-04]	원자 내의 전자는 양자화된 에너지 준위를 가지고 있음을 스펙트럼 관찰 증거를 바탕으로 논증할 수 있다.
[12물리03-05]	고체의 에너지띠 구조로부터 도체와 부도체의 차이를 알고, 반도체 소자의 원리를 설명할 수 있다.
[12물리03-06]	모든 관성계에서 빛의 속력이 동일하다는 원리로부터 시간 팽창, 길이 수축 현상이 나타남을 알고, 이러한 지식이 사회에 미친 영향을 조사할 수 있다.

탐구 활동
- 이중 슬릿에 의한 빛의 간섭 관찰하기
- 볼록렌즈에 의한 실상을 관찰하여 상의 위치와 초점거리 찾기

3. 교수·학습 및 평가

(1) 교수·학습

① 교수·학습의 방향

㉠ '물리학' 관련 다양한 활동을 통해 '물리학' 교육과정에서 제시한 목표를 달성하고, '물리학' 관련 기초 소양 및 미래 사회에 필요한 역량을 함양하기 위한 교수·학습 계획을 수립하여 지도한다.

㉡ '물리학' 교육과정의 내용 체계표에 제시된 핵심 개념인 지식·이해뿐만 아니라 과정·기능, 가치·태도를 균형 있게 발달시킬 수 있도록 지도한다.

㉢ 역량 함양을 위한 깊이 있는 학습이 이루어지도록 적절하고 다양한 일상생활 소재나 실험·실습의 기회를 학생들에게 제공하여 실제적인 맥락에서 문제를 해결하는 경험을 할 수 있도록 한다.

㉣ 학생의 발달과 성장을 지원할 수 있도록 학생의 능력 및 수준에 적합한 '물리학' 과목의 교수·학습 계획을 수립하고, 학생이 능동적인 학습자로서 수업에 참여할 수 있도록 한다.

㉤ 디지털 교육 환경 변화에 따른 온·오프라인 연계 수업을 실시하고, 다양한 디지털 플랫폼과 기술 및 도구를 적극적으로 활용한다.

② 교수·학습 방법

㉠ 학년이나 학기 초에 교과협의회를 열어 교육과정-교수·학습-평가가 일관되게 이루어질 수 있도록 '물리학' 과목의 교수·학습 계획을 수립한다.

- 교수·학습 계획 수립이나 학습 자료 개발 시 학교 여건, 지역 특성, 학습 내용의 특성과 난이도, 학생 수준, 자료의 준비 가능성 등을 고려하여 교육과정의 내용, 순서 등을 재구성할 수 있다.
- 학생이 과제 연구, 과학관 견학과 같은 여러 가지 과학 활동에 참여할 수 있도록 계획한다.
- 실험·실습에서 지속적인 관찰이 요구되는 내용을 지도할 때는 자료 준비, 관찰자, 관찰 내용 등에 관한 세부 계획을 미리 세운다.
- 학생이 스스로 진로를 고려하여 과학 과목 이수 경로를 설계할 수 있도록 하고, 선택과목 간 교육 내용 연계 및 진로연계교육을 고려하여 지도계획을 수립한다.
- 융합적 사고와 과학적 창의성을 계발하기 위해 내용 연계성을 고려하여 과목 내 영역이나 수학, 기술, 공학, 예술 등 다른 교과와 통합 및 연계하여 지도할 수 있도록 계획한다.

ⓒ 강의, 실험, 토의·토론, 발표, 조사, 역할놀이, 프로젝트, 과제 연구, 과학관 견학과 같은 학교 밖 과학 활동 등 다양한 교수·학습 방법을 적절히 활용하고, 학생이 능동적으로 수업에 참여할 수 있도록 한다.

- 학생의 지적 호기심과 학습 동기를 유발할 수 있도록 발문하고, 개방형 질문을 적극적으로 활용한다.
- 교사 중심의 실험보다 학생 중심의 탐구 활동을 설계하고, 동료들과의 협업을 통해 과제를 해결하는 과정에서 상호 협력이 중요함을 인식하도록 지도한다.
- 탐구 수행 과정에서 자신의 의견을 명확히 표현하고 다른 사람의 의견을 존중하는 태도를 가지며, 과학적인 근거에 기초하여 의사소통하도록 지도한다.
- 모형을 사용할 때는 모형과 실제 자연 현상 사이에 차이가 있음을 이해할 수 있도록 한다.
- 과학 및 과학과 관련된 사회적 쟁점을 주제로 과학 글쓰기와 토론을 실시하여 과학적 사고력, 과학적 의사소통 능력 등을 함양할 수 있도록 지도한다.

ⓒ 학생의 디지털 소양 함양과 교수·학습 환경의 변화를 고려하여 교수·학습을 지원하는 다양한 디지털 기기 및 환경을 적극적으로 활용한다.

- '물리학' 학습에 대한 학생의 이해를 돕고 흥미를 유발하며 구체적 조작 경험과 활동을 제공하기 위해 모형이나 시청각 자료, 가상 현실이나 증강 현실 자료, 소프트웨어, 컴퓨터 및 스마트 기기, 인터넷 등의 최신 정보 통신 기술과 기기 등을 실험과 탐구에 적절히 활용한다.
- 온라인 학습 지원 도구를 적극적으로 활용하여 대면 수업의 한계를 극복하고, 다양한 교수·학습 활동이 온라인 학습 환경에서도 이루어질 수 있도록 한다.
- 지능정보기술 등 첨단 과학기술 기반의 과학 교육이 이루어질 수 있도록 지능형 과학실을 활용한 탐구 실험·실습 중심의 교수·학습 활동 계획을 수립하여 실행한다.
- '물리학' 관련 탐구 활동에서 다양한 센서나 기기 등 디지털 탐구 도구를 활용하여 실시간으로 자료를 측정하거나 기상청 등 공공기관에서 제공한 자료를 활용하여 자료를 수집하고 처리하는 기회를 제공한다.
- 학교 및 학생의 디지털 활용 수준 등을 고려하여 디지털 격차가 발생하지 않도록 유의한다.
- 교육용 마이크로프로세서를 활용한 피지컬 컴퓨팅을 탐구 실험·실습에 도입하여 학생의 참여도를 높이고 융복합적 문제해결 능력을 신장하는 기회를 제공한다.

ⓒ 학생의 '물리학'에 대한 흥미, 즐거움, 자신감 등 정의적 영역에 관한 성취를 높이고 '물리학' 관련 진로를 탐색할 수 있는 교수·학습 방안을 강구한다.

- 과학 지식의 잠정성, 과학적 방법의 다양성, 과학 윤리, 과학·기술·사회의 상호 관련성, 과학적 모델의 특성, 과학의 본성과 관련된 내용을 적절한 소재를 활용하여 지도한다.
- 학습 내용과 관련된 첨단 과학기술을 다양한 형태의 자료로 제시함으로써 현대 생활에서 첨단 과학이 갖는 가치와 잠재력을 인식하도록 지도한다.
- 과학자 이야기, 과학사, 시사성 있는 과학 내용 등을 도입하여 과학에 대한 호기심과 흥미를 유발한다.
- 학교의 지역적 특성을 고려하여 지역의 자연환경, 지역 명소, 박물관, 과학관 등 지역별 과학 교육 자원을 적극적으로 활용한다.
- '물리학' 관련 직업이나 다양한 활용 사례를 통해 학습과 진로에 대한 동기를 부여한다.
- 물리학이 많은 과학 분야의 기초를 제공하며, 자연 세계를 본질적으로 이해하는 기본적 학문임을 인식시키고, 학습 내용과 관련된 첨단 과학이나 기술을 다양한 형태의 자료로 제시함으로써 현대 생활에서 첨단 과학이 갖는 가치와 잠재력을 인식하도록 지도한다.

ⓜ 학생이 '물리학' 교육과정에 제시된 탐구 및 실험·실습 활동을 안전하게 진행할 수 있는 환경을 조성한다.

- 실험 기구의 사용 방법과 안전 사항을 사전에 지도하여 사고가 발생하지 않도록 유의한다.
- 야외 탐구 활동 및 현장 학습 시에는 사전 답사를 하거나 관련 자료를 조사하여 안전한 활동을 실행한다.
- 실험 기구나 재료는 수업 이전에 충분히 준비하되, 실험 후 발생하는 폐기물은 적법한 절차에 따라 처리하여 환경을 오염시키지 않도록 유의한다.
- 상황에 따라 실험 시연 또는 시범으로 대체할 수 있다.

ⓑ 범교과 학습, 생태전환교육, 디지털·인공지능 기초 소양 함양과 관련한 교육내용 중 해당 주제와 연계하여 지도할 수 있는 내용을 선정하여 함께 학습할 수 있도록 지도한다.

ⓐ 학습 부진 학생, 특정 분야에서 탁월한 재능을 보이는 학생, 특수교육 대상 학생 등 모두를 위한 교육을 위해 학습자가 지닌 교육적 요구에 적합한 교수·학습 계획을 수립하여 지도한다.

- 학생의 능력과 흥미 등 개인차를 고려하여 학습 내용과 실험·실습 활동 등을 수정하거나 대체 활동을 마련하여 제공할 수 있다.
- 특수교육 대상 학생의 학습 참여도를 높이기 위해 학습자의 장애 및 발달 특성을 고려하여 교과 내용이나 실험·실습 활동을 보다 자세히 안내하거나 학생이 이해할 수 있도록 적합한 대안을 제시할 수 있다.

ⓞ 교육과정에서 제시된 성취기준에 학생이 도달할 수 있도록 하고, 최소 성취수준 보장을 위한 교수·학습 계획을 수립한다.

- 교수·학습 과정에서 학생의 성취 정도를 수시로 파악함으로써 교육과정 성취기준 도달 정도를 점검한다.
- 교육과정 성취기준에 도달하지 못하는 학생을 위해서 별도의 학습 자료를 제공하는 등 최소 성취수준에 도달할 수 있도록 지도한다.

(2) 평가

① 평가의 방향

ⓐ '물리학'에서 평가는 교육과정 성취기준에 근거하여 실시하되, 평가 결과에 대한 환류를 통해 학생의 학습과 성장을 도울 수 있도록 계획하여 실시한다.

ⓑ '물리학' 교육과정상의 내용 체계와의 관련성을 고려하여 지식·이해, 과정·기능, 가치·태도를 균형 있게 평가하되, 지식·이해 중심의 평가를 지양한다.

ⓒ 학습 부진 학생, 특정 분야에서 탁월한 재능을 보이는 학생, 특수교육 대상 학생 등의 경우 적절한 평가 방법을 제공하여 교육적 요구에 맞는 평가가 이루어질 수 있도록 한다.

ⓓ '물리학' 학습 내용을 평가할 때, 온라인 학습 지원 도구 등 디지털 교육 환경을 활용한 평가 방안이나 평가 도구를 활용한다.

② 평가 방법

ⓐ '물리학' 과목의 평가는 평가 계획 수립, 평가 문항과 도구 개발, 평가의 시행, 평가 결과의 처리, 평가 결과의 활용 등의 절차를 거쳐 실시한다.

ⓑ 교수·학습 계획을 수립할 때, '물리학' 교육과정 성취기준을 고려하여 평가의 시기나 방법을 포함한 평가 계획을 함께 수립한다.

- 교수·학습과 평가를 유기적으로 연결하여, 학습 결과에 대한 평가뿐만 아니라 평가 과정이 학생 자신의 학습 과정이나 결과를 성찰할 기회가 되도록 한다.
- 평가의 시기와 목적에 맞게 진단 평가, 형성 평가, 총괄 평가 등을 계획하여 실시한다.
- 평가는 교수·학습의 목표와 성취기준에 근거하여 실시하고, 그 결과를 후속 학습 지도 계획 수립

과 지도 방법 개선, 진로 지도 등에 활용한다.
  • 평가 결과를 바탕으로 학생 개별 맞춤형 환류를 제공하여 학생 스스로 평가 결과를 해석하고 학습 계획을 세울 수 있도록 한다.
ⓒ 지식ㆍ이해, 과정ㆍ기능, 가치ㆍ태도를 고르게 평가함으로써 '물리학'의 교수ㆍ학습 목표 도달 여부를 종합적으로 파악할 수 있도록 한다. 또한, 학습의 결과뿐만 아니라 학습의 과정도 함께 평가한다.
  • '물리학'의 핵심 개념을 이해하고 적용하는 능력을 평가한다.
  • '물리학'의 과학적 탐구에 필요한 문제 인식 및 가설 설정, 탐구 설계 및 수행, 자료 수집ㆍ분석 및 해석, 결론 도출 및 일반화, 의사소통과 협업 등과 관련된 과정ㆍ기능을 평가한다.
  • '물리학'에 대한 흥미와 가치 인식, 학습 참여의 적극성, 협동성, 과학적으로 문제를 해결하는 태도, 창의성 등을 평가한다.
ⓔ '물리학'을 평가할 때는 학생의 학습 과정과 결과를 평가하기 위해 지필 평가(선택형, 서술형, 논술형 등), 관찰, 실험ㆍ실습, 보고서, 면담, 구술, 포트폴리오, 자기 평가, 동료 평가 등의 다양한 방법을 활용한다.
  • 성취기준에 근거하여 평가 요소에 적합한 평가 상황을 설정하고, 타당한 평가 방법을 선정한다.
  • 타당도와 신뢰도가 높은 평가를 위하여 가능하면 공동으로 평가 도구를 개발하여 활용한다.
  • 평가 도구를 개발할 때는 창의융합적 문제해결력과 인성 및 감성 함양에 도움이 되는 소재나 상황들을 적극적으로 발굴하여 활용한다.
  • 평가 요소에 따라 개별 평가와 모둠 평가를 실시하고, 자기 평가와 동료 평가도 활용할 수 있다.
  • 디지털 교수ㆍ학습 환경을 고려하여 온라인 학습 지원 도구 등을 활용한 온라인 평가를 병행하여 활용할 수 있다.
ⓜ 학생들의 '물리학' 교육과정 성취기준에 대한 도달 정도를 파악하기 위해 형성평가를 실시하고, 그 결과를 바탕으로 최소 성취수준 보장을 위한 맞춤형 교수ㆍ학습 활동을 실시한다.
  • 다양한 평가 도구를 활용하여 '물리학' 교육과정에 근거한 최소 성취수준에 도달할 수 없는 학생을 사전에 파악함으로써 최소 성취수준 보장을 위한 조치를 취한다.
  • 평가 결과를 학생의 '물리학' 학습 성취수준에 대한 진단과 더불어 학생 맞춤형 보정 계획과 연계하도록 한다.

진로 선택 과목 　역학과 에너지

1. 성격 및 목표

(1) 성격

'역학과 에너지'는 물리학의 학문적 소양을 갖추고 더불어 살아가는 창의적인 사람을 육성하기 위한 과목이다. '역학과 에너지'에서는 역학의 기본 법칙을 이해하고 다양한 물체의 운동 및 열 현상과 열기관, 탄성파 등에 대해 학문적 흥미와 호기심을 갖도록 하며, 물리학 탐구 능력과 과학적 태도를 함양하여, 자연과 일상생활에서 접하게 되는 다양한 물리 현상에 대한 의문점들을 과학적이고 창의적으로 해결하는 물리학의 학문적 소양을 기르는 데 중점을 둔다.

'역학과 에너지'는 초중학교 '과학'부터 고등학교 '통합과학 1, 2'까지 다룬 물리학의 기초 개념을 바탕으로 구성되며, 일반선택 과목인 '물리학'과 진로선택 과목 '전자기와 양자' 및 융합선택 과목 '과학의 역사와 문화', '융합과학 탐구'와 긴밀한 연계를 가진다. '역학과 에너지'는 힘과 에너지 등 과학의 기초 개념을 다루기 때문에 모든 자연과학 계열 진로, 특히 기계, 항공, 조선, 건축, 토목, 음향 등과 같이 거시 수준에서 물체의 거동을 다루는 공학 계열 진로와 관련 있다.

'역학과 에너지'는 시공간과 운동, 열과 에너지, 탄성파와 소리 영역으로 구성된다. 시공간과 운동 영역에서는 지표면에서 운동하는 물체와 인공위성 및 행성의 운동을 중력의 관점에서 살펴보고 중력으로 인해 시공간이 휘어져 나타나는 현상을 다룬다. 열과 에너지 영역에서는 다양한 열 현상과 열기관의 특성을 에너지 개념을 바탕으로 다루고 열역학 법칙의 적용을 주요 내용으로 한다. 탄성파와 소리 영역에서는 매질을 통한 에너지의 전파 과정과 파동의 투과와 반사 현상에 대한 기본적인 이해, 음파의 간섭과 도플러 현상의 실생활 이용 및 악기의 원리 등을 다룬다.

미래 사회는 첨단 과학기술을 기반으로 혁신적인 융복합 영역이 창출되는 사회로, 과학적 문제해결력과 창의성을 발휘하는 전문가 집단과 과학적 소양을 갖춘 시민이 함께 이끄는 사회이다. '역학과 에너지'에서는 다양한 탐구 중심의 학습을 통해 지식·이해, 과정·기능, 가치·태도의 세 차원을 상호보완적으로 함양함으로써 영역별 핵심 아이디어에 도달하고, 행위 주체로서 갖추어야 할 과학적 소양을 기를 수 있을 것이다.

(2) 목표

역학 및 에너지가 관련되는 다양한 자연 현상과 일상생활의 경험에 대하여 흥미와 호기심을 가지고 탐구하여 자연의 신비와 아름다움을 인식하고, 물리학의 핵심 개념에 대한 이해와 탐구 역량, 과학적 태도를 함양하여 과학기술과 관련된 진로를 선택하기 위해 필요한 역량을 기른다.

① 자연 현상과 일상생활에 대한 흥미와 호기심을 바탕으로 역학과 에너지와 관련된 개인과 사회의 문제를 인식하고, 이를 과학적으로 해결하려는 태도를 기른다.

② 과학의 탐구 방법을 이해하고 역학과 에너지와 관련된 문제를 과학적으로 탐구하는 능력을 기른다.

③ 자연 현상과 일상생활을 과학적으로 탐구하여 역학과 에너지의 핵심 개념을 이해한다.

④ 과학과 기술 및 사회의 상호 관계를 이해하고 이를 바탕으로 개인과 사회의 문제해결에 민주 시민으로서 참여하고 실천하는 능력을 기른다.

2. 내용 체계 및 성취기준

(I) 내용 체계

핵심 아이디어	• 물체의 운동은 뉴턴 운동 법칙 또는 일과 에너지의 관점에서 분석·설명되며, 일상생활 속에서 물체의 운동을 과학적으로 이해하는 데 도움이 된다. • 중력은 지표면에서의 다양한 운동과 인공위성 및 행성의 운동을 만들어내며, 블랙홀, 중력 시간 지연과 같은 현상의 원인으로서 자연의 이해에 필수적이다. • 단열과 열팽창 등은 에너지 기술 및 건축 설계에 활용되며, 기체에 가해지는 열과 일은 계의 내부 에너지를 변화시킨다. • 화석연료를 사용하는 다양한 열기관이 개발·활용되면서 산업발전과 함께 환경오염 문제가 발생하였으며, 열과 관련된 다양한 현상은 방향성이 있어 어떤 변화는 되돌릴 수 없다. • 탄성파가 매질을 통해 진행·투과·반사하는 성질과 간섭 현상은 소음 제어 기술에 중요하게 이용된다. • 도플러 효과는 실생활 속에서 물체의 속도 측정에 활용되며, 소리의 중첩, 정상파, 공명 현상에 대한 이해는 악기에 중요하게 활용된다.	

범주	구분	내용 요소
지식·이해	시공간과 운동	• 벡터의 합성 • 포물선 운동과 원운동 • 역학적 에너지 • 중력과 천체 운동 • 탈출 속도 • 등가 원리
	열과 에너지	• 열의 이동 • 이상 기체 법칙 • 열역학 제1법칙 • 열기관 • 열역학 제2법칙
	탄성파와 소리	• 탄성파 • 투과와 반사 • 도플러 효과 • 간섭과 소음 제어 • 정상파
과정·기능		• 물리 현상에서 문제를 인식하고 가설을 설정하기 • 변인을 조작적으로 정의하여 탐구 설계하기 • 다양한 도구와 수학적 사고를 활용하여 정보를 수집·기술하기 • 증거와 과학적 사고에 근거하여 자료를 분석·평가·추론하기 • 결론을 도출하고 자연 현상 및 기술 상황에 적용·설명하기 • 모형을 생성하고 활용하기 • 다양한 매체를 활용하여 표현하고 의사소통하기
가치·태도		• 과학의 심미적 가치 • 과학 유용성 • 자연과 과학에 대한 감수성 • 과학 창의성 • 과학 활동의 윤리성 • 과학 문제 해결에 대한 개방성 • 안전·지속가능 사회에 기여 • 과학 문화 향유

(2) 성취기준

① 시공간과 운동

[12역학01-01] 물체에 작용하는 여러 가지 힘의 합력을 구하여 물체의 운동을 정량적으로 예측할 수 있다.

[12역학01-02] 뉴턴 운동 법칙을 이용하여 물체의 포물선 운동을 정량적으로 설명하고, 포물선 운동에서의 역학적 에너지를 구할 수 있다.

[12역학01-03] 물체에 작용하는 힘의 방향에 따라 물체의 운동 방향이 변할 수 있음을 원운동 등 다양한 예를 들어 설명할 수 있다.

[12역학01-04] 케플러 법칙으로부터 중력의 존재가 밝혀지는 과학사적 배경을 이해하고, 중력을 이용하여 인공위성과 행성의 운동을 분석하고 설명할 수 있다.

[12역학01-05] 역학적 에너지 보존을 이용하여 행성에 따라 탈출 속도가 다름을 이해하고, 운동량 보존을 이용하여 우주선이 발사되어 궤도에 오르는 원리를 설명할 수 있다.

[12역학01-06] 등가 원리와 시공간의 휘어짐으로 인해 블랙홀과 중력 시간 지연이 나타남을 이해하고, 일반 상대론에 흥미를 느낄 수 있다.

탐구 활동

- 스마트폰을 이용하여 다양한 놀이 기구의 운동 분석하기
- 포물선 운동을 하는 물체의 동영상을 분석하여 역학적 에너지 보존 확인하기
- 행성 관측 데이터를 이용하여 케플러 법칙 확인하기

② 열과 에너지

[12역학02-01] 건축을 포함한 다양한 열에너지 관련 기술에 단열, 열팽창 등이 활용된 예를 조사함으로써 과학의 유용성에 대한 가치를 인식할 수 있다.

[12역학02-02] 열에 의한 물질의 상태 변화를 이해하고, 이상 기체의 온도, 압력, 부피의 관계를 설명할 수 있다.

[12역학02-03] 계에 가해진 열이 계의 내부 에너지를 변화시키거나 외부에 일을 할 수 있음을 이해하고, 일상생활 속의 예를 찾음으로써 흥미를 느낄 수 있다.

[12역학02-04] 다양한 열기관에서의 순환 과정과 열효율을 설명하고, 열기관의 개발과 활용이 인류 공동체에 미친 영향을 산업발전과 환경 측면에서 평가할 수 있다.

[12역학02-05] 열의 이동, 기체의 확산과 같은 비가역 현상을 엔트로피를 이용하여 설명할 수 있다.

탐구 활동

- 단열재의 종류에 따른 보온/보냉 효과 비교하기
- 센서를 이용하여 기체의 압력, 부피, 온도 관계 분석하기

③ 탄성파와 소리

[12역학3-1] 용수철 진자를 통해 단진동을 이해하고, 가속도와 변위 사이의 관계를 설명할 수 있다.

[12역학3-2] 탄성파의 진행, 투과, 반사를 이해하고, 탄성파가 활용되는 예를 찾음으로써 과학의 유용성을 인식할 수 있다.

[12역학3-3] 도플러 효과를 이해하고 물체의 속도 측정 등 다양한 장치에 이용됨을 설명할 수 있다.

[12역학3-4] 음향 장치 또는 실내외 공간에서의 소음 제어에 음파의 간섭이 활용됨을 이해하고, 실생활에 사용되는 사례를 조사할 수 있다.

[12역학3-5] 현악기, 관악기 등에서 소리를 내는 원리를 정상파를 이용하여 설명할 수 있다.

탐구 활동

- 파동 용수철을 이용하여 종파와 횡파를 구현하고, 각 탄성파의 진행 속력 측정하기
- 스마트폰을 활용하여 도플러 효과 측정하기
- 정상파를 이용한 음파의 진행 속력 측정하기

3. 교수 · 학습 및 평가

(1) 교수 · 학습

① 교수 · 학습의 방향

㉠ '역학과 에너지' 관련 다양한 활동을 통해 '역학과 에너지' 교육과정에서 제시한 목표를 달성하고, '역학과 에너지' 관련 기초 소양 및 미래 사회에 필요한 역량을 함양하기 위한 교수 · 학습 계획을 수립하여 지도한다.

㉡ '역학과 에너지' 교육과정의 내용 체계표에 제시된 핵심 개념인 지식 · 이해뿐만 아니라 과정 · 기능, 가치 · 태도를 균형 있게 발달시킬 수 있도록 지도한다.

㉢ 역량 함양을 위한 깊이 있는 학습이 이루어지도록 적절하고 다양한 일상생활 소재나 실험 · 실습의 기회를 학생들에게 제공하여 실제적인 맥락에서 문제를 해결하는 경험을 할 수 있도록 한다.

㉣ 학생의 발달과 성장을 지원할 수 있도록 학생의 능력 및 수준에 적합한 '역학과 에너지' 과목의 교수 · 학습 계획을 수립하고, 학생이 능동적인 학습자로서 수업에 참여할 수 있도록 한다.

㉤ 디지털 교육 환경 변화에 따른 온 · 오프라인 연계 수업을 실시하고, 다양한 디지털 플랫폼과 기술 및 도구를 적극적으로 활용한다.

② 교수 · 학습 방법

㉠ 학년이나 학기 초에 교과협의회를 열어 교육과정-교수 · 학습-평가가 일관되게 이루어질 수 있도록 '역학과 에너지' 과목의 교수 · 학습 계획을 수립한다.

• 교수 · 학습 계획 수립이나 학습 자료 개발 시 학교 여건, 지역 특성, 학습 내용의 특성과 난이도, 학생 수준, 자료의 준비 가능성 등을 고려하여 교육과정의 내용, 순서 등을 재구성할 수 있다.

• 학생이 과제 연구, 과학관 견학과 같은 여러 가지 과학 활동에 참여할 수 있도록 계획한다.

• 실험 · 실습에서 지속적인 관찰이 요구되는 내용을 지도할 때는 자료 준비, 관찰자, 관찰 내용 등에 관한 세부 계획을 미리 세운다.

• 학생이 스스로 진로를 고려하여 과학 과목 이수 경로를 설계할 수 있도록 하고, 선택과목 간 교육 내용 연계 및 진로연계교육을 고려하여 지도계획을 수립한다.

• 융합적 사고와 과학적 창의성을 계발하기 위해 내용 연계성을 고려하여 과목 내 영역이나 수학, 기술, 공학, 예술 등 다른 교과와 통합 및 연계하여 지도할 수 있도록 계획한다.

㉡ 강의, 실험, 토의 · 토론, 발표, 조사, 역할놀이, 프로젝트, 과제 연구, 과학관 견학과 같은 학교 밖 과학 활동 등 다양한 교수 · 학습 방법을 적절히 활용하고, 학생이 능동적으로 수업에 참여할 수 있도록 한다.

• 학생의 지적 호기심과 학습 동기를 유발할 수 있도록 발문하고, 개방형 질문을 적극적으로 활용한다.

• 교사 중심의 실험보다 학생 중심의 탐구 활동을 설계하고, 동료들과의 협업을 통해 과제를 해결하는 과정에서 상호 협력이 중요함을 인식하도록 지도한다.

• 탐구 수행 과정에서 자신의 의견을 명확히 표현하고 다른 사람의 의견을 존중하는 태도를 가지며, 과학적인 근거에 기초하여 의사소통하도록 지도한다.

• 모형을 사용할 때는 모형과 실제 자연 현상 사이에 차이가 있음을 이해할 수 있도록 한다.

• 과학 및 과학과 관련된 사회적 쟁점을 주제로 과학 글쓰기와 토론을 실시하여 과학적 사고력, 과학적 의사소통 능력 등을 함양할 수 있도록 지도한다.

㉢ 학생의 디지털 소양 함양과 교수 · 학습 환경의 변화를 고려하여 교수 · 학습을 지원하는 다양한 디지털 기기 및 환경을 적극적으로 활용한다.

• '역학과 에너지' 학습에 대한 학생의 이해를 돕고 흥미를 유발하며 구체적 조작 경험과 활동을 제공하기 위해 모형이나 시청각 자료, 가상 현실이나 증강 현실 자료, 소프트웨어, 컴퓨터 및 스마트

기기, 인터넷 등의 최신 정보 통신 기술과 기기 등을 실험과 탐구에 적절히 활용한다.

- 온라인 학습 지원 도구를 적극적으로 활용하여 대면 수업의 한계를 극복하고, 다양한 교수·학습 활동이 온라인 학습 환경에서도 이루어질 수 있도록 한다.

- 지능정보기술 등 첨단 과학기술 기반의 과학 교육이 이루어질 수 있도록 지능형 과학실을 활용한 탐구 실험·실습 중심의 교수·학습 활동 계획을 수립하여 실행한다.

- '역학과 에너지'와 관련 탐구 활동에서 다양한 센서나 기기 등 디지털 탐구 도구를 활용하여 실시간으로 자료를 측정하거나 기상청 등 공공기관에서 제공한 자료를 활용하여 자료를 수집하고 처리하는 기회를 제공한다.

- 학교 및 학생의 디지털 활용 수준 등을 고려하여 디지털 격차가 발생하지 않도록 유의한다.

- 교육용 마이크로프로세서를 활용한 피지컬 컴퓨팅을 탐구 실험·실습에 도입하여 학생의 참여도를 높이고 융복합적 문제해결 능력을 신장하는 기회를 제공한다.

ⓔ 학생의 '역학과 에너지'에 대한 흥미, 즐거움, 자신감 등 정의적 영역에 관한 성취를 높이고 '역학과 에너지' 관련 진로를 탐색할 수 있는 교수·학습 방안을 강구한다.

- 과학 지식의 잠정성, 과학적 방법의 다양성, 과학 윤리, 과학·기술·사회의 상호 관련성, 과학적 모델의 특성, 과학의 본성과 관련된 내용을 적절한 소재를 활용하여 지도한다.

- 학습 내용과 관련된 첨단 과학기술을 다양한 형태의 자료로 제시함으로써 현대 생활에서 첨단 과학이 갖는 가치와 잠재력을 인식하도록 지도한다.

- 과학자 이야기, 과학사, 시사성 있는 과학 내용 등을 도입하여 과학에 대한 호기심과 흥미를 유발한다.

- 학교의 지역적 특성을 고려하여 지역의 자연환경, 지역 명소, 박물관, 과학관 등 지역별 과학 교육 자원을 적극적으로 활용한다.

- '역학과 에너지' 관련 직업이나 다양한 활용 사례를 통해 학습과 진로에 대한 동기를 부여한다.

- 물리학이 많은 과학 분야의 기초를 제공하며, 자연 세계를 본질적으로 이해하는 기본적 학문임을 인식시키고, 학습 내용과 관련된 첨단 과학이나 기술을 다양한 형태의 자료로 제시함으로써 현대 생활에서 첨단 과학이 갖는 가치와 잠재력을 인식하도록 지도한다.

ⓜ 학생이 '역학과 에너지' 교육과정에 제시된 탐구 및 실험·실습 활동을 안전하게 진행할 수 있는 환경을 조성한다.

- 실험 기구의 사용 방법과 안전 사항을 사전에 지도하여 사고가 발생하지 않도록 유의한다.

- 야외 탐구 활동 및 현장 학습 시에는 사전 답사를 하거나 관련 자료를 조사하여 안전한 활동을 실행한다.

- 실험 기구나 재료는 수업 이전에 충분히 준비하되, 실험 후 발생하는 폐기물은 적법한 절차에 따라 처리하여 환경을 오염시키지 않도록 유의한다.

- 상황에 따라 실험 시연 또는 시범으로 대체할 수 있다.

ⓗ 범교과 학습, 생태전환교육, 디지털·인공지능 기초 소양 함양과 관련한 교육내용 중 해당 주제와 연계하여 지도할 수 있는 내용을 선정하여 함께 학습할 수 있도록 지도한다.

ⓢ 학습 부진 학생, 특정 분야에서 탁월한 재능을 보이는 학생, 특수교육 대상 학생 등 모두를 위한 교육을 위해 학습자가 지닌 교육적 요구에 적합한 교수·학습 계획을 수립하여 지도한다.

- 학생의 능력과 흥미 등 개인차를 고려하여 학습 내용과 실험·실습 활동 등을 수정하거나 대체 활동을 마련하여 제공할 수 있다.

- 특수교육 대상 학생의 학습 참여도를 높이기 위해 학습자의 장애 및 발달 특성을 고려하여 교과 내용이나 실험·실습 활동을 보다 자세히 안내하거나 학생이 이해할 수 있도록 적합한 대안을 제시할 수 있다.

◎ 교육과정에서 제시된 성취기준에 학생이 도달할 수 있도록 하고, 최소 성취수준 보장을 위한 교수・학습 계획을 수립한다.
- 교수・학습 과정에서 학생의 성취 정도를 수시로 파악함으로써 교육과정 성취기준 도달 정도를 점검한다.
- 교육과정 성취기준에 도달하지 못하는 학생을 위해서 별도의 학습 자료를 제공하는 등 최소 성취수준에 도달할 수 있도록 지도한다.

⑵ 평가

① 평가의 방향
㉠ '역학과 에너지'에서 평가는 교육과정 성취기준에 근거하여 실시하되, 평가 결과에 대한 환류를 통해 학생의 학습과 성장을 도울 수 있도록 계획하여 실시한다.
㉡ '역학과 에너지' 교육과정상의 내용 체계와의 관련성을 고려하여 지식・이해, 과정・기능, 가치・태도를 균형 있게 평가하되, 지식・이해 중심의 평가를 지양한다.
㉢ 학습 부진 학생, 특정 분야에서 탁월한 재능을 보이는 학생, 특수교육 대상 학생 등의 경우 적절한 평가 방법을 제공하여 교육적 요구에 맞는 평가가 이루어질 수 있도록 한다.
㉣ '역학과 에너지' 학습 내용을 평가할 때, 온라인 학습 지원 도구 등 디지털 교육 환경을 활용한 평가 방안이나 평가 도구를 활용한다.

② 평가 방법
㉠ '역학과 에너지' 과목의 평가는 평가 계획 수립, 평가 문항과 도구 개발, 평가의 시행, 평가 결과의 처리, 평가 결과의 활용 등의 절차를 거쳐 실시한다.
㉡ 교수・학습 계획을 수립할 때, '역학과 에너지' 교육과정 성취기준을 고려하여 평가의 시기나 방법을 포함한 평가 계획을 함께 수립한다.
- 교수・학습과 평가를 유기적으로 연결하여, 학습 결과에 대한 평가뿐만 아니라 평가 과정이 학생 자신의 학습 과정이나 결과를 성찰할 기회가 되도록 한다.
- 평가의 시기와 목적에 맞게 진단 평가, 형성 평가, 총괄 평가 등을 계획하여 실시한다.
- 평가는 교수・학습의 목표와 성취기준에 근거하여 실시하고, 그 결과를 후속 학습 지도 계획 수립과 지도 방법 개선, 진로 지도 등에 활용한다.
- 평가 결과를 바탕으로 학생 개별 맞춤형 환류를 제공하여 학생 스스로 평가 결과를 해석하고 학습 계획을 세울 수 있도록 한다.
㉢ 지식・이해, 과정・기능, 가치・태도를 고르게 평가함으로써 '역학과 에너지'의 교수・학습 목표 도달 여부를 종합적으로 파악할 수 있도록 한다. 또한, 학습의 결과뿐만 아니라 학습의 과정도 함께 평가한다.
- '역학과 에너지'의 핵심 개념을 이해하고 적용하는 능력을 평가한다.
- '역학과 에너지'의 과학적 탐구에 필요한 문제 인식 및 가설 설정, 탐구 설계 및 수행, 자료 수집・분석 및 해석, 결론 도출 및 일반화, 의사소통과 협업 등과 관련된 과정・기능을 평가한다.
- '역학과 에너지'에 대한 흥미와 가치 인식, 학습 참여의 적극성, 협동성, 과학적으로 문제를 해결하는 태도, 창의성 등을 평가한다.
㉣ '역학과 에너지'를 평가할 때는 학생의 학습 과정과 결과를 평가하기 위해 지필 평가(선택형, 서술형, 논술형 등), 관찰, 실험・실습, 보고서, 면담, 구술, 포트폴리오, 자기 평가, 동료 평가 등의 다양한 방법을 활용한다.
- 성취기준에 근거하여 평가 요소에 적합한 평가 상황을 설정하고, 타당한 평가 방법을 선정한다.
- 타당도와 신뢰도가 높은 평가를 위하여 가능하면 공동으로 평가 도구를 개발하여 활용한다.

- 평가 도구를 개발할 때는 창의융합적 문제해결력과 인성 및 감성 함양에 도움이 되는 소재나 상황들을 적극적으로 발굴하여 활용한다.
- 평가 요소에 따라 개별 평가와 모둠 평가를 실시하고, 자기 평가와 동료 평가도 활용할 수 있다.
- 디지털 교수·학습 환경을 고려하여 온라인 학습 지원 도구 등을 활용한 온라인 평가를 병행하여 활용할 수 있다.

⑩ 학생들의 '역학과 에너지' 교육과정 성취기준에 대한 도달 정도를 파악하기 위해 형성평가를 실시하고, 그 결과를 바탕으로 최소 성취수준 보장을 위한 맞춤형 교수·학습 활동을 실시한다.

- 다양한 평가 도구를 활용하여 '역학과 에너지' 교육과정에 근거한 최소 성취수준에 도달할 수 없는 학생을 사전에 파악함으로써 최소 성취수준 보장을 위한 조치를 취한다.
- 평가 결과를 학생의 '역학과 에너지' 학습 성취수준에 대한 진단과 더불어 학생 맞춤형 보정 계획과 연계하도록 한다.

[진로 선택 과목] 전자기와 양자

1. 성격 및 목표

(1) 성격

'전자기와 양자'는 물리학의 학문적 소양을 갖추고 더불어 살아가는 창의적인 사람을 육성하기 위한 과목이다. '전자기와 양자'는 전기와 자기의 상호작용, 빛의 성질과 응용, 원자보다 작은 미시세계 등에 대해 학문적 흥미와 호기심을 갖도록 하며, 물리학 탐구 능력과 과학적 태도를 함양하여, 자연과 일상생활에서 접하게 되는 다양한 물리 현상에 대한 의문점들을 과학적이고 창의적으로 해결하는 물리학의 학문적 소양을 기르는 데 중점을 둔다.

'전자기와 양자'는 초·중학교 '과학'부터 고등학교 '통합과학 1, 2'까지 다룬 물리학의 기초 개념을 바탕으로 구성되며, 일반선택 과목인 '물리학'과 진로선택 과목인 '역학과 에너지' 및 융합선택 과목 '과학의 역사와 문화', '융합과학 탐구'와 긴밀한 연계를 가진다. '전자기와 양자'는 전자기학, 광학, 양자역학, 천체물리학과 같이 자연 현상의 근본적인 성질을 이해하는 물리학 분야를 포함하고, 전기, 전자, 정보 통신, 재료, 반도체, 컴퓨터 하드웨어, 디스플레이, 센서, 양자컴퓨팅 등과 같이 현대와 미래 산업의 근간을 이루는 다양한 이공계열 진로와 관련 있다.

'전자기와 양자'는 물질의 전자기적 성질과 빛에 대해 거시세계의 현상에서 시작하여 원자 수준의 크기에서 벌어지는 현상 등과 같이 인간의 지각 범위를 초월하는 미시세계로 이어지는 스토리라인에 따라 전자기적 상호작용, 빛과 정보 통신, 양자와 미시세계 영역으로 구성된다. 전자기적 상호작용 영역에서는 물질의 전기적 및 자기적 상호작용에 대한 이해를 바탕으로 이러한 지식이 에너지 전환 및 정보 통신과 관련된 현대의 전기전자통신 기술에 어떻게 활용되는지를 다룬다. 빛과 정보 통신 영역에서는 간섭, 편광, 굴절, 물질과의 상호작용 등 빛의 기본 특성과 함께 이와 관련된 광학 기기, 정밀 측정, 영상기술, 의료진단 기술을 다룬다. 양자와 미시세계 영역에서는 빛과 물질의 이중성, 터널 효과, 중첩과 확률 파동 등 미시세계의 고유한 특성과 기묘하고 아름다운 거동을 감상하고, 원자 이하 수준을 다루는 정밀과학이 현대 문명과 기술 발전에 끼친 영향을 탐색할 기회를 갖는다.

미래 사회는 첨단 과학기술을 기반으로 혁신적인 융복합 영역이 창출되는 사회로, 과학적 문제해결력과 창의성을 발휘하는 전문가 집단과 과학적 소양을 갖춘 시민이 함께 이끄는 사회이다. '전자기와 양자'에서는 다양한 탐구 중심의 학습을 통해 지식·이해, 과정·기능, 가치·태도의 세 차원을 상호보완적으로 함양함으로써 영역별 핵심 아이디어에 도달하고, 행위 주체로서 갖추어야 할 과학적 소양을 기를 수 있을 것이다.

⑵ 목표

전자기 및 양자와 관련되는 다양한 자연 현상과 일상생활의 경험에 대하여 흥미와 호기심을 가지고 탐구하여 자연의 신비와 아름다움을 인식하고, 물리학의 핵심 개념에 대한 이해와 탐구 역량, 과학적 태도를 함양하여 과학기술과 관련된 진로를 선택하기 위해 필요한 역량을 기른다.

① 자연 현상과 일상생활에 대한 흥미와 호기심을 바탕으로 전자기 및 양자와 관련된 개인과 사회의 문제를 인식하고, 이를 과학적으로 해결하려는 태도를 기른다.

② 과학의 탐구 방법을 이해하고 전자기 및 양자와 관련된 문제를 과학적으로 탐구하는 능력을 기른다.

③ 자연 현상과 일상생활을 과학적으로 탐구하여 전자기와 양자의 핵심 개념을 이해한다.

④ 과학과 기술 및 사회의 상호 관계를 이해하고 이를 바탕으로 개인과 사회의 문제해결에 민주 시민으로서 참여하고 실천하는 능력을 기른다.

2. 내용 체계 및 성취기준

⑴ 내용 체계

핵심 아이디어		• 전기장과 자기장을 통한 상호작용은 여러 가지 자연현상을 만들어낸다. • 저항, 축전기, 인덕터, 다이오드, 트랜지스터 등 전자기적 상호작용을 이용하는 여러 소자들을 이용하여 다양한 기능을 갖는 장치와 회로들을 개발하고 활용한다. • 굴절, 간섭, 회절, 편광 등 빛의 진행과 관련된 성질이 정보를 처리하는 다양한 기술에 활용되어 현대 문명에 영향을 준다. • 빛과 물질의 상호작용에 기반하는 광전효과와 레이저를 이용한 기술들이 디지털 정보 통신 등에서 널리 활용된다. • 미시 입자는 입자-파동 이중성 및 중첩을 토대로 확률적인 방식으로 기묘하게 거동하며, 이를 활용한 양자 기술은 미래 사회를 획기적으로 바꿀 것으로 기대된다. • 원자 같은 미시 입자는 불확정성 원리를 따르면서 터널 효과 같이 거시적으로는 불가능한 방식으로 거동하며, 이에 대한 인식은 세계관의 변화로 이어진다.
범주	구분	내용 요소
지식 · 이해	전자기적 상호작용	• 전기력선과 등전위면 • 유전분극 • 로런츠 힘 • 유도기전력 • 반도체 소자
	빛과 정보 통신	• 렌즈와 수차 • 간섭과 회절 • 편광 • 광전효과 • 레이저
	양자와 미시세계	• 입자-파동 이중성 • 확률 파동 • 중첩 • 터널 효과 • 불확정성 원리 • 핵융합
과정 · 기능		• 물리 현상에서 문제를 인식하고 가설을 설정하기 • 변인을 조작적으로 정의하여 탐구 설계하기 • 다양한 도구와 수학적 사고를 활용하여 정보를 수집 · 기술하기 • 증거와 과학적 사고에 근거하여 자료를 분석 · 평가 · 추론하기 • 결론을 도출하고 자연 현상 및 기술 상황에 적용 · 설명하기 • 모형을 생성하고 활용하기 • 다양한 매체를 활용하여 표현하고 의사소통하기
가치 · 태도		• 과학의 심미적 가치 • 과학 유용성 • 자연과 과학에 대한 감수성 • 과학 창의성 • 과학 활동의 윤리성 • 과학 문제 해결에 대한 개방성 • 안전 · 지속가능 사회에 기여 • 과학 문화 향유

⑵ 성취기준

① 전자기적 상호작용

[12전자01-01]	전하 주위의 전기장을 정량적으로 구하고, 전기력선과 등전위면으로부터 전기장의 세기와 방향을 추리할 수 있다.
[12전자01-02]	정전기 유도와 유전분극을 설명하고, 일상생활에서 적용되는 예를 찾을 수 있다.
[12전자01-03]	자기력선을 이용하여 전류가 흐르는 도선 주위의 자기장의 세기와 방향을 추리할 수 있다.
[12전자01-04]	로런츠 힘이 발생하는 조건을 알고, 로런츠 힘과 관련된 현상과 기술을 설명할 수 있다.
[12전자01-05]	자기선속의 변화로 전자기 유도를 이해하고, 변압기, 인덕터 등 전자기 유도의 활용 기술을 설명할 수 있다.
[12전자01-06]	저항, 축전기, 인덕터를 활용하는 장치를 찾아 에너지 관점에서 정성적으로 설명할 수 있다.
[12전자01-07]	다이오드, 트랜지스터 등 반도체 소자를 활용하는 전자회로를 분석하고, 현대 문명에서 반도체의 중요성을 인식할 수 있다.

탐구 활동
• 도체판과 자석을 이용하여 자기 브레이크 탐색하기
• 트랜지스터를 이용하여 스피커 소리 증폭하기

㉠ 성취기준 해설
• [12전자01-01, 03] 등전위면, 전기력선, 자기력선을 그리는 방법 대신 이미 그려진 그림을 해석하여 전기장과 자기장에 대한 정보를 추리하는 방식으로 다룬다.
• [12전자01-04] 도선이 받는 힘, 입자 가속기, 토카막, 밴앨런대 등 로런츠 힘과 관련된 다양한 현상과 사례를 다룬다.
• [12전자01-07] 반도체 소자를 활용한 정류, 증폭, 기초 논리회로 등을 회로 위주로 다루며, 미시적 작동 원리에 초점을 맞추지 않도록 한다.

㉡ 성취기준 적용 시 고려 사항
• 중학교 1~3학년군 '전기와 자기', 고등학교 '통합과학 1, 2'의 물질과 규칙성, 환경과 에너지, '물리학'의 전기와 자기와 연계된다.
• 전기장과 자기장을 다룰 때, 입자가 장을 만들고 장이 만들어진 곳에 놓인 다른 입자가 힘을 받는다는 의미에서 장이 상호작용의 매개물이라는 것을 인식하게 한다.
• 전자기 상호작용을 다룰 때, 자연 현상 이외에 전자기 상호작용을 이용한 기술들이 다양한 산업 영역에서 활용됨을 소개한다.
• 저항, 축전기, 인덕터, 다이오드, 트랜지스터 등의 소자를 활용한 장치와 회로들이 어떻게 작동하고 일상생활에서 어떻게 활용되는지를 인식하도록 지도한다.

② 빛과 정보 통신

[12전자02-01]	빛의 간섭과 회절을 알고, 홀로그램 등 현대의 정밀 기술에 활용되는 예를 찾을 수 있다.
[12전자02-02]	렌즈와 거울을 이용한 광학 기기의 원리와 수차를 설명할 수 있다.
[12전자02-03]	편광의 원리를 이해하고, 이를 활용한 디지털 정보 기술의 사례를 조사할 수 있다.
[12전자02-04]	광전효과에서 빛과 물질이 상호작용을 하는 방식을 알고, 디지털 영상 정보, 광센서, 태양전지 등 광전효과와 관련된 다양한 기술을 조사할 수 있다.
[12전자02-05]	레이저의 특징과 빛이 증폭되는 원리를 알고, 레이저가 디지털 광통신 등 여러 영역에서 활용됨을 조사하여 현대 문명에서 레이저의 중요성을 인식할 수 있다.

탐구 활동
• 세워진 비누막에 의한 빛의 간섭 양상 관찰하고 설명하기
• 센서와 편광판을 이용하여 다양한 디스플레이에서 나오는 빛의 편광 상태 조사하기

ㄱ 성취기준 해설
• [12전자02-01] 반사에 의한 위상변화를 포함하여 간섭 현상을 다루며, 회절과 분해능은 정성적으로만 다룬다.
• [12전자02-02] 카메라, 망원경, 현미경 등의 광학 기기는 정성적 원리 위주로 다루며, 렌즈, 거울, 프리즘 등이 광학 기기에서 어떻게 활용되며 어떤 원리가 관련되는지를 설명할 수 있도록 지도한다. 수차는 구면수차와 색수차에 대한 용어 도입 없이 정성적으로 다룬다.
• [12전자02-03] 편광판을 지나는 빛의 투과량 변화는 정성적으로 다룬다.

ㄴ 성취기준 적용 시 고려 사항
• 중학교 1~3학년군 '빛과 파동', 고등학교 '물리학'의 빛과 물질과 연계된다.
• 레이저 등 광학 기기를 실물로 다룰 때 빛의 특성에서 유래하는 위험 요인을 설명하고 안전에 유의한다.
• 빛과 물질이 상호작용을 하는 기본 방식인 흡수와 방출을 이해하고, 광전효과와 레이저가 현대사회에서 어떻게 이용되는지 인식할 수 있도록 지도한다.

③ 양자와 미시세계

[12전자03-01]	단일 양자 수준의 이중 슬릿 실험을 통해서 입자-파동 이중성을 확인하고, 단일 양자의 분포에 대한 실험 결과를 확률 파동의 간섭을 토대로 해석할 수 있다.
[12전자03-02]	중첩과 측정을 통한 확률적 상태 변화를 이해하고, 이를 이용한 양자컴퓨터, 양자암호통신 등의 양자 기술이 일상생활과 미래 사회에 미칠 영향을 인식할 수 있다.
[12전자03-03]	터널 효과를 설명하고, 관련된 현상과 기술을 조사하여 발표할 수 있다.
[12전자03-04]	현대의 원자모형을 불확정성 원리와 확률을 기반으로 설명하고, 보어의 원자모형과 비교할 수 있다.
[12전자03-05]	별에서 핵융합에 의해 에너지가 생성되고 빛이 방출되는 원리를 알고, 별빛의 스펙트럼에 기반하여 별의 구성 원소를 추리할 수 있다.

탐구 활동
• 전자의 이중 슬릿 실험에 대한 컴퓨터 모의실험하기
• 스펙트럼 관찰을 통해 에너지 준위 확인하기

ㄱ 성취기준 해설
• [12전자03-01] 드브로이 관계식을 바탕으로 단일 전자나 광자 수준의 이중 슬릿 실험에서 나타나는 입자-파동 이중성의 기묘함을 학생들이 인식할 수 있도록 정성적으로 다룬다.
• [12전자03-02] 양자 기술은 물리적 원리보다는 사회에 미치는 영향을 중심으로 다룬다.

- [12전자03-03] 터널 효과가 고전적으로 불가능하지만 전자소자 소형화에 따른 터널 효과 발생 문제와 주사 터널링 현미경(STM) 등 다양한 현상과 기술에서 나타나는 확률적 현상임을 정성적으로 설명하여 지도한다.
- [12전자03-04] 현대의 원자모형에서 오비탈은 다루지 않는다.
  Ⓛ 성취기준 적용 시 고려 사항
- 고등학교 '물리학'의 빛과 물질과 연계된다.
- 양자물리 개념에 대한 엄밀한 설명보다는 양자물리의 기묘함을 학생들이 인식하게 하고, 학생들의 상상력을 북돋우는 데 초점을 맞추어 지도한다.
- 양자현상에 대한 직접 관찰과 실험 대신 컴퓨터 모의실험을 활용하여 지도한다.

3. 교수·학습 및 평가

(1) 교수·학습

① 교수·학습의 방향

Ⓚ '전자기와 양자' 관련 다양한 활동을 통해 '전자기와 양자' 교육과정에서 제시한 목표를 달성하고, '전자기와 양자' 관련 기초 소양 및 미래 사회에 필요한 역량을 함양하기 위한 교수·학습 계획을 수립하여 지도한다.

Ⓛ '전자기와 양자' 교육과정의 내용 체계표에 제시된 핵심 개념인 지식·이해뿐만 아니라 과정·기능, 가치·태도를 균형 있게 발달시킬 수 있도록 지도한다.

ⓒ 역량 함양을 위한 깊이 있는 학습이 이루어지도록 적절하고 다양한 일상생활 소재나 실험·실습의 기회를 학생들에게 제공하여 실제적인 맥락에서 문제를 해결하는 경험을 할 수 있도록 한다.

ⓔ 학생의 발달과 성장을 지원할 수 있도록 학생의 능력 및 수준에 적합한 '전자기와 양자' 과목의 교수·학습 계획을 수립하고, 학생이 능동적인 학습자로서 수업에 참여할 수 있도록 한다.

ⓜ 디지털 교육 환경 변화에 따른 온·오프라인 연계 수업을 실시하고, 다양한 디지털 플랫폼과 기술 및 도구를 적극적으로 활용한다.

② 교수·학습 방법

Ⓚ 학년이나 학기 초에 교과협의회를 열어 교육과정-교수·학습-평가가 일관되게 이루어질 수 있도록 '전자기와 양자' 과목의 교수·학습 계획을 수립한다.

- 교수·학습 계획 수립이나 학습 자료 개발 시 학교 여건, 지역 특성, 학습 내용의 특성과 난이도, 학생 수준, 자료의 준비 가능성 등을 고려하여 교육과정의 내용, 순서 등을 재구성할 수 있다.
- 학생이 과제 연구, 과학관 견학과 같은 여러 가지 과학 활동에 참여할 수 있도록 계획한다.
- 실험·실습에서 지속적인 관찰이 요구되는 내용을 지도할 때는 자료 준비, 관찰자, 관찰 내용 등에 관한 세부 계획을 미리 세운다.
- 학생이 스스로 진로를 고려하여 과학 과목 이수 경로를 설계할 수 있도록 하고, 선택과목 간 교육 내용 연계 및 진로연계교육을 고려하여 지도계획을 수립한다.
- 융합적 사고와 과학적 창의성을 계발하기 위해 내용 연계성을 고려하여 과목 내 영역이나 수학, 기술, 공학, 예술 등 다른 교과와 통합 및 연계하여 지도할 수 있도록 계획한다.

Ⓛ 강의, 실험, 토의·토론, 발표, 조사, 역할놀이, 프로젝트, 과제 연구, 과학관 견학과 같은 학교 밖 과학 활동 등 다양한 교수·학습 방법을 적절히 활용하고, 학생이 능동적으로 수업에 참여할 수 있도록 한다.

- 학생의 지적 호기심과 학습 동기를 유발할 수 있도록 발문하고, 개방형 질문을 적극적으로 활용한다.
- 교사 중심의 실험보다 학생 중심의 탐구 활동을 설계하고, 동료들과의 협업을 통해 과제를 해결하는 과정에서 상호 협력이 중요함을 인식하도록 지도한다.

- 탐구 수행 과정에서 자신의 의견을 명확히 표현하고 다른 사람의 의견을 존중하는 태도를 가지며, 과학적인 근거에 기초하여 의사소통하도록 지도한다.
- 모형을 사용할 때는 모형과 실제 자연 현상 사이에 차이가 있음을 이해할 수 있도록 한다.
- 과학 및 과학과 관련된 사회적 쟁점을 주제로 과학 글쓰기와 토론을 실시하여 과학적 사고력, 과학적 의사소통 능력 등을 함양할 수 있도록 지도한다.

ⓒ 학생의 디지털 소양 함양과 교수·학습 환경의 변화를 고려하여 교수·학습을 지원하는 다양한 디지털 기기 및 환경을 적극적으로 활용한다.

- '전자기와 양자' 학습에 대한 학생의 이해를 돕고 흥미를 유발하며 구체적 조작 경험과 활동을 제공하기 위해 모형이나 시청각 자료, 가상 현실이나 증강 현실 자료, 소프트웨어, 컴퓨터 및 스마트 기기, 인터넷 등의 최신 정보 통신 기술과 기기 등을 실험과 탐구에 적절히 활용한다.
- 온라인 학습 지원 도구를 적극적으로 활용하여 대면 수업의 한계를 극복하고, 다양한 교수·학습 활동이 온라인 학습 환경에서도 이루어질 수 있도록 한다.
- 지능정보기술 등 첨단 과학기술 기반의 과학 교육이 이루어질 수 있도록 지능형 과학실을 활용한 탐구 실험·실습 중심의 교수·학습 활동 계획을 수립하여 실행한다.
- '전자기와 양자'와 관련 탐구 활동에서 다양한 센서나 기기 등 디지털 탐구 도구를 활용하여 실시간으로 자료를 측정하거나 기상청 등 공공기관에서 제공한 자료를 활용하여 자료를 수집하고 처리하는 기회를 제공한다.
- 학교 및 학생의 디지털 활용 수준 등을 고려하여 디지털 격차가 발생하지 않도록 유의한다.
- 교육용 마이크로프로세서를 활용한 피지컬 컴퓨팅을 탐구 실험·실습에 도입하여 학생의 참여도를 높이고 융복합적 문제해결 능력을 신장하는 기회를 제공한다.

ⓔ 학생의 '전자기와 양자'에 대한 흥미, 즐거움, 자신감 등 정의적 영역에 관한 성취를 높이고 '전자기와 양자' 관련 진로를 탐색할 수 있는 교수·학습 방안을 강구한다.

- 과학 지식의 잠정성, 과학적 방법의 다양성, 과학 윤리, 과학·기술·사회의 상호 관련성, 과학적 모델의 특성, 과학의 본성과 관련된 내용을 적절한 소재를 활용하여 지도한다.
- 학습 내용과 관련된 첨단 과학기술을 다양한 형태의 자료로 제시함으로써 현대 생활에서 첨단 과학이 갖는 가치와 잠재력을 인식하도록 지도한다.
- 과학자 이야기, 과학사, 시사성 있는 과학 내용 등을 도입하여 과학에 대한 호기심과 흥미를 유발한다.
- 학교의 지역적 특성을 고려하여 지역의 자연환경, 지역 명소, 박물관, 과학관 등 지역별 과학 교육 자원을 적극적으로 활용한다.
- '전자기와 양자' 관련 직업이나 다양한 활용 사례를 통해 학습과 진로에 대한 동기를 부여한다.
- 물리학이 많은 과학 분야의 기초를 제공하며, 자연 세계를 본질적으로 이해하는 기본적 학문임을 인식시키고, 학습 내용과 관련된 첨단 과학이나 기술을 다양한 형태의 자료로 제시함으로써 현대 생활에서 첨단 과학이 갖는 가치와 잠재력을 인식하도록 지도한다.

ⓜ 학생이 '전자기와 양자' 교육과정에 제시된 탐구 및 실험·실습 활동을 안전하게 진행할 수 있는 환경을 조성한다.

- 실험 기구의 사용 방법과 안전 사항을 사전에 지도하여 사고가 발생하지 않도록 유의한다.
- 야외 탐구 활동 및 현장 학습 시에는 사전 답사를 실시하거나 관련 자료를 조사하여 안전한 활동을 실행한다.
- 실험 기구나 재료는 수업 이전에 충분히 준비하되, 실험 후 발생하는 폐기물은 적법한 절차에 따라 처리하여 환경을 오염시키지 않도록 유의한다.
- 상황에 따라 실험 시연 또는 시범으로 대체할 수 있다.

ⓗ 범교과 학습, 생태전환교육, 디지털·인공지능 기초 소양 함양과 관련한 교육내용 중 해당 주제와 연계하여 지도할 수 있는 내용을 선정하여 함께 학습할 수 있도록 지도한다.

ⓢ 학습 부진 학생, 특정 분야에서 탁월한 재능을 보이는 학생, 특수교육 대상 학생 등 모두를 위한 교육을 위해 학습자가 지닌 교육적 요구에 적합한 교수·학습 계획을 수립하여 지도한다.

- 학생의 능력과 흥미 등 개인차를 고려하여 학습 내용과 실험·실습 활동 등을 수정하거나 대체 활동을 마련하여 제공할 수 있다.
- 특수교육 대상 학생의 학습 참여도를 높이기 위해 학습자의 장애 및 발달 특성을 고려하여 교과 내용이나 실험·실습 활동을 보다 자세히 안내하거나 학생이 이해할 수 있도록 적합한 대안을 제시할 수 있다.

ⓞ 교육과정에서 제시된 성취기준에 학생이 도달할 수 있도록 하고, 최소 성취수준 보장을 위한 교수·학습 계획을 수립한다.

- 교수·학습 과정에서 학생의 성취 정도를 수시로 파악함으로써 교육과정 성취기준 도달 정도를 점검한다.
- 교육과정 성취기준에 도달하지 못하는 학생을 위해서 별도의 학습 자료를 제공하는 등 최소 성취수준에 도달할 수 있도록 지도한다.

(2) 평가

① 평가의 방향

㉠ '전자기와 양자'에서 평가는 교육과정 성취기준에 근거하여 실시하되, 평가 결과에 대한 환류를 통해 학생의 학습과 성장을 도울 수 있도록 계획하여 실시한다.

㉡ '전자기와 양자' 교육과정상의 내용 체계와의 관련성을 고려하여 지식·이해, 과정·기능, 가치·태도를 균형 있게 평가하되, 지식·이해 중심의 평가를 지양한다.

㉢ 학습 부진 학생, 특정 분야에서 탁월한 재능을 보이는 학생, 특수교육 대상 학생 등의 경우 적절한 평가 방법을 제공하여 교육적 요구에 맞는 평가가 이루어질 수 있도록 한다.

㉣ '전자기와 양자' 학습 내용을 평가할 때, 온라인 학습 지원 도구 등 디지털 교육 환경을 활용한 평가 방안이나 평가 도구를 활용한다.

② 평가 방법

㉠ '전자기와 양자' 과목의 평가는 평가 계획 수립, 평가 문항과 도구 개발, 평가의 시행, 평가 결과의 처리, 평가 결과의 활용 등의 절차를 거쳐 실시한다.

㉡ 교수·학습 계획을 수립할 때, '전자기와 양자' 교육과정 성취기준을 고려하여 평가의 시기나 방법을 포함한 평가 계획을 함께 수립한다.

- 교수·학습과 평가를 유기적으로 연결하여, 학습 결과에 대한 평가뿐만 아니라 평가 과정이 학생 자신의 학습 과정이나 결과를 성찰할 기회가 되도록 한다.
- 평가의 시기와 목적에 맞게 진단 평가, 형성 평가, 총괄 평가 등을 계획하여 실시한다.
- 평가는 교수·학습의 목표와 성취기준에 근거하여 실시하고, 그 결과를 후속 학습 지도 계획 수립과 지도 방법 개선, 진로 지도 등에 활용한다.
- 평가 결과를 바탕으로 학생 개별 맞춤형 환류를 제공하여 학생 스스로 평가 결과를 해석하고 학습 계획을 세울 수 있도록 한다.

㉢ 지식·이해, 과정·기능, 가치·태도를 고르게 평가함으로써 '전자기와 양자'의 교수·학습 목표 도달 여부를 종합적으로 파악할 수 있도록 한다. 또한, 학습의 결과뿐만 아니라 학습의 과정도 함께 평가한다.

- '전자기와 양자'의 핵심 개념을 이해하고 적용하는 능력을 평가한다.

- • '전자기와 양자'의 과학적 탐구에 필요한 문제 인식 및 가설 설정, 탐구 설계 및 수행, 자료 수집·분석 및 해석, 결론 도출 및 일반화, 의사소통과 협업 등과 관련된 과정·기능을 평가한다.
- • '전자기와 양자'에 대한 흥미와 가치 인식, 학습 참여의 적극성, 협동성, 과학적으로 문제를 해결하는 태도, 창의성 등을 평가한다.

㉣ '전자기와 양자'를 평가할 때는 학생의 학습 과정과 결과를 평가하기 위해 지필 평가(선택형, 서술형, 논술형 등), 관찰, 실험·실습, 보고서, 면담, 구술, 포트폴리오, 자기 평가, 동료 평가 등의 다양한 방법을 활용한다.

- • 성취기준에 근거하여 평가 요소에 적합한 평가 상황을 설정하고, 타당한 평가 방법을 선정한다.
- • 타당도와 신뢰도가 높은 평가를 위하여 가능하면 공동으로 평가 도구를 개발하여 활용한다.
- • 평가 도구를 개발할 때는 창의융합적 문제해결력과 인성 및 감성 함양에 도움이 되는 소재나 상황들을 적극적으로 발굴하여 활용한다.
- • 평가 요소에 따라 개별 평가와 모둠 평가를 실시하고, 자기 평가와 동료 평가도 활용할 수 있다.
- • 디지털 교수·학습 환경을 고려하여 온라인 학습 지원 도구 등을 활용한 온라인 평가를 병행하여 활용할 수 있다.

㉤ 학생들의 '전자기와 양자' 교육과정 성취기준에 대한 도달 정도를 파악하기 위해 형성평가를 실시하고, 그 결과를 바탕으로 최소 성취수준 보장을 위한 맞춤형 교수·학습 활동을 실시한다.

- • 다양한 평가 도구를 활용하여 '전자기와 양자' 교육과정에 근거한 최소 성취수준에 도달할 수 없는 학생을 사전에 파악함으로써 최소 성취수준 보장을 위한 조치를 취한다.
- • 평가 결과를 학생의 '전자기와 양자' 학습 성취수준에 대한 진단과 더불어 학생 맞춤형 보정 계획과 연계하도록 한다.

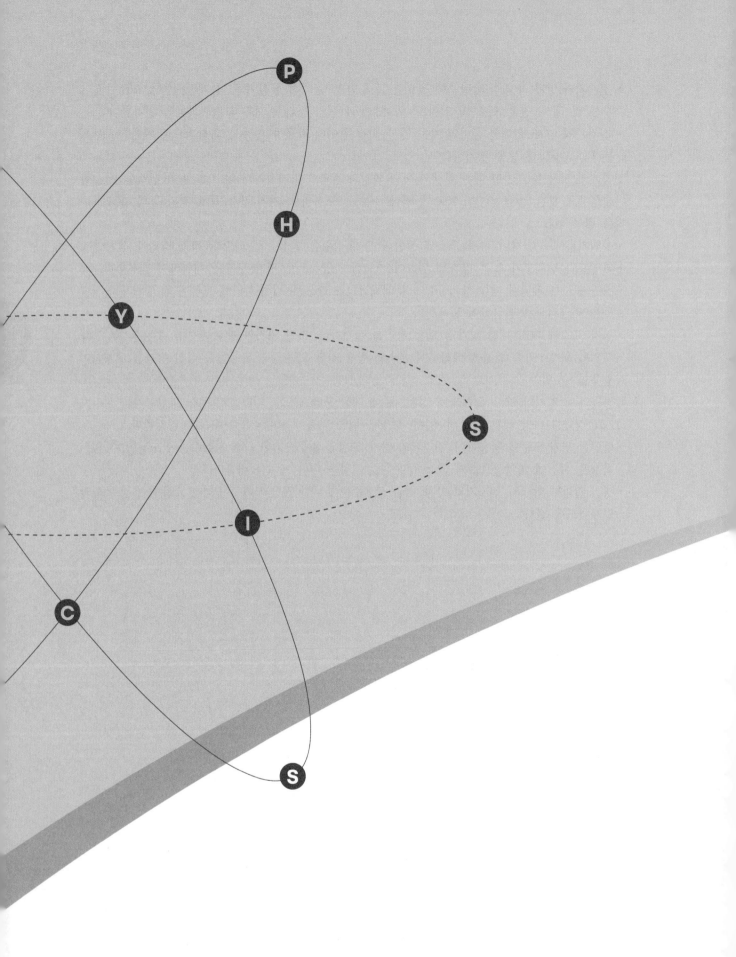

정승현
물리교육론 기출문제집

기출문제(2002~2025년)
정답 및 해설

001

정답

1) 비율과 비례에 대한 사고
2) 형식적 조작기
   비율과 비례에 개념을 이용하여 가상의 상황에서 추상적 사고를 하고, 가설을 세우고 결과를 이끌어낸다.

해설

1) 형식적 조작기 시기에는 추상적 사고를 한다. 추상적 사고에는 가설-연역적 사고, 명제적 사고, 비율과 비례에 대한 사고, 변인통제 및 인과관계 유추, 반성적 추상화, 조합적 사고, 논리적 추리, 확률적 사고, 상관관계 유추 등이 있다.
2) 추상적 사고를 하였으므로 형식적 조작기 단계이다.
3) 형식적 조작기에는 추상적 사고와 더불어 가설을 세우고 결론을 도출해 낸다.

002

정답

1) 사례 : B, D
   이유 : 빛이 오직 파동적 성질만 가진다는 사실을 반증하기 위해 입자성 실험을 진행하였다.
2) 사례 : A, C
   이유 : 다양한 사례들을 통해 빛의 파동성을 일반화되어 가기 때문이다.

해설

포퍼는 과학 활동은 기본적으로 검증이 아니라 반증을 바탕으로 이루어지는 활동이라고 주장했다. 따라서 B와 같이 입자라고 가정하여 광전효과 실험을 통해 입자성이 검증되는 반증을 통해 과학이 발전한다고 보고 있다. 또한 오직 입자성만 있는 것이 아니라 빛이 파동성과 입자성을 동시에 가지고 있을 수도 있다는 생각으로 D와 같은 실험을 할 수도 있다.
소박한 귀납주의는 관찰 사례가 증가함에 따라 지식이 점차 일반화되어 간다는 것이다.

003

정답

1) C1 : A, C2 : B, R1 : C, R2 : D
2) 단계 1 : ㉣, 단계 2 : ㉮, 단계 3 : ㉯

해설

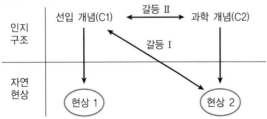

004

문제 위 칸

1) C1은 선입 개념으로 A이고, C2는 올바른 과학 개념이므로 B에 해당한다. 그리고 C1으로 설명 가능한 자연현상은 C이며 설명하지 못하는 현상은 D이고 이는 과학 개념으로 설명이 가능하다.
2) 단계 1은 선입 개념으로 설명하지 못하는 단계이므로 ㉣에 해당한다. 단계 2는 과학 개념으로 선입 개념이 설명하지 못하는 개념을 설명하는 단계이므로 ㉮에 해당한다. 끝으로 단계 3은 선입 개념과 과학 개념을 비교하는 단계이므로 ㉯에 해당한다.

004

정답

해설 참고

해설

1) 단진자에 작용하는 힘은 장력과 중력이 작용한다. 모든 지점에서 힘을 표시하면 아래 그림과 같다.

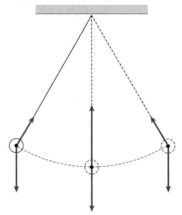

최하점에서 장력의 크기는 $T = mg + \dfrac{mv^2}{\ell}$ 이므로 장력을 중력보다 크게 그려야 한다. 장력은 구심방향이고, 중력은 아랫방향이다.

2) 임피투스(기동력)은 '운동 방향으로 힘이 작용한다.'는 사고방식이다. 최하점에서 운동 방향이 오른쪽이므로 이런 사고방식을 기반으로 하면 힘의 방향 역시 오른쪽으로 생각한다.

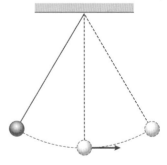

005

정답

1) (C)
2) ① 철수의 친구들이 철수와 다른 이론을 가지고 있어서 철수와 다르게 관찰했다.(관찰의 이론 의존성)
   ② 관찰 자체가 부정확했기 때문이라고 볼 수 있다.

해설

1) 철수가 사용한 과학적 사고 방법은 가설－연역적 사고이다. (A) 와 (B)를 통해 귀납적 사고를 하여 일반화된 가설 '모든 물체의 낙하 가속도가 일정하다.'를 얻었다. 그리고 이를 검증하기 위해서 0.5kg의 구리 구슬을 소재로 낙하 실험을 해도 위와 동일한 가속도가 측정될 것이라는 검증실험을 제시한다. 만약 검증 실험의 결과가 예측과 맞다면 철수의 가설이 설득력을 가지게 되고, 틀리다면 가설에 문제가 있으므로 기각된다. 따라서 (A) 와 (B) 과정에서는 귀납적 사고가 사용되고, (C)에서는 연역적 사고가 사용된다. (C)에서 사용된 연역적 사고는 다음과 같다. '모든 물체의 낙하 가속도가 일정하다.'는 가설이 맞다면 0.5kg 의 구리 구슬을 소재로 낙하 실험을 하여도 기존 실험과 동일한 가속도가 측정될 것이다. 그리고 주의 사항은 (A)~(C) 지문 전체에 사용된 과학적 사고는 가설－연역적 사고이다.
2) 귀납주의는 유한한 관찰과 관찰의 부정확성이 내포된다는 한계점이 있다. 그리고 관찰이 이론에 의존하는 경향이 있다.

006

정답

단계 : 개념 적용(concept application)
핵심 문장 : ③

해설

순환학습 모형은 다음 단계를 따른다.
탐색 단계(exploration)에서는 학생들에게 직접적인 경험을 충분히 주는 단계이다. 학생들은 교사의 안내를 최소한으로 받으면서 자유롭게 제시된 학습 자료를 탐색한다. 이 단계의 학습 활동은 학생 스스로에 의해 이루어지고 교사는 학습의 안내자 역할만을 수행한다.
개념 도입 단계(concept introduction)는 학생들이 경험한 일들을 설명하거나 기술하기 위해 과학적 개념을 도입하는 단계로서 학생들이 사용하고 표현한 언어나 명칭을 발표하게 하고, 이를 과학 개념과 연결해 주는 교사 주도 활동 단계이다.
개념 적용 단계(concept application)에서는 탐색 단계와 개념 도입 단계를 통하여 학습한 개념과 원리를 다시 새로운 상황과 문제에 적용하는 단계로 새로운 개념의 적용 가능성의 범위를 확장하여 발전적으로 전개하는 과정이다. 이 단계에서는 다양한 사례에 적용해 보고, 새로운 사고 유형을 안정화시킨다.
새로운 상황과 문제에 적용하는 단계에 해당하는 과정은 ③이다.

007

정답

1) 전압, 전류
2) 자료변환, 데이터를 그래프로 나타낸다
3) 전압은 전류에 비례한다.

해설

1) 전압과 전류에 대한 개념이 누락되었다.
2) 데이터를 토대로 그래프로 나타내는 자료 변환 과정이 필요하다.
3) 핵심 질문에 연관된 지식 주장으로 전압과 전류는 비례관계에 있다는 게 올바른 표현이다. 완벽하지 않은 것은 내부저항 포함 다른 요소들이 영향을 미치기 때문이다.

008

정답

1) (B)
2) ④

해설

학생들이 가질 수 있는 오개념은 '전류가 저항에서 소모되어 뒤쪽이 어두워진다.'이다. 따라서 (B)가 맞는 표현이다. 이를 해소시키는 방법은 A와 B에 흐르는 전류의 세기와 밝기가 동일함을 보여주면 된다. ③과 같이 꼬마전구 A와 B의 위치를 바꾸어서 밝기를 비교해 보는 것보다 ④와 같이 꼬마전구 A와 B에 흐르는 전류의 세기와 두 꼬마전구의 밝기가 같음을 전류계와 조도계를 통해 보여주는 것이 더 효과적인 이유는 측정 데이터값으로 결과를 보임으로써 관찰의 이론 의존성을 배제할 수 있기 때문이다.

009

정답

1) 물이 굽은 관을 통과하여도 소모되지 않는다.
2) 광전효과에서 전류의 방향과 음극판에서 나오는 전자의 방향이 다름을 설명하지 못한다. 또는 도선이 끊어지면 전류는 흐름이 멈추지만, 물은 외부로 방출된다.

해설

전류의 흐름을 물의 흐름에 비유하면 전자의 흐름과 전류의 흐름이 구분됨을 설명하지 못한다. 전류의 흐름은 전자와 반대이다. 실제로는 그림과 같은 전기회로에서는 전자가 움직인다. 광전효과의 예나 혹은 도선이 끊어져 있는 경우에는 물의 흐름과 다른 결과가 발생한다.

010

정답

1) 정상 과학
2) (나)처럼 보이도록 한 것은 기존의 이론은 맞다고 인정하고 데이터를 수정한 것이다. 하지만 토머스 쿤(Thomas Kuhn)의 관점에서는 정상 과학에 위배되는 변칙적인 사례가 등장하였다면 이를 심각히 여기고 이를 해결하기 위해 정상과학 내에서 최대한 노력하거나 기존의 이론체계를 보완한다.

해설

1) 쿤의 과학 혁명의 단계: 전과학 → 정상과학 → 패러다임 위기 → 과학 혁명 → 새로운 정상과학
   (가)는 훅의 법칙 실험에서 약간의 측정 데이터 오차로 인해 일직선이 나오지 않은 경우이다. 이것은 훅의 법칙이라는 패러다임이 존재하는 정상과학의 시기이다. 그 이유는 이 실험이 훅의 법

칙이라는 패러다임 변화를 가져오는 결정적 실험으로 보기 어렵
기 때문이다. (가)의 실험만으로는 측정오차 및 용수철의 자체 특
성에 기인한 것인지 훅의 법칙 자체가 틀렸는지 확인할 수 없다.
2) (나)와 같이 점을 크게 그려서 직선처럼 보이도록 한 것은 관찰
의 이론 의존성에 기인하여 데이터를 조작하는 것이다. 하지만
쿤의 과학 혁명 이론에서는 정상과학에 위배되는 변칙 사례가
등장하였다면 이를 심각히 여기고 이를 해결하기 위해 정상과
학 내에서 최대한 노력하거나 기존의 이론체계를 보완한다. 즉,
오차가 발생하는 요인을 찾거나 훅의 법칙을 만족하기 위한 조
건 등을 보완한다. 예를 들어 마찰 등에 의한 오차나 용수철의
탄성 한계를 벗어나지 않는 조건에서 실험해야 한다는 것이다.

011

정답

1) ㉮ 현재의 개념에 불만족해야 한다.
2) ㉣ 새로운 개념은 그럴듯해야 한다.

해설

1) 선개념으로 설명이 되지 않는 자연 현상이 등장하였으므로 ㉮
에 해당된다.
2) 학생은 "정말로 계속 가는 물체를 본 적이 있습니까?"라는 질문
을 한다. 이는 경험과 직관을 통해 현상의 존재성에 의심을 가
진다. 따라서 학생 입장에서는 "만일 바닥이 아주 미끄럽다면
그 물체는 계속 운동할 것입니다."라는 말은 현실에 존재하지
않는다고 생각하기에 논리성이 없는 임시변통 가설에 해당하므
로 새로운 개념은 그럴듯하지 않다.

012

정답

1) 수레의 질량은 일정하게 유지하고, 추의 개수를 한 개씩 늘려간다.
2) 자료 해석

해설

1) ㄱ, ㄴ이 답이므로 ㄴ이 답이 되기 위해서는 수레가 받는 힘의
크기가 증가해야 한다. 따라서 수레의 질량은 일정하게 하고 추
의 개수를 늘려가면서 실험할 필요가 있다.
2) 기초 탐구 과정(관찰, 분류, 측정, 예상, 추리, 의사소통 등)과
통합 탐구 과정(문제 인식, 가설 설정, 변인 통제, 자료 변환, 자
료 해석, 결론 도출, 일반화 등)이 있다. 일정한 시간 간격으로 수
레의 이동 거리를 자료 변환하여 해석하면 수레의 속력은 시간에
비례함을 알 수 있고, 추의 개수에 따른 장력의 크기와 가속도의
관계로부터 수레의 가속도는 받는 힘에 비례함을 알 수 있다.
(∵ 2015년도 개정 교육과정까지 있었지만, 2022년도 개정 교
육과정에서 변화된 부분 참고)

013

정답

1) 교수・학습 절차 : 밀도와 관련된 현상을 제시하고 자신의 생각
을 발표나 글로 적게 한다. 선개념과 상충되는 현상을 보여줌으
로써 인지적 갈등 상황을 일으킨다. 현상을 설명할 수 있는 과
학개념을 도입한다. 토의를 통해 새로운 개념이 그럴듯한지 확
인 후 적용할 수 있는 다른 사례를 발표하게 한다.

2) 이유 : 구성주의가 학습자의 선개념과 새로운 개념 간의 인지적
상호작용, 그리고 학습자가 교사나 또래와의 사회적 상호작용
을 중요시하기 때문이다.

014

정답

해설 참고

해설

상의 작도 그림은 다음과 같다.

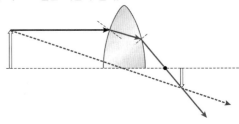

채점 준거는 다음과 같다.
(1) 평행광선이 굴절되는 경계면 2개를 모두 고려하였는가?
(2) 평행광선과 렌즈 중심을 통과하는 2개의 빛이 만나는 지점에
상을 올바르게 작도하였는가?

015

정답

학생들의 기존 개념이 강하여 변칙 사례를 접해도 자신의 생각에
맞추어 변형, 해석하려는 경향이 있다. 이것이 관찰의 이론 의존성
이며 인지적 갈등을 느끼지 않은 이유이다.

해설

관찰의 이론 의존성이란 관찰이 관찰자가 가지고 있는 이론이나
선행지식, 그리고 기대감에 의존하는 특성을 말한다.

016

정답

1) 긍정적 발견법
2) 변칙 사례를 만났을 때 이를 해결하기 위해 보호대를 수정하고
보완하여 견고한 핵이 자연현상을 설명하고 예측할 수 있도록
보강한다. 또한 반증 사례도 확증 사례화하여 설명력을 높이고
이론을 확장 및 정교화한다.

해설

긍정적 발견법	변칙사례를 만났을 때 이를 해결하기 위해 보호대를 수정하고 보완하여 견고한 핵이 자연현상을 설명하 고 예측할 수 있도록 보강한다. 변칙사례도 확증 사례 화하여 설명력을 높이고 이론을 확장 및 정교화한다.
부정적 발견법	변칙사례를 만났을 때 이를 인정하지 않고 해결하려 하 지 않으며 연구 프로그램을 계속 유지한다. 기존이론의 특수사례로 예외처리하거나 임시변통가설을 내놓는다. 예 멘델레예프 주기율표에 존재할 수 없는 아르곤 (Ar)이 발견되자 원소가 아니라고 주장

017

정답

1) 변인 통제
2) 가속도와 힘과의 관계, 가속도와 질량 관계의 그래프를 작성한다.
3) 자료 변환

해설

단계 1에서는 질량을 통제 변인으로 단계 2에서는 힘을 통제 변인으로 설정하여 실험해야 한다.
일정한 시간 간격으로 종이테이프를 이어 붙이면 기울기가 가속도가 된다. 이 데이터와 힘과의 그래프를 그리면 1차 비례함을 확인할 수 있다. 그리고 가속도와 질량의 관계에서는 반비례 그래프가 된다. 변인 간의 관계를 도출하는 것이 자료변환이고, 이를 이용해 최종적으로 변인 간의 관계를 이해하는 것이 자료 해석이다.

018

정답

1) 핵 : 미생물의 자연 발생설
2) 보호대 : 생명력이 작용하기 위해서는 생명의 기(氣)가 있는 공기가 필요하다.
3) 검증이 불가능한 임시변통 가설 때문에 반증이 불가능, 자연발생설이 틀린 지 혹은 밀봉의 여부, 가열의 상태 등의 매개변인 때문인지 검증이 불가능하기 때문에 반증 사례가 나와도 이론이 폐기되지 않는다.

해설

이러한 반증주의가 안고 있는 문제는 다음과 같다.
① 관찰이 이론에 의존하는 특성 → 귀납주의도 이러한 특성을 가지고 있다.
② 반증된 사실이 이론 또는 보조가설인지 아니면 다른 매개변인인지 진위를 확인할 방법이 불가능. 반증사례가 나와도 이를 근거로 이론이 폐기되지 않을 수 있다.
③ 과학적 이론이 임시변통적(ad hoc) 가설 때문에 반증되지 않는 문제점
(∵ 임시변통적(ad hoc) 가설 : 과학적 증거가 없거나 검증이 불가능한 가설)

019

정답

① 문제 해결 능력, ② 의사결정 능력, ③ 실천 능력

해설

역할놀이에 기반한 STS 수업 모형은 학생들이 과학, 기술, 사회가 긴밀하게 연관되어 있는 현실에서 이에 대한 문제를 인식하고 스스로 해결방안을 모색하여 책임지는 의사결정이 강조된다. 사회적 쟁점을 도입하여 학생의 문제 해결 능력, 의사소통 능력, 의사결정 능력, 가치판단 능력, 실천 능력을 함양하는 것을 목표로 한다.

020

정답

1) 수업활동 : 실험 결과를 바탕으로 기전력이 발생하는 원리를 설명하고 교사는 유도 기전력이라는 개념을 도입한다.
2) 인지상태에 대한 설명 : 학생이 알고 있던 사전 지식과 새로운 지식 사이에 동화와 조절이 이루어지도록 하여 평형 상태에 이르도록 하는 것이다.

해설

전자기 유도 현상에는 유도 기전력의 크기와 유도 전류의 방향이 중요하다. 활동 1~3 과정을 통해 유도 기전력에 대해 알아보고자 함이다. 순환학습 모형은 탐색(활동 1~2), 개념 도입(활동 3), 개념 적용(활동 4)으로 진행된다. 순환학습 모형은 피아제의 인지 발달 이론에 기초하고 있다. 동화와 조절을 통해 평형상태에 이르게 된다.

021

정답

첫째 단계 활동 : '문제로의 초대' 단계로 호기심을 유발하고 문제를 인식하는 단계이다. 실생활에서 운동량 변화량과 충격량 관계를 적용해 볼 수 있는 자동차 에어백 유무에 따른 사고 사례를 제시한다.
마지막 단계 활동 : '실행' 단계로 의사결정을 실천에 옮기거나 사회에 영향력을 행사하는 단계이다. 따라서 에어백 장착을 의무화하는 캠페인에 참여하거나 법안을 건의한다.

해설

STS 수업 모형의 단계는 '문제로의 초대 → 탐색 → 해결 방안 모색 → 실행' 단계로 구성된다. 과학과 기술 그리고 사회가 긴밀하게 영향을 주고받음을 토대로 그 관계에 대한 교육을 뜻한다.

022

정답

1) 공통된 학습내용 : 자기장 속에서 전류가 흐르는 도선이 받는 힘
2) 학습내용의 폭과 깊이 : 9학년에서는 자기장 속에서 전류가 흐르는 도선이 받는 힘의 개념에 대해 이해하고, 물리 I에서는 힘의 크기와 방향에 영향을 주는 요인까지 학습한다. 그리고 물리 II에서는 평행한 두 도선 사이의 힘과 운동하는 전자가 받는 힘까지 학습한다.

해설

나선형 교육과정은 과학은 기본개념을 학년에 따라 반복적으로 제시하는 교육과정이다. 로렌츠 힘에 해당하는 자기장 속에서 전류가 흐르는 도선이 받는 힘에 대해 학년이 올라감에 따라 단순히 반복하는 것이 아니라 영역의 폭이 넓어지고 깊어진다.

023

정답

1) ① 물체는 일정한 힘이 작용하면 등속운동 한다.
② 정지한 물체에는 작용하는 힘이 없다.
③ 물체의 속력이 변화할 때 힘이 생겨나거나 소모된다.

2) 물체의 양쪽에 용수철저울을 매달아 같은 크기의 힘으로 서로 당긴다. 정지한 물체에는 힘이 작용하지 않는 오개념과 현상과의 인지갈등이 발생하기 때문이다. 또한 매끄러운 수평면에 일정한 크기의 힘을 가할 때 속력이 점차 빨라지는 상황을 보여준다. 점차 빨라지는 상황에서 힘이 생성된다는 오개념과 현상 사이에서 인지갈등이 발생한다.

해설

학생은 힘의 크기가 일정할 때 자전거가 등속운동 한다는 선개념을 가지고 있다. 그리고 힘의 크기가 없으면 정지 상태라고 생각하게 되는데, 이때 알짜힘과 작용하는 힘의 개념 정립이 안 된 상태이다.

024

정답

1) 사회적 합의에 의해서 과학 지식이 형성된다는 특징이 있다. 이러한 특징 때문에 구성주의는 과학지식이 형성되는 실체의 과정을 구체적으로 제시하지 못한다.
2) 보어의 원자 모형은 논리적 추론에 의해서가 아니라 '조건' 설정을 통해 문제를 해결한 것임에도 불구하고, 당시 과학계는 러더퍼드의 모형 대신에 보어의 모형을 받아들였다.

해설

사회적 구성주의는 인간의 지식 발달에 있어 사회 속에서 인간과 다른 사람의 사회적 상호작용이 중요하다는 관점이다. 사회적 합의가 사회적 구성주의의 관점에서 과학적 방법이 될 수 있다. 보어의 경우 이에 해당한다.

이러한 특성 때문에 구성주의는 과학지식이 형성되는 실체의 과정을 구체적으로 제시하지 못한다는 비판을 받는다. 토머스 쿤(Thomas Kuhn)은 이러한 점의 문제점을 파악 후 패러다임의 개념을 도입해 과학 이론의 발전과정을 설명하였다.

025

정답

1) ② 학생이 답하기 전에 생각할 시간적 여유를 주지 않았다.
2) 발산적 사고를 유발할 수 있는 질문
   ① 현실에서 빛이 꺾이는 굴절 현상에는 어떠한 것들이 있을까요?
   ② 왜 빛이 공기에서 물로 들어갈 때 굴절될까요?
   ③ 빛이 굴절되는 원리는 무엇인가요?

해설

1) 교사는 학생이 질문에 답하기 전에 생각할 충분한 시간을 주어야 한다.
2) 개방형 질문은 단순히 "예" 또는 "아니오"로 대답이 가능한 폐쇄적 질문과 다르게 더 깊이 생각하고 분석할 필요가 있는 질문을 의미한다. 정답/오답 개념보다는 창의적으로 다양한 대답을 장려하며 발산적 사고를 유도하는 질문이다.

026

정답

1) 가설 설정, 변인 통제
2) 해설 참고

해설

1) 탐구 과정 요소는 다음과 같다.
   ① 문제 인식
   ② 가설 설정
   ③ 변인 통제
   ④ 자료 변환 : 관찰 결과를 표로 나타낸다.
   ⑤ 자료 해석 : 표를 해석한다.
   ⑥ 결론 도출 : 해석을 바탕으로 결론을 내린다.
   ⑦ 일반화 : 관련된 과학 지식으로 일반화한다.
   이중 문제 인식 외에 가설 설정과 변인 통제가 명시되지 않았다.
2) ① 문제 인식 : 코일을 통과하는 자기 선속을 변화시키면 코일에 전류를 유도할 수 있다. 유도 전류의 방향과 세기는 자기 선속의 변화와 어떤 관계가 있을까?
   ② 수업 계획
   • 자석과 코일의 상대적인 움직임이 전류 발생에 영향을 미친다는 가설을 세운다.
   • 자석에 세기를 일정하게 할 때, 자석의 속력 변화에 따라 발생하는 전류의 크기를 측정한다. 자석이 멀어지거나 가까워질 때 전류의 방향을 측정한다.
   • 실험 결과를 통해 전자기 유도 현상을 분석하고 결론을 도출한다.
   이를 정량적으로 분석하는 것은 물리학 II에서 다루고, 물리학 I에서는 이를 정성적으로 다룬다.

027

정답

1) 통제 변인 : 뷰렛 속의 물 높이
2) 개선 사항 : '과정 2'의 뷰렛에 계속 물을 공급하여 물의 높이를 항상 일정하게 유지시켜 주어야 한다.

해설

뷰렛에 담겨 있는 물의 양이 달라지면 뷰렛의 끝에서 물방울이 만들어지는 시간 간격이 변하게 되므로 스포이트를 이용하여 뷰렛에 계속 물을 공급하여 물의 높이를 항상 일정하게 유지시켜 주어야 한다. 그래서 통제 변인으로 뷰렛 속의 물 높이를 설정하고, 실험 과정에서 이를 유의하면서 진행하여야 한다.

참고 사항

자유 낙하를 하는 물방울은 공기 저항에 의해서 대략 1.5m 정도 떨어지면 등속도 운동을 하게 되므로 뷰렛과 은박접시 사이의 거리는 1m를 넘지 않도록 한다. 그리고 야외용 은박접시를 이용하면 물방울이 떨어지는 소리를 크게 들을 수 있다.

028

정답

1) 판단 유보
2) 해설 참고

해설

1) 과학적 태도 요소 : 합리성, 객관성, 판단 유보, 비판 정신, 개방성, 정직성, 협동심, 실패의 긍정적 수용, 겸손과 회의 등의 적합성 등이 있다.
   여기서 판단 유보는 충분한 증거가 없을 경우 판단을 미루고 추가적인 검토와 탐구를 통해 결론을 내리는 태도를 의미한다.

2) ① 더 다양한 접촉 면적 사용 : 접촉 면적의 변화를 더 세분화
(@ 50cm², 150cm² 등)하여 추가 데이터를 수집한다. 이를
통해 평균값의 차이를 더 정밀하게 비교할 수 있다.
② 반복 실험의 확장 : 실험 횟수를 늘려(@ 5회 이상) 데이터의
신뢰성을 높이고, 평균값의 차이를 더 정확히 분석한다.
이와 같은 방안을 통해 학생 B는 실험 결과의 신뢰도를 높이고,
접촉 면적과 정지마찰력 간의 관계를 더욱 명확히 밝힐 수 있을
것이다.

029

정답

학생	이유
A	변인 간의 관계성이 없고 과학적 근거에 기반하지 않아 검증이 불가능하다.
C	특정 변인을 통제 변인으로 설정한 관측 사실을 기반으로 변인 간의 관계성을 무시한 일반화는 과학적 근거가 부족하다.

해설

과학적 가설의 조건
① 탐구 문제에 대한 잠정적인 답의 형태로 기술 : '전자가 파동성
을 가진다면 회절무늬 현상이 관찰될 것이다'와 같이 완성된 과
학적이고 구체적인 명제 형태로 기술되어야 한다.
② 변인 또는 현상 간의 관계성 : 조작 변인과 종속 변인 간의 관계
혹은 두 개 이상의 현상 간의 관계가 명확해야 한다.
③ 과학적 근거 기반 : 이를 설명할 수 있는 이론적 근거에 기반하
여야 한다.
④ 검증 가능성 : 실험적으로 검증이 가능해야 한다.
가설은 변인 간의 관계가 분명해야 하고 검증이 가능해야 한다. A의
경우에는 변인 간의 관계가 없고, 과학적 근거에 기반하지 않으며,
지적 생명체가 존재하지 않는다는 사실 검증이 어렵다. C의 경우는
1기압이라는 특정 조건에서 온도를 조작 변인으로 실험하여 관측한
사실이다. 그리고 가설에는 압력에 대한 정보가 없다. 다른 압력에
서 결과가 달라질 수 있다는 사실에 대한 정보가 없다. 따라서 변
인 간의 관계성이 명시되지 않았고, 특정 변인이 제한된 상태에서
얻은 결론을 통해 일반화하였으므로 과학적 근거가 부족하다.
이상기체 상태 방정식 $PV=nRT$을 예를 들어보자.
샤를의 법칙처럼 압력이 일정한 상태에서 온도를 변화시켰더니 기
체의 부피는 온도에 비례한다는 관측 결과를 얻었다고 하자. 이때
온도는 부피에 비례한다는 가설을 세우면 올바르지 않다. 기체는
온도는 압력과 부피에 영향을 받기 때문에 변인 간의 관계가 명확
해야 한다.

030

정답

해설 참고

해설

• 예상 단계 : 교사는 점광원이 아닌 광원으로 물체를 비추었을 때
그림자의 모양이 어떻게 될지 학생들에게 질문한다.
• 설명 1단계 : 그림자는 빛이 지나가는 것을 물체가 가려서 생기
므로 그림자의 모양은 물체의 모양과 같다.

• 관찰 단계 : 직선 모양의 광원으로 원형인 물체를 비추었을 때
그림자의 모양이 직선 모양이 나오는 걸 관찰한다.
• 설명 2단계 : 직선 모양의 광원은 점광원이 연속해서 붙어있는
것으로 생각할 수 있으므로 그림자의 모양은 광원과 물체의 모
양에 따라 결정된다.

031

정답

1) 가설 : 실의 길이가 길어질수록 진자의 주기가 길어질 것이다.
2) 수정된 실험 설계 : 동일한 질량에 실의 길이를 증가시켜 실험
한다.

해설

1) 진자의 주기는 $T=2\pi\sqrt{\dfrac{\ell}{g}}$ 이다. 이 관계식에 따라 실의 길이
가 증가함에 따라 주기 역시 증가함을 확인할 수 있다.
2) 질량을 통제 변인으로 해야 하므로 100g-10cm, 100g-20cm,
100g-30cm, 100g-40cm 그리고 200g-10cm, 200g-20cm,
200g-30cm, 200g-40cm 나아가 다른 질량 역시 마찬가지로
실험한다.

032

정답

1) 이유 : 전지 내부저항이 존재하므로 〈회로 1〉에서 보다 〈회로
2〉에서 전체 저항이 감소하였기 때문이다.
2) 바꾸어야 할 실험 조건 : 저항을 전지의 내부 저항에 영향을 덜
받게 하기 위해서 상대적으로 매우 큰 값으로 바꿔 실험한다.

해설

회로의 외부 저항을 R, 그리고 전지 1개의 기전력과 내부 저항을
각각 ε, r이라 하자.
그럼 $I_1=\dfrac{\varepsilon}{R+r}$, $I_2=\dfrac{\varepsilon}{R+\dfrac{r}{2}}$ 이므로 $R \gg r$이 아니라면 전류 I_2가
I_1보다 크게 나오게 된다. 실험에서 사용한 R은 1Ω이므로 매우
작은 값이어서 전자의 내부 저항보다 크다고 볼 수 없다. 그런데
만약 저항 R을 1Ω보다 매우 큰 값으로 바꿔 실험하면 $R+r \simeq$
$R+\dfrac{r}{2} \simeq R$이 되므로 건전지를 병렬로 추가 연결해도 전류가 거
의 변하지 않게 된다.

033

정답

④

해설

ㄱ. 중력은 벡터 성질로써 크기와 방향을 가지므로 방향이 지구 중
심을 향한다고 지도하는 것이 적절하다.
ㄴ. 3개 이상의 힘이 작용할 때의 합력은 심화 과정의 내용으로 적
절하다.
ㄷ. 힘의 평형과 작용 · 반작용의 구분은 9학년 '여러 가지 힘' 단원
에서 다룬다.

034

정답

③

해설

C는 추리를 비금속 물질을 대상으로 하였는데 예상 활동은 금속에 대해 하였으므로 맞지 않는다. 그리고 E는 추리가 아니라 그냥 관찰 결과에 해당한다.

035

정답

③

해설

로슨(Lawson)의 순환학습(Learning Cycle) 모형은 탐색–개념 도입–개념 적용 단계가 있다.

순환학습의 탐색 단계(exploration)에서는 학생들에게 직접적인 경험을 충분히 주는 단계이다. 학생들은 교사의 안내를 최소한으로 받으면서 자유롭게 제시된 학습 자료를 탐색한다. 탐색 단계에서 학생들에게 인지적 갈등을 일으키는 것이 매우 중요하다. 인지적 갈등을 통하여 이를 해소하기 위한 노력을 하게 된다. 이 단계의 학습 활동은 학생 스스로에 의해 이루어지고 교사는 학습의 안내자 역할만을 수행한다.

개념 도입 단계(concept introduction)는 탐색 단계에서 느꼈던 인지적 갈등이 새로운 개념과 원리의 도입을 통해서 해소됨에 따라 인지구조와 외부 자극 사이의 새로운 평형 상태가 형성되는 단계이다. 학생들이 경험한 일들을 설명하거나 기술하기 위해 과학적 개념을 도입하는 단계로서 학생들이 사용하고 표현한 언어나 명칭을 발표하게 하고, 이를 과학 개념과 연결해 주는 교사 주도 활동 단계이다.

개념 적용 단계(concept application)에서는 탐색 단계와 개념 도입 단계를 통하여 학습한 개념과 원리를 다시 새로운 상황과 문제에 적용하는 단계로 새로운 개념의 적용 가능성의 범위를 확장하여 발전적으로 전개하는 과정이다. 이 단계에서는 충분한 시간과 경험을 제공하고 새로운 사고 유형을 안정화시킨다. 과정 (1)~(3)은 탐색에 해당하고, (3)에서는 학생 중심으로 이루어지게 한다. 과정 (4)는 정전기 유도라는 개념 도입 단계이다. 과정 (5)는 새로운 상황에 적용해 보는 개념 적용 단계이다.

036

정답

⑤

해설

비고츠키 학습 이론 구성은 다음과 같다.

> 실제적 발달 수준 : 학생이 독자적으로 문제를 해결할 수 있는 수준

> 잠재적 발달 수준 : 교사나 능력 있는 또래의 도움을 받아 문제를 해결할 수 있는 수준
> 근접 발달 영역(ZPD) : 실제적 발달 수준과 잠재적 발달 수준 사이의 영역
> 비계 설정 : 학습자가 잠재적 발달 수준에 도달하기 위해 교사가 제공하는 도움이나 지원

ㄱ. 학생이 기본적으로 이해하는 수준에서 간이 망원경의 원리를 도움을 받아 잠재적 발달 수준으로 도달하였으므로 A는 그 사이인 근접 발달 영역에 있다.

ㄴ. 사회적 구성주의에 기반한 비고츠키 학습이론은 사회적 상호작용을 통해 지식이 형성되고 발달된다고 보았는데 이러한 과정은 근접 발달 영역(ZPD)에서 일어난다고 하였다.

ㄷ. 학습된 내용을 반복하는 강화에 중심을 둔 행동주의 학습 이론과는 대변되게 개념에 대한 이해와 구조가 어떻게 생겨나는지를 언어를 통한 사고와 반성으로 학습하는 이론이다.

037

정답

⑤

해설

ㄴ. 학생 A의 측정 시간이 18초이므로 이때의 유효숫자는 2개로 봐야 한다. 그래서 평균값은 18이 된다.

ㄷ. 자료 변환은 1차 비례의 관계 그래프를 나타내는 과정이다. 따라서 실의 길이와 주기의 제곱과의 관계를 그래프로 나타내는 활동의 주된 탐구과정은 '자료 변환'이다.

ㄹ. 외삽(extrapolation)은 측정 데이터의 규칙성을 토대로 측정 데이터의 범위를 벗어난 값을 예측하는 것이다.

ㄱ. 최소 눈금이 mm 단위일 때 유효숫자는 최소 눈금의 $\frac{1}{10}$까지 고려한다. 따라서 10.20cm가 유효숫자를 구한 값이다.

참고 사항

내삽(interpolation)은 측정 데이터의 규칙성을 토대로 측정 데이터의 사이의 값을 예측하는 것을 말한다.

(3)의 과정은 자료 수집, (4)의 과정은 자료 변환, (5)의 과정은 자료 해석이다.

038

정답

②

해설

ㄷ. 기존의 이론으로 설명할 수 없는 변칙사례의 등장으로 새로운 이론의 탄생을 설명하는 쿤의 과학 혁명 구조와 일치한다.

ㄱ. 쿤의 과학 혁명 모델에서 기존 이론 체계를 완전히 대체하는 것은 패러다임 전환이 일어나는 과학 혁명 단계이다.

ㄴ. 포퍼의 반증주의에 의하면 반증 사례가 나오면 일반화된 명제가 폐기되고 새롭게 대체된다. (나)의 경우에는 라카토스 연구 프로그램의 긍정적 발견법에 해당한다.

039

정답

②

해설

관성계인 지면에 대해 정지한 사람의 관점에서는 손잡이에 작용하는 힘은 장력과 중력이다. 그리고 이 두 힘의 합력이 손잡이 질량과 버스의 가속도의 곱이다.
D는 버스 내부인 가속계에 관한 설명이다. 가속계에서는 정지 상태를 유지하는데 이때 관성력이 등장하게 된다.

040

정답

③

해설

V도는 아래와 같다.

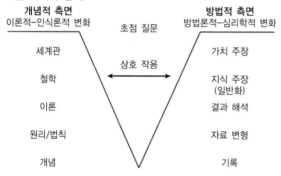

사건(실험방법) 및 사물(실험준비물)

ㄱ. 초점 질문은 실험의 궁극적인 목표에 해당하며, 새로운 지식이 구성되는데 필요한 실험의 방향을 결정짓는다. 따라서 변인과 변인 간의 관계를 질문 형태로 진술한다. 따라서 올바른 질문이다.
ㄷ. 자료 변환을 통해 자료 해석을 하여 얻은 지식 주장은 '평형이 되었을 때, 막대의 중심에서 추까지의 길이와 추의 무게를 곱한 양은 수평 막대 양쪽의 경우 거의 같다'라는 돌림힘의 평형 조건 내용이 들어가는 것이 타당하다.
ㄴ. 힘, 돌림힘, 길이, 무게는 원리가 아니라 개념에 해당한다.

041

정답

④

해설

ㄱ. 이 실험은 빗면에서 수레의 가속도가 일정함을 확인하기 위한 실험이다. '수레의 속력이 일정하게 증가한다.'와 '가속도의 크기가 일정하다'라는 말은 같은 말이므로 [실험 결과]의 정답에 해당한다.
ㄴ. 여러 가지 운동에서 가속도의 측정을 다룬다.
ㄷ. 일정한 시간 간격의 종이테이프를 붙이는 것은 자료 변환에 해당한다. 그리고 이를 해석하고 결론을 도출하는 것이 자료 해석과 일반화이다. 이 실험은 자료 변환까지의 전반적인 내용이 자세히 설명되어 있고 이후 자료 해석과 일반화에 초점이 맞춰져 있다.

ㄹ. 빗면에서 수레의 가속도가 일정함을 확인하기 위한 실험이다. 힘과 가속도가 비례함을 확인하기 위해서는 질량을 통제 변인으로 두고 힘이 일정하게 증가하는 실험을 수행하여야 한다.

참고 사항

빈칸에 들어가는 답은 다음과 같다.
1) 0.1
   1초에 60타점이고 6타점 간격으로 구간을 잘랐으므로 각 구간의 시간 간격은 0.1초가 된다.
2) 50cm/s
   평균 속력 = $\dfrac{\text{이동거리}}{\text{걸린 시간}}$ 이다.

   따라서 $\dfrac{5\text{cm}}{0.1\text{s}} = 50\text{cm/s}$
3) 수레의 가속도의 크기는 일정하다.
   이 실험은 빗면에서 수레의 가속도의 크기가 일정함을 알아보기 위한 실험이다.

042

정답

③

해설

ㄴ. 감은 수에 비례하기 위해서는 쇠못의 길이를 통제 변인으로 설정하여야 한다.
ㄷ. 빛의 분산은 제7차 과학과 교육과정의 7학년에서 학습한다.
ㄱ. 전자석의 자기장 $B \propto \dfrac{N}{L}I$ 이므로 같은 전류가 흘렀을 때, 자기장의 세기는 감은 수에 비례하고 길이에 반비례한다. 따라서 (가)에서는 전자석 A, B가 서로 동일한 자기장의 세기를 내기 때문에 붙는 쇠 클립 수가 동일할 것이다.
ㄹ. 빛이 합성과 분산 그리고 다시 합성시키기 위해서는 동일한 두 개의 프리즘으로는 불가능하다.

043

정답

①

해설

사례 (가)의 경우 개념이 완전히 대체되어 핵의 변화가 일어났다.
사례 (나)의 경우 핵심 개념은 유지하고 저항이 온도에 비례한다는 보조 가설이 추가되었으므로 긍정적 발견법에 의한 보호대의 변화이다.

044

정답

⑤

해설

제시된 과학 철학적 관점은 반증 가능한 가설을 제시하고 반증의 논리에 따른 과학의 발전을 설명하는 반증주의자들의 과학 철학적 관점이다. 이러한 반증주의가 안고 있는 문제는 다음과 같다.

① 관찰이 이론에 의존하는 특성
② 반증된 사실이 이론 또는 보조가설인지 아니면 다른 매개변인
인지 진위를 확인할 방법이 불가능
③ 과학적 이론이 임시변통적(ed hoc) 가설 때문에 반증되지 않는
문제점
여기서 학생 B는 ①의 문제점을, 학생 C는 ②의 문제점을 보이고
있다.

045

정답

⑤

해설

학생은 쇠못에 전류가 흘러서 쇠못이 자석이 되었다고 주장하므로
인지 갈등을 유발하기 위해서는 전류가 흐르는 도체를 사용하여
실험하면 된다. 전류가 흐를 때 쇠못은 강자성체여서 핀이 달라붙
지만, 구리는 반자성체여서 달라붙지 않게 된다.

046

정답

②

해설

발생 학습(generative learning) 모형은 각각 '예비 단계 → 초점
단계 → 도전 단계 → 적용 단계'로 구성된다.
(가)는 예비 단계로 학생들의 선개념을 조사한다.
(나)는 초점 단계로 학습 동기와 흥미를 유발시킨다.
(다)는 도전 단계로 학생들이 다양한 의견을 발표 및 토의하게 한다.
(라)는 적용 단계로 학습한 과학 개념을 토대로 문제를 해결하거나
새로운 상황에 적용해 보는 단계이다.

047

정답

①

해설

ㄱ. 하슈웨(M. Hashweh)의 개념변화 모형에 의하면, ㉠과 ㉡의 갈
등은 학생의 사전개념과 실제 세계와의 갈등이다. ㉠이 사전개
념(오개념)이고 ㉡이 실제 현실에서 일어나는 현상이니 맞는
선지이다.
ㄴ. 피아제(J. Piaget)의 지능발달 이론에서 동화(assimilation)와
조절(accommodation)이 있다. 동화는 이미 갖고 있는 도식
또는 체계에 의해 새로운 대상이나 사건을 해석하고 이해하는
인지 과정이고, 조절은 기존의 인지 구조로 새로운 대상을 받
아들일 수 없는 경우에 기존의 구조를 변형시키는 과정을 말한
다. 이 경우에는 선개념으로 실제 현상을 설명할 수 없는 경우를
통해 과학 개념에 도달하는 과정이므로 조절(accommodation)
에 해당한다.
ㄷ. 포섭에는 하위적 학습과 상위적 학습 그리고 병위적 학습이 있다.
하위적 학습에는 파생적 포섭과 상관적 포섭이 존재한다. 파생
적 포섭이란 학습한 개념이나 명제에 대해 구체적인 예시나 사
례를 학습(피아제의 동화에 해당)하는 것이다. 상관적 포섭이

란 새로운 아이디어 학습을 통해 이전 개념이나 명제가 수정이
나 확장 또는 정교화되는 것(피아제의 조절에 해당)을 말한다.
상위적 학습은 이미 가진 개념을 종합하면서 새롭고 포괄적인
명제나 개념을 학습하는 것을 말한다. 병위적 학습은 새로운
개념이 사전에 학습한 개념과 수평적(병렬적) 관계를 가질 때
를 말한다. 등속운동과 가속도 운동을 학습한 학생이 뉴턴의
운동법칙을 학습하는 것은 상위적 학습에 해당한다.

종류		예시
하위적 학습	파생적 포섭	젖을 먹이는 포유류 중 소, 돼지, 개를 학습한 후 고양이도 포유류임을 아는 과정
	상관적 포섭	포유류는 육지에만 사는 줄 알았는데 고래도 포유류임을 알고 기존 개념을 수정하는 과정
상위적 학습		어류, 조류, 포유류 개념을 학습한 후 동물이라는 개념으로 통합하는 과정
병위적 학습		• 중력을 학습한 이후에 전기력을 학습하는 과정 • 저항과 전류의 개념을 학습한 후 전압에 대해 학습하는 과정

048

정답

③

해설

이것은 PEOE 모형이다.
• 예상 단계 : (가)   • 설명 1 단계 : (나)
• 관찰 단계 : (다)   • 설명 2 단계 : (라)
(다)의 과정에서 학생들에게 관찰 결과를 즉시 기록하게 하는 것은
자신의 선개념에 의해 관찰 결과를 조작할 가능성(관찰의 이론 의
존성)이 있기 때문이다.

049

정답

①

해설

ㄴ. '라'에 답한 학생은 공간에 상관없이 불변하는 관성 질량의 의
미 파악을 하는지 확인할 필요가 있다.
ㄱ. 성적 하위 집단 전원이 A를 맞다고 하였기 때문에 달에서 중력
이 지구보다 작다는 것을 이미 알고 있다.
ㄷ. 정답은 '다'이다. 변별도지수(discrimination index) $DI = \dfrac{R_u - R_L}{f}$
(R_u =상위집단의 정답자 수, R_L =하위집단의 정답자 수, f =상
위집단 또는 하위 집단의 인원수)이므로 $DI = \dfrac{20-5}{50} = 0.3$
이다. 여기서 f는 상위집단과 하위집단을 동일 인원수로 나누
기 때문에 상위집단 혹은 하위집단의 인원수에 해당한다.

050

정답

③

해설

ㄱ. 상징적 표현양식은 지식을 부호, 단어, 공식, 명제 등을 이용해 추상적으로 표현하는 것을 말하므로 올바른 설명이다.

ㄴ. ⓒ은 탐구과정 II '문제인식 및 해결방법 탐색'에 해당한다.

ㄷ. 건전지의 내부 저항이 없다면 전구에는 전지의 기전력이 단자 전압으로 걸리게 된다. 그러면 $V = n\varepsilon = IR$ 이 만족하므로 전류와 전압이 비례하게 된다. 그런데 건전지의 내부 저항이 고려되면 $n\varepsilon = I(R+nr) = V + Inr$ 이고, $I = \dfrac{n\varepsilon}{(R+nr)}$ 이 된다. 그런데 값을 구해보면 전류와 단자 전압을 나누면 전구의 저항이 증가하는 것을 알 수 있다. 즉, 건전지의 내부저항의 요소보다 전구 자체의 저항이 증가한 이유가 더 크다.

051

정답

④

해설

ㄴ. $a = \dfrac{M_추}{M_{수레} + M_추} g$ 이므로 수레와 추의 총질량을 동일하게 변인 통제를 하면 추의 개수와 가속도가 정비례하게 나온다.

ㄷ. 이 실험에서의 취지는 추의 개수를 증가시킴으로써 수레에 작용하는 힘의 크기를 일정하게 증가시키기 위함이었다. 따라서 추의 개수가 조작 변인이다.

ㄱ. 운동 방정식을 통해 장력을 구하면 $T = \dfrac{M_{수레} M_추}{M_{수레} + M_추} g$ 이므로 추의 무게인 $M_추 g$와 다르다.

052

정답

⑤

해설

ㄱ. 경험 − 귀추적 순환학습 : 교사가 준비한 자료나 시범 실험을 보거나 직접 실험을 한 후 이에 대한 인과적 의문을 생성한다 (귀납적 추론). 그리고 그 인과적 의문에 대한 잠정적인 답을 만들고(귀추적 추론), 그 인과적 의문에 대한 잠정적인 답이 관찰 현상이나 측정 결과를 모두 설명할 수 있는지 토의한다.(연역적 추론)

ㄴ. 여러 종류의 물체를 같은 위치에 놓았는데 바닥에서 이동하여 멈추는 거리가 달라지므로 "질량이 같은 물체를 같은 위치의 빗면에 놓았는데, 왜 바닥에서 이동한 거리가 다를까?"라는 인과적 의문이 올바르다.

ㄷ. 인과적 의문에 대한 잠정적인 답이 관찰 현상이나 측정 결과를 모두 설명할 수 있는지 토의하는 것은 연역적 추론이다.

053

정답

④

해설

ㄱ. (가)와 같이 그린 학생은 힘이 작용하는 방향으로 움직이다가 힘이 작용하지 않으면 기존의 $\overrightarrow{AB}$와 나란한 방향으로 움직인다고 생각하고 있다.

ㄴ. (나)와 같이 그린 학생은 '물체에 힘이 작용하지 않으면, 그 물체는 멈춘다.'라는 오개념을 가지고 있다.

ㄷ. (다)와 같이 그린 학생은 B에서 C 방향으로 직선으로 그린 점으로 보아 물체의 이동방향으로 언제나 힘이 작용한다고 생각할 수 있다.

ㄹ. (라)와 같이 그린 학생은 수평 방향의 등속운동과 수직 방향의 등가속도 운동할 때 포물선 운동한다는 개념을 알고 있으므로 물체가 힘의 방향으로만 움직이지 않는다는 사실을 인지하고 있다.

054

정답

④

해설

로슨(Lawson)의 순환학습(Learning Cycle)모형은 탐색−개념 도입−개념 적용 단계가 있다.

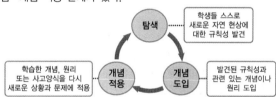

그리고 순환학습의 3가지 형태는 서술적 순환학습 모형, 경험−귀추적 순환학습 모형, 가설−연역적 순환학습 모형이 존재한다.

ㄴ. 광전효과 공식 $E_k = hf - W$ 이므로 이를 설명하기 위한 일함수 개념에 해당하는 한계 진동수(한계 파장)의 개념이 필요하다. $c = \lambda f$ 로 부터 진동수가 정의되면 파장이 자연스레 정의된다. 파동의 기본식임을 명심하자.

ㄷ. 광전효과는 대표적인 빛의 입자성에 해당한다. 광전효과는 비상대론적 빛의 입자성 실험이고, 컴프턴 효과는 특수 상대론을 고려한 빛의 입자성이다.

ㄱ. 단계 1~3은 관찰, 측정을 통해 규칙성을 귀납법으로 발견하는 서술적 순환 학습 모형이고, 단계 4~6은 가설을 세우고 가설을 검증하기 위한 실험을 설계하는 가설−연역적 순환학습 모형에 해당한다.

055

정답

⑤

해설

ㄴ. 대전제 : 금속은 대전체에 끌려온다.
소전제 : 알루미늄은 금속이다.
결론 : 알루미늄은 대전체에 끌려온다.

전형적인 연역적 방법이다.

ㄷ. 후건 긍정의 오류는 다음과 같다.

A이면 B이다.

B이다.

따라서 A이다.

전건은 과학적 사실이나 가설이고, 후건은 실험 및 관측적 사실이다.

A(금속이 대전체에 끌려오는데 맞다)면 B(알루미늄 막대가 대전체에 끌려올 것)이다.

B(알루미늄 막대가 대전체에 끌려옴)이다.

A(금속이 대전체에 끌려오는데 맞다)이다.

ㄱ. 귀납적 일반화는 다수의 관찰 사실로부터 일반화된 과정이 필요하다. 단 하나의 관찰 사실로 얻은 명제는 귀납적 일반화가 아니다.

056

정답

①

해설

ㄱ. 20분 내에 열평형 상태에 도달하여야 하므로 단열이 우수한 스티로폼보다 유리 시험관을 선택하는 것이 올바르다.

ㄴ. 채점표는 총체적(holistic) 채점표와 분석적(analytical) 채점표로 나뉜다. 총체적 채점표는 여러 개의 채점 준거를 하나의 포괄적 채점 준거로 묶어 구성하고, 분석적 채점표는 채점 준거를 세부적으로 설정하여 나열하고 각 채점 준거마다 정당한 점수를 부여하도록 구성한다.

예를 들면 총체적 채점표는 다이빙 수영선수 10, 9, 8, …등의 점수를 부여할 때 적용된다. 전문가의 주관적 판단이 고려된다. 이 문제의 채점표는 분석적 채점표에 해당한다.

ㄷ. 이것은 가설-연역적 사고능력을 평가하기보다는 실험설계, 측정, 자료변환 및 해석을 평가한다.

057

정답

④

해설

① ㉠은 선개념이지 학습 전에 제공하는 선수 자료인 선행조직자가 아니다. 선행조직자는 학습자가 새로운 정보를 학습하기 전에 학습 과제보다 먼저 제시되는 더 추상적, 일반적, 포괄적인 내용이나 자료를 의미한다.

② 피아제(J. Piaget)의 지능발달 이론에서 동화(assimilation)와 조절(accommodation)이 있다. 동화는 이미 갖고 있는 도식 또는 체계에 의해 새로운 대상이나 사건을 해석하고 이해하는 인지 과정이고, 조절은 기존의 인지구조로 새로운 대상을 받아들일 수 없는 경우에 기존의 구조를 변형시키는 과정을 말한다. (나)는 동화에 해당한다.

③ (다)는 실험을 통해 '온도에 따라 물체의 저항값이 변한다.'는 것을 보였기 때문에 아래 표에서 선입 개념으로 설명이 안 되는 현상에 해당한다.

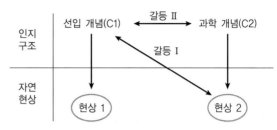

⑤ 포도덩굴 모형은 다음과 같다.

갈등 상황: 선입 개념이 학교에서 학습한 개념과 상충되는 경우

조화 상황: 선입 개념이 학교에서 학습한 개념과 조화되는 경우

학교 학습 상황: 학교에서 학습한 개념 외에 선입 개념이 형성되지 않는 경우

자발적 학습 상황: 학교에서 학습한 개념이 없고 선입 개념만 있는 경우

058

정답

③

해설

ㄷ. 창의적 사고에서 '융통성'은 상황이나 문제에 따라 다양한 관점을 수용하고, 새로운 방법이나 접근 방식을 적용할 수 있는 사고력을 말한다. 그리고 '유창성'은 제한된 시간 내에 많은 아이디어나 해결책을 빠르게 생성하는 능력을 말한다. 추가로 탐구해 볼 수 있는 다양한 탐구 문제를 가능한 많이 제안해 보는 활동은 창의적 사고 활동에 해당하며, 새로운 탐구 문제를 생각하므로 융통성이 요구되고, 가능한 많이 제안하는 것은 유창성이 요구된다.

ㄱ. 구리관으로 바뀌게 되면 구리 관에 유도 전류가 발생하게 되므로 조작 변인이 추가로 발생되므로 더 적합하지 않다.

ㄴ. V는 종속 변인이다.

059

정답

③

해설

ㄱ. (가)에서는 선개념과 자연현상 사이에서 인지 갈등이 일어나지 않았다.

ㄷ. 선행조직자는 학습자가 새로운 정보를 학습하기 전에 학습 과제보다 먼저 제시되는 더 추상적, 일반적, 포괄적인 내용이나 자료를 의미한다. 오수벨 학습이론에서 비교 선행조직자는 학습자의 인지구조 속에 새로운 학습 과제와 유사한 선행 지식이 있을 때 사용하는 학습 자료이다. 기존 개념과의 유사성과 차이점을 비교하여 파악하도록 하는 인지적 다리 역할을 한다. 참고로 이런 수업 방식은 클레멘트(Clement, 1987)가 학생들의 오개념을 수정하는 한 방법으로 사용한 연결 비유 전략이다.

목표물(목표 개념): 익숙하지 않은 개념 → 수직 항력

정착자(anchor): 직관적으로 이해되는 개념이나 상황 → 용수

철이 책을 위로 미는 힘

연결자(bridging case) : 정착자와 목표물 특징을 모두 가지는 사례 → 탄성계수가 더 큰 용수철 위에 책을 올려놓는 상황

ㄴ. 동화는 이미 갖고 있는 도식 또는 체계에 의해 새로운 대상이나 사건을 해석하고 이해하는 인지 과정이고, 조절은 기존의 인지 구조로 새로운 대상을 받아들일 수 없는 경우에 기존의 구조를 변형시키는 과정을 말한다. 그러므로 탁자가 밀도 있는 힘이 있다는 사실을 새롭게 받아들였으므로 조절에 해당한다.

060

정답

⑤

해설

ㄱ. 임시변통 가설이란 과학적 증거가 없거나 검증이 불가능한 가설을 말한다. 그래서 (가)의 주장은 '임시변통적(ad hoc) 가설'에 해당된다.

ㄷ. 보어의 원자모형은 그 당시 배경지식과 상충하는 면이 있는 새로운 이론이었으므로 대담한 가설에 해당한다.

ㄴ. (다)가 (나)보다 더 포괄적이고 명확한 모델이므로 반증 가능성이 낮다고 볼 수 없다.

061

정답

④

해설

④ (다)에서 학습하고, (라)에서 모집단으로 돌아와 구성원들에게 다시 설명하여야 하므로 개인별 책무성이 요구된다.

① 비고츠키 이론에서는 실제적 발달 수준과 잠재적 발달 수준 사이의 근접 발달 영역에서 수업이 이루어져야 한다고 강조한다.

② 모집단을 전문가 집단으로 각자의 소주제를 분할하여 학습한 수 다시 모집단으로 가서 토의하는 협동학습 모형은 직소Ⅰ모형이다.

③ (나)는 모집단이다.

⑤ 연료전지는 화학 에너지를 활용하고, 태양전지는 광전효과를 통해 설명된다.

062

정답

⑤

해설

ㄴ. 용수철상수 k는 위 문항의 선지를 파악하는데 필요하지 않다.

ㄷ. 문제에서의 파동은 진행방향과 진동방향이 일치하는 종파이다. 그리고 진동수는 $f = \frac{1}{T} = \frac{1}{0.4} \text{Hz} = 2.5\text{Hz}$ 이다. 파동의 전파 속력은 $v = \lambda f$로 부터 파동의 파장이 필요하다.

ㄱ. 표나 그래프를 보고 자료를 해석하는 '자료 해석' 기능을 평가하기 위한 문항이다.

063

정답

⑤

해설

ㄱ. 뉴턴의 이론을 옹호하기 위한 몇 가지 시도가 있었고 반증되었으나 한동안 미해결된 문제로 남았으므로 옳은 설명이다.

ㄴ. 뉴턴의 중력이론이 패러다임으로 형성되었고, 이에 변칙 사례(수성 궤도의 근일점 이동)가 나타났을 때 이를 패러다임을 지지하기 위한 시도로 '벌컨(Vulcan)'을 가정하였으므로 정상과학 내 수수께끼 풀이활동의 하나로 볼 수 있으므로 맞는 답이다. 수수께끼 풀이 활동에는 사실적 조사, 패러다임 지지, 패러다임 정교화, 이론적 문제 해결이 있다.

ㄷ. 라카토스의 이론에서 전진적(Progressive) 연구 활동과 퇴행적(Regressive) 연구 활동이 존재한다. 아인슈타인 이론은 기존의 이론으로 설명이 어려운 현상을 설명하고, 또한 다른 부가적인 것들을 예측할 수 있었으므로 전진적(Progressive) 연구 활동에 해당한다.

064

정답

③

해설

ㄱ. POE(Prediction-Observation-Explanation)는 예측과 관찰 사이에서 발생한 갈등을 설명단계에서 해결하기 위해 활발한 토의를 활용하는 수업 방식이다. 예측단계 → 관찰단계 → 설명단계의 과정을 거친다. 이 수업은 전형적인 POE에 해당한다.

ㄴ. 학생 A는 '전자의 크기가 모두 다르기 때문에 전자들의 일부가 발견되었다.'는 보조 가설을 통해 자신의 주장을 정당화하였다.

ㄷ. 양자역학의 터널링 현상은 전자의 파동성 때문에 발생되는 현상이다. 총알이 벽을 뚫고 통과하는 입자성 실험과는 연관성이 없다.

065

정답

②

해설

ㄴ. 귀추법 정의 : 관찰 단계(동일현상 관찰) → 인과적 의문 생성 단계(상호 공통점 연결) →가설 생성 단계(현상의 가설 생성)이다.

솔레노이드의 자기장과 전류의 관계와 솔레노이드에 자석을 넣고 뺄 때 유도 전류의 관계에서 동일 현상을 관찰하고 그 공통점을 연결시켜 가설을 생성하였으므로 귀추적 추론에 해당한다.

ㄱ. 학생 A의 가설은 조작 변인(자석의 속력)과 종속 변인(유도 전류의 세기)의 관계로 서술되어 있다.

ㄷ. 전자기 유도는 자기장 선속의 시간변화가 유도전류의 세기를 결정한다. 자석의 속력이 클수록, 또는 자석의 세기가 셀수록 자기장 선속의 시간 변화가 커지므로 둘 다 맞는 말이다.

066

정답
⑤

해설
ㄱ. 이상적인 열기관은 카르노 기관을 말하며 카르노 기관의 열효율은 $e = \dfrac{T_H - T_L}{T_H}$ 로써 온도의 비로 표시될 수 있다.

ㄴ. 차원 분석을 할 때는 길이(L), 질량(M), 시간(T) 등으로 하고 국제표준단위계로 통일할 필요가 없다.

ㄷ. ⓒ 돌림힘 $\vec{\tau} = \vec{r} \times \vec{F}$ 은 벡터양이고, 일 $W = \vec{F} \cdot \vec{S}$ 은 스칼라양이지만 둘 다 힘과 길이의 곱으로 같은 차원을 갖는다.

067

정답
③

해설
ㄱ. 입자 모형으로는 반사를 설명하지 못한다.

ㄷ. 입사각을 θ_1 이라고 하고 굴절각을 θ_2 라고 하면 입자 모형에서 $\dfrac{\sin\theta_1}{\sin\theta_2} = \dfrac{\dfrac{v_x}{v_1}}{\dfrac{v_x}{v_2}} = \dfrac{v_2}{v_1}$ 가 된다. 여기서 v_1은 입사 속력, v_2는 굴절 속력이고, 수평 방향 속력 v_x는 서로 같다. 출발대 높이가 같다면 v_1, v_2는 역학적 에너지 보존 법칙에 의해서 입사각에 상관없이 동일하다. 따라서 상대 굴절률 역시 입사각에 상관없이 동일하다는 것을 알 수 있다.

ㄴ. 입자 모형은 굴절될 때의 입자 속력이 증가하므로 물속에서 빛의 속력이 공기 중에서의 빛의 속력보다 작다는 것을 설명할 수 없다.

068

정답
정답 없음

해설
ㄱ. 2007년 개정 과학과 교육과정 9학년 '전기'에서는 저항의 직렬연결과 병렬연결의 혼합연결은 다루지 않는다.

ㄴ. 저항 R_1 에 흐르는 전류의 변화자료를 제공하면 결과는 학생이 예상한 이유와 동일하게 된다. 즉, 학생의 생각을 바꿀 수 있는 정보가 아니다.

ㄷ. 학생 B는 정답을 맞았다. 선입 개념이 학교에서 학습한 개념과 조화되는 경우이므로 조화 상황(일치 상황)이다.

069

정답
③

해설
ㄴ. 갈릴레이의 관성은 '아무런 힘이 존재하지 않으면 물체는 현재

의 운동 상태를 유지한다.'고 하였는데 중력이 존재하므로 완전한 개념이라고 할 수 없다.

ㄹ. 다양한 사례로부터 일반화하는 과정은 귀납적 추론이고, 데이터의 밖에 있는 것을 추측하는 것이 외삽이다. ⓜ의 활동에는 이 둘이 필요하다.

ㄱ. 형식적 조작기는 추상적 사고가 가능함으로 경험하지 못한 사고실험에는 논리적으로 추리할 수 있는 능력이 있다. 따라서 적용이 가능하다.

ㄷ. 하나의 사건으로 동일시하는 것은 귀납적 오류이다.

070

정답
③

해설
ㄱ. 선행 조직자는 학습 전 인지구조에 선행 지식을 연결시키는 역할을 한다. 따라서 지레의 원리는 도르래 학습에 선행 조직자이다.

ㄴ. 클로퍼의 자료 해석 및 일반화에서는 실험결과 처리, 실험과 관찰 결과의 해석, 공식화, 예측 등의 요소가 있다. 이에 해당하는 활동이다.

ㄷ. 이미 같은 용수철저울을 사용해서 고정 도르래에서 정확한 값을 얻었으므로 이 보다 움직도르래의 무게를 고려하는 것이 타당하다.

071

정답
②

해설
ㄱ. 숨은열은 상변화 할 때 드러난다. 즉, 고체나 액체에만 적용된다. 그러면 다음과 같은 연역적 추론에 의해서 소금물이 숨은열이 있다고 할 수 있다.
대전제 : 모든 액체는 숨은열이 있다.
소전제 : 소금물도 액체이다.
결론 : 따라서 소금물도 숨은열이 있다.
나아가 물과 소금물은 다르므로 숨은 열에 의해서 기화 온도가 다를 수 있다는 사실을 인지가능하고, 실험으로 확증이 된다.

ㄴ. ⓒ은 숨은열을 고려하지 않고 있다.

ㄷ. 포퍼의 반증주의에 의하면 반증 사례가 나오면 일반화된 명제가 폐기되고 새롭게 대체되지만 완벽히 대체되지 않을 가능성을 제시하고 있다.
예를 들어
명제 : 모든 백로는 흰색이다.
반증 : 검은색 백로가 발견되었다.
결론 : 따라서 모든 백로가 흰색은 아니다.
이 논리에 의하면
명제 : 접촉한 두 물체는 항상 온도가 같다.
반증 : 그렇지 않은 실험이 발견되었다.
결론 : 접촉한 두 물체는 항상 온도가 같은 것은 아니다.
이 결론의 명제는 숨은 열로 대체하여 '숨은 열을 고려할 필요가 없는 두 물체는 열평형 상태에서 항상 온도가 같다'로 대체될 수 있다.

072

정답

⑤

해설

컴퓨터 기반 과학실험장비인 MBL은 그림과 같이 전자 장비이다.

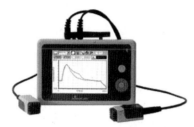

ㄱ. 온도 센서로 측정하는 것이 보다 정확한 실험을 할 수 있다.
ㄴ. 측정 장비를 활용하므로 개인 간의 측정오차를 줄이는데 효과적이다.
ㄷ. 그래프 분석이 디스플레이 화면에 나오므로 효율적이고 간편하다.

073

정답

③

해설

회로의 기전력 ε, 전체 내부 저항을 r, 전구의 저항을 R이라 하면 전구 개수 n을 병렬 연결할 때 회로를 구성해 보자. 그럼 $\varepsilon = I(r + \frac{R}{n})$ 이다. 전구에 걸리는 단자 전압은 $V = I\frac{R}{n} = \left(\frac{\varepsilon}{r+\frac{R}{n}}\right)\frac{R}{n} = \frac{R\varepsilon}{nr+R}$ 이다. 전구 1개의 밝기는 $P = \frac{V^2}{R} = \frac{R\varepsilon^2}{(nr+R)^2}$ 이 된다. 전구의 개수가 증가함에 따라 밝기는 어두워지게 된다.

ㄱ. $I = \frac{\varepsilon}{r+\frac{R}{n}}$ 이므로 1개만 연결할 때 $I_1 = \frac{\varepsilon}{r+R}$ 이고, 2개 연결할 때 $I_2 = \frac{\varepsilon}{r+\frac{R}{2}}$ 이다. 2배의 관계가 아니므로 과학적으로 옳지 않다.
ㄷ. 맞는 설명이다.
ㄴ. 학생 B는 예상과 관찰 사이의 변화가 이루어지지 않았다.

074

정답

①

해설

관찰 : 감각기관을 이용하여 자연의 사물과 사건에 대한 정보를 획득하는 방법
추리 : 관찰, 측정, 분류의 과정에서 얻어진 자료를 바탕으로 어떤 사건이나 현상을 설명하는 논리적 추론과정

075

정답

③

해설

정상과학은 여러 패러다임 중 과학 문제를 쉽고 효과적으로 해결하거나 자연현상을 명료하게 설명하는 가설이 패러다임으로 수용된 단계이다. 그리고 이 시기 정상과학 단계에서 수수께끼 풀이가 실행된다. 수수께끼 풀이 활동에는 사실적 조사, 패러다임 지지, 패러다임 정교화, 이론적 문제 해결이 있다.

ㄱ. 양자 역학의 체계가 정립되고 이론적 문제 해결(비정상 제만 효과)와 패러다임 정교화(파울리 배타원리)가 진행되었으므로 수수께끼 풀이에 해당한다.
ㄴ. 물질파 이론이 정립된 후 전자의 파동성이 실험으로 검증되었으므로 패러다임 지지에 해당한다.
ㄷ. 에테르를 전제한 빛의 전파에 관한 이론의 문제점을 지적하는 것이기에 수수께끼 풀이 활동보다는 변칙 사례를 제시하는 것에 가깝다. 참고로 에테르를 전제한 고전적인 빛의 전파이론은 특수 상대론의 등장으로 사라지게 된다.

076

정답

②

해설

ㄱ. 수업이 신소재의 기본 성질과 이용 사례에 대한 조사이므로 초전도체도 해당된다.
ㄷ. 직소 모형의 전형적인 특징이다.
ㄴ. 전문가 수와 학습 과제 수가 일치하므로 5개이다.
ㄹ. 각 주제별로 전문가 집단을 구성해 학습 후 모집단에 돌아가 수업하므로 직소 모형에 해당한다.

077

정답

③

해설

ㄱ. 과학 개념과 이론이 변할 수 있다는 사례로 적절하다.
ㄴ. 과학 발달의 관점은 인지적 구성주의와 사회적 구성주의가 있다. 인지적 구성주의는 지식이란 이미 생물학적으로 결정지어진 발달 과정의 틀 안에서 동화(assimilation)와 조절(accommodation)이라는 인지적 작용에 의해 구성된다고 보는 관점이다.
사회적 구성주의는 인간의 지식 발달에 있어 사회 속에서 인간과 다른 사람의 상호작용이 중요하다는 관점이다. 사회적 합의가 사회적 구성주의의 관점에서 과학적 방법이 될 수 있다. 보어의 경우 이에 해당한다.
ㄷ. 러더퍼드로의 발전은 쿤의 과학 혁명 모델로 설명되며 이것은 상대주의에 기반을 두고 있다. 그리고 보어로의 발전은 라카토스의 긍정적 발견법에 해당하며 합리주의에 기반을 두고 있다. 즉, 다수의 관측 사실로 일반화하는 귀납주의와는 거리가 멀다.

078

정답

⑤

해설

ㄱ. 천으로 가린 상태에서는 외부에 작용하는 힘을 보여주지 않고 정지한 물체만 보여주므로 '정지해 있는 물체에는 힘이 작용하지 않는다.'는 학생의 생각은 이 수업에서 변화시키려는 오개념에 해당한다.

ㄴ. 선개념으로 설명할 수 없는 자연 현상을 보여줌으로써 인지 갈등을 일으키는 상황이다.

ㄷ. 줄다리기 상황이 힘의 평형 개념으로 설명이 가능한 예시이므로 적절한 학습이다.

079

정답

②

해설

귀추법 정의 : 관찰 단계(동일현상 관찰) → 인과적 의문 생성 단계(상호 공통점 연결) → 가설 생성 단계(현상의 가설 생성)

동일 현상을 문제에 적용하여 설명하였으므로 귀추적 사고에 해당된다.

080

정답

⑤

해설

ㄱ. 데이터의 경향성을 보고 데이터 사잇값을 예측하는 것을 내삽, 데이터 범주 외의 값을 예측하는 것을 외삽이라 한다.

ㄴ. 그래프를 그린 것을 자료 변환이라 하고, 이를 해석하는 것을 자료 해석이라고 한다.

ㄷ. 한 개의 용수철로 실험하여 경향성을 파악하고 이를 모든 용수철로 확장 해석하는 것은 성급한 일반화에 해당한다.

실제 수식으로 보면 맞는 말이긴 하지만 한 개의 용수철 데이터로 수식을 이끌어 낼 수 없다.

$$\frac{1}{2}kA^2 = \frac{1}{2}mv^2$$

$$A^2 = \frac{T^2v^2}{4\pi^2}\left(\frac{A}{T} = v_{평균}\right)$$

그렇다면 평균 속력은 $v_{평균} = 4\pi\frac{A}{T}$ 이다.

081

정답

㉠ 정착자(anchor) 혹은 정착 예(anchoring example)
㉡ 연결 비유

해설

클레멘트(Clement, 1987)는 학생들의 오개념을 수정하는 한 방법으로 연결 비유 전략을 고안하였다.

목표 개념 : 익숙하지 않은 개념 → '운동하던 물체가 정지한 물체

와 충돌할 때 두 물체에 작용하는 작용-반작용'

정착자(anchor) : 직관적으로 이해되는 개념이나 상황 → '용수철을 양손으로 누를 때 양손이 받는 힘'

연결자(bridging case) : 정착자와 목표물 특징을 모두 가지는 사례 → '앞에 용수철을 달고 있는 두 자동차가 충돌하는 경우'

082

정답

변인 통제

해설

A : 건전지 개수를 증가시키면 건전지 내부 저항 역시 증가한다. 수식으로 표현하면 $n\varepsilon = I(R+nr)$ 이다. 따라서 전압이 증가함과 동시에 전체 저항이 변하기 때문에 변인 통제가 이뤄지지 않았다. 개선 방법은 건전지를 전원공급장치로 바꾸거나 내부 저항보다 상대적으로 매우 큰 외부 저항으로 바꿔서 실험한다.

B : 방법 (가)의 경우는 고무줄이 늘어나면서 단면적이 변하여 탄성계수가 일정하다는 보장이 없다. 그리고 탄성 한계가 존재하므로 고무줄 변형이 일어날 수도 있다. 이 실험은 변인 통제가 이뤄졌다고 말하기 어렵다. 그래서 방법 (나)가 길이를 일정하게 하면서 병렬로 고무줄 개수를 증가시키는 것이 더 적합하다.

083

정답

물이 공기보다 압축되기 어렵다는 점을 이용하여 물이 공기보다 용수철상수가 큰 물질로 볼 수 있다는 것을 설명

해설

선행조직자는 학습자가 새로운 정보를 학습하기 전에 학습 과제보다 먼저 제시되는 더 추상적, 일반적, 포괄적인 내용이나 자료를 의미한다. 오수벨 학습이론에서 비교 선행조직자는 학습자의 인지구조 속에 새로운 학습 과제와 유사한 선행 지식이 있을 때 사용하는 학습 자료이다. 기존 개념과의 유사성과 차이점을 비교하여 파악하도록 하는 인지적 다리 역할을 한다.

선행 지식 : 용수철상수가 클수록 펄스의 전파 속력이 크다는 것
학습 과제 : 소리의 속력이 공기에서보다 물에서 크다는 것
선행 조직자 : 물이 공기보다 압축되기 어렵다는 점을 이용하여 물이 공기보다 용수철상수가 큰 물질로 볼 수 있다는 것을 설명

084

정답

인지구조 사이의 갈등(선입 개념과 과학 개념 사이의 갈등)

해설

주장 A는 오개념(선개념)이고 주장 B는 올바른 과학 개념이다. 이 둘 사이의 갈등 유형에 해당한다.

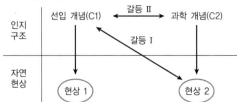

085

정답

1) 모든 물체는 양전기와 음전기 중 하나의 성질만을 가진다.
2) 하나는 털가죽으로 문지르고, 하나는 플라스틱으로 문지르는 풍선 2개를 공중에 매달아 끌어당기는 현상을 확인한다.

해설

철수는 '모든 물체는 양전기와 음전기 중 하나의 성질만을 가진다.'는 오개념을 가지고 있다. 전기적 성질은 상대적임을 보여주기 위해서 동일한 고무풍선을 하나는 털가죽으로 문지르고 다른 하나는 플라스틱으로 문질러서 둘 사이의 인력이 발생함을 보여주면 오개념과 상충되는 상황이 발생한다. 털가죽으로 문지른 고무풍선은 −로 대전되고, 플라스틱으로 문지른 고무풍선은 +로 대전되므로 항상 같은 성질로 대전된다는 오개념에 상충된다.

086

정답

1) 개념 도입
2) 상의 작도를 통해 물체의 위치에 따라 상이 생기는 위치를 설명한다. 그리고 실상과 허상의 개념을 설명한다. 볼록렌즈에 의한 상의 위치는 볼록렌즈의 초점 거리와 물체의 위치에 따라 달라지는데, 이들의 관계식인 렌즈 방정식을 설명한다.

해설

로슨(Lawson)의 순환학습(Learning Cycle)모형은 탐색-개념 도입-개념 적용 단계가 있다.
순환학습의 탐색 단계(exploration)에서는 학생들에게 직접적인 경험을 충분히 주는 단계이다. 학생들은 교사의 안내를 최소한으로 받으면서 자유롭게 제시된 학습 자료를 탐색한다. 탐색 단계에서 학생들에게 인지적 갈등을 일으키는 것이 매우 중요하다. 인지적 갈등을 통하여 이를 해소하기 위한 노력을 하게 된다. 이 단계의 학습 활동은 학생 스스로에 의해 이루어지고 교사는 학습의 안내자 역할만을 수행한다.
개념 도입 단계(concept introduction)는 탐색 단계에서 느끼었던 인지적 갈등이 새로운 개념과 원리의 도입을 통해서 해소됨에 따라 인지구조와 외부 자극 사이의 새로운 평형 상태가 형성되는 단계이다. 학생들이 경험한 일들을 설명하거나 기술하기 위해 과학적 개념을 도입하는 단계로서 학생들이 사용하고 표현한 언어나 명칭을 발표하게 하고, 이를 과학 개념과 연결해 주는 교사 주도 활동 단계이다.
개념 적용 단계(concept application)에서는 탐색 단계와 개념 도입 단계를 통하여 학습한 개념과 원리를 다시 새로운 상황과 문제에 적용하는 단계로 새로운 개념의 적용 가능성의 범위를 확장하여 발전적으로 전개하는 과정이다. 이 단계에서는 충분한 시간과 경험을 제공하고 새로운 사고 유형을 안정화시킨다.
B단계는 탐색 단계, C단계는 개념 적용 단계이다.

087

정답

해설 참고

해설

구분	해당하는 사례의 학생(들)	발견법에 따른 설명
긍정적 발견법	민수	견고한 핵을 유지하기 위해 보호대(크기에 따른 공기저항)를 추가하여 반증 사례를 설명한다.
부정적 발견법	영희	'예외적인 경우'라는 보조 가설을 첨가하여 반증 사례를 배척하여 견고한 핵을 유지한다.

개념 변화가 일어나지 않는 이유 : 영희는 새로운 상황을 예외로 규정하여 선개념과 새로운 현상 사이에 인지 갈등이 일어나지 않았다.
민수는 선개념과 새로운 현상 사이 갈등이 일어났지만 보호대를 추가함으로써 이를 해결하였다.

088

정답

㉠ 유체의 법칙, ㉡ 베르누이 법칙

해설

2009 개정 교육과정에 따르면 힘과 에너지 파트는 힘의 전달과 돌림힘, 힘의 평형과 안정성, 유체의 법칙, 열역학 법칙과 열기관, 열전달, 상태변화와 기상 현상, 전기에너지 이용이 있다. 그리고 유체법칙의 세부 파트에서는 '베르누이 법칙을 이용하여 양력과 마그누스 힘을 이해하고, 항공기와 구기 운동에 대한 이용을 안다.'고 나와 있다.

089

정답

㉠ 의사결정, ㉡ 실행

해설

STS 수업 모형은 학생들이 과학, 기술, 사회가 긴밀하게 연관되어 있는 현실에서 이에 대한 문제를 인식하고 스스로 해결 방안을 모색하여 책임 있는 의사결정이 강조된다.
STS 수업 모형의 단계는 '문제로의 초대 → 탐색 → 해결 방안 모색 → 실행' 단계로 구성된다.

090

정답

1) ㉠ 변인 통제
   ㉡ 조작 변인과 통제 변인을 올바르게 설정하였는가?
2) 측정 : 데이터를 기록할 때 유효숫자는 최소 눈금의 1/10까지 기록한다.
   변인 통제 : 물체의 질량을 통제 변인으로 설정한다.
   결론 : 실험 목적은 '접촉면의 거칠기와 물체의 운동을 방해하

는 힘의 관계'이므로 ② '물체가 무거울수록 운동을 방해하는
힘의 크기가 크다.'는 결론은 올바르지 않다.

해설

학생은 변인 통제를 제대로 하지 않았다. 기타 내용은 정답과 동일
하다.

091

정답

1) ① 선개념과 선개념으로 설명하지 못하는 자연 현상 사이의 갈
   등이다. 철은 차갑고 솜은 따뜻하다는 기존 개념과 철과 솜
   의 온도가 같다는 새로운 현상과의 갈등이다.
   ② 과학 개념과 선개념으로 설명가능한 현상 사이의 갈등이다.
   철과 솜의 온도가 같다는 과학 개념과 손으로 만졌을 때 솜
   보다 철이 더 차갑다는 기존 현상과의 갈등이다.
2) ㉠ 열전도도(열전도율)

해설

인지 갈등 수업 모형은 다음과 같다.

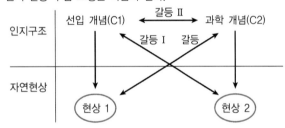

학생은 '열전도도가 높은 물질이 차가운 물체이다.'라는 선개념(오
개념)을 가지고 있으므로 열전도도라는 개념을 설명해야 한다.

092

정답

1) A : 명확한 독립 변인을 제시하지 않음
   B : 검증 불가능한 독립 변인(어떤 힘)을 제시
   C : 각운동량의 보존이라는 독립 변인으로부터 자전거가 쓰러
   지지 않음의 종속 변인으로 설명하였으므로 가설이 타당하다.
2) ㉡ 정상과학 단계에서 수수께끼 풀이

해설

1) 가설은 명확한 독립 변인과 종속 변인과의 관계로 표현돼야 검
   증이 가능하다.
   A는 명확한 독립 변인이 제시되지 않았고, B는 관찰할 수 없는
   미지의 힘을 독립 변인으로 제시하였기 때문에 검증이 불가능
   하므로 가설로 타당하지 않다. C는 쓰러지지 않은 원인을 각운
   동량 보존이라는 물리적 개념으로 설명하며, 충분히 검증이 가
   능하므로 과학적 가설로 타당하다.
   변인은 독립 변인과 종속 변인으로 나뉜다.
   독립 변인 : 실험 결과나 변인에 영향을 미치는 변인이다. 독립
   변인은 조작 변인과 통제 변인으로 나눌 수 있다.
   ① 조작 변인 : 독립 변인 중에서 가설을 검증하기 위해서 값을
   변화시키는 변인이다.
   ② 통제 변인 : 조작 변인을 제외한 나머지 독립 변인들로 값을
   변화시키지 않고 유지시키는 변인이다. 조작 변인 외에 다른
   변인이 실험에 영향을 미친다면, 그 실험 결과가 오직 그 조

작 변인에 의한 결과라고 확정할 수 없다. 다른 변인이 영향
을 미치지 못하게끔 연구자가 통제하는 변인이 통제 변인이
다. 이처럼 조작 변인 외에 나머지 변인들을 일정하게 유지
시키는 행위를 '변인 통제'라 한다.
③ 종속 변인 : 독립 변인에 의해 영향을 받아서 값이 변하는
변인이다. 즉, 독립 변인의 결과이자 실험 결과값이다. 독립
변인에 종속적이기 때문에 종속 변인이라 한다.

2) 정상과학은 여러 패러다임 중 과학 문제를 쉽고 효과적으로 해
   결하거나 자연현상을 명료하게 설명하는 가설이 패러다임으로
   수용된 단계이다. 그리고 이 시기 정상과학 단계에서 수수께끼
   풀이가 실행된다. 수수께끼 풀이 활동에는 사실적 조사, 패러다
   임 지지, 패러다임 정교화, 이론적 문제 해결이 있다.

093

정답

1) (나) − (다) − (라) − (가)
2) (나) : 참여

해설

5E 수업 모형은 참여−탐색−설명−정교화−평가 단계가 있다.
참여 : 학생들의 흥미와 호기심을 유발하기 위해 현상을 보여주고
자신들의 생각을 말하게 하여 사전 개념을 확인한다.
탐색 : 학생들이 직접 실험에 참여하고, 교사가 주요 개념과 사전
지식을 명료화한다.
설명 : 학생들이 자신이 이해한 것을 설명하게 하고, 교사는 새로
운 개념을 정의하고 설명한다.
정교화 : 학습한 내용을 새로운 상황에 적용한다.
평가 : 학생이 학습한 기능과 지식 평가한다.

094

정답

1) 근접 발달 영역(ZPD) : 실제적 발달 수준과 잠재적 발달 수준
   사이 영역
2) 목적
   ① 실제적 발달 수준을 확인하고, 잠재적 발단 수준에 적합한
   학습을 유도
   ② 근접 발달 영역에서 비계설정을 통해 학습을 촉진
3) ㉠ 운동을 지속시키는 힘이 감소하기 때문이다.

해설

근접 발달 영역(ZPD)이란 학생이 독자적으로 문제를 해결함으로
써 결정되는 실제적 발달 수준과 교사나 능력 있는 또래의 도움을
받아 문제를 해결함으로써 결정되는 잠재적 발달 수준 사이의 영
역을 말한다.
교사가 의도한 언어적 상호작용의 목적은 첫째, 자유 낙하에서 중
력이 작용한다는 사실 확인을 통해 실제적 발달 수준을 확인하고 최
고점에서 중력이 작용한다는 잠재적 발달 수준에 적합한 학습을 유
도하고 있다. 둘째는 연직 투상운동과 자유 낙하운동의 비교학습인
비계설정을 활용하여 근접 발달 영역에서 학습을 촉진하고 있다.
학생은 정지하면 힘이 작용하지 않는다는 오개념을 가지고 있기
때문에 속력이 줄어드는 이유로 운동을 지속시키는 힘이 감소하기
때문이라고 답할 것이다.

095

 정답

1) ㉠ 변인 통제
2) 반복된 실험의 평균으로부터 자석의 세기와 유도 전류의 세기 사이의 관계에 대한 규칙성을 찾기 때문에 귀납법이다.
3) 유한개의 관찰 사실로부터 전체를 일반화하는 데서 오는 오류 가능성, 관찰이 불가능한 추상적인 지식에는 적용할 수 없다.

해설

1) 속력이 일정하게 유지하는 것은 시간변화량을 동일하게 함이므로 변인 통제에 해당한다.
2) 귀납법은 유한한 관찰로 일반화를 유도하기 때문에 자체적으로 오류의 가능성을 내포하고 있다. 또한 직접적 관찰이 어려운 개념적 지식에는 귀납법을 적용하기 어렵다는 한계점을 지니고 있다. 예를 들어 뉴턴이 물체 사이의 중력을 논할 때 '중력'이라는 전혀 관찰할 수 없는 대상을 논하고 있었다. 이는 과학적 진실이 관찰 가능한 사실로 환원될 수 있어야 한다는 귀납적인 논리와는 어긋나는 것이었다.

096

정답

해설 참고

해설

단계와 사례는 다음과 같다.
1) 정상과학 : 빛을 전달하는 매질인 에테르 설명 부분
2) 위기 : 마이컬슨·몰리의 실험결과 간섭무늬 발견 못 함. 에테르 존재 증명 못 함. 푸앵카레는 에테르 발견 불가능 및 에테르 존재 의심
3) 과학혁명 : 아인슈타인 상대성 이론 발표 부분
4) 새로운 정상과학 : 상대성 이론이 예측하는 중력장에서 휘는 빛. 중력 적색편이, 수성의 근일점 이동 확인
미친 영향은 정상과학 시기에 수수께끼 풀이를 통해 패러다임을 뒷받침한다.

097

정답

㉠ 핵심 역량, ㉡ 핵심 개념

098

정답

1) ① A, B에서 장력의 크기보다 중력의 크기를 더 크게 그렸는가?
   ② O에서 중력의 크기보다 장력의 크기를 더 크게 그렸는가?
2) 채점자가 일관성과 객관성을 유지할 수 있으며, 학생들의 이해 수준을 보다 정확하게 평가할 수 있다.

해설

1) 벡터는 크기와 방향 성분을 가지고 있다. 항상 벡터양에 대해 실험할 때는 이 두 가지를 파악해야 한다. 단진자에서 장력의 방향은 항상 중심을 향한다. 그리고 중력은 항상 아래 방향이다. 그리고 아래 그림을 통해 단진자의 크기를 알아보자.

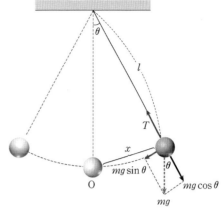

$$T = mg\cos\theta + ml\omega^2 = mg\cos\theta + \frac{mv^2}{l}$$

A, B지점에서는 속력 $v = 0$인 정지 상태이므로 장력은 중력보다 크기가 작다. O지점에서는 $\theta = 0$, $v > 0$이므로 장력이 중력보다 크기가 더 크다.
2) 분석적 채점표는 채점 준거를 세부적으로 설정하여 나열하고 각 채점 준거마다 정당한 점수를 부여하도록 구성한다. 따라서 채점자가 일관성과 객관성을 유지할 수 있으며, 학생들의 이해 수준을 보다 정확하게 평가할 수 있다.

099

정답

1) 병위적 학습
2) 마찰력을 학습한 후에 일반성과 포괄성의 수준이 동등하여 수평적 관계에 있는 자기력을 학습하기 때문이다.

해설

오수벨의 학습 유형에는 하위적 학습과 상위적 학습 그리고 병위적 학습이 있다.
하위적 학습에는 파생적 포섭과 상관적 포섭이 존재한다. 파생적 포섭이란 학습한 개념이나 명제에 대해 구체적인 예시나 사례를 학습(피아제의 동화에 해당)하는 것이다. 상관적 포섭이란 새로운 아이디어 학습을 통해 이전 개념이나 명제가 수정이나 확장 또는 정교화되는 것(피아제의 조절에 해당)을 말한다. 상위적 학습은 이미 가진 개념을 종합하면서 새롭고 포괄적인 명제나 개념을 학습하는 것을 말한다. 병위적 학습은 새로운 개념이 사전에 학습한 개념과 수평적(병렬적) 관계를 가질 때를 말한다.

종류		예시
하위적 학습	파생적 포섭	젖은 먹이는 포유류 중 소, 돼지, 개를 학습한 후 고양이도 포유류임을 아는 과정
	상관적 포섭	포유류는 육지에만 사는 줄 알았는데 고래도 포유류임을 알고 기존 개념을 수정하는 과정
상위적 학습		어류, 조류, 포유류 개념을 학습한 후 동물이라는 개념으로 통합하는 과정
병위적 학습		중력을 학습한 이후에 전기력을 학습하는 과정 저항과 전류의 개념을 학습한 후 전압에 대해 학습하는 과정

100

정답

1) 직소 1(Jigsaw 1) 모형
2) 의사소통, 과정 ③~④에서 소집단 내에서 발표하고, 토의한 후 토의한 내용을 정리한다고 되어 있고 또한, 서로의 생각을 이해하고 존중하며 토의한다고 되어 있다. 이 과정에서는 의사소통 능력이 중요시된다.

해설

1) 협동 학습 모형 중 직소 1(Jigsaw 1) 모형은 모집단을 구성하여 구성원 수에 맞게 학습 과제를 소주제로 분할하여 활동한다. 직소 1은 구성원의 적극적 행동이 다른 집단 구성원의 보상을 도와주기 때문에 협동적 역동성이 존재하고, 구성원 간의 상호의존성과 협동심을 유발하지만, 학습자가 학습 내용의 전체를 알기 어렵고, 개별적 보상이 이루어지기 때문에 협력이 이루어지지 않을 수 있는 단점이 있다. 이에 직소 1 모형을 사용할 때에는 학습자 간의 의사소통 능력을 증진하는 훈련이 선행되어야 한다.
2) 기초 탐구 과정은 관찰, 분류, 측정, 예상, 추리, 의사소통이 있다. 적극적인 상호 작용을 위해서는 의사소통 능력이 요구된다.

101

정답

㉠ 과학적 참여와 평생 학습 능력, ㉡ 문제로의 초대

해설

STS 수업 모형의 단계는 '문제로의 초대 → 탐색 → 해결 방안 모색 → 실행' 단계로 구성된다.

102

정답

1) 실제적 발달 수준: 자기장의 세기가 변화하면 유도 전류가 발생한다.
2) 잠재적 발단 수준: 자기장 세기가 일정하더라도, 자기장 선속이 변화하면 유도 전류가 발생한다.
3) 시범 실험의 역할: 근접 발달 영역 내에서 비계설정을 통해 실제적 발달 수준을 잠재적 발단 수준으로 끌어올리는 역할
4) 시범 실험 예시: 세기가 일정한 자기장 영역 내에서 금속 고리의 면적을 시간에 따라 변화시켜 유도 전류가 발생함을 보여준다.

해설

수식적 이해를 하면 논리를 쉽게 이끌어낼 수 있다.

$V = -N \dfrac{\Delta\Phi}{\Delta t}$; $N=1$ 일 때

$$|V| = \dfrac{d\Phi}{dt} = \dfrac{d(BA\cos\theta)}{dt}$$
$$= \left(\dfrac{dB}{dt}\right)A\cos\theta + \left(\dfrac{dA}{dt}\right)B\cos\theta + \left(\dfrac{d\theta}{dt}\right)BA\sin\theta$$

유도 전류가 발생하는 방법은 3가지가 존재한다.
1. 자기장이 시간에 따라 변화
2. 자기장 영역의 면적이 시간에 따라 변화
① 주어진 자료처럼 도선이 자기장 영역을 벗어날 때
② 자기장 영역에서 도선의 면적이 시간에 따라 증가하거나 감소할 때

3. 자기장과 도선이 이루는 각의 시간에 따라 변화할 때
주어진 상황에서 학생은 1의 상황을 인지하고 있다. 그리고 도움을 얻어 3의 상황을 배웠다.
그러면 나머지 상황은 2의 상황을 모르고 있는데 자기장 영역에서 금속 고리가 회전할 때 유도 전류가 발생되겠다고 했으므로 통제 변인이 자기장 영역 내임을 알 수 있다. 그러므로 문제에 주어진 2-① 상황보다 시범 실험으로 보다 적절한 것은 2-②이다.

103

정답

1) A: 귀납주의, B: 반증주의
2) 관찰의 이론 의존성, 두 물체가 공기 중에서 낙하할 때, '질량에 관계없이 동시에 낙하한다.'는 이론을 가진 사람은 동시에 낙하한다고 관측하고, '물체에 따라 받는 저항력이 다르다'라는 이론을 가진 사람은 '동시에 낙하하지 않는다.'라고 관측한다.

해설

귀납주의는 과학은 다수의 실험이나 관찰을 통해 일반화한다는 주장이다.
반증주의는 가설이나 이론은 관찰이나 실험에 의해 지속적인 확인을 받게 되며 반증된 가설이나 이론은 더 우수한 가설이나 이론으로 대체되어 과학이 발전한다는 과학관이다.
귀납주의와 반증주의의 문제점은 관찰이 이론적 지식에 의존하는 점이다.

104

정답

1) (가)의 상황을 통해 기존의 개념에 불만족해야 한다. 또한 관성력이라는 새로운 개념이 경험과 생각에 비춰볼 때 그럴듯해야 하고 학습자의 언어로 이해가 가능해야 한다. 그리고 새로운 상황에 적용 가능한 유용성이 있어야 한다.
2) 외부에서 관찰할 때 버스와 정지한 버스 손잡이는 버스와 같은 가속도를 가지므로 운동 방향으로 장력과 중력의 합력인 알짜힘이 존재한다. 그런데 버스 내부에서 관찰하면 손잡이가 정지 상태이므로 알짜힘이 0이 되어야 한다. 그래서 내부에서는 중력과 장력의 합력과 크기는 같고 방향이 반대인 힘이 추가 되어야 한다. 이때 버스 내부 즉, 가속 좌표계에서 추가로 등장하는 힘이 관성력이다.
3) 일정한 속력으로 회전하는 놀이기구 안에서 밖으로 쏠리는 힘이 느껴진다.

105

정답

1) 문제점
① 도선의 방향이 나침반의 방향(남북)과 나란하게 통제 변인으로 설정해야 한다.
② 전류의 방향을 반대로 하는 조작 변인을 추가하여 실험을 반복해야 한다.
③ 전류를 1A, 거리를 10cm로 실험할 때 지구 자기장에 비해 너무 작은 자기장이므로 보다 큰 전류 혹은 가까운 거리에

서 실험해야 각도를 측정할 수 있다.

2) 전기 관련 안전 사항 : 비교적 강한 전류이므로 감전과 화재에 주의한다.

해설

벡터량의 측정 실험은 크기, 방향, 데이터 신뢰도를 고려해야 한다. 자기장은 크기와 방향을 갖는 벡터이다. 따라서 이 둘을 동시에 고려해서 실험을 진행해야 한다. 첫째로 올바른 크기를 측정하기 위해서는 나침반의 방향과 도선의 방향이 나란해야 한다. 만약, 90도만큼 틀어지면 실험 진행 자체가 안 되고 나란하지 않을 경우에는 자료 변환과정이 매우 복잡해지게 된다. 그리고 자기장의 방향을 측정하기 위해서는 전류의 방향을 반대로 하는 실험을 추가로 진행해야 한다.

수치를 측정하는 실험에서는 사전에 데이터의 범위와 값에 대해 이론적 검증을 해야 한다. 이유는 실험에서 인간의 인지 범위를 벗어나게 된다면 올바른 결과를 얻기 힘들기 때문이다. 예를 들어 각도가 $1°$, $2°$, $3°$ … 단위로 변한다면 이것은 학교 실험실 기준으로 측정하기 매우 어렵다. 지구 자기장은 $B_{지구} = 5 \times 10^{-5}$T라고 알려주었다. 그러면 전류를 1A, 거리를 10cm로 실험할 때 전류에 의한 자기장의 세기는 $B_{전류} = 2 \times 10^{-7} \frac{1}{0.1} = 2 \times 10^{-6}$ T이다. 그러면 각도는 $\tan\theta = \frac{B_{전류}}{B_{지구}} = \frac{4}{100}$ 이다. 이때 각도는 약 $2.3°$에 해당하므로 측정하기 어렵다. 보통 측정하기 쉬운 $45°$ 값이 되려면 $\tan\theta = \frac{B_{전류}}{B_{지구}} = 1$ 이 되어야 하므로 $B_{전류} = 2 \times 10^{-7} \frac{I}{r}$ 를 통해 전류를 증가 혹은 도선과 나침반 사이의 거리를 감소시켜야 한다.

106

정답

㉠ 과학의 본성, ㉡ 사고 실험

107

정답

㉠ 등가속도

㉡ 측정

㉢ 이동 거리와 속력의 제곱을 그래프로 나타냄

㉣ 그래프를 이용하여 이동 거리와 속력의 제곱이 정비례함을 확인하고 이를 해석한다.

해설

㉠ 이 실험은 등가속도 운동에 관한 수업이다. 일과 에너지의 관계식에서 $\frac{1}{2}mv^2 = fs$ 이다. 여기서 f는 마찰력의 크기이다. 여기서 $s \propto v^2$이므로 등가속도 직선 운동 공식 $2as = v^2$을 통해 수레의 가속도가 일정함을 알 수 있다.

㉡ 기초 탐구 기능 중 측정해 해당한다.

㉢ 자료 변환은 1차 비례 관계를 확인하기 위한 과정이므로 이동 거리와 속력의 제곱을 그래프로 나타내는 것이 핵심이다.

㉣ 그래프를 이용하여 이동 거리와 속력의 제곱이 정비례함을 확인하고 이를 해석하는 과정이 자료 해석의 핵심이다.

108

정답

1) ㉠ 그림자는 광원의 모양과 관계없이 물체의 모양에 따라서만 결정된다.

2) ① 서로 다른 생각을 발표 및 토론하게 한다.
   ② 과학 개념을 소개하고, 관찰을 통해 자신의 생각과 비교하여 올바른 개념 형성을 돕는다.

3) 점광원에서 나오는 직진하는 빛이 물체에 막혀 스크린에 도달하지 못하면 그림자가 생긴다.

해설

그림자는 광원의 모양과 관계없이 물체의 모양에 따라서만 결정된다는 것은 대표적인 빛과 그림자의 오개념이다.

발생학습은 교사와 학생들의 적극적인 의사소통과 능동적인 역할이 중요하다. 학생들의 발표와 토의를 통해 견해의 교환 과정을 거치고 과학 개념의 학습과 실제적인 활동을 통해 동화와 조절이 발생한다.

그림자 생성 원리 : 광원에서 나오는 직진하는 빛이 물체에 막혀 스크린에 도달하지 못하면 그림자가 생긴다.

그림자의 영향 요인 : 광원 모양, 물체 모양

오개념으로도 설명가능한 것은 광원의 모양이 점광원일 때이므로 점광원일 때 그림자의 생성 원리를 설명하면 된다.

109

정답

㉠ 자기력선, ㉡ 과학적 의사소통 능력

해설

자기장의 방향을 따라 연속적으로 이어 놓은 선을 자기력선이라고 하며 철가루가 늘어선 모양과 같다. 자기력선은 도중에서 끊어지거나 다른 자기력선과 만나지 않는다.

2015 개정 과학과 교육과정의 과학과 핵심역량은 과학적 사고력, 과학적 탐구 능력, 과학적 문제 해결력, 과학적 의사소통 능력, 과학적 참여와 평생 학습 능력이다.

110

정답

1) 조작 변인인 태양 전지에 도달하는 빛의 세기를 태양 전지 면과 수평면이 이루는 각도의 변화로 측정가능하게 함

2) (라)가 잘못됨. 디지털 멀티미터를 태양 전지와 병렬로 연결하여 전압 측정

해설

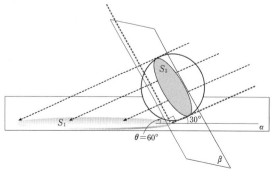

단위 시간당 빛의 에너지는 $P = IS = I_1 S_1 = I_2 S_2$ 여기서 빛의 세기는 I이고 빛이 통과하는 면적이 S이다. 전등의 빛에 해당하는 β면과 태양 전지판에 해당하는 α면의 사잇각의 조절로 태양 전지판의 빛의 세기를 조절할 수 있다. 따라서 태양 전지판에 도달하는 빛의 세기와 태양 전지의 전력 사이의 관계를 파악하는데 조작 변인이 충족된다. 전압계는 태양 전지와 병렬로 연결하여야 한다.

111

정답

1) 두 이론 중 한 이론에서 예상한 것과 일치
2) 보호대를 통해 견고한 핵을 반증으로부터 보호한다.
3) 변칙 사례

해설

라카토스 연구 프로그램에서는 견고한 핵을 보충하는 보조 가설이나 초기조건 및 관찰 자료에 대한 가정에 해당하는 보호대를 통해 핵을 반증으로부터 보호한다고 되어 있다.
토머스 쿤(Thomas Kuhn)의 관점에서는 정상 과학에 위배되는 변칙 사례가 등장하였다면 이를 심각히 여기고 이를 해결하기 위해 새로운 이론 체계를 제안한다.
쿤의 과학 혁명의 단계: 정상과학 - 위기 - 과학혁명 - 새로운 정상 과학

112

정답

1) 귀납적 사고, 발견 학습은 자연 현상을 관찰하고 수집한 자료로부터 규칙성을 찾아 기술하도록 하는 귀납적 추리를 통한 개념 형성에 목적을 두고 있다.
2) 발생학습, 새로운 개념은 유용성을 가져야 한다.

해설

브루너의 발견학습은 학생 스스로 자연 현상을 관찰하고 수집한 자료로부터 규칙성을 찾아 기술하도록 하는 귀납적 추리를 통한 개념형성에 목적을 두고 있다.
발생학습(generative learning) 모형은 각각 예비단계 - 초점 단계 - 도전 단계 - 적용 단계로 구성된다. 학생들의 선개념을 변화시키는데 효과적인 수업 모형이다.
포스너의 개념 변화 조건은 다음과 같다.
① 기존 개념에 불만족해야 한다.
② 새로운 개념은 이해될 수 있어야 한다(학습자의 언어로 이해 가능).
③ 새로운 개념은 그럴듯해야 한다(기존 개념이 생성한 문제점을 해결할 수 있어야 한다).
④ 새로운 개념은 유용성을 가져야 한다(새로운 상황에 적용 가능).

113

정답

POE, 예측 단계

해설

POE(Prediction-Observation-Explanation)는 예측과 관찰 사이에서 발생한 갈등을 설명단계에서 해결하기 위해 활발한 토의를 활용하는 수업 방식이다.
'예측단계 → 관찰단계 → 설명단계'의 과정을 거친다.

114

정답

㉠ 동시에 도달
㉡ 발사 장치에 의한 수직 방향의 초기 속력이 자유 낙하와 일치하도록 통제 변인 설정
㉢ 주어진 측정 시간의 범위(0~0.4s)를 모두 확인 가능
㉣ 자료 변환

해설

㉠ 수직 방향으로 초기 속력이 없는 두 물체는 같은 높이에서 낙하 시 동시에 도달한다.

자유 낙하 공식 $h = \frac{1}{2}gt^2$

그래서 이 실험으로 알아보고자 하는 것은 수평 방향의 속력 유무와 관계없이 수직 방향으로 동시에 도달하는 것을 알아보고자 함이다.

㉡ 초기 위치부터 연직 아래 방향을 +로 하여 수직을 세우면 $y = v_{y0}t + \frac{1}{2}gt^2$ 이다. 그래서 연직 방향의 초기 속도 v_{y0}에 관련하여 낙하 시간이 달라지게 되므로 $v_{y0} = 0$인 자유낙하와 동일하게 통제 변인을 설정하여야 한다.

㉢ 주어진 실험 결과 데이터 테이블을 보면 낙하 시간이 0.4초까지 나와 있다.

시간(s) 이동 거리(cm)	0~0.1	0.1~0.2	0.2~0.3	0.3~0.4
자유 낙하하는 쇠구슬의 구간별 수직 이동 거리(cm)				
수평으로 던진 쇠구슬의 구간별 수직 이동 거리(cm)				

그러면 $h = \frac{1}{2}gt^2$ 으로 부터 중력가속도를 10m/s^2으로 설정하여 계산해 보면 $h = \frac{1}{2}10 \times (0.4)^2 = 0.8\text{m}$ 이다. 따라서 데이터 측정을 모두 확인하기 위해서는 최소 $0.8\text{m} \times 0.8\text{m}$ 이상의 모눈종이가 필요하다. 측정 오차까지 감안하면 여유롭게 $1\text{m} \times 1\text{m}$ 이상의 모눈종이가 필요하다.

㉣ 자료 변환은 일차식의 관계를 찾는 것을 의미한다.
예를 들어 $y = x^2$ 을 그래프로 나타내면 포물선이 나온다. 그런데 $y = x^3$ 의 그래프와 데이터상으로 둘 차이의 식별이 어렵다. 그래서 자료 변환은 1차식 관계로 자료를 변환하여 그래프로 나타내는 작업을 의미한다. $y = x^2$ 와 $y = x^3$ 은 각각 y와 x^2 의 데이터와 1차 관계식을 갖고 마찬가지로 y와 x^3 의 데이터와 1차 관계식을 만족한다.
그래서 $h = \frac{1}{2}gt^2$ 를 h와 t^2 의 관계를 그래프로 나타내면 1차 관계를 갖게 된다.

115

정답

㉠ 운동 방향(접선 방향)으로 힘이 존재한다.
㉡ 관성 좌표계에서 원심력이 실제 작용하는 힘이다.
㉢ A, C, 갈등 상황

해설

㉠, ㉡ 등속 원운동이므로 물체가 등속운동 하기 위해서는 운동 방향에 나란한 방향의 힘이 존재해서는 안 된다. 따라서 관성 좌표계에서 물체에 작용하는 알짜힘은 운동 방향에 수직한 구심력뿐이다. 그런데 임피투스(기동력)적 사고는 운동 방향으로 힘이 존재한다는 오래된 오개념이고, 원심력은 가속계에서 드러나는 힘이다.
㉢ A, C는 원심력을 가속좌표계가 아닌 관성좌표계에서도 실제 한다고 착각하고 있다. 이는 오개념(선개념)이 학교에서 학습한 내용과 상충하는 경우인 갈등 상황에 해당된다.

116

정답

㉠ 충돌하는 데 걸린 시간
㉡ 비례 논리
㉢ [실험 활동 평가표]를 실험 수행, 자료 수집 및 분석과 해석, 결과 정리 및 결론 도출의 세 가지 평가 준거 별로 점수를 차등 적용한다.

해설

㉠ $d=vt$ 이므로 충돌하는 데 걸린 시간이 같다면 수레의 이동 거리를 측정함으로써 수레의 속력을 알 수 있게 된다. 탐구 과정 일부에서도 언급한 내용이 있다.
(라) 수레의 용수철 압축 해제 장치를 나무 막대로 가볍게 쳐서 두 수레를 분리한 후 두 수레가 책과 충돌하는 소리를 듣는다.
(마) 분리 전 수레의 위치를 바꾸어 가며 과정 (다)~(라)를 반복하여 수행해 두 수레가 책과 동시에 충돌하는 위치를 찾는다.
㉡ $d=vt$ 이므로 충돌 시간이 통제 변인이면 이동 거리와 속력은 1차 비례하게 된다. 따라서 비례관계를 수식화할 수 있고 정량적인 관계들을 이해하는 비례 논리가 필요하다.
㉢ 주어진 [실험 활동 평가표]는 실험 수행, 자료 수집 및 분석과 해석, 결과 정리 및 결론 도출의 세 가지 평가가 서로 융합되어 있다. 그래서 세 가지 평가 준거 별로 각각 점수 배점을 차등 적용하는 것이 유용하다.

117

정답

1) 비계 설정
2) 선개념과 과학 개념 사이의 갈등

해설

비고츠키는 사회적 상호작용을 통해 지식이 형성되고 발달된다고 보았는데 이러한 과정은 근접 발달 영역(ZPD)에서 일어난다고 하였다. 근접 발달 영역(ZPD)이란 학생이 독자적으로 문제를 해결함으로써 결정되는 실제적 발달 수준과 교사나 능력 있는 또래의 도움을 받아 문제를 해결함으로써 결정되는 잠재적 발달 수준 사이의 영역을 말한다.
학습의 목적은 실제적 발달 수준을 확인하고, 잠재적 발단 수준에

적합한 학습을 유도, 근접 발달 영역에서 비계설정을 통해 학습을 촉진하는 것이다.
인지 갈등 수업에서 갈등 상황은 다음과 같다.

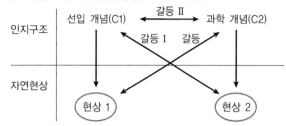

일을 에너지 전달로 생각하는 것(선입 개념)과 힘의 크기와 이동한 거리의 곱이라고 생각하는 것(과학 개념) 사이의 갈등이다. 여기서 선개념에 해당하는 일을 에너지 전달로 생각하는 것의 주체와 대상을 보면 벽이 선수에게 에너지를 전달한다고 되어 있다. 이는 명백히 잘못된 개념에 속한다. 예를 들어 자동차에 물체가 매달려 가속운동 한다면 자동차의 에너지가 물체에 전달되는 것이 맞다. 이때 자동차의 연료 에너지가 소모된다. 하지만 지구에서 자유 낙하하는 물체의 운동 에너지가 증가하는 것을 지구가 물체에 에너지를 공급하였기 때문에 지구의 에너지가 감소한 것이라고 주장하면 잘못된 것이다. 이는 퍼텐셜 에너지의 개념을 도입해서 설명해야 한다. 문제의 상황에서는 사람의 팔 근육 에너지가 작용 반작용 법칙에 의해서 벽을 통해 사람에게 다시 운동 에너지 형태로 전달된다고 보는 것이 올바른 해석이다.

118

정답

1) 귀추법
2) ㉠ 자석을 잘게 부수어도 극성을 가질 텐데 자석을 문지르기 전에는 극성이 없다가 자석으로 문지르고 난 이후에는 극성을 나타내는 이유가 무엇인가?
   ㉡ 쇠못의 경우에도 내부에 극성을 띠는 자기구역이 잘게 부순 자석과 동일하게 대응시킬 수 있지 않을까?
3) ㉢ 쇠못을 자석에 문지르기 전에는 극성을 띠는 자기구역이 불규칙 하게 배열되어 자성을 나타내지 않지만 자석으로 문지르면 극성이 자석에 의해 정렬되어 자성을 나타낸다.

해설

귀추법 정의 : 관찰 단계(동일현상 관찰) → 인과적 의문 생성 단계(상호 공통점 연결) → 가설 생성 단계(현상의 가설 생성)
물리학Ⅰ '물질의 자성' 파트에서는 강자성체의 자화의 원리를 강자성체 내부에서 같은 방향으로 자기장을 갖는 원자들이 모여 있는 자기구역의 개념으로 설명한다.
㉠과 ㉡의 경우 인과적 의문 생성 단계이다. 강자성체의 원리는 자기구역이 서로 불규칙적이게 정렬하면 자성을 띠지 않지만, 외부 자기장을 걸어주면 흐트러져 있던 자기구역이 외부 자기장의 방향으로 정렬되어 강하게 자화된다. 그러므로 자석을 잘게 부수어도 조각들은 자성을 나타낼 텐데(자기구역 개념) 문지르기 전후 상황에 따라 왜 자성이 달라지는지를 확인시키는 질문이 필요하다. 그리고 이 현상과 쇠못의 상황과 상호 공통점을 연결시키는 질문이 필요하다.
㉢은 경우에는 두 현상들을 비교하여 가설을 설정하는 단계이다. 자기구역의 개념이 선행되지 않았다면 내부 구조라 해도 무방하다.

119

정답

1) ㉠ 불연속적 에너지 준위
2) 선행 조직자 : 햇빛이 프리즘을 통과하면 여러 가지 색이 나타나는데, 색에 따라 나뉘어 나타나는 띠를 스펙트럼이라고 하며, 스펙트럼에 나타나는 빛의 색은 파장에 의해 결정되고, 파장은 빛의 에너지와 관련이 있다.

해설

㉠ 여기서는 '불연속'이라는 개념이 핵심이다. 선 스펙트럼과 연속 스펙트럼이 발생하는 이유는 기체의 에너지 준위가 불연속이고, 고체의 경우에는 연속적인 띠를 형성하기 때문이다.
교과서에도 다음과 같이 언급되어 있다.
'원자의 불연속적인 에너지 준위를 선 스펙트럼 관찰 결과로부터 유추할 수 있다.' (비상)
선행 조직자는 초기 스펙트럼의 일반적인 개념을 소개하는 부분이다. 스펙트럼에 대한 사전 개념이 없는 학생들에게 스펙트럼의 전체 정의를 소개하고, 연속 스펙트럼과 선 스펙트럼의 차이를 알게 한다. 따라서 설명 조직자에 해당한다.

120

정답

1) ㉠ 측정 오차를 줄여 주기를 보다 정확하기 측정할 수 있다.
2) 각도 θ를 작게 해야 한다.
3) 증거에 기초한 토론과 논증 : 실험 결과 데이터를 통해 오차의 원인에 대한 토론을 하고 있다.

해설

1) 1회 왕복할 때 걸리는 시간을 측정하면 시작과 끝의 시간을 정확히 측정하기 어렵게 된다. 오차가 10회 왕복보다 커지게 되므로 10회 왕복시간을 재서 이를 평균값을 주기로 활용하면 보다 더 오차가 줄어들게 된다. 그리고 왕복 시간이 길어지게 되면 마찰에 의한 효과가 고려되므로 왕복 횟수가 너무 커져도 좋지 않다.
2) 진자의 길이가 ℓ일 때 단진자의 주기 측정은 운동방정식 $\ddot{\theta} + \frac{g}{\ell}\sin\theta = 0$에서 우리는 각도가 작을 때 $\sin\theta \simeq \theta$의 관계식을 활용하여 주기 $T = 2\pi\sqrt{\frac{\ell}{g}}$ 라는 공식을 얻는다. 그래서 실험할 때는 기본적으로 선행돼야 하는 것이 각도가 작아야 한다. 이유는 각도가 작지 않으면 진폭에 영향을 받게 된다. 이는 물리학 II의 과정을 벗어나게 되므로 다루지 않는다. 따라서 각도가 $10°$ 내로 적용해야 한다. 진자의 길이가 1m일 때 $10°$이면 수평 진폭이 대략 9cm 정도 된다. 그래서 진자 운동을 확인하기 위해서 진자의 길이가 어느 정도 커야 하는데 학교 교실 특성상 너무 커지는 게 한계가 있기 때문에 1m 내외로 한다. 그리고 각도가 너무 작으면 진폭이 작아 진자 운동을 확인하기 어렵기 때문에 너무 작게 실험하기 어렵다. 고등학교 실험은 실험으로 알려지지 않은 이론이나 결과를 해석하는 것이 아닌 이미 알려진 이론을 재확인하는 것이므로 이론과 주의사항을 사전에 알고 있어야 한다.
3) 8가지 기능은 다음과 같다.
   ① 문제 인식
   ② 탐구 설계와 수행
   ③ 자료의 수집·분석 및 해석
   ④ 수학적 사고와 컴퓨터 활용
   ⑤ 모형의 개발과 사용
   ⑥ 증거에 기초한 토론과 논증
   ⑦ 결론 도출 및 평가
   ⑧ 의사소통
   실험 결과 데이터를 통해 오차의 원인에 대한 토론을 하고 있으므로 증거에 기초한 토론과 논증이다.

121

정답

1) ㉠ 포퍼(K. Popper)의 반증주의 관점
   ㉡ 라카토스(I. Lakatos)의 연구프로그램 이론 관점
2) 내부 저항이 존재한다면 가변저항이 커지면 전구와 가변저항의 합성저항이 증가하게 되므로 전구의 단자 전압이 증가하게 된다. 따라서 밝기가 더 밝아지게 된다.

해설

학생 A는 어떤 과학 이론이든 단 한 번의 결정적인 실험에 의해서 반증된다는 포퍼(K. Popper)의 반증주의 관점에 가깝다. 반면에 학생 B는 보조 가설이 실험에 따라 수정, 보완될 뿐 견고한 핵심 이론인 옴의 법칙이 맞다가 주장하므로 라카토스(I. Lakatos)의 연구프로그램 이론 관점에 해당한다.
내부 저항이 없다면 가변저항의 크기와 관계없이 모두 전지의 기전력이 걸리게 되므로 밝기의 변화는 없다. 하지만 내부 저항이 존재한다면 다른 결과가 발생한다. 기전력 ε, 내부 저항 r, 전구의 저항 R, 가변저항 R_x 라 하자. 수식으로 보이면 전구와 가변 저항의 합성 저항은 $R' = \frac{RR_x}{R+R_x}$ 이다. 그러면 전체 전류는 $I = \frac{\varepsilon}{r+R'}$ 이고, 전구의 단자 전압은 $V_R = \frac{R'}{r+R'}\varepsilon$ 이다. 저항의 직렬연결 시 단자 전압은 내부 저항 r과 합성 저항 R'이 기전력을 서로 분할해서 가지는데 저항에 비례하게 걸리게 된다. 그런데 가변저항이 증가하게 되면 $R' = \frac{RR_x}{R+R_x}$ 이 증가하고, 따라서 전구에 걸리는 단자 전압이 증가하게 된다. 그러면 밝기에 비례하는 전구의 소비 전력은 $P = \frac{V_R^2}{R}$ 이므로 더 밝아지게 된다.
저항의 직렬 결과 병렬연결 시 단자 전압과 전류의 관계에 대해 사전에 숙지하는 게 필요하다.

122

정답

1) 위쪽 요철의 움직임을 아래쪽 요철이 방해하는 상황
2) 새로운 개념은 유용성을 가져야 한다. 학생 A는 두 상황이 유사점을 들어 이해했지만, 학생 B의 경우 요철의 경우는 튀어나온 부분에서만 힘을 받지만, 상자는 바닥면 전체에서 힘을 받기 때문에 다른 경우라고 생각한다.
3) 바닥과 상자 전체가 톱니처럼 맞물린 상황, 또는 구둣솔 두 개가 서로 맞물린 상황

해설

클레멘트(Clement, 1987)는 학생들의 오개념을 수정하는 한 방법으로 연결 비유 전략을 고안하였다.

목표물(목표 개념) : 익숙하지 않은 개념
정착자 : 직관적으로 이해되는 개념이나 상황
연결자 : 정착자와 목표물 특징을 모두 가지는 사례
비유의 조건은 다음과 같다.

① 정착자(A)가 이해 가능해야 한다.
② 연결자(B)가 그럴듯해야 한다. (타당성 필요)
③ 정착자(A)가 목표물(C)에 적용 가능해야 한다.
포스너의 개념 변화 조건은 다음과 같다.
① 기존 개념에 불만족해야 한다.
② 새로운 개념은 이해될 수 있어야 한다(학습자의 언어로 이해 가능).
③ 새로운 개념은 그럴듯해야 한다(경험과 직관에 위배가 되지 않는 타당성과 설득력).
④ 새로운 개념은 유용성을 가져야 한다(새로운 상황에 적용 가능).
B의 경우 요철의 상황이 마찰력의 크기와 방향의 상황에 적용이 안 되는 것이다. 클레멘트는 이를 해결하기 위해서 연결자가 필요하다고 제안한 것이다. 학생의 오개념(마찰력은 아래 방향으로 작용함)이 기존 개념이고, 정착자를 새로운 개념이라고 하자. 그리고 목표개념이 새로운 상황이다. 그런데 학생 B의 경우 장착자와 목표개념 사이에 적용되지 않는다. 클레멘트는 이를 위해 아래와 같은 톱니 모형이나 구둣솔 모형의 연결자가 필요하다고 생각했다. 연결자를 통해 정착자와 목표물 사이의 적용을 끌어내는 것이다.

123

정답

1) 열전도도가 높은 물질이 보냉에 유리하다.
2) 학생은 견고한 핵(열전도도가 높은 물질은 차가운 성질을 가지고 있고, 열전도도가 낮은 물질은 뜨거운 성질을 가지고 있다.)에 보호대(차가운 물체는 온도가 낮은 곳에서 온도가 높은 곳으로 냉기가 이동한다.)를 설정하여 [활동 1]을 설명할 수 있다.
3) ㉠ 입자 간의 거리
   ㉡ 열의 양은 온도뿐만 아니라 열을 전달하는 매개체의 양에도 영향을 받는다는 사실을 설명할 수 있다.

해설

1) 열전도도가 높은 물질이 차가운 성질을 가지고 있어 보냉에 유리하고, 열전도도가 낮은 물질이 뜨거운 성질을 가지고 있어 보온에 유리하다고 생각한다. 즉, 물체 본연의 차가움, 뜨거움의 성질을 가지고 있다고 생각하여 열전도율이 높은 재료(스테인리스 컵)가 열을 잘 보존한다고 오개념을 가지고 있다. 물질의 단열 효과와 열전도율을 혼동하고 있다.
2) 긍정적 발견법은 이미 알려진 현상을 설명하고 새로운 사실을 예측하는 새로운 가설을 핵에 첨가하는 것이다. 기존의 이론을 좀 더 넓은 범위에까지 적용해서 설명할 수 있도록 기존의 이론을 수정하는 것이 긍정적 발견법이다. [활동 1]의 선지에서 '물의 온도 변화 과정에서 열은 어디에서 어디로 이동하는가?'라는 물음에서 열은 고온에서 저온으로 이동하는 현상을 이해시

키려고 하고 있다. 그런데 학생은 견고한 핵(열전도도가 높은 물질은 차가운 성질을 가지고 있고, 열전도도가 낮은 물질은 뜨거운 성질을 가지고 있다.)에 보호대(차가운 물체는 온도가 낮은 곳에서 온도가 높은 곳으로 냉기가 이동한다.)를 설정하여 스테인리스 컵은 차가운 성질을 가지고 있으므로 냉기를 이동시켜 온도가 올라가는 반면, 스타이로폼은 냉기를 잘 이동시키지 못하므로 온도가 덜 떨어진다고 생각할 수 있다. 이를 근본적으로 해결하기 위해서는 온도계를 설치하여 온도가 물질마다 동일하다는 것을 확인시켜 줄 필요가 있다. 즉, 스테인리스나 스타이로폼은 자체로 차가움이나 뜨거움을 가지고 있는 것이 아니라 주위 온도와 열평형 상태에 도달하면 온도가 동일하고, 열은 항상 고온에서 저온으로 이동하는 것을 설명해 주어야 한다. 이를 설명하기 위해서는 단열과 열전도의 개념이 필요하다.
3) 열량 $Q = mcT$는 열용량과 온도에 영향을 받는다. 따라서 열용량 개념을 입자 간의 거리로 비유를 하여 설명하는 것이 효과적이다.

124

정답

1) ㉠ 귀납적 사고
   ㉡ 가설 연역적 사고
   차이점 : 귀납적 사고는 사례나 관찰을 통해 일반적인 결론을 도출하는 추론 방식이며, 가설 연역적 사고는 가설을 설정하여 검증하는 추론 방식이다.
2) 입자설이 이중슬릿 실험으로 파동설로 대체되었고, 파동설은 20세기 초까지 반증되지 않았다.

해설

〈자료 1〉의 답안
활동 1 : 종이 텐트가 아래로 가라앉는다. 종이 텐트 내부의 압력이 낮아지기 때문이다.
활동 2 : 물이 분사된다. 빨대의 내부 압력이 낮아져서 물이 위로 올라오게 된다.
활동 3 : A4 용지가 위로 올라온다. 위의 압력이 낮아지기 때문.
활동 4 : 탁구공이 위로 뜨게 된다. 컵의 입구 쪽이 압력이 낮아지기 때문이다.
포퍼는 과학 활동은 기본적으로 검증이 아니라 반증을 바탕으로 이루어지는 활동이라고 주장했다.

125

정답

1) ㉠ 변인통제, ㉡ 자료변환
2) ㉢ 시뮬레이션에서처럼 솔레노이드의 반지름, 단위 길이당 도선이 감긴 수에 대해 자기장의 세기의 결과를 학생 A의 언급이 있다.
   ㉣ 학생 A는 반지름과 자기장의 세기, 학생 B는 단위 길이당 도선의 감긴 수와 자기장의 세기의 관계를 각각 예측하고 있다.

해설

㉠은 변인 통제 과정이고, ㉡은 자료변환 과정이다. 자료변환 그래프를 토대로 의미를 해석하는 과정이 자료해석이다.
학생들은 시뮬레이션의 내용을 토대로 데이터 간의 상관관계를 말하였고, 또한 예측을 하였다.

126

정답

1) 그림, 글쓰기, 발표 등을 통해 자신의 생각을 명료화하고 교환
2) (라) 갈등 상황에 노출, 학생들의 인지갈등을 유발시킨다.
3) (다) 단계와 (라) 단계에서 도체는 동화가 발생되고, 부도체는 인지갈등이 유발되었다. 단계 (마)와 (바)에서 조절에 의한 인지 갈등이 해소되었다. 그리고 (사) 단계와 (아) 단계에서 평형화를 통하여 새로운 인지구조를 형성하였다.

해설

(가) 단계는 오리엔테이션 단계, (나) 단계는 생각의 표현 단계, (다) 단계는 명료화와 교환 단계, (라) 단계는 갈등 상황에 노출 단계이다. (마) 단계는 새로운 개념의 구성 단계, (바) 단계는 새로운 개념의 평가 단계, (사) 단계는 새로운 개념의 응용 단계, (아) 단계는 개념변화 검토 단계이다. (다)~(바) 단계는 직관적 개념의 재구성 단계라 하는데 이 과정에서 오개념(직관적 개념)의 변화가 발생하기 때문이다.

피아제(J. Piaget)의 지능발달 이론에서 동화와 조절이 있다. 동화는 이미 갖고 있는 도식 또는 체계에 의해 새로운 대상이나 사건을 해석하고 이해하는 인지 과정이고, 조절은 기존의 인지구조로 새로운 대상을 받아들일 수 없는 경우에 기존의 구조를 변형시키는 과정을 말한다. 그리고 계속적인 동화와 조절의 과정을 통해 새로운 인지구조를 형성하는 평형 상태에 도달한다.

127

정답

1) 과학적 문제 해결력
2) 그네가 설치된 운동장 바닥 면에 충격을 흡수하는 장치의 사례 수집, 충력 흡수 장치의 원리를 분석
3) 달걀을 떨어뜨리는 높이를 같게 한다.

해설

2015 개정 과학과 교육과정의 과학과 핵심역량은 과학적 사고력, 과학적 탐구 능력, 과학적 문제 해결력, 과학적 의사소통 능력, 과학적 참여와 평생 학습 능력이다.

학습 목표가 '충격 흡수 장치의 사례를 통해 충격 흡수 원리를 이해한다.'이므로 정보 수집 및 분석에서는 다양한 사례를 수집하고, 이 원리를 파악 및 분석하는 것이 필요하다.

안전장치의 유무에 따른 효과를 분석하기 위함이므로 통제 변인으로 떨어뜨리는 높이를 설정해야 한다.

128

정답

1) A : POE 모형, B : 가설 연역적 순환학습 모형
2) 학습한 개념을 새로운 상황에 적용
3) 오개념을 과학 개념으로 변화

해설

POE(Prediction-Observation-Explanation)는 예측과 관찰 사이에서의 발생한 갈등을 설명단계에서 해결하기 위해 활발한 토의를 활용하는 수업 방식이다. 예측단계 → 관찰단계 → 설명단계의 과정을 거친다.

순환학습 모형은 세 가지 형태가 있다.

순환학습 모형은 탐색(활동 1~2), 개념 도입(활동 3), 개념 적용(활동 4)으로 진행된다. 순환학습 모형은 피아제의 인지 발달 이론에 기초하고 있다. 동화와 조절을 통해 평형상태에 이르게 된다.

경험-귀추적 순환학습은 교사가 준비한 자료나 시범 실험을 보거나 직접 실험을 한 후 이에 대한 인과적 의문을 생성한다(귀납적 추론). 그리고 그 인과적 의문에 대한 잠정적인 답을 만들고(귀추적 추론), 그 인과적 의문에 대한 잠정적인 답이 관찰 현상이나 측정 결과를 모두 설명할 수 있는지 토의한다.(연역적 추론)

그리고 관찰, 측정을 통해 규칙성을 귀납법으로 발견하는 서술형 순환학습 모형, 가설을 세우고 가설을 검증하기 위한 실험을 설계하는 가설-연역적 순환학습 모형 등이 있다.

129

정답

1) ㉠ 결정적 실험
2) ㉡ 빛은 여러 색의 입자가 섞여 있는 것
3) 가설 연역적 탐구 방법, 문제나 현상을 설명하기 위해 가설을 세우고, 이를 실험을 통해 검증하기 때문에

해설

뉴턴의 광학 저서에는 결정적 실험이라고 명시되어 있다. 그리고 뉴턴의 실험적 아이디어는 기존의 파동성에 반하여 단색광들이 서로 알갱이로 모여 백색광이 모이는 혼합물이라는 개념으로 출발하였다. 여기서 핵심은 '알록달록 입자들의 모임이 빛이다.'라는 개념이다.

과학적 탐구 방법은 크게 네 가지가 존재한다.

귀납적 탐구 방법 : 귀납적 탐구방법은 관찰되는 여러 현상을 통해 공통적인 준거 속성을 찾고 이를 통해 일반화된 결론을 얻는 방법이다. (수십 년간 관측 데이터로 이끌어 낸 캐플러의 행성 운동 법칙)

연역적 탐구 방법 : 연역적 탐구 방법은 일반적인 이론이나 법칙에서부터 출발하여 구체적인 사례나 결론을 도출해 내는 방식이다. 이 방식은 주로 가설을 검증하기 위해 사용된다. (⑩ 만유인력 법칙으로 부터 모든 행성은 타원 운동을 한다. 화성은 행성이다. 그러므로 화성은 타원 운동을 한다.)

가설 연역적 탐구 방법 : 가설 연역적 탐구 과정은 문제나 현상을 설명하기 위해 특정한 가설을 세우고 이를 실험 및 관찰을 통해 검증하는 방식이다. 이 방식은 새로운 이론을 개발하거나 문제에 대한 해결책을 찾기 위해 사용된다. (⑩ 빛의 입자성이라는 가설을 세우고 프리즘 실험을 통해 입자성을 확인)

가설 연역적 탐구 방법은 가설 검증과 관련된 과학적인 탐구 방법을 의미하며, 연역적 탐구 방법은 논리적인 추론을 사용하여 전체적인 패턴이나 법칙으로부터 개별적인 결론을 도출하는 방법을 의미한다.

귀추적 탐구 방법 : 관찰된 사실을 바탕으로 발생된 인과적 의문을 해결하기 위해 적용하는 추론 방식이다. 어떠한 현상을 보고 발생된 인과적 의문을 해결하기 위해 잠정적인 답에 해당하는 가설을 만든다. 가설 연역적 탐구 방법과 다른 점은 잠정적인 답이 반드시 참이거나 유일한 대안이 아닐 수 있다는 점이고, 추가적으로 검증 실험이 어려운 점에 있다.

130

정답

⑴ 반증주의, 반증 사례가 제시되자 즉시 기각되었다.
⑵ 정상과학 단계, 수수께끼 풀이 활동으로 패러다임을 뒷받침한다.

해설

포퍼의 반증주의에 의하면 반증 사례가 나오면 일반화된 명제가 폐기되고 새롭게 대체되지만 완벽히 대체되지 않을 가능성도 있다고 한다.
쿤의 과학 혁명의 단계 : 전과학 → 정상과학 → 패러다임 위기 → 과학 혁명 → 새로운 정상과학
정상과학 단계에서는 수수께끼 풀이 활동으로 패러다임을 뒷받침한다.

131

정답

1) ㉠ 알루미늄 접시를 잡으면 전하가 손을 타고 이동한다.
  ㉡ 도체에서는 전하가 자유롭게 움직일 수 있다.
2) 네온전구에서 알루미늄 접시로 이동
3) 사회적 합의

해설

도체에 손이 직접적으로 닿으면 전하가 손을 타고 이동해서 실험이 잘되지 않는다.
털가죽으로 스타이로폼을 문지르면 털가죽은 +로 잉여 상태가 되고 스타이로폼은 −로 부족 상태로 된다. 손과 네온전구는 보통 상태이기 때문에 네온전구에서 알루미늄 접시로 전기 유체가 이동한다.
사회적 구성주의는 인간의 지식 발달에 있어 사회 속에서 인간과 다른 사람의 상호작용이 중요하다는 관점이다. 사회적 합의가 사회적 구성주의의 관점에서 과학적 방법이 될 수 있다. 보어의 경우 이에 해당한다.

132

정답

1) 힘, 질량
2) 역학 수레의 질량을 일정하게 유지
3) 그래프의 각 축에 모눈종이 한 칸의 단위가 미기재되어 있음

해설

1) 조작 변인이 힘과 질량이고 종속 변인이 가속도이다.
2) (다)에서는 용수철에 걸리는 힘의 크기가 조작 변인이므로 질량이 통제 변인이 되어야 한다.
3) 자료 변환 시에는 그래프의 각 축에 단위와 모눈종이 한 칸의 수치가 기재되어야 한다. 그렇지 않을 경우 자료 해석과 결론 도출이 올바르게 진행되지 않는다.

133

정답

1) 사고 실험
2) 기존(현재) 개념에 불만족할 것
3) ㉡ 수평으로 던진 상태, ㉢ A와 B가 동시에 떨어진다.

해설

포스너의 개념 변화 조건은 다음과 같다.
① 기존 개념에 불만족해야 한다.
② 새로운 개념은 이해될 수 있어야 한다(학습자의 언어로 이해 가능).
③ 새로운 개념은 그럴듯해야 한다(기존 개념이 생성한 문제점을 해결할 수 있어야 한다).
④ 새로운 개념은 유용성을 가져야 한다(새로운 상황에 적용 가능).

134

정답

1) 서술적 순환학습 모형
  ㉠ 탐색, ㉣ 개념 적용
2) 원점 O를 지나지 않으면 레이저 광원이 반원형 유리 둥근 면에서 굴절하게 되어 정확한 실험이 되지 않는다.
3) 입사각이 임계각보다 커야 한다.

해설

1) 로슨의 순환학습 모형의 단계는 탐색-개념 도입-개념적용이 있다. 그리고 순환학습의 3가지 형태는 서술적 순환학습 모형, 경험-귀추적 순환학습 모형, 가설-연역적 순환학습 모형이 존재한다.
서술적 순환학습 모형은 관찰, 측정을 통해 규칙성을 귀납법으로 발견하는 모형이다.
경험-귀추적 순환학습은 교사가 준비한 자료나 시범 실험을 보거나 직접 실험을 한 후 이에 대한 인과적 의문을 생성하고 그 인과적 의문에 대한 잠정적인 답을 귀추법을 활용하여 내는 모형이다. 귀추법을 활용 유무가 서술적 순환학습 모형과의 차이점이다.
가설-연역적 순환학습 모형은 가설을 세우고 가설을 검증하기 위한 실험을 설계하는 모형이다.
2) 원점 O를 지난다는 것은 반원형 유리의 곡면을 수직으로 굴절 없이 통과하여 평평한 면에 도달시키기 위함이다. 곡면에서 굴절되면 이중 굴절이 되어 실험이 잘 진행되지 않는다.

135

정답

1) 가설-연역적 탐구 방법
2) 가설을 바탕으로 실험을 통해 가설을 검증
3) ① 과학 활동의 윤리성 : 140회 실험 자료 중 ~거짓으로 적은 것
  ② 과학 문제 해결에 대한 개방성 : 실험적인 문제가~ 타당하게 제외

해설

1~2) 관찰, 실험, 직관으로 가설을 설정하고 이를 검증하는 방식인 전형적인 가설-연역적 탐구 방법이다.
3) 과학 활동의 윤리성이란 생명 존중, 연구 진실성, 지식 재산권 존중 등과 같은 연구 윤리를 준수하는 것을 말한다. 그리고 과학 문제 해결에 대한 개방성은 데이터, 결과, 방법, 아이디어, 기법, 도구, 재료 등을 공유해야 하며, 다른 연구자들의 비판을 수용하는 한편, 새로운 아이디어에 대해 열려 있는 것을 의미한다. 실험적인 문제가 있거나 측정 결과의 오차가 매우 큰 경우 타당한 이유를 근거로 증거에서 제외하는 것이 이에 해당한다.

136

정답

1) 전동기의 회전에 의한 마찰에 의해 열이 발생되어 저항값이 증가하였거나, 유도 기전력이 발생되어 실험에 영향을 미쳤기 때문이다.
2) 반증된 사실이 이론 자체가 틀렸는지 다른 매개변인 때문인지 확인이 어렵다.
3) 모두 옴의 법칙이란 패러다임 내에서 문제를 해결하려 노력한다.
4) B는 오차로 변칙사례를 배척하는 부정적 발견법, C는 보호대를 설정하는 긍정적 발견법에 해당한다.

해설

1) 전동기의 단자 전압과 회로의 전류값으로 전동기의 저항을 구하면 3Ω보다 증가하였음을 알 수 있다. 이는 건전지의 내부 저항효과 외에 전동기의 저항을 증가시키는 추가적인 요인일 발생함을 의미한다.
2) 반증주의는 결정적 실험에 의해서 이론 자체가 파기될 수 있다. 이때 이론 자체가 틀렸는지 아니면 다른 매개 요인 때문인지 확인할 방법이 없다. 만약 전동기의 회전에 의한 현상때문에 전동기의 저항이 증가하였다면 옴의 법칙이 틀린 것이 아니게 된다.
3) 모두 옴의 법칙이란 패러다임 내에서 문제를 해결하므로 수수께끼 풀이 활동에 해당한다.
4) 변칙 사례를 오차로 예외 처리하거나 근거가 없고 증명 불가능한 임시변통 가설을 도입하는 것은 전형적인 부정적 발견법에 해당한다. 반면에 견고한 핵을 유지하고 보호대를 설정하는 것은 긍정적 발견법에 해당한다.

137

정답

1) ① 각운동량 보존 법칙에 의해 회전하는 팽이는 세차 운동한다는 과학적 근거에 기반하여 작성되었다.
   ② 부메랑의 비행 모습과 팽이의 운동의 유사성을 바탕으로 부메랑의 기울어진 각도(조작변인), 진행방향의 휘어짐(종속변인)이라는 변인 간의 관계성으로 기술되어 있다.
   ③ 문제 현상에 대한 잠정적인 답의 형태로 기술되어 있다.
2) 부메랑이 공기 중에서 진행하면 볼록한 부분이 베르누이 정리에 따라 힘을 받아서 진행 방향이 휘어진다.
3) 양쪽 면이 평평한 부메랑과 기존의 부메랑과의 비교 실험을 한다.

해설

1) 과학적 가설의 조건
   ① 탐구 문제에 대한 잠정적인 답의 형태로 기술 : '전자가 파동성을 가진다면 회절무늬 현상이 관찰될 것이다'와 같이 완성된 과학적이고 구체적인 명제 형태로 기술되어야 한다.
   ② 변인 또는 현상 간의 관계성 : 조작변인과 종속변인 간의 관계 혹은 두 개 이상의 현상간의 관계가 명확해야 한다.
   ③ 과학적 근거 기반 : 이를 설명할 수 있는 이론적 근거에 기반하여야 한다.
   ④ 검증 가능성 : 실험적으로 검증이 가능해야 한다.
2) 귀추적 추론이므로 베르누이 정리라는 과학적 근거를 바탕으로 설명이 가능한 유사한 현상 즉, 비행기 양력에 기초하여 가설을 작성하면 된다.
3) 볼록한 부분이 힘을 받는다는 근거에 기술되어 있으므로 양쪽이 평평한 부메랑을 실험하여 차이점을 파악하면 검증할 수 있다.

138

정답

1) 발생 학습
2) 유용성을 가져야 한다.
3) 연역적 사고
4) 일반상대론(중력)에 의한 시간지연

해설

1) 발생 학습은 개념 변화에 효과적인 학습 모형이고, 〈자료 1〉은 예비, 초점, 도전, 적용(응용) 단계로 구성되어 있다.
2) 적용 단계에서는 새로운 상황에 적용되는지 알아본다. 즉, 개념 변화 조건 중 유용성에 해당한다.
   포스너의 개념 변화 조건은 다음과 같다.
   ① 기존 개념에 불만족해야 한다(인지 갈등 유발).
   ② 새로운 개념은 이해될 수 있어야 한다(학습자의 언어로 이해 가능).
   ③ 새로운 개념은 그럴듯해야 한다(경험과 직관에 위배가 되지 않는 타당성과 설득력).
   ④ 새로운 개념은 유용성을 가져야 한다(새로운 상황에 적용 가능).
3) 대전제인 광속 불변의 원리로 출발하여 시간 팽창, 길이 수축 현상을 설명하는 과정은 전형적인 연역적 사고에 해당한다. 이는 실험을 통한 귀납적 사고 방법과 대비된다.
   대전제 : 빛의 속력은 관측자에 관계없이 일정하다.
   소전제 : 시간과 공간은 절대적이지 않고 상대적이다.
   결론 : 그러므로 시간 팽창, 길이 수축이 발생한다.
4) 실제 GPS는 특수 상대론에 의한 시간 지연 현상보다 중력에 의한 시간 지연 현상이 더 크다. 그러므로 일반 상대론인 중력에 의한 시간 지연 현상이 고려되어야 한다.

139

정답

1) 근접발달영역(ZPD)
2) ① 영상적 표현 양식 : 열화상 카메라로 색의 변화를 시각적으로 인식
   ② 작동적 표현 양식 : 열의 이동방식을 도구나 신체를 이용하여 행위에 의해 파악
3) 비유물과 목표물이 모두 일대일 대등 관계가 아닐 수 있다.

해설

1) 실제적 발달 수준과 잠재적 발달 수준 사이의 영역에 해당하는 근접발달영역이다.
2) 브루너의 표현 양식

작동적 표현 양식	피아제의 전조작기인 4~5세로서 행위에 의해 사물을 파악해가는 초보적인 형태
영상적 표현 양식	구체적 조작기에 해당하는 것으로서 자연계의 사물을 시각이나 청각을 통해 인식하는 단계
상징적 표현 양식	모든 사물을 언어적, 개념적, 논리적으로 파악할 수 있는 단계로서 형식적 조작기에 해당

3) 비유의 한계점
   ① 오개념을 불러올 수 있다.
   ② 비유물과 목표물이 모두 일대일 대응관계가 있는 것은 아니다.
   ③ 친숙하다고 다 좋은 비유가 될 수 없다.

140

정답

1) 조작변인을 추의 질량, 실의 길이, 진폭으로 설정하고 나머지 변인을 통제변인으로 하여 주기를 종속변인으로 설정하였는가?
2) 최고점에서 머무는 시간이 최저점보다 크므로 최저점을 측정기준으로 삼는 것이 유리하다.
3) 단진자의 길이는 고정점에서 추의 중심까지의 길이를 사용한다. 이유는 동일한 길이의 실을 사용하면 추에 따른 질량중심의 위치 변화로 정확한 실험이 어렵기 때문이다.

해설

1) 결론 도출에 질량, 길이, 진폭이 있으므로 조작변인이 3개로 각각 설정하는 실험을 하여야 한다.
2) 최고점에서는 속력이 점차 느려지거나 정지상태에서 점차 빨라지므로 평균적으로 느린 운동을 한다. 때문에 이를 기준점으로 하는 것은 측정해서 불리하게 된다. 최고점에서 보내는 시간이 최저점에서 보내는 시간보다 더 크기 때문에 오차가 더 발생하기 때문이다. 예를 들어 최저점에서 우리가 각도 $1°$의 오차를 가지고 측정하는 시간 오차보다 최고점에서 동일한 각도의 오차에 해당하는 시간 오차가 더 크다.
3) 단진자의 길이는 회전 중심에서 질량중심까지로 해야 한다.

141

정답

1) 비교 조직자
2) 실제 크기와 동일, 평평한 굴절면에 의한 상의 크기는 물체의 크기와 동일하기 때문이다.
3) 학습 과제는 심리적 유의미가를 가져야 한다.

해설

1) 사전 지식을 가지고 있는 상태에서 사용하는 선행 조직자는 비교 조직자이다. 비교 조직자는 학습자의 인지 구조 속에 새로운 학습 과제와 유사한 선행지식이 있을 때 사용하는 조직자를 말한다. 나아가 비교 조직자는 학습할 과제와 선행지식 간의 유사성과 차이점을 비교하여 인지 구조를 확장함으로써 서로 간의 적절한 관련성을 규정하는 인지적 다리 역할을 한다.
2) 직육면체 어항은 평평한 굴절면으로 구성되어 있으므로 겉보기 위치만 바뀌고 크기는 동일하다. 이는 기하광학의 굴절면 공식으로 쉽게 증명이 가능하다.

물체가 외부에 존재하는 경우

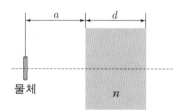

공기 중에 있는 a의 거리는 동일하고 굴절률이 n인 매질의 두께 d가 $\frac{d}{n}$로 변화한다. 따라서 $a+\frac{d}{n}$에 있는 것처럼 바뀌고 배율은 평면효과에 의해서 1로 동일하므로 크기는 바뀌지 않는다.
3) 심리적 유의미가(psychological meaningfulness)는 잠재적 유의미가가 내재된 학습 과제에 대해 학습자가 학습할 의향이 있을 때의 특성을 말한다. 학생이 학습 과제에 대해 흥미와 동기를 가지고 적극적으로 참여하므로 심리적 유의미가를 지녔다고 할 수 있다.

142

정답

1) 이상 조건 ㉠
   ① 단진자 : 실의 질량과 늘어나는 성질은 무시한다. 공기 저항과 마찰은 무시한다.
   ② 옴의 법칙 : 저항은 온도에 관계없이 일정하다. 도선과 전류계의 저항은 무시한다.
2) 이상 조건 ㉡
   ③ 자유 낙하 : 중력가속도의 크기는 일정하다.
3) 내부저항을 무시할 수 있으므로 일정한 단자 전압을 얻을 수 있다.

해설

1) 단진자 실험에서 특정 변인 중 무시해야 하는 것은 가느다란 실을 사용하여 추의 질량만 고려한 실의 질량이다. 그리고 고무줄과 같이 탄성이 있으면 안 되므로 실이 늘어나는 성질 역시 무시한다. 이 둘은 실의 고유 특성이므로 하나로 취급하는 것이 맞다. 그리고 외부 요인으로는 일정한 진폭을 유지하기 위해서는 공기 저항과 마찰을 무시해야 한다.
   옴의 법칙 실험에서는 저항은 보통 비저항과 길이 그리고 단면적과 관계된다고 가정하여 실험하게 된다. 하지만 저항은 온도에 의해서 저항값이 변하게 되는데 이러한 현상을 무시하지 않으면 전류에 의해 온도가 올라가는 저항은 시간에 따라 저항값이 달라지게 된다. 그래서 교과서에서는 짧은 시간에 측정해야 함을 명시하고 있으며 이것은 온도에 의한 저항값의 변화를 무시하기 위함이다. 그리고 저항 외부 요인으로는 전류계의 저항과 도선 자체의 저항을 무시해야 한다.
   물리적 시스템에서 변인을 무시할 때는 자체 요인과 외부 요인을 구별하여 생각하는 것이 효과적이다.
2) 자유낙하 운동과 수평 방향으로 던진 물체의 비교 실험은 두 물체가 연직 방향으로는 동일한 등가속 운동을 한다는 것을 측정값으로 확인하는 것이 목표이다. 나아가 수평 방향으로 던진 물체는 수평 방향으로 등속도 운동하는 것을 확인한다. 따라서 중력가속도의 크기가 일정하다는 조건이 필요하다. 너무나 당연하다고 생각하겠지만 일반적으로 아주 높이 올라가거나 마찰이 존재하게 되면 중력가속도는 더 이상 상수가 아니게 된다. 이 실험에서는 지표면에서 마찰을 무시하고 높이가 상대적으로 작다는 가정으로 중력가속도 크기가 일정하다는 조건이 활용된다.
3) 건전지는 내부저항이 존재하므로 저항값에 따라 저항에 걸리는 단자 전압이 달라지게 된다. 따라서 내부저항이 없는 직류 전원 장치를 활용하면 일정한 단자 전압을 얻을 수 있다.

143

정답

1) 5E, 정교화
2) 최소 눈금의 1/10까지 파악하여 유효숫자로 기록한다.
3) 작용 · 반작용 법칙

해설

1) 〈자료 1〉은 5단계 순환학습 모형인 5E 모형이다. 5E 모형은 참여-탐색-설명-정교화-평가의 단계를 거친다. 따라서 ㉠은 정교화 단계이다.

2) 실험에서 측정은 최소 눈금의 1/10까지를 어림잡아 유효숫자로 기록하는 것을 원칙으로 한다.
3) 전자저울로 부력을 측정하는 방법은 아래 그림과 같이 전자저울 위에 물이 담긴 비커를 올려놓고 영점조절을 한 다음 추가 물에 완전히 잠길 때 전자저울에 표시된 눈금을 읽으면 된다.

이는 추에 작용하는 힘은 물이 추를 떠받치는 부력과 중력 그리고 장력이 있다. 그리고 물에 작용하는 힘은 물의 중력, 추가 물을 밀어내는 힘(부력의 반작용력)이고 이것이 전자저울로 측정이 된다. 전자저울로 부력을 측정하기 위해서는 물을 밀어내는 힘(부력의 반작용력)을 이해해야 하므로 작용·반작용 법칙을 알아야 한다.

참고 사항

① 2022 개정 교육과 과정 중학교 과정 중 (5) 힘의 작용은 다음과 같이 기재되어 있다.
[9과05-01] 물체에 작용하는 힘을 화살표를 이용하여 나타내고, 힘의 평형을 이루는 조건을 설명할 수 있다.
[9과05-02] 중력, 탄성력, 마찰력, 부력을 이해하고, 각 힘의 특징을 크기와 방향으로 설명할 수 있다.
[9과05-03] 알짜힘이 0이 아닐 때 물체의 운동상태가 변함을 알고, 그 예를 조사하여 분류할 수 있다.
[9과05-04] 다양한 사례에서 작용하는 힘과 힘의 평형 관계를 설명하고, 일상생활에서 힘의 특징을 이용한 기구나 장치를 설계할 수 있다.
② 탐구 활동
㉠ 용수철의 탄성력 측정하기
㉡ 물속에서 부력 측정하기
㉢ 장난감이나 놀이기구에서 힘의 작용 탐구하기
③ 작용하는 힘과 힘의 평형 관계를 설명하여 부력을 측정해야 하므로 전자저울이 아닌 용수철저울을 사용해야 한다. 측정 방법의 예시는 아래와 같다.

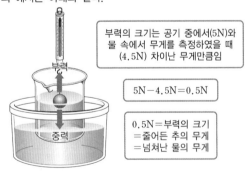

부력의 크기는 공기 중에서(5N)와 물 속에서 무게를 측정하였을 때 (4.5N) 차이난 무게만큼임

$5N - 4.5N = 0.5N$

$0.5N$ = 부력의 크기
= 줄어든 추의 무게
= 넘쳐난 물의 무게

144

정답

1) A와 B에 연결된 추의 전체 질량
2) 가설 설정, 가설 설정 과정이 빠져 있다.
3) 수집한 데이터를 그래프로 올바르게 나타내었는가?

해설

1) 계의 운동 방정식을 구해보자.
A와 B에 연결된 추의 질량을 각각 m_A, m_B 라 하면,

$$m_A g - T = m_A a$$

$$T - m_B g = m_B a$$

$$(m_A - m_B)g = (m_A + m_B)a$$

$$\therefore a = \frac{m_A - m_B}{m_A + m_B}g$$

추의 가속도는 추 전체에 작용하는 힘 $(m_A - m_B)g$에 비례라는 결론을 얻기 위해서는 A와 B에 연결된 추의 전체 질량을 통제 변인으로 설정해야 한다. 즉, $F = ma$의 운동방정식인 힘과 가속도 사이의 관계를 확인하는 실험에서는 질량을 통제 변인으로 설정해야 하는데 이때는 추에 작용하는 힘이 A와 B에 연결된 추 전체에 작용하는 힘이 되므로 계의 전체 질량에 해당하는 $m_A + m_B$가 통제 변인으로 설정돼야 한다.
2) 실험 탐구 학습 모형을 적용한 과정인데 가설 설정 과정이 빠져 있다.
3) 자료변환 과정은 수집한 데이터를 그래프로 올바르게 표현하는 과정이다. y축은 추의 가속도, x축은 추 전체에 작용하는 힘 $(m_A - m_B)g$가 된다.

145

정답

1) 회로에 LED를 전압계에 모두 병렬로 연결하고, 각 LED에 100Ω~1kΩ의 저항을 직렬로 연결한다.
2) 임계에너지 E_t를 넘는 단자 전압이 LED에 걸리면 전류가 흐르면서 LED 에너지 준위 차이 E_t에 해당하는 빛이 방출된다. 수식은 $h = \frac{eV_t}{f} = \frac{E_t}{f}$ 이다.
3) 에너지는 y축, 진동수를 x축에 그리고 각 축의 한 칸의 단위를 표기한다.

해설

1) 계의 운동방정식을 구해보자. 전압계에 LED를 모두 병렬로 연결하고, 각 LED에 100Ω~1kΩ의 저항을 직렬로 연결한다. 전압을 천천히 증가시키면 빨간색 LED부터 순차적으로 불이 켜지면서 전류가 갑자기 증가하게 된다. 이유는 빨간색부터 파란색까지 동작전압이 1.5V에서 3.5V 정도로 순차적으로 증가한다. 그리고 LED는 불이 들어오게 되면 일반적으로 20~50mA 정도의 전류가 흐르므로 100Ω 내외의 저항값을 가진다. 과전류가 흐르는 것을 방지하기 위해서 100Ω~1kΩ의 저항을 직렬로 연결하는 이유이다. 순차적으로 불이 들어오게 되면 저항이 병렬로 연결되는 효과가 발생한다. 회로 전체의 저항이 작아지게 되므로 빨간색, 노란색, 초록색, 파란색 LED가 순차적으로 불이 들어오면 회로에 전류가 급격히 증가하게 된다. 아래 그림과 같이 회로를 구성하고, 전압계는 빨간색부터 파란색까지 LED 양단에 병렬로 연결하여 동작전압을 측정한다.

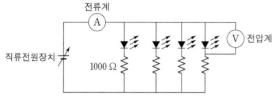

2) LED는 PN 다이오드 순방향 전압이 걸리게 될 때 밴드갭에 해당하는 빛이 방출되는 원리이다.

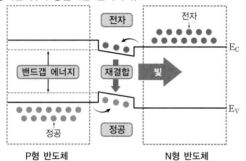

그리고 가시광선에 해당하는 빨간색, 노란색, 초록색, 파란색 LED의 밴드갭은 파장에 따라 달라지며, 밴드갭이 동작전압을 결정하게 된다.

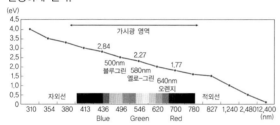

따라서 $h = \dfrac{e\,V_t}{f} = \dfrac{E_t}{f}$ 로부터 플랑크 상수를 구할 수 있다.

3) 기울기 값으로 플랑크 상수를 구하므로 그래프에서 에너지는 y축, 진동수를 x축에 표기한다.

그리고 특정 LED마다 $h = \dfrac{e\,V_t}{f} = \dfrac{E_t}{f}$ 를 계산하는 것이 아닌 기울기를 측정하는 이유는 상온에서 측정하면 LED 내부의 원자 진동이 증가하여 이론값보다 동작전압이 낮아지는 효과가 발생하기 때문이다. 이론값은 절대온도에서 계산되지만, 실제는 상온에서 사용하기 때문이다. 그래서 개별적인 값을 구하는 것이 아닌 상온 효과에 의한 오차를 줄이기 위해서 기울기 값을 구하고, 기울기를 구할 때는 진동수와 에너지 차이가 가장 큰 빨간색과 파란색의 값을 활용한다.

146

정답

1) 근거 : ① 등속과 가속운동을 구분하여 가속도의 개념을 도입, ② 현상의 단순한 관찰이 아니라 실험을 통해 정성적인 추론이 아닌 정량화를 하여 설명 체계를 구축
2) 귀납적 탐구
3) 다양한 도구를 활용하여 정보를 조사·수집하기

해설

1) 결정적 실험이란 기존의 한계를 드러내고 새로운 이해의 틀을 제시하는 실험을 의미한다. 등속과 가속운동을 구분하여 가속도의 개념을 도입함으로써 운동을 이해하는 틀을 제시하였고,

현상의 단순한 관찰이 아니라 실험을 통해 정성적인 추론이 아닌 정량화를 하여 설명 체계를 구축함으로써 추론만으로 그친 기존의 한계에서 벗어나 측정하여 현상을 설명하는 방식으로 진화하였다.
2) 다수의 관측적 사실로부터 규칙성을 찾아내는 과정이므로 귀납적 탐구이다.
3) 이동 시간의 측정을 물의 흐름 방식을 활용한 측정 도구를 활용하여 정보를 수집하였다. 이는 시간 측정의 획기적인 방법이다. 따라서 과정·기능은 '다양한 도구를 활용하여 정보를 조사·수집하기'이다. '변인을 조작적으로 정의하여 탐구 설계하기'로 착각할 수 있는데, 이는 독립변인과 종속변인 그리고 설계에 대한 구체적 수치 내용이 등장해야 한다.

정승현
물리교육론 기출문제집

초판인쇄 | 2025. 2. 5.　**초판발행** | 2025. 2. 10.　**편저자** | 정승현
발행인 | 박 용　**발행처** | (주)박문각출판　**등록** | 2015년 4월 29일 제2019-000137호
주소 | 06654 서울특별시 서초구 효령로 283 서경 B/D　**팩스** | (02)584-2927
전화 | 교재 문의 (02) 6466-7202, 동영상 문의 (02) 6466-7201

ISBN 979-11-7262-400-2 | 979-11-7262-398-2(SET)
정가 20,000원

저자와의
협의하에
인지생략